中文版

After Effects 2021 入门教程

吕凌翰 编著

人 民 邮 电 出 版 社
北 京

图书在版编目（ＣＩＰ）数据

中文版After Effects 2021入门教程 / 吕凌翰编著
. -- 北京 : 人民邮电出版社, 2022.3
ISBN 978-7-115-57017-8

Ⅰ. ①中… Ⅱ. ①吕… Ⅲ. ①图像处理软件－教材
Ⅳ. ①TP391.413

中国版本图书馆CIP数据核字(2021)第150431号

内 容 提 要

这是一本全面介绍 After Effects 2021 基本功能及实际应用的书，内容包括 After Effects 2021 的基本操作、图层操作、动画操作、绘画与形状、文字与文字动画、三维空间、色彩修正、抠像及特效滤镜等。本书主要针对零基础读者展开讲解，是入门级读者快速、全面地掌握 After Effects 2021 的应备参考书。

本书共 13 章，第 1～12 章以课堂案例为主线，通过对各个案例实际操作的讲解，帮助读者快速上手，熟悉软件功能和制作思路。此外，第 1～12 章还设有课后习题，可以帮助读者提高实际操作能力。最后一章“综合案例实训”中的案例都是在实际工作中经常会遇到的项目案例，可以起到强化训练的作用。

本书附带学习资源，内容包括课堂案例、课后习题和综合案例的素材文件、实例文件，以及 PPT 教学课件和在线教学视频。读者可通过在线方式获取这些资源，具体方法请参看本书前言。

本书讲解模式新颖，非常符合读者学习新知识的思维习惯，既适合作为初学者学习 After Effects 2021 的入门及提高参考书，又可作为相关院校和培训机构的教材。

◆ 编　　著　吕凌翰
责任编辑　张丹丹
责任印制　马振武
◆ 人民邮电出版社出版发行　　北京市丰台区成寿寺路 11 号
邮编　100164　　电子邮件　315@ptpress.com.cn
网址　https://www.ptpress.com.cn
北京天宇星印刷厂印刷
◆ 开本：700×1000　1/16
印张：13.5　　2022 年 3 月第 1 版
字数：303 千字　　2024 年 8 月北京第 19 次印刷

定价：59.90 元

读者服务热线：(010)81055410　印装质量热线：(010)81055316
反盗版热线：(010)81055315
广告经营许可证：京东市监广登字 20170147 号

前言

After Effects 是 Adobe 公司推出的一款图形图像和视频处理软件，它具有强大的视频编辑功能，被广泛应用于电影、电视、广告等诸多领域。

为了让读者能够熟练地使用 After Effects 2021 进行图像、动画及各种特效的制作，本书从常用、实用的功能入手，结合具有针对性和实用性的案例，全面深入地讲解了 After Effects 2021 的功能及应用技巧。

下面就本书的一些情况做简要介绍。

内容特色

入门轻松：本书从 After Effects 2021 的基础知识入手，详细介绍了 After Effects 2021 常用的功能及应用技巧，力求帮助零基础读者轻松入门。

由浅入深：本书结构层次分明、层层深入，案例设计更是遵从先易后难的模式，符合读者学习新技能的思维习惯，可以使读者快速熟悉软件功能和制作思路。

随学随练：本书第 1~12 章的结尾都安排了课后习题，读者在学完案例之后，还可以继续完成课后习题，以加深对所学知识的理解和掌握。

版面结构

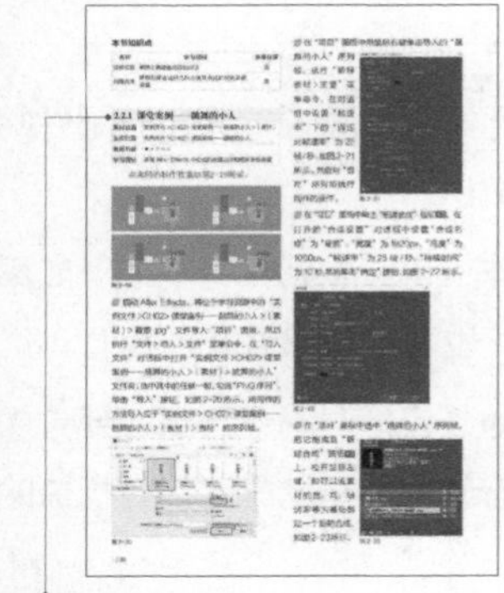

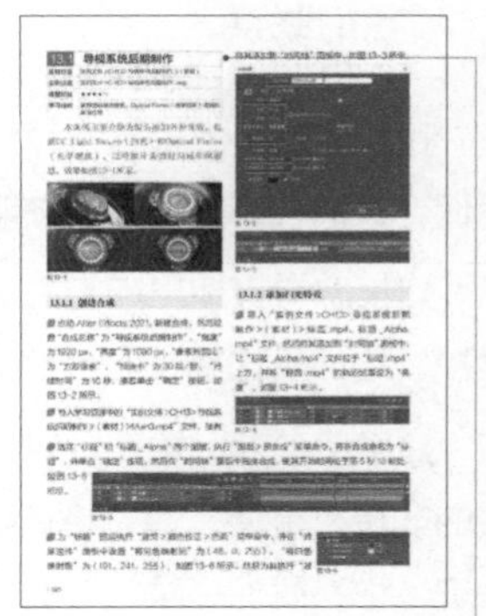

课堂案例

主要是对操作性较强又比较重要的知识点的实际操作练习，可以帮助读者快速掌握软件的相关功能。

课后习题

针对该章某些重要内容的巩固练习，用于提高读者独立完成设计的能力。

素材、实例位置

列出了该案例的素材和实例文件在学习资源中的位置。

综合案例

针对本书内容做综合性的操作练习，相比课堂案例更加完整，操作步骤更加复杂。

其他说明

本书附带学习资源，内容包括书中课堂案例、课后习题和综合案例的素材文件、实例文件，以及 PPT 教学课件和在线教学视频。扫描“资源获取”二维码，关注“数艺设”的微信公众号，即可得到资源文件获取方式。如需资源获取技术支持，请致函 szys@ptpress.com.cn。

资 源 获 取

资源与支持

本书由“数艺设”出品，“数艺设”社区平台（www.shuyishe.com）为您提供后续服务。

配套资源

- 课堂案例、课后习题和综合案例的素材文件、实例文件
- 课堂案例、课后习题和综合案例的在线教学视频
- PPT 教学课件

资源获取请扫码

“数艺设”社区平台， 为艺术设计从业者提供专业的教育产品。

与我们联系

我们的联系邮箱是 szys@ptpress.com.cn。如果您对本书有任何疑问或建议，请您发邮件给我们，并请在邮件标题中注明本书书名及 ISBN，以便我们更高效地做出反馈。

如果您有兴趣出版图书、录制教学课程，或者参与技术审校等工作，可以发邮件给我们。如果学校、培训机构或企业想批量购买本书或“数艺设”出版的其他图书，也可以发邮件联系我们。

如果您在网上发现针对“数艺设”出品图书的各种形式的盗版行为，包括对图书全部或部分内容的非授权传播，请您将怀疑有侵权行为的链接通过邮件发给我们。您的这一举动是对作者权益的保护，也是我们持续为您提供有价值的内容的动力之源。

关于“数艺设”

人民邮电出版社有限公司旗下品牌“数艺设”，专注于专业艺术设计类图书出版，为艺术设计从业者提供专业的图书、视频电子书、课程等教育产品。出版领域涉及平面、三维、影视、摄影与后期等数字艺术门类，字体设计、品牌设计、色彩设计等设计理论与应用门类，UI 设计、电商设计、新媒体设计、游戏设计、交互设计、原型设计等互联网设计门类，环艺设计手绘、插画设计手绘、工业设计手绘等设计手绘门类。更多服务请访问“数艺设”社区平台 www.shuyishe.com。我们将提供及时、准确、专业的学习服务。

目录

第 3 章 图层操作

第 4 章 动画操作

第 5 章 图层混合模式与蒙版 ···· 073

第 6 章 绘画与形状 ···· 089

第 7 章 文字及文字动画 ···· 103

第 13 章 综合案例实训 ……………………189

第1章

01

初识 After Effects 2021

本章导读

After Effects 是 Adobe 公司推出的一款图形图像和视频处理软件，适用于制作图像、动画及各种特效等。本章主要介绍 After Effects 2021 的工作界面、功能面板、菜单与常用首选项的设置方法等内容。

课堂学习目标

了解 After Effects 的工作界面

了解 After Effects 的功能面板

了解 After Effects 的菜单

掌握 After Effects 常用首选项的设置方法

After Effects

1.1 After Effects 的工作界面

首先来认识After Effects的工作界面。

本节知识点

名称	学习目标	重要程度
标准工作界面	熟悉 After Effects 的标准工作界面	高
打开、关闭、显示面板或窗口	掌握如何打开、关闭、显示面板或窗口	高

1.1.1 标准工作界面

启动After Effects之后，进入该软件的工作界面，如图1-1所示。初次启动软件显示的是标准工作界面，也就是软件默认的工作界面。

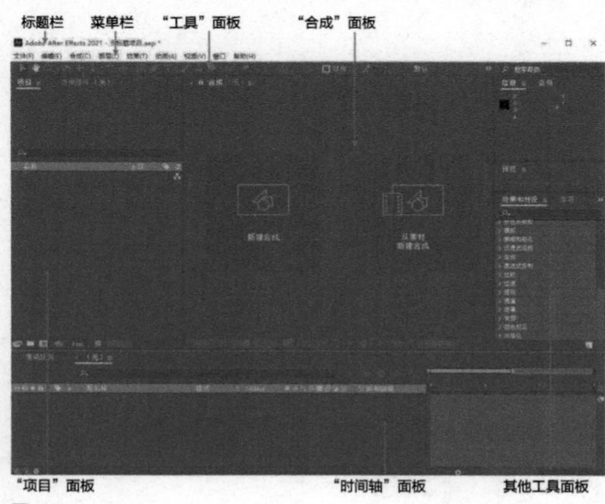

图1-1

从图1-1可以看出，After Effects的标准工作界面很简洁，布局也非常清晰。总体来说，标准工作界面主要由7部分组成。

- **标题栏：** 主要用于显示软件名称、软件版本和项目名称等。
- **菜单栏：** 包含“文件”“编辑”“合成”“图层”“效果”“动画”“视图”“窗口”“帮助”9个菜单。
- **“工具”面板：** 主要集成了选择、缩放、旋转、文字、钢笔等一些常用工具，其使用频率非常高，是After Effects中非常重要的面板。
- **“项目”面板：** 主要用于管理素材和合成，是After Effects的四大功能面板之一。
- **“合成”面板：** 主要用于查看和编辑素材。
- **“时间轴”面板：** 是控制图层效果或运动的平台，是After Effects的核心部分。
- **其他工具面板：** 这部分面板比较复杂，主要是“信息”“音频”“预览”“效果和预设”面板等。

上述面板和菜单，将在后面的内容中分别进行详细说明。

1.1.2 打开、关闭、显示面板或窗口

通过执行“窗口”菜单中的命令，可以打开相应的面板，如图1-2所示。单击面板名称旁的■按钮，然后执行“关闭面板”命令，可以关闭面板，如图1-3所示。

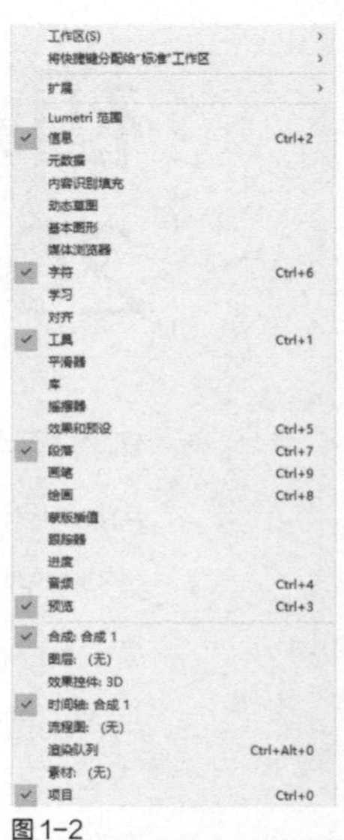

图1-2

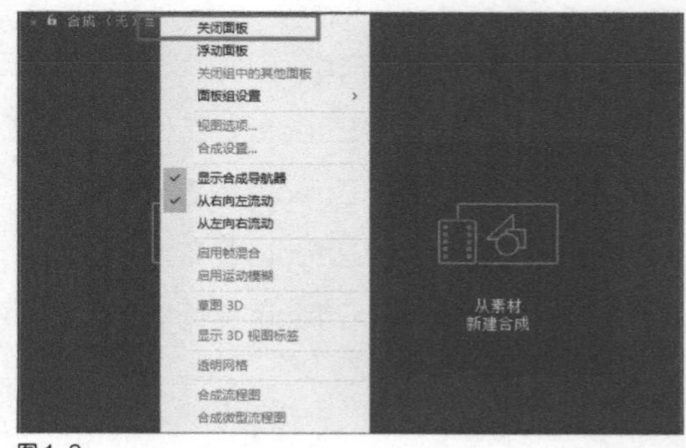

图1-3

当一个群组包含过多的面板时，有些面板的标签会被隐藏起来，这时群组的标签栏中就会显示»按钮，单击该按钮，会显示隐藏的面板，如图1-4所示。

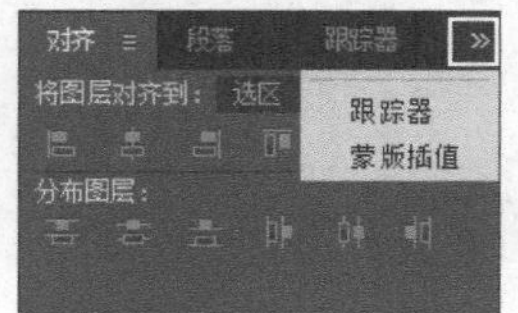

图 1-4

1.2 After Effects 的功能面板

本节讲解After Effects 2021的四大核心功能面板，分别是“项目”面板、“合成”面板、“时间轴”面板和“工具”面板。这是After Effects 2021的技术精华之所在，也是我们学习的重点。

本节知识点

名称	作用	重要程度
“项目”面板	用于查看每个合成或素材的尺寸、持续时间和帧速率等相关信息	高
“合成”面板	通过该面板能够直观地看到要处理的素材文件	高
“时间轴”面板	用于控制图层的效果或运动	高
“工具”面板	该面板集成了一些在项目制作中经常用到的工具	高

1.2.1 课堂案例——风光片制作

素材位置	实例文件 >CH01> 课堂案例——风光片制作 >（素材）
实例位置	实例文件 >CH01> 课堂案例——风光片制作 .aep
难易指数	★☆☆☆☆
学习目标	了解“项目”面板和“时间轴”面板的主要功能，掌握基础的素材编辑方法

本案例的制作效果如图1-5所示。

图 1-5

01 在学习资源中找到“实例文件 >CH01> 课堂案例——风光片制作 .aep”文件，并将其打开。在“项目”面板中单击“新建文件夹”按钮，新建 3 个文件夹，分别命名为“视频”“文字”“音乐”。将“项目”面板中的“素材 1.mp4”到“素材 4.mp4”4 个文件拖曳到“视频”文件夹中，把“文案 .png”放入“文字”文件夹，把“背景音乐 .mp3”放入“音乐”文件夹，如图 1-6 所示。采用这种方法可有序管理各类素材，能够显著提高工作效率。

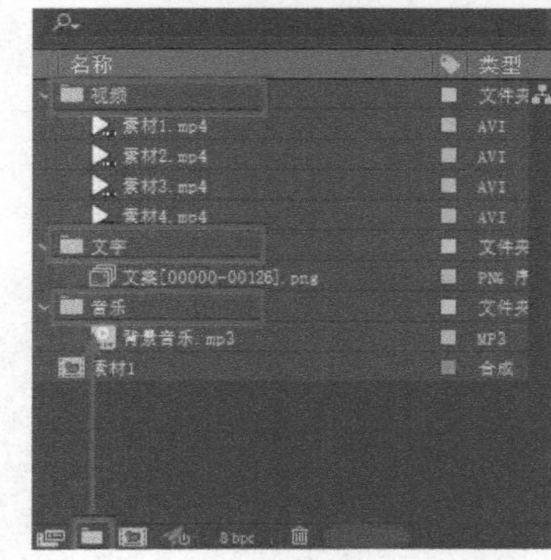

图 1-6

02 选中上一步创建的 3 个文件夹，将其拖曳到“时间轴”面板上，这样文件夹中的所有文件便都被放置在了时间轴上，并以图层的形式存在和显示。上层的内容会遮挡住下层的内容，所以需要通过拖曳改变图层的上下位置关系，确保“文案”图层在“素材 4”图层的上方，如图 1-7 所示。

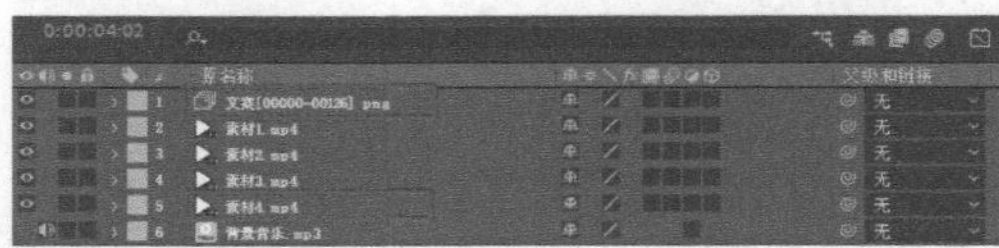
图 1-7

03 在“时间轴”面板的右侧，每个图层对应了一个或长或短的色块，这个色块的长度代表了该图层持续时间的长短，可以通过拖曳来修改该图层出现的时间。在本案例中，可以通过左右拖曳，使“素材 2”的开头位于第 1 秒 13 帧处，“素材 3”的开头位于第 3 秒 2 帧处，“素材 4”的开头位于第 6 秒 2 帧处，“文案”的开头位于第 6 秒 23 帧处，如图 1-8 所示。

图 1-8

04 可以把鼠标指针放在色块的左边缘或右边缘，等到鼠标指针变成⇔时拖曳鼠标，以此来剪掉素材开头或结尾相应的部分，或者按快捷键 Alt+[来剪掉当前时间之前的所有内容，按快捷键 Alt+] 来剪掉当前时间之后的所有内容。本案例中，把“素材 1”第 1 秒 13 帧之后的内容全部剪掉，把“素材 2”第 3 秒 2 帧之后的内容全部剪掉，把“素材 3”第 6 秒 2 帧之后的内容全部剪掉，如图 1-9 所示。

图 1-9

05 在“预览”面板中，单击“播放 / 停止”按钮▶，即可预览这段音视频，如图 1-10 所示。

图 1-10

1.2.2 “项目”面板

“项目”面板主要用于管理素材与合成。在“项目”面板中可以查看每个合成或素材的尺寸、持续时间、帧速率等相关信息，如图 1-11 所示。

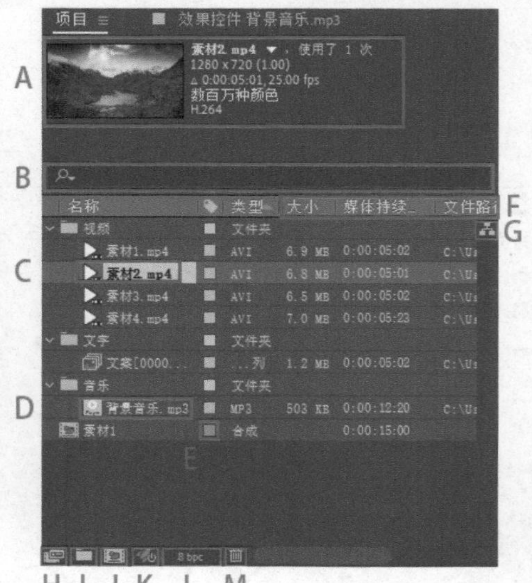

图 1-11

参数详解

- A：在这里可以查看被选择的素材的信息，包括素材的分辨率、持续时间、帧速率和格式等。
- B：利用这个功能可以搜索需要的素材或合

成。当"项目"面板中的素材比较多、难以查找的时候，这个功能非常有用。

- C：预览选中文件的第1帧画面，如果是视频，双击素材即可预览整个视频动画。
- D：被导入的文件叫作素材，素材可以是视频、图片、序列和音频等。
- E：可以利用标签进行颜色的选择，从而区分各类素材。可以通过单击色块图标改变颜色，也可以通过执行"编辑>首选项>标签"菜单命令自行设置颜色。
- F：可以查看有关素材的详细内容（包括素材的大小、帧速率、持续时间、路径信息等），若未显示，只要把"项目"面板向一侧拉开即可查看，如图1-12所示。

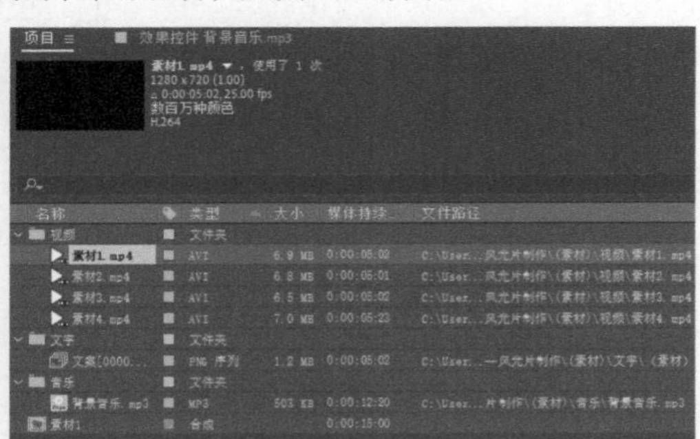
图1-12

- G：单击"项目流程图"按钮，可以查看项目制作中的素材文件的层级关系，如图1-13所示。

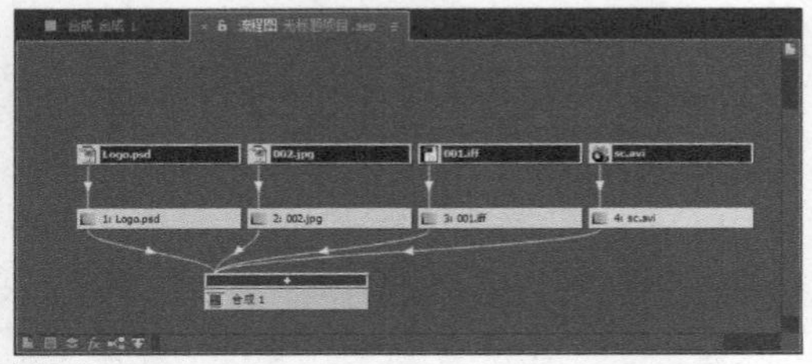
图1-13

- H：单击"解释素材"按钮，可以调出设置素材属性的对话框。在该对话框中，可以设置素材的通道处理、帧速率、开始时间码、场和像素长宽比等，如图1-14所示。

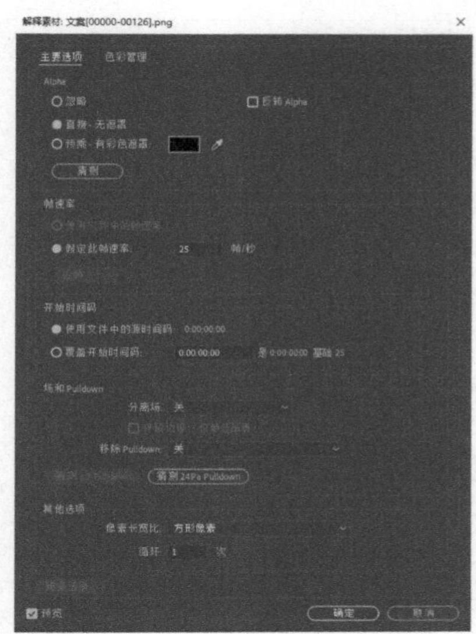
图1-14

- I：单击"新建文件夹"按钮，可以创建新的文件夹。新建文件夹的好处是便于在制作过程中有序地管理各类素材，这一点对于刚入门的设计师来说非常重要，最好在一开始就养成这个好习惯。
- J：单击"新建合成"按钮，可以创建新的合成，它和执行"合成>新建合成"菜单命令的效果完全一样。
- K：单击"项目设置"按钮，可以对项目的时间显示样式、色彩空间、音频采样率等进行设置。
- L：按住Alt键并单击 8 bpc 按钮，可以将颜色的深度切换为8 bpc、16 bpc或32 bpc。

技巧与提示

bit per channel（缩写为 bpc），即用每个通道的位数表示的颜色深度，可以决定每个通道应用多少种颜色。一般来讲，8bit 表示 2 的 8 次方，即包含了 256 种颜色信息。16bit 和 32bit 的颜色模式主要应用于 HDTV 或胶片等高分辨率项目，但在 After Effects 中，并不是所有特效滤镜都能支持 16bit 和 32bit。

- M：该按钮在删除素材或者文件夹的时候使用。选择要删除的对象，然后单击按钮，或者将选定的对象拖曳到按钮上，即可删除该对象。

1.2.3 “合成”面板

在“合成”面板中，我们能够直观地看到要处理的素材文件。同时，“合成”面板并不只是效果的显示窗口，它还可以作为素材的直接处理窗口，而且After Effects中的绝大多数操作都要依赖该面板来完成。可以说，“合成”面板在After Effects中是不可缺少的部分，如图1-15所示。

图1-15

参数详解

- A：显示当前正在进行操作的合成的名称。
- B：单击按钮可以打开图1-16所示的菜单，其中包含了针对“合成”面板的一些设置命令，如“关闭面板”“浮动面板”等。执行其中的“视图选项”命令可以设置是否显示“合成”面板中图层的“手柄”和“蒙版”等，如图1-17所示。

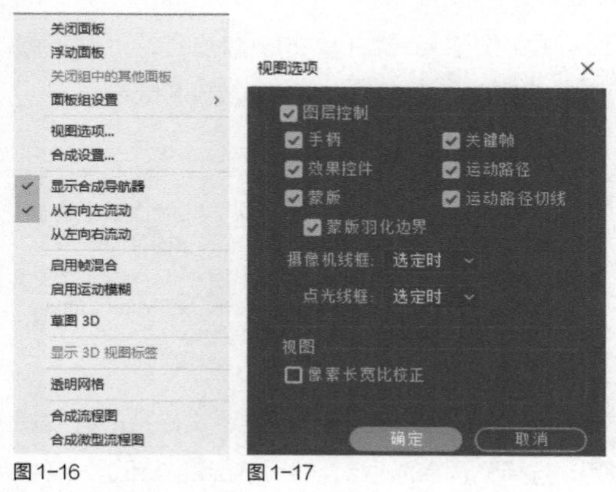

图1-16　图1-17

- C：显示当前合成工作进行的状态，即画面合成的效果、遮罩显示、安全框等所有相关的内容。
- D：**显示比例**，调节在预览窗口中看到的图像的显示比例。单击该下拉按钮，会显示可以设置的数值，如图1-18所示，直接选择需要的数值即可调节图像的显示比例。

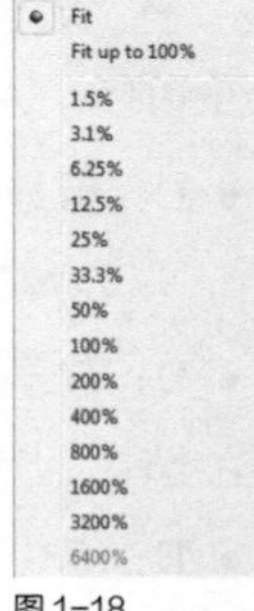

图1-18

> **技巧与提示**
>
> 通常，除了在进行细节处理的时候要调节显示比例以外，一般都按照100%或者50%的显示比例进行制作。

- E：**分辨率/向下采样系数**，这个下拉菜单包括6个选项，用于设置不同的分辨率，如图1-19所示。该分辨率只应用在预览窗口中，用来影响预览图像的显示质量，不会影响最终图像输出的画面质量。

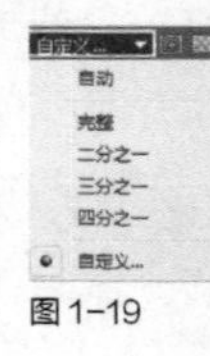

图1-19

自动：根据预览窗口的大小自动适配图像的分辨率。

完整：显示状态最好的图像，选择该选项时预览时间相对较长，若计算机内存比较小，可能无法预览全部内容。

二分之一：显示“整体”分辨率拥有像素的1/4。在工作的时候，一般都会选择“二分之一”选项；当需要修改细节部分的时候，再选择“完整”选项。

三分之一：显示“整体”分辨率拥有像素的1/9。

四分之一：显示“整体”分辨率拥有像素的1/16。

自定义：选择“自定义”选项，打开“自定义分辨率”对话框，如图1-20所示，用户可以直接在其中设定纵横的分辨率。

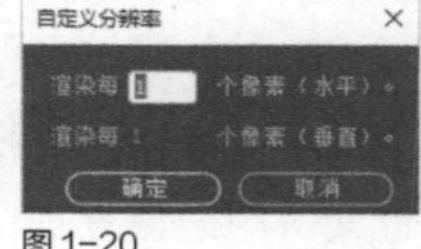

图1-20

> 技巧与提示
>
> 选择分辨率时，最好能够根据工作效率来选择，这样对制作过程中的快速预览会有很大的帮助。因此，与将分辨率设定为“完整”相比，设定为“二分之一”会在图像显示质量没有太大损失的情况下提高制作速度。

● **F：快速预览**，用来设置预览素材的速度，其下拉菜单如图1-21所示。

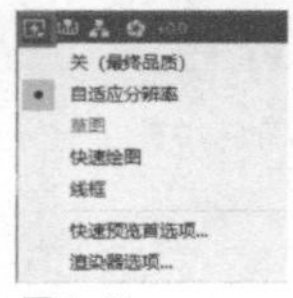

图1-21

● **G：切换透明网格**，单击该按钮可以将预览窗口的背景从黑色转换为透明状态（前提是图像带有Alpha通道），如图1-22所示。

图1-22

● **H：切换蒙版和形状路径可见性**，在使用“钢笔工具”、“矩形工具”或“椭圆工具”绘制蒙版的时候，使用这个按钮可以设定是否在预览窗口中显示蒙版路径，如图1-23所示。

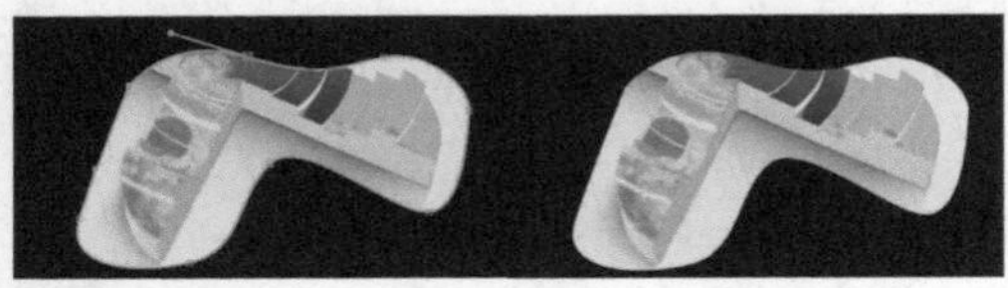

图1-23

● **I：目标区域**，在预览窗口中只查看制作内容的某一个部分的时候，可以使用这个按钮。另外，在计算机配置较低、预览时间过长的时候，使用这个按钮也可以达到不错的效果。使用方法是单击该按钮，然后在预览窗口中拖曳鼠标，绘制出一个矩形区域，就可以只预览该区域的内容了，如图1-24所示。如果再次单击该按钮，又会恢复显示原来的整个区域。

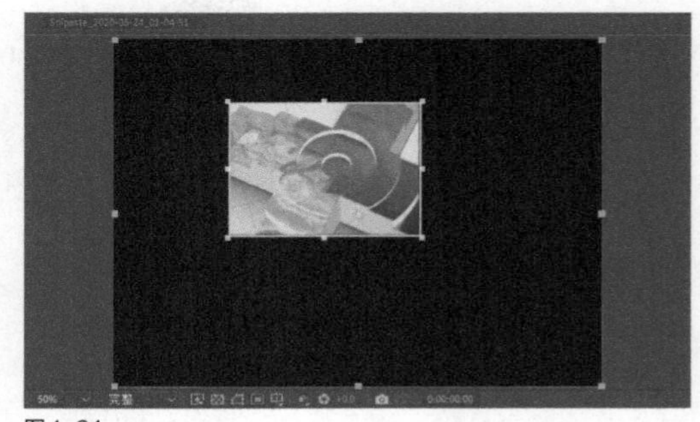

图1-24

● **J：选择网格和参考线选项**，该选项组包括“标题/动作安全”“对称网格”“网格”“参考线”“标尺”“3D参考轴”6个选项，如图1-25所示。

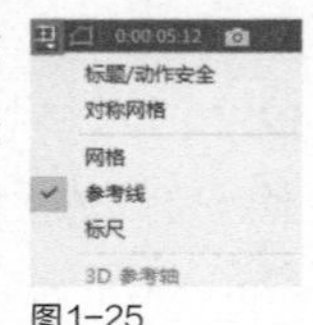

图1-25

> 技巧与提示
>
> 安全框的主要作用是表明显示在TV监视器上的工作的安全区域。安全框由内线框和外线框两部分构成，如图1-26所示。
>
> 
>
> 图1-26
>
> 内线框是标题安全框，也就是在画面上输入文字的时候不能超出这个框。如果超出了这个框，那么超出的部分就不会显示在电视画面上。
>
> 外线框是操作安全框，运动对象的所有内容都必须显示在该框的内部。如果超出了这个框，超出的部分就不会显示在电视画面上。

● **K：显示通道及色彩管理设置**，这里显示的是有关通道的内容，如图1-27所示，通道是RGBA，按照“红色”“绿色”“蓝色”“Alpha”的顺序显示。Alpha通道的特点是不具有颜色属性，只具有与选区有关的信息。因此，Alpha通道的颜色与“灰阶”是统一的，Alpha通道的基本背景是黑色，而白色的部分则表示选区。另外，灰色系列的颜色会呈半透明状态。在图层中可以提取这些信息并加以使用，或者应用在选区的编辑工作中。

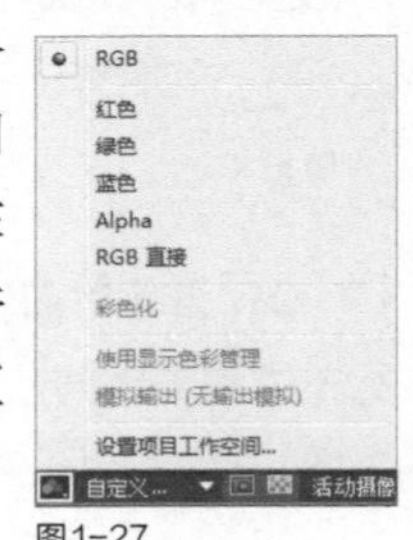

图1-27

• L：**重置曝光**，该功能主要用来调整曝光程度，以查看素材中亮部和暗部的细节，设计师可以在预览窗口中轻松调节图像的显示情况，而曝光控制并不会影响最终的渲染。其中，用来恢复初始曝光值，用来设置曝光值。

• M：**快照**，“快照”的作用是把当前正在制作的画面，即预览窗口中的画面拍摄成照片。单击按钮后会发出拍摄照片的提示音，拍摄的静态画面可以保存在内存中，以便以后使用。除了单击该按钮，也可以按快捷键Shift+F5进行操作。如果想要多保存几张快照，可以依次按快捷键Shift+F5、Shift+F6、Shift+F7和Shift+F8。

• N：**显示快照**，在保存快照以后，这个按钮才会被激活。它显示的是保存为快照的最后一个文件。当依次按快捷键Shift+F5、Shift+F6、Shift+F7和Shift+F8，保存几张快照以后，只要按顺序按F5、F6、F7、F8键，就可以按照保存顺序查看快照。

技巧与提示

因为快照要占用计算机内存，所以在不使用的时候，最好把它删除。删除的方法是执行“编辑 > 清理 > 快照”菜单命令，如图1-28 所示；或依次按快捷键 Ctrl+Shift+F5、Ctrl+Shift+F6、Ctrl+Shift+F7 和 Ctrl+Shift+F8。

执行“清理”命令，可以在运行程序的时候删除保存在内存中的内容，它包括“所有内存与磁盘缓存”“所有内存”“撤销”“图像缓存内存”“快照”5 个命令。

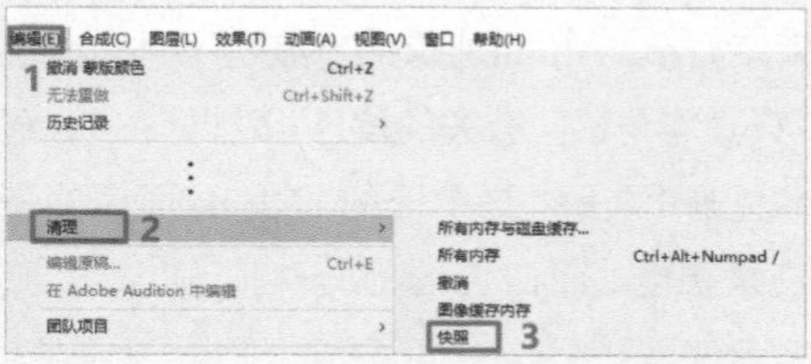

图 1-28

• O：**当前时间**，显示当前时间指针所在位置的时间。在这个位置单击，会弹出一个图1-29所示的对话框，在对话框中输入一个时间点，时间指针就会移动到输入的时间点上，预览窗口中就会显示当前时间点对应的画面。

图 1-29

技巧与提示

图 1-29 中的 0:00:00:00 按照顺序显示的分别是时、分、秒和帧，如果要移动到的位置是 1 分 30 秒 10 帧，只要输入 0:01:30:10 就可以了。

P至T为3D功能相关控件，当合成中至少有一个 3D图层时才会显示。

• P：**草图3D**，用于打开或关闭快速3D预览。开启后可以实时预览3D场景中的操作。

• Q：**3D地平面**，在开启了“草图3D”后，可以使用该按钮开启或关闭地平面，来帮助检查3D空间中各物体间的透视关系，如图1-30所示。

图 1-30

• R：**3D渲染器**，可以使用该下拉菜单为合成选择合适的 3D 渲染器，如图1-31所示。如果所用的显卡支持光线追踪技术，下拉菜单中还会有“光线追踪 3D”一项。

图 1-31

经典3D：该项是传统的默认渲染器。各个图层将作为平面在 3D 空间中被放置。

CINEMA 4D：该渲染器支持将文本图层或

者形状图层转换为3D模型，同时可以将其他3D图层（纯色或素材等）弯曲成曲面。

光线追踪3D：该渲染器在功能上与CINEMA 4D渲染器相同，只是在材质及光影表现上同CINEMA 4D渲染器略有差别。

渲染器选项：在选定了3D渲染器后，可以通过该选项对选定渲染器进行进一步的设置。

- **S：3D视图**，单击该按钮，可以在弹出的下拉菜单中变换视图，如图1-32所示。

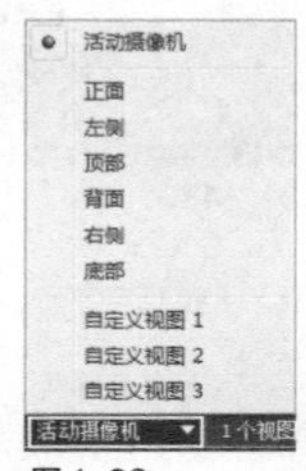

图1-32

> **技巧与提示**
>
> 只有当“时间轴”面板中存在3D图层的时候，变换视图显示方式才有实际效果；当图层全部都是2D图层的时候则无效。关于这部分内容，在以后使用3D图层的时候会做详细讲解。

- **T：选择视图布局**，在这个下拉菜单中可以按照当前的窗口操作方式进行多项设置，如图1-33所示。选择视图布局时可以将预览窗口设置成三维软件中视图窗口的形式，拥有多个参考视图，如图1-34所示。这个菜单对于After Effects中三维视图的操作特别有用。

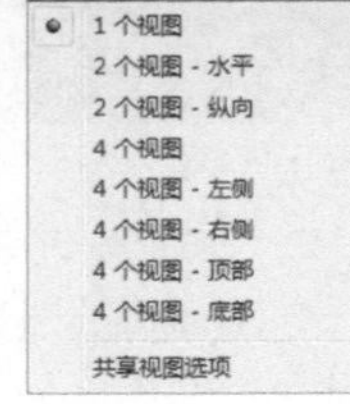

图1-33

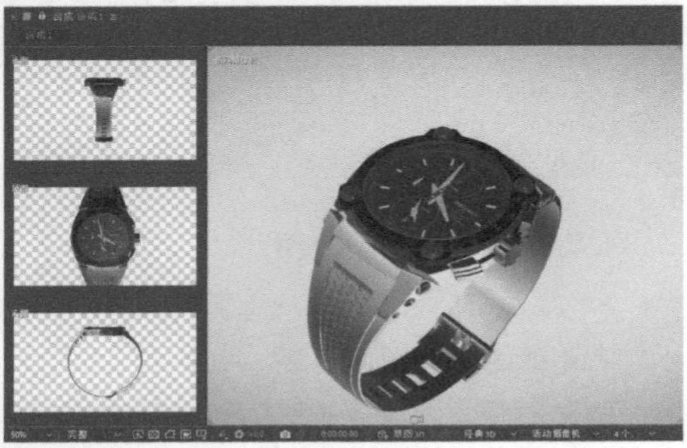

图1-34

1.2.4 “时间轴”面板

将“项目”面板中的素材拖曳到时间轴上，确定时间点后，位于“时间轴”面板中的素材将以图层的方式显示。此时每个图层都有属于自己的时间和空间，而“时间轴”面板就是控制图层的效果或运动的平台，它是After Effects软件的核心部分。本小节将对“时间轴”面板的各个重要功能和按钮进行详细的讲解。

“时间轴”面板在标准状态下的全部内容如图1-35所示。

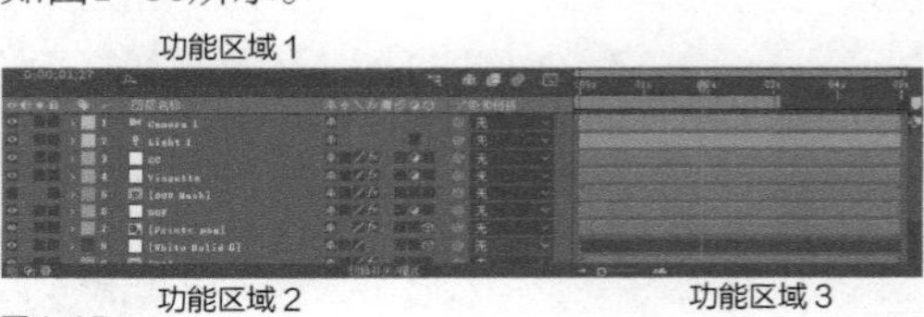

图1-35

“时间轴”面板的功能较其他面板来说相对复杂一些，下面对其进行详细介绍。

◆1. 功能区域1

下面讲解图1-36所示的区域，也就是“功能区域1”。

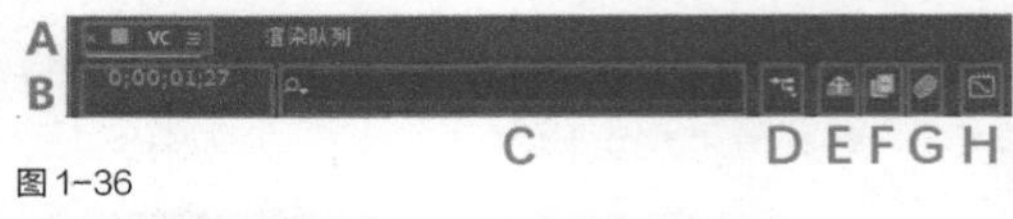

图1-36

“功能区域1”功能详解

- A：显示当前合成项目的名称。
- B：显示当前合成中时间指针所处的位置及该合成的帧速率。按住Alt键的同时单击该区域，可以改变时间显示的方式，如图1-37和图1-38所示。

图1-37

图1-38

- C：**层查找栏**，利用该功能可以快速找到指定的图层。
- D：**合成微型流程图**，单击该按钮可以快速查看合成与图层之间的嵌套关系或快速在嵌套合成间切换，如图1-39所示。

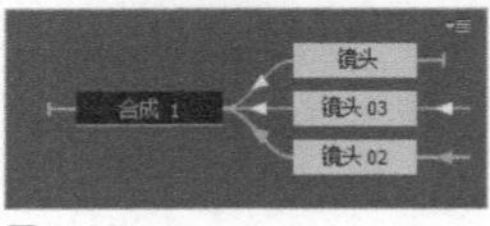

图1-39

● E：**消隐开关**，用来隐藏指定的图层。当合成的图层特别多的时候，该功能的作用尤为明显。选择需要隐藏的图层，单击图层上的按钮，如图1-40所示。这时并没有任何变化，然后单击总按钮，选择的图层就被隐藏了，如图1-41所示。再次单击按钮，刚才隐藏的图层又会重新显示出来。

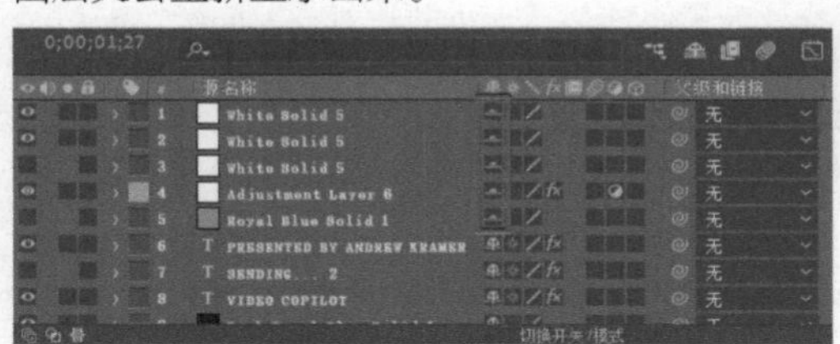

图1-40

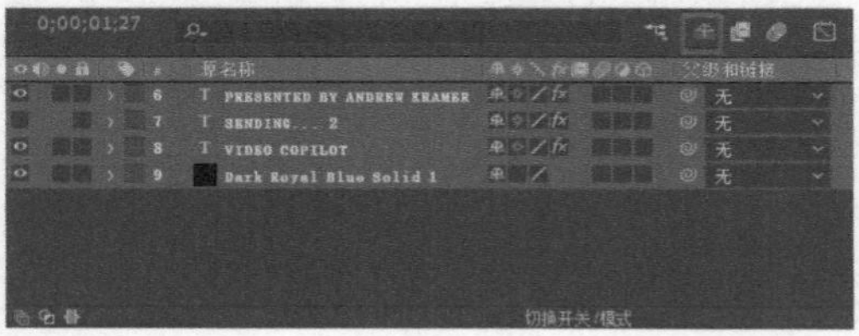

图1-41

● F：**帧混合开关**，在渲染的时候，该功能可以在修改原素材的帧速率时平滑插补的帧，一般在使用“时间伸缩”以后应用。使用方法是选择需要加载帧混合的图层，单击图层上的按钮，最后单击总按钮，如图1-42所示。

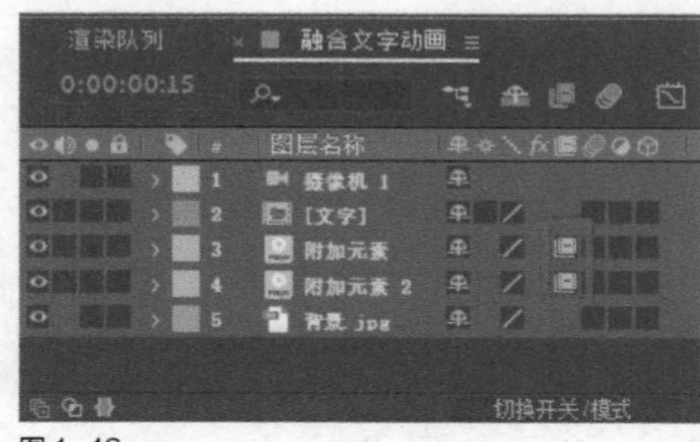

图1-42

● G：**运动模糊开关**，该功能是在After Effects中移动图层的时候应用模糊效果。其使用方法与帧混合一样，必须先单击图层上的按钮，然后确保总按钮处于开启状态，才能出现运动模糊效果。图1-43所示的是一张图片从上到下的位移，在运用运动模糊效果前后的对比。

图1-43

技巧与提示

“隐藏所有图层”“帧混合”“运动模糊”这3项功能在“功能区域1”和“功能区域2”都有控制按钮，其中“功能区域1”的控制按钮是总开关，而“功能区域2”的控制按钮只针对单一图层，操作时必须把两个区域的控制按钮同时开启才能产生作用。

● H：**图表编辑器**，单击该按钮可以打开曲线编辑器窗口。单击“图表编辑器”按钮，然后激活“缩放”属性，这时可以在曲线编辑器中看到一条可编辑的曲线，如图1-44所示。

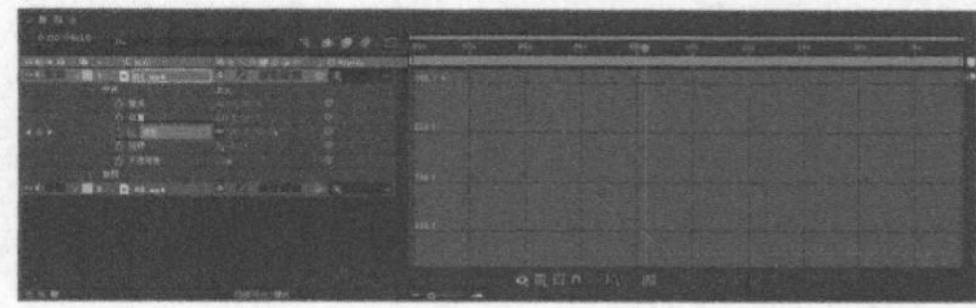

图1-44

2. 功能区域2

下面讲解图1-45所示的区域，也就是“功能区域2”。

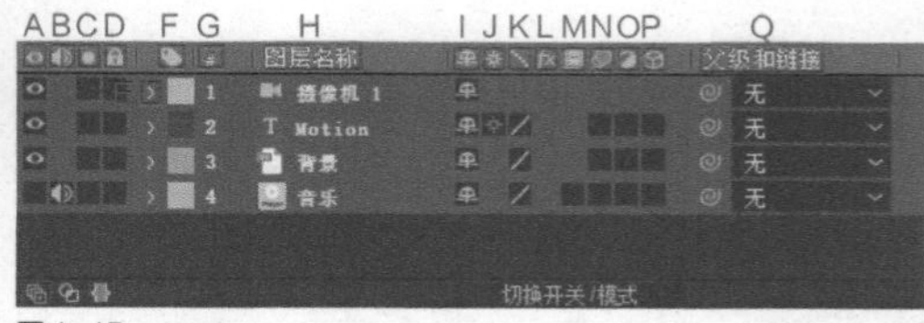

图1-45

“功能区域2”功能详解

● A：**显示图标**，其作用是在预览窗口中显示或者隐藏图层的画面内容。当显示“眼睛”时，图层的画面内容会显示在预览窗口中；相反，当不显示“眼睛”时，在预览窗口中就看不到图层的画面内容了。

- B：**音频图标**，在时间轴中添加音频文件以后，图层上会生成“音频”图标。单击“音频”图标，它就会消失，再次预览的时候就听不到声音了。

- C：**独奏图标**，在某图层中激活“独奏”功能以后，其他图层的显示图标就会从黑色变成灰色，“合成”面板中就只会显示激活了“独奏”功能的图层的画面内容，同时暂停显示其他图层的画面内容，如图1-46所示。

图1-46

- D：**锁定图标**，显示该图标表示相关的图层处于锁定状态，再次单击该图标即可解除锁定。一个图层被锁定后，就无法选择这个图层了，也不能对其应用任何效果。这个功能通常会应用在已经完成全部制作的图层上，从而避免由于失误而删除或者损坏制作完成的内容。

- E：**三角形图标**，单击三角形图标以后，三角形指向下方，同时显示图层的相关属性，如图1-47所示。

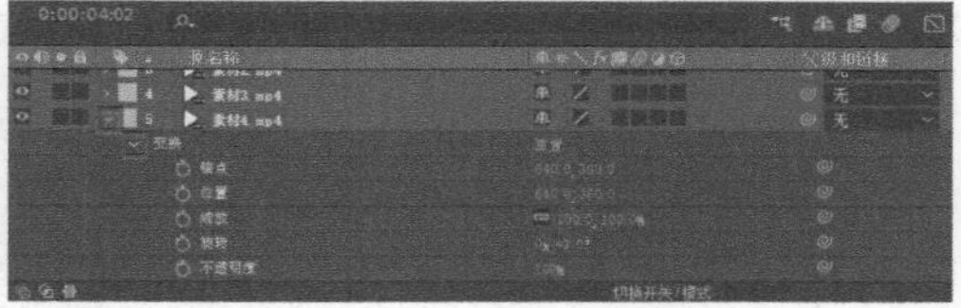

图1-47

- F：**标签颜色图标**，单击标签颜色图标后，会出现多种颜色选项，如图1-48所示。用户只要从中选择自己需要的颜色就可以改变标签的颜色。其中，“选择标签组”命令是用来选择所有标签颜色相同的图层的。

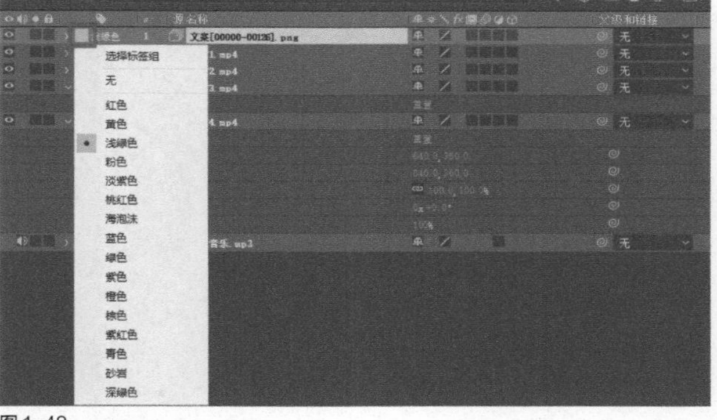

图1-48

- G：**编号图标**，用来标注图层的编号，它会从上到下依次显示图层的编号，如图1-49所示。

- H：**源名称**源名称/**图层名称**图层名称，单击“源名称”后，此处会变成“图层名称”。素材的名称不能更改，而图层的名称可以更改，单击图层名称后按Enter键，就可以修改名称了。

图1-49

- I：**隐藏图层**，用来隐藏指定的图层。当项目中的图层特别多的时候，该功能的作用尤为明显。

- J：**栅格化**，当图层是“合成”或.ai文件时才可以使用“栅格化”功能。使用该功能后，“合成”图层的质量会提高，渲染时间会减少。也可以不使用“栅格化”功能，以使.ai文件在变形后保持最高分辨率与平滑度。

- K：**质量和采样**，这里显示的是从预览窗口中看到的图像的质量，单击该按钮可以在“低质量”“中质量”“高质量”这3种显示方式之间切换，如图1-50所示。

- **L：特效图标**，在图层上添加特效滤镜以后，就会显示该图标，如图1-51所示。
- **M和N：帧混合**、**运动模糊**，帧混合功能用于在视频快放或慢放时，进行画面的帧补偿；添加运动模糊效果的目的在于增强快速移动场景或物体的真实感。
- **O：调整图层**，调整图层在一般情况下是不可见的，调整图层下面的所有图层都受调整图层上添加的特效滤镜的控制，一般在进行画面色彩校正的时候用得比较多，如图1-52所示。
- **P：三维空间按钮**，其作用是将二维图层转换成带有深度空间信息的三维图层。
- **Q：父级控制面板**父级和链接，将一个图层设置为父图层时，对父图层的操作（如位移、旋转和缩放等）将影响到它的子图层，而对子图层的操作则不会影响到父图层。
- ：用来展开或折叠图1-53所示的"开关"面板，也就是矩形框选的部分。
- ：用来展开或折叠图1-54所示的"模式"面板，也就是矩形框选的部分。
- ：用来展开或折叠图1-55所示的"入点""出点""持续时间""伸缩"面板。
- 切换开关/模式：单击该按钮可以在"开关"面板和"模式"面板间切换。执行该操作时，"时间轴"面板中只能显示其中的一个面板。当然，如果同时打开了"开关"和"模式"面板，那么该按钮将会被自动隐藏。

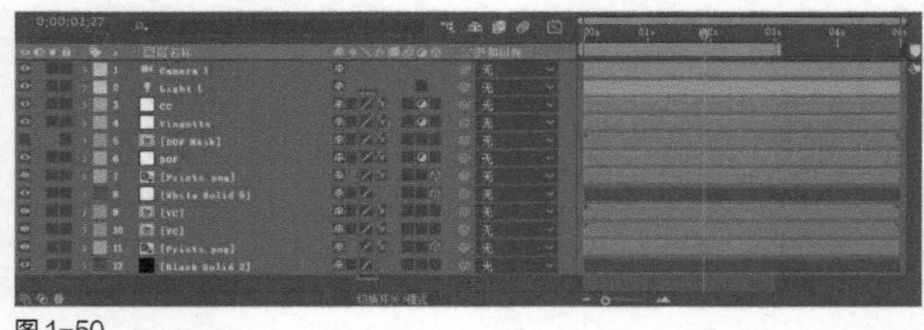
图1-50

图1-51

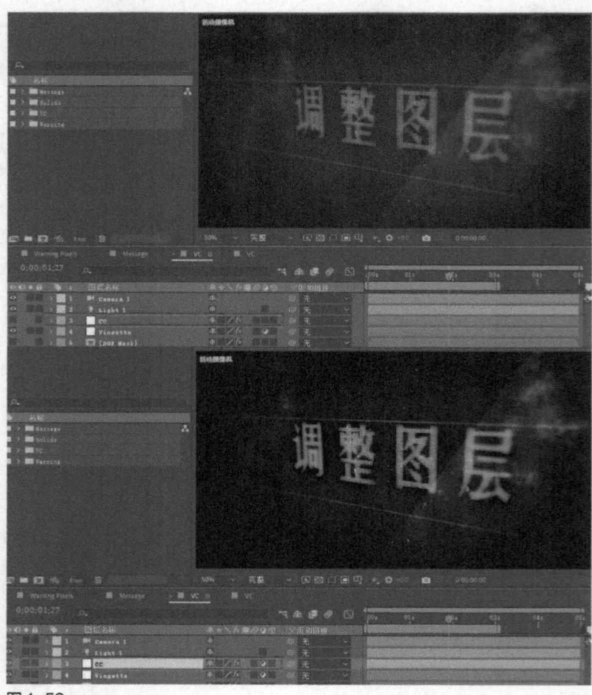

图1-52

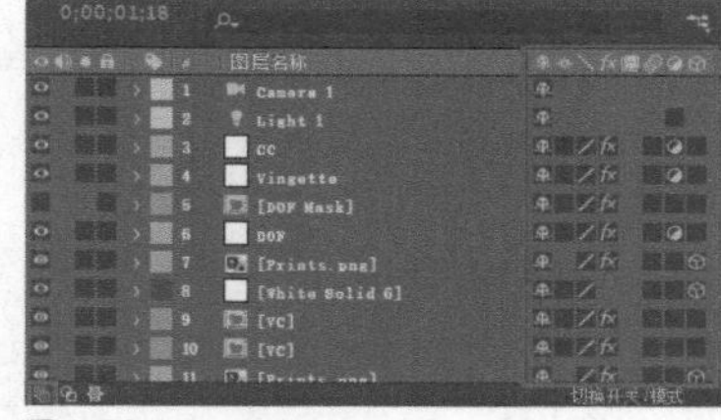
图1-53

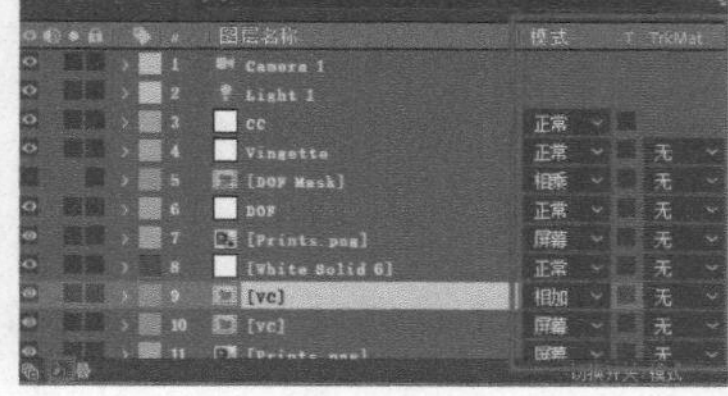
图1-54

图1-55

◆ 3. 功能区域3

下面讲解图1-56所示的区域，也就是“功能区域3”。

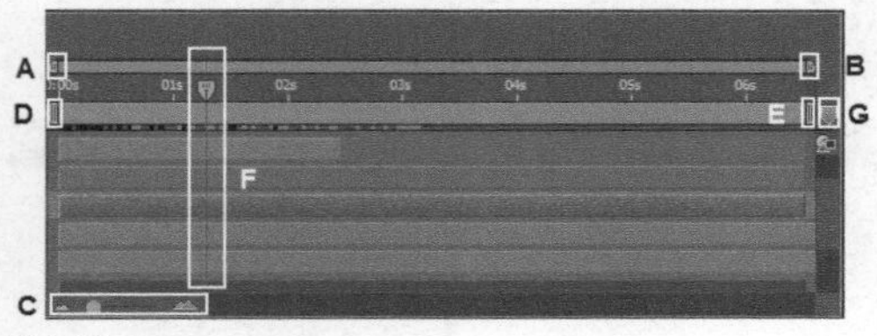

图1-56

“功能区域3”功能详解

- 图中标识的A、B、C部分用来调节时间轴标尺的放大与缩小显示。这里的放大和缩小与在“合成”面板中预览时的缩放操作不一样，这里是指显示时间段的精密程度。将图1-57所示的移动滑块拖曳至最右侧，时间标尺以帧为单位进行显示，此时可以进行更加精确的操作。

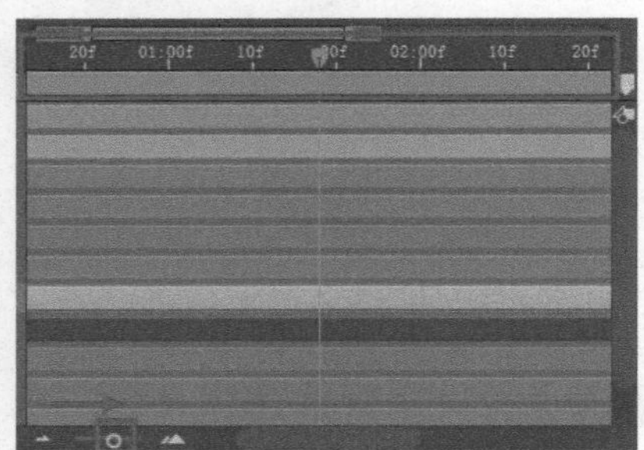
图1-57

- 图中标识的D和E部分用来设置合成项目工作区域的开始点和结束点。
- 图中标识的F部分为时间指针当前所处的时间位置。按住滑块，然后左右拖曳，通过移动时间指针可以确定当前所在的时间位置。
- 图中标识的G部分为标记点按钮。在“时间轴”面板右侧单击“合成标记素材箱”，这样就会在时间指针所在的位置显示数字1，如图1-58所示，还可以拖曳标记点按钮到所需的位置，生成新的标记点，生成的标记点会按照顺序显示。

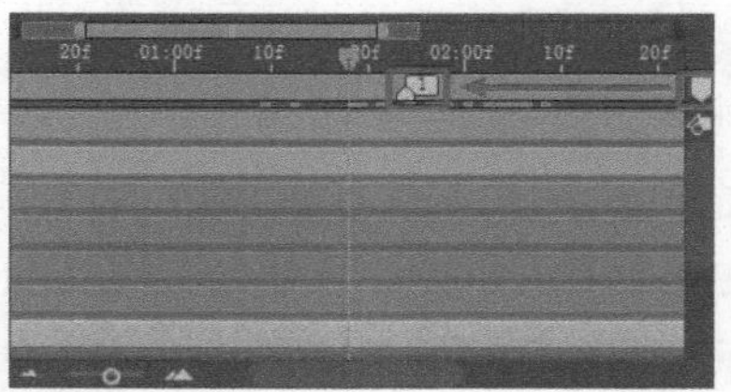
图1-58

1.2.5 “工具”面板

在制作项目的过程中，经常要用到“工具”面板中的一些工具，如图1-59所示。这些都是项目操作中使用频率极高的工具，希望读者熟练掌握。

图1-59

工具详解

- **选取工具**：主要作用是选择图层和素材等，快捷键为V。

当合成中存在3D图层时，选取工具右侧会增加三个工具，这些工具用于开启或关闭3D图层上的操控手柄的位置、缩放和旋转功能，如图1-60所示。

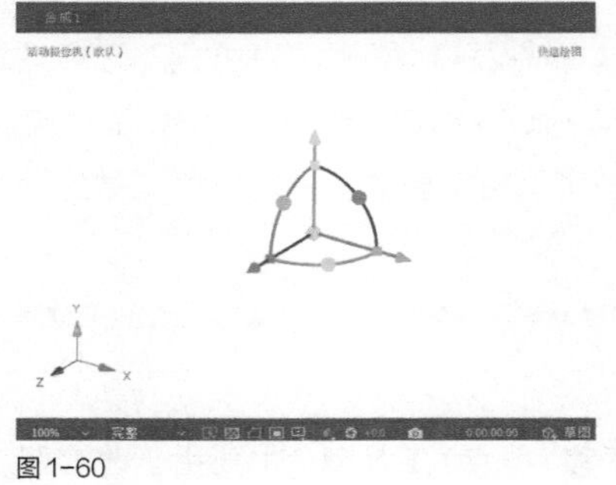
图1-60

- **手形工具**：与Photoshop中的功能一样，它能够在预览窗口中移动整体画面，快捷键为H。

- **缩放工具**：用于放大与缩小显示画面，快捷键为Z。默认状态下是放大工具，呈状，在预览窗口中单击会将画面放大一倍；在选取“缩放工具”后，按住Alt键，指针呈状，这时单击就会缩小画面。

绕光标旋转工具：控制摄像机以鼠标单击的地方为中心进行旋转。子菜单中还包含绕场景旋转工具和绕相机信息点旋转工具。该工具的快捷键为1。

在光标下移动工具：控制摄像机以鼠标单击的地方为原点进行平移。子菜单中还包含平移摄像机POI工具。该工具的快捷键为2。

向光标方向推拉镜头工具：控制摄像机以鼠标单击的地方为目标进行推拉。子菜单中还包含推拉至光标工具和推拉至摄像机POI工具。该工具的快捷键为3。

技巧与提示

After Effects 的“工具”面板中有 3 类共 8 种摄像机控制工具，分别用来进行摄像机的位移、旋转和推拉等操作，如图 1-61 所示。

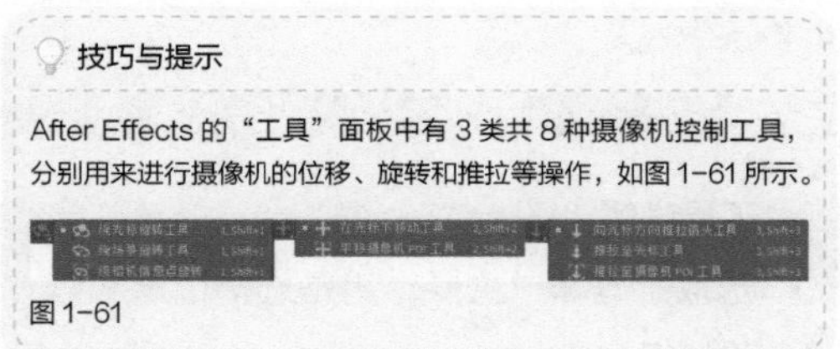

图 1-61

- **旋转工具**：在“工具”面板中选择了“旋转工具”之后，工具箱的右侧会出现图1-62所示的两个选项。这两个选项表示在使用三维图层的时候，将通过什么方式进行旋转操作，它们只适用于三维图层，因为只有三维图层才同时具有x轴、y轴和z轴。“方向”选项只能用于改动x轴、y轴和z轴中的一个，而“旋转”选项则可以用于旋转各个轴。该工具的快捷键为W。

图 1-62

- **向后平移（锚点）工具**：主要用于改变图层轴心点的位置。确定了轴心点就意味着将以哪个轴心点为中心进行旋转、缩放等操作，图1-63展示了不同位置的轴心点对画面元素缩放效果的影响。该工具的快捷键为Y。

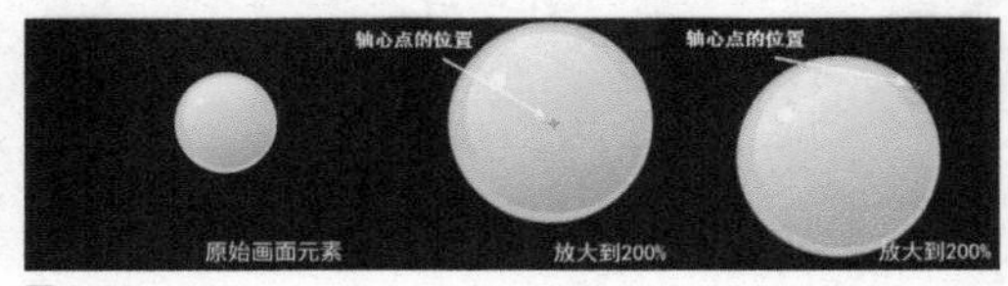

图 1-63

- **矩形工具**：使用该工具可以创建相对比较规整的蒙版。在该工具上按住鼠标左键，将打开子菜单，其中包含5个子工具，如图1-64所示。该工具的快捷键为Q。

图 1-64

- **钢笔工具**：使用该工具可以创建任意形状的蒙版。在该工具上按住鼠标左键，将打开子菜单，其中包含5个子工具，如图1-65所示。该工具的快捷键为G。

图 1-65

- **文字工具**：在该工具上按住鼠标左键，将打开子菜单，其中包含两个子工具，分别为和，如图1-66所示。该工具的快捷键为Ctrl+T。

图 1-66

- **绘图工具**：该工具组由画笔工具、仿制图章工具和橡皮擦工具组成。该工具的快捷键为Ctrl+B。

画笔工具：使用该工具可以在图层上绘制需要的图像，但该工具不能单独使用，需要配合“绘画”面板、“画笔”面板一起使用。

仿制图章工具：该工具和 Photoshop 中的“仿制图章工具”一样，可以复制需要的图像并将其应用于其他部分，生成相同的内容。

橡皮擦工具：使用该工具可以擦除图像，可以通过调节它的笔触大小来控制擦除区域的大小。

- **Roto**：使用该工具可以对画面进行自动抠像处理，适用于颜色对比强烈的画面。该工具的快捷键为Alt+W。
- **操控点工具**：在该工具上按住鼠标左键，将打开子菜单，其中包含5个子工具，如图1-67所示。使用操控点工具可以为光栅图像或矢量图形快速创建出非常自然的动画。该工具的快捷键为Ctrl+P。

人偶位置控点工具 Ctrl+P
人偶固化控点工具 Ctrl+P
人偶弯曲控点工具 Ctrl+P
人偶高级控点工具 Ctrl+P
人偶重叠控点工具 Ctrl+P

图 1-67

1.3 After Effects 的菜单

After Effects的菜单栏中共有9个菜单，分别是“文件”“编辑”“合成”“图层”“效果”“动画”“视图”“窗口”“帮助”菜单，如图1-68所示。

文件(F)　编辑(E)　合成(C)　图层(L)　效果(T)　动画(A)　视图(V)　窗口　帮助(H)

图 1-68

本节知识点

名称	作用	重要程度
文件	用于执行针对项目文件的一些基本操作	中
编辑	包含一些常用的编辑命令	中
合成	用于设置合成的相关参数，以及执行针对合成的一些基本操作	中
图层	包含了与图层相关的大部分命令	中
效果	集成了 After Effects 中的所有滤镜	中
动画	用于设置动画关键帧及关键帧的属性	中
视图	用于设置视图的显示方式	中
窗口	用于打开或关闭浮动窗口或面板	低
帮助	软件的辅助工具	低

1.3.1 课堂案例——胶卷照片墙

素材位置	实例文件 >CH01> 课堂案例——胶卷照片墙 >（素材）
实例位置	实例文件 >CH01> 课堂案例——胶卷照片墙 .aep
难易指数	★☆☆☆☆
学习目标	了解参考线的使用方法

本案例的制作效果如图1-69所示。

图 1-69

01 在学习资源中找到“实例文件 >CH01> 课堂案例——胶卷照片墙 .aep”文件，并将其打开。将“项目”面板中的“照片 2”和“照片 3”两个文件拖曳到“时间轴”面板中，并确保它们位于“叠加纹理”图层的下方，如图 1-70 所示。

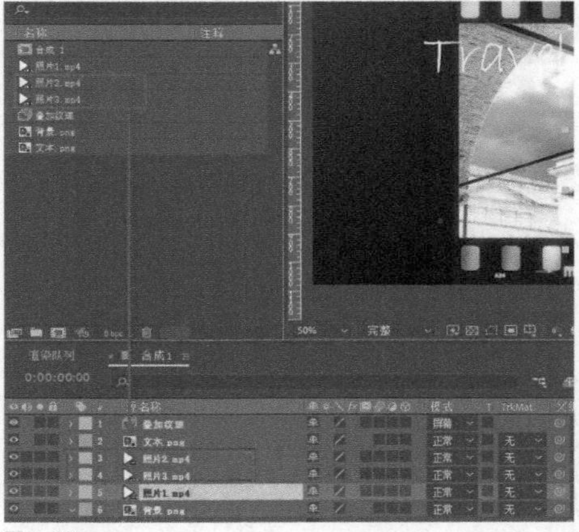

图 1-70

02 在“时间轴”面板中，单击“照片 2”图层左侧的三角形图标，选择“变换 > 缩放”，将“缩放”属性设置为（39.0%，39.0%），如图 1-71 所示，然后对“照片 3”进行同样的操作。

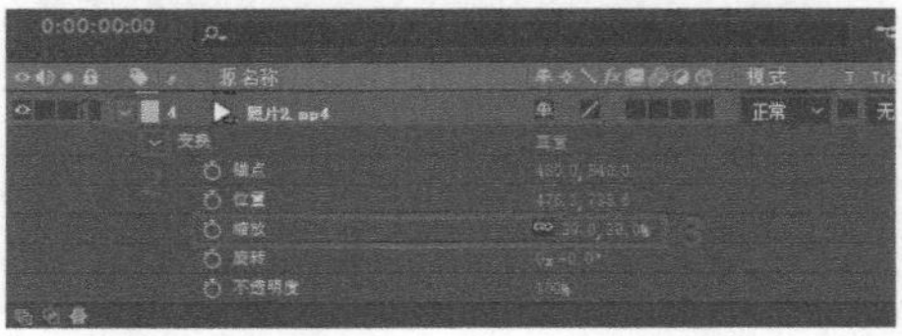

图 1-71

03 执行“视图 > 显示标尺”菜单命令，并确保“显示参考线”和“对齐到参考线”也处于被勾选的状态，如图 1-72 所示。之后，“合成”面板的上部和左部会出现标尺，把鼠标指针放到标尺范围内，待鼠标指针变为⇔时，向面板中心拖曳鼠标即可得到一条参考线，将图层边缘靠近参考线时，图层会自动吸附对齐到参考线上。拖曳两条参考线，使其分别与“照片 1”的上边缘和右边缘对齐，如图 1-73 所示。

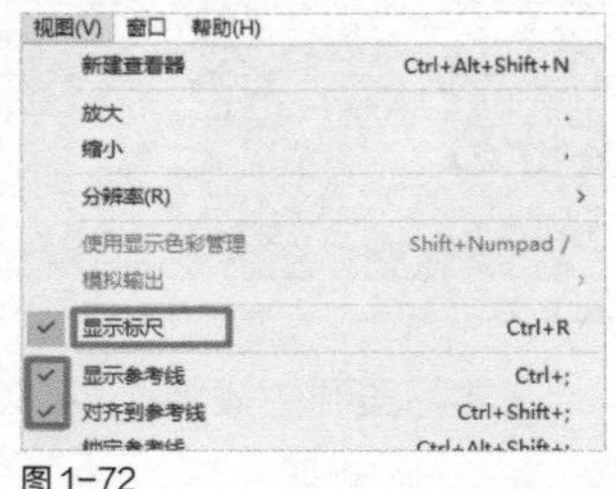

图 1-72

图 1-73

04 在“合成”面板中拖曳“照片 2”，使它的上边缘与横向的参考线对齐，然后拖曳“照片 3”，使它的右边缘与纵向的参考线对齐，如图 1-74 所示。在“预览”面板中单击“播放 / 停止”按钮可以预览当前效果。

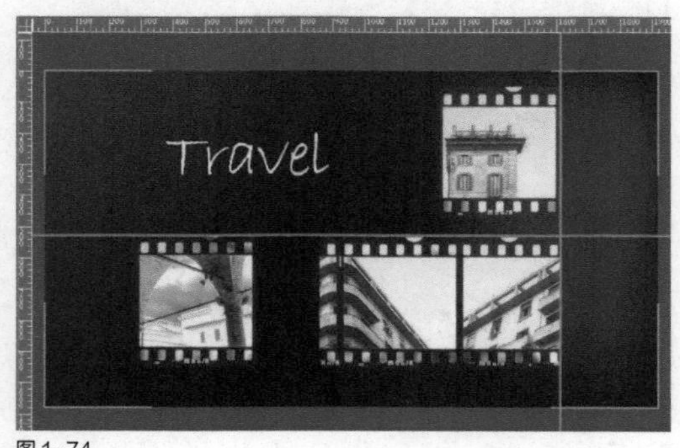

图 1-74

> **技巧与提示**
>
> 参考线可以有很多条，添加的方法同前面介绍的一样。若想暂时隐藏参考线，可以取消勾选“显示参考线”；若想删除现有参考线，可以执行“视图 > 清除参考线”菜单命令。

1.3.2 “文件”菜单

“文件”菜单中的命令主要用于执行针对项目文件的一些基本操作，如图1-75所示。

1.3.3 “编辑”菜单

“编辑”菜单中包含一些常用的编辑命令，如图1-76所示。

图 1-75

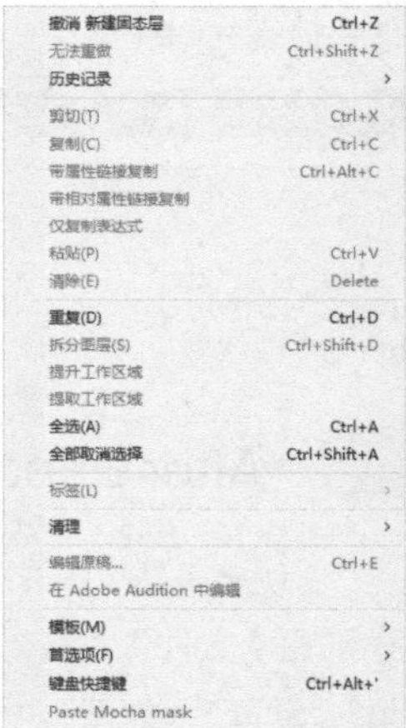

撤消 新建固态层 Ctrl+Z
无法重做 Ctrl+Shift+Z
历史记录
剪切(T) Ctrl+X
复制(C) Ctrl+C
带属性链接复制 Ctrl+Alt+C
带相对属性链接复制
仅复制表达式
粘贴(P) Ctrl+V
清除(E) Delete
重复(D) Ctrl+D
拆分图层(S) Ctrl+Shift+D
提升工作区域
提取工作区域
全选(A) Ctrl+A
全部取消选择 Ctrl+Shift+A
标签(L)
清理
编辑原稿... Ctrl+E
在 Adobe Audition 中编辑
模板(M)
首选项(F)
键盘快捷键 Ctrl+Alt+'
Paste Mocha mask

图 1-76

1.3.4 “合成”菜单

“合成”菜单中的命令主要用于设置合成的相关参数，以及执行针对合成的一些基本操作，如图 1-77 所示。

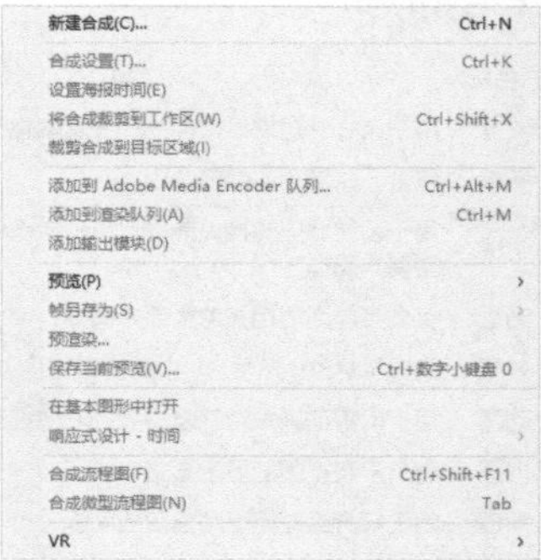

新建合成(C)... Ctrl+N
合成设置(T)... Ctrl+K
设置海报时间(E)
将合成裁剪到工作区(W) Ctrl+Shift+X
裁剪合成到目标区域(I)
添加到 Adobe Media Encoder 队列... Ctrl+Alt+M
添加到渲染队列(A) Ctrl+M
添加输出模块(D)
预览(P)
帧另存为(S)
预渲染...
保存当前预览(V)... Ctrl+数字小键盘 0
在基本图形中打开
响应式设计 - 时间
合成流程图(F) Ctrl+Shift+F11
合成微型流程图(N) Tab
VR

图 1-77

1.3.5 “图层”菜单

“图层”菜单中包含与图层相关的大部分命令，如图1-78所示。

1.3.6 “效果”菜单

“效果”菜单主要集成了一些与滤镜相关的命令，如图1-79所示。

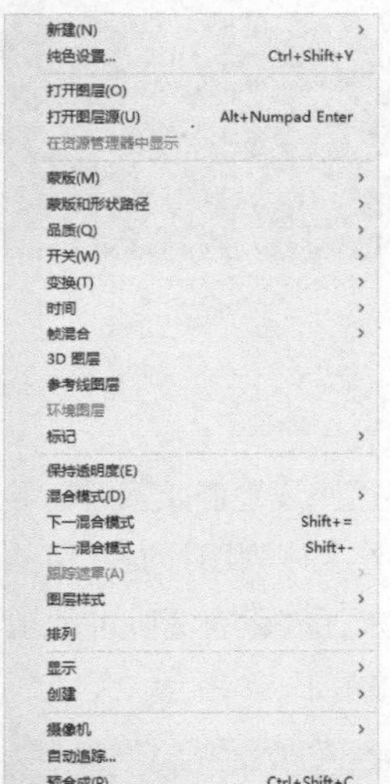

图1-78

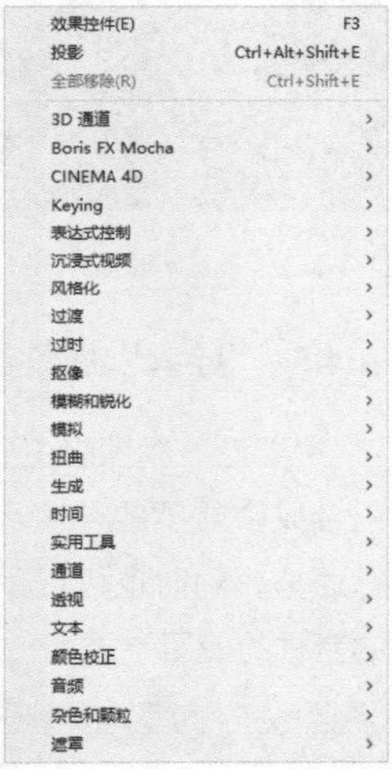

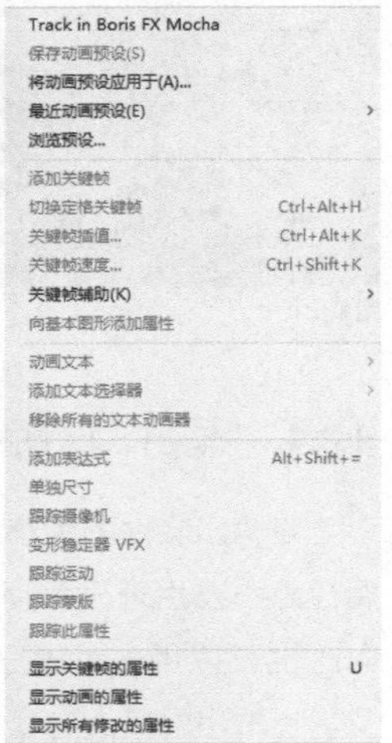

图1-79

1.3.7 “动画”菜单

“动画”菜单中的命令主要用于设置动画关键帧及其属性，如图1-80所示。

图1-80

1.3.8 “视图”菜单

“视图”菜单中的命令主要用来设置视图的显示方式，如图1-81所示。

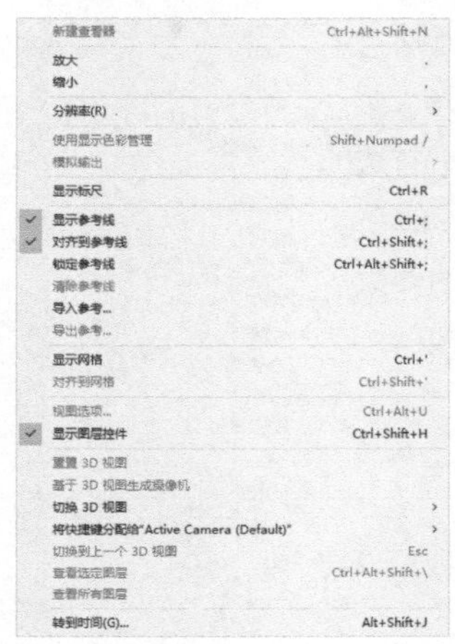

图1-81

1.3.9 “窗口”菜单

“窗口”菜单中的命令主要用于打开或关闭浮动窗口或面板，如图1-82所示。

1.3.10 “帮助”菜单

“帮助”菜单提供了帮助、反馈和更新信息等相关命令，如图1-83所示。

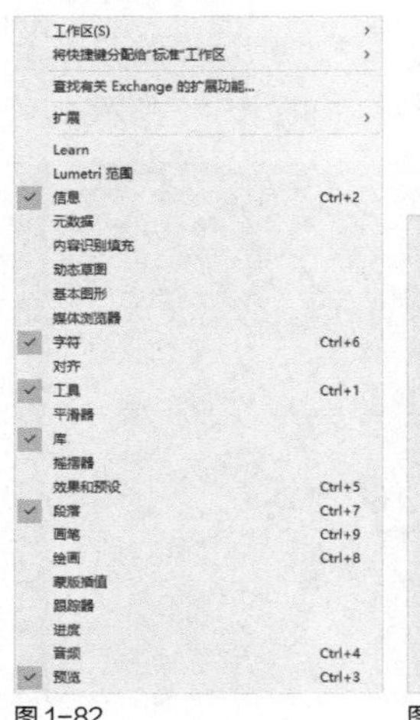

图1-82

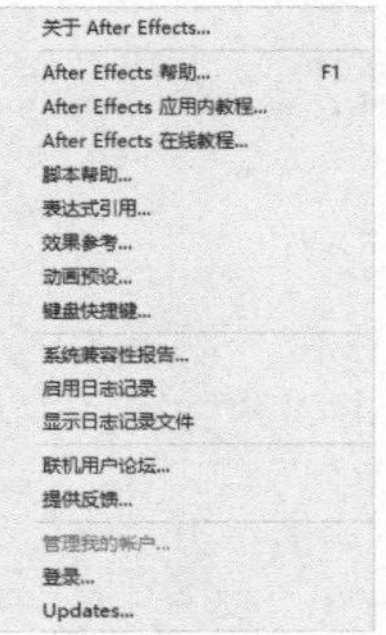

图1-83

1.4 常用首选项设置

设计师要想熟练地运用After Effects制作项目，就必须熟悉首选项中的参数设置。可以通过执行“编辑>首选项”菜单中的命令来打开“首选项”对话框，如图1-84所示。本节讲解常用的参数选项，其他参数一般保持默认状态。

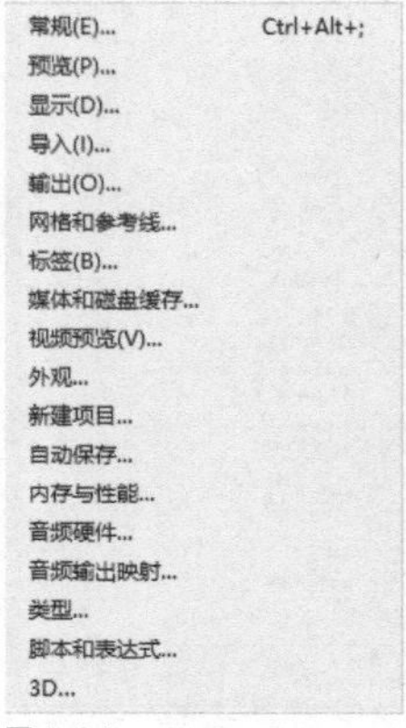

图1-84

本节知识点

名称	作用	重要程度
常规	设置 After Effects 的运行环境	中
显示	设置运动路径、图层缩略图等信息的显示方式	中
导入	设置静止素材在导入合成中的相关信息	低
输出	设置存放溢出文件的磁盘路径及输出参数	低
媒体和磁盘缓存	设置内存和缓存的大小	低
外观	设置用户界面的颜色及界面按钮的显示方式	低

1.4.1 “常规”属性组

“常规”属性组主要用来设置 After Effects 的运行环境，包括对手柄大小的调整及对整个操作系统的协调性的设置，如图 1-85 所示。

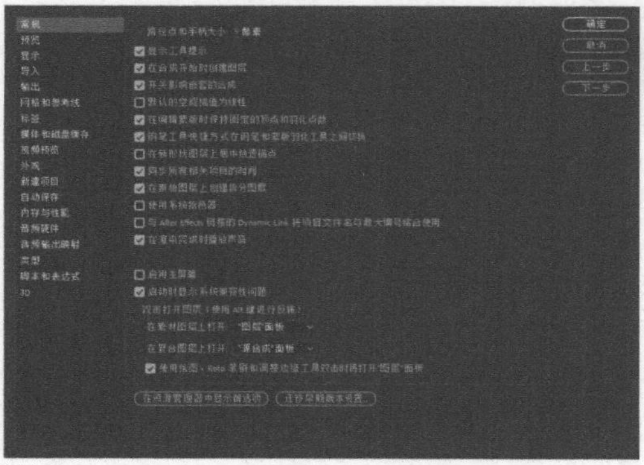

图1-85

1.4.2 “显示”属性组

“显示”属性组主要用来设置运动路径、图层缩略图等信息的显示方式，如图 1-86 所示。

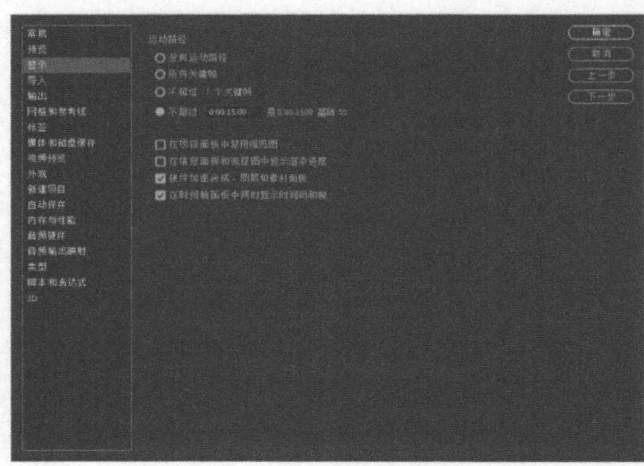

图1-86

1.4.3 “导入”属性组

“导入”属性组主要用来设置静止素材在导入合成中显示的长度及导入序列图片时使用的帧速率，同时也可以用来标注带有 Alpha 通道的素材的使用方式等，如图 1-87 所示。

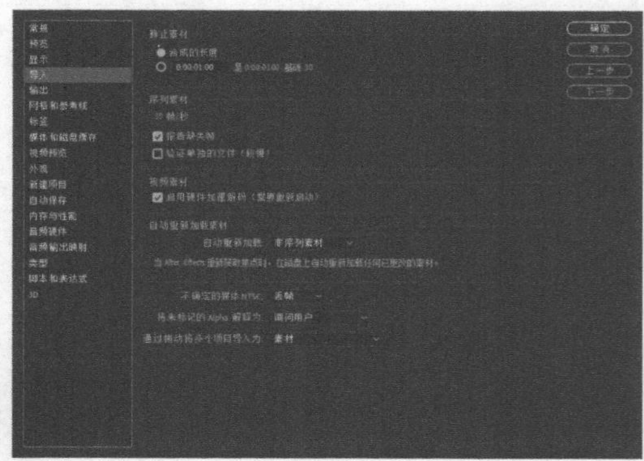

图1-87

1.4.4 “输出”属性组

当输出文件的大小超过磁盘空间时，“输出”属性组主要用来设置存放溢出文件的磁盘路径，同时也可以用来设置序列输出文件的最大数量及影片输出的最大容量等，如图 1-88 所示。

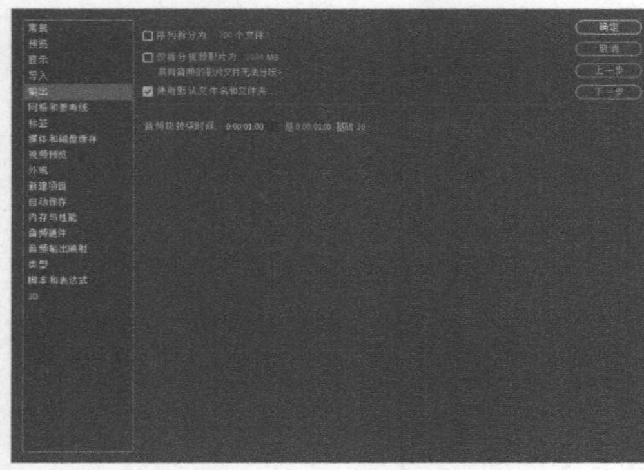
图1-88

1.4.5 “媒体和磁盘缓存”属性组

“媒体和磁盘缓存”属性组主要用来设置内存和缓存的大小，如图1-89所示。

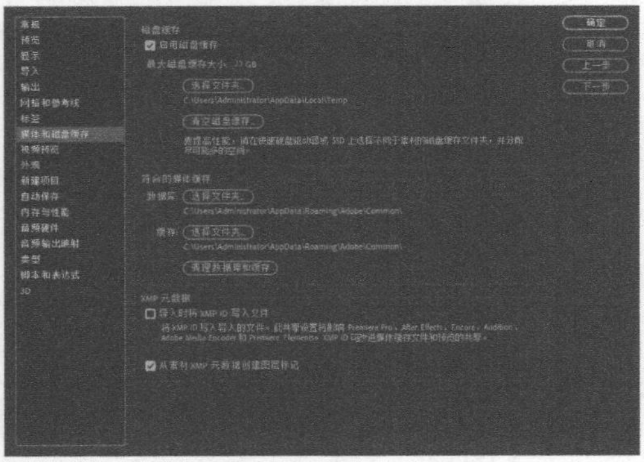

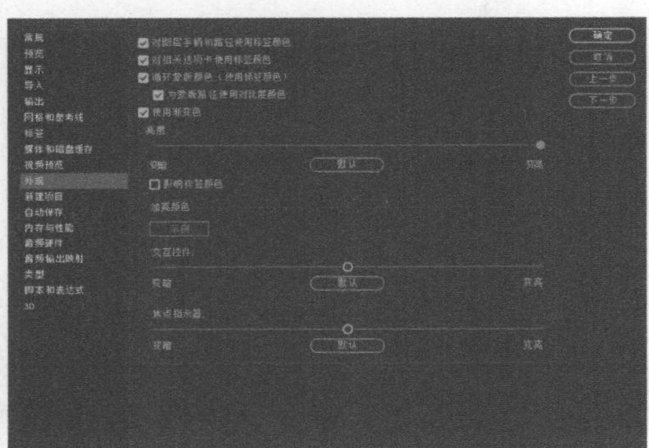
图1-89

1.4.6 “外观”属性组

“外观”属性组主要用来设置用户界面的颜色及界面按钮的显示方式，如图1-90所示。

图1-90

技巧与提示

在实际工作中，一般会在“导入”属性组中设置图像序列为“25帧/秒”，增大“外观”属性组中的“亮度”，在“自动保存”属性组中选择“自动保存项目”。

1.5 课后习题

1.5.1 课后习题——篮球动画

素材位置	无
实例位置	实例文件 >CH01> 课后习题——篮球动画 .aep
难易指数	★☆☆☆☆
练习目标	熟悉对“合成”面板、“时间轴”面板等的常用操作

假设有一段篮球落地弹跳的动画，如图1-91所示，但是错误操作导致预览画面出现了一些问题，如图1-92所示。本习题的任务就是要恢复正常的预览画面。

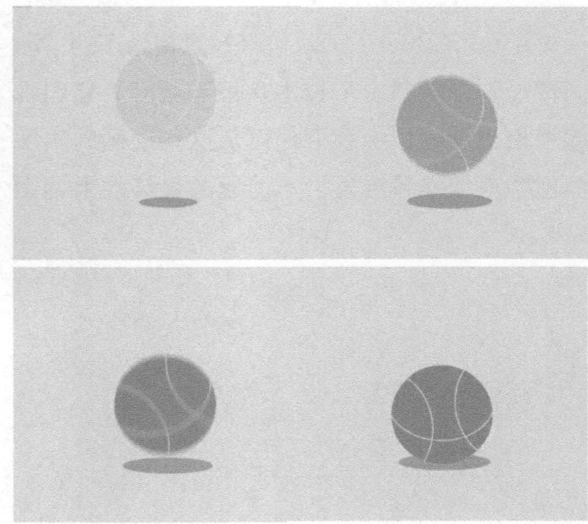
图1-91

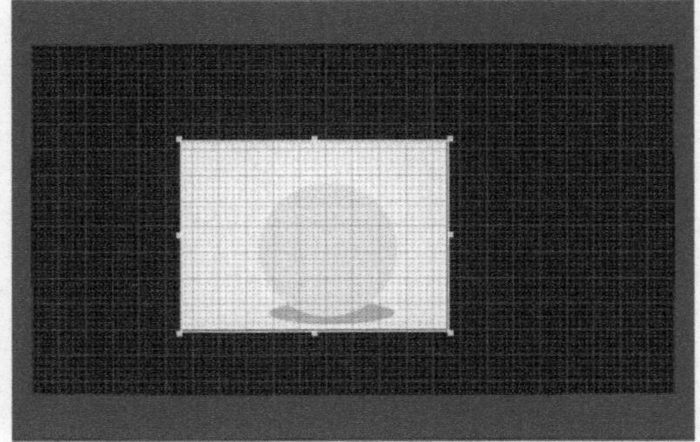
图1-92

01 在学习资源中找到“实例文件 >CH01> 课后习题——篮球动画 .aep”文件，并将其打开。首先需要排除“视图 > 参考网格”带来的影响。

02 恢复“显示通道及色彩管理”的设置，并取消“目标区域”的设置。

03 通过关闭“消隐开关”来显示隐藏的图层，然后开启“运动模糊”的总开关。

04 在“预览”面板中单击“播放 / 停止”按钮，此时这段篮球动画的预览画面已经恢复了正常。

1.5.2 课后习题——电路动画预设

素材位置	实例文件 >CH01> 课后习题——电路动画预设 > (素材)
实例位置	实例文件 >CH01> 课后习题——电路动画预设 .aep
难易指数	★☆☆☆☆
练习目标	了解 After Effects 2021 中自带的动画预设，继续熟悉各面板的主要功能，初探 After Effects 2021 中的一些效果

After Effects 2021自带数量相当多的“动画预设”，虽然由于技术水平等原因，它们看起来相当简陋，但我们仍可从这些动画的实现原理中获得很多启发。本习题的最终效果如图1-93所示。

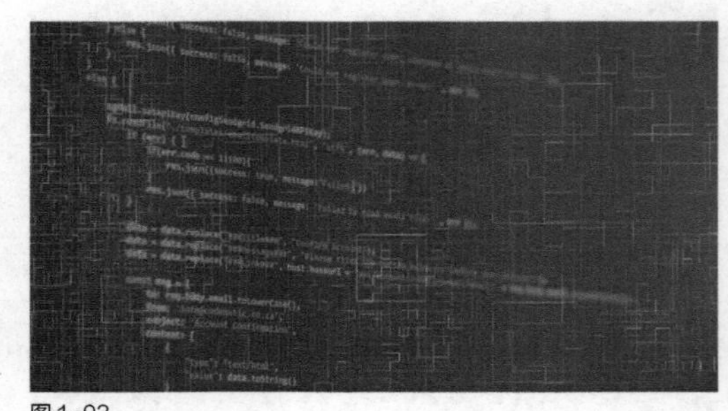

图 1-93

01 在学习资源中找到“实例文件 >CH01> 课后习题——电路动画预设 .aep”文件，并将其打开。然后在“效果和预设”面板中找到“* 动画预设 >Backgrounds（背景）> 电路”，并将其拖曳到“时间轴”面板中的“电路动画”图层上。

02 在“效果控件”面板中，我们可以看到出现了 3 个效果，单击每个效果前面的按钮可以开启或关闭该效果。这里关闭下方的两个效果，只保留最上方的“分形杂色”效果，接着观察该效果。

03 开启中间的“查找边缘”效果，观察该效果跟“分形杂色”效果结合后的效果。

04 开启最下方的“三色调”效果，观察该效果跟前两个效果结合后的效果。

第2章

After Effects 2021 的工作流程

本章导读

本章主要介绍 After Effects 2021 的基本工作流程。遵循 After Effects 2021 的工作流程既可以提高工作效率，又可以避免一些错误和麻烦。

课堂学习目标

掌握导入与管理素材的方法

掌握创建项目合成的方法

掌握添加特效滤镜的方法

掌握设置动画关键帧的方法

掌握预览画面的方法

掌握输出视频的方法

After Effects

2.1 素材的导入与管理

当开始一个项目时，首先要完成的工作便是将素材导入项目。

素材是After Effects的基本构成元素，在After Effects中可导入的素材包括动态视频、静帧图像、静帧图像序列、音频文件、Photoshop分层文件、Illustrator文件、After Effects工程中的其他合成、Premiere工程文件及Flash输出的SWF格式的文件等。

本节知识点

名称	学习目标	重要程度
一次性导入素材	掌握一次性导入一个或多个素材的方法	高
连续导入素材	掌握连续导入单个或多个素材的方法	高
以拖曳方式导入素材	掌握以拖曳方式导入素材的方法	高

2.1.1 课堂案例——科技苑

素材位置	实例文件 >CH02> 课堂案例——科技苑 >（素材）
实例位置	实例文件 >CH02> 课堂案例——科技苑 .aep
难易指数	★★☆☆☆
学习目标	了解不同图层之间的差别，掌握创建图层的方法

本案例的制作效果如图2-1所示。

图2-1

01 启动After Effects，执行“文件 > 导入 > 文件”菜单命令，然后在“导入文件”对话框中打开学习资源中的“实例文件 >CH02> 课堂案例——科技苑 >（素材）”文件夹，接着选中“Logo.png”文件，最后单击“导入”按钮，如图 2-2 所示。

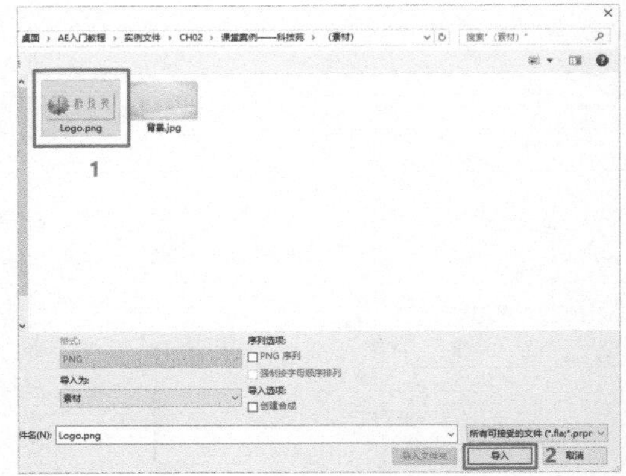

图2-2

02 执行“文件 > 导入 > 文件”菜单命令，导入学习资源中的“实例文件 >CH02> 课堂案例——科技苑 >（素材）> 背景 .jpg”文件，“项目”面板中就会显示导入的文件，如图2-3 所示。

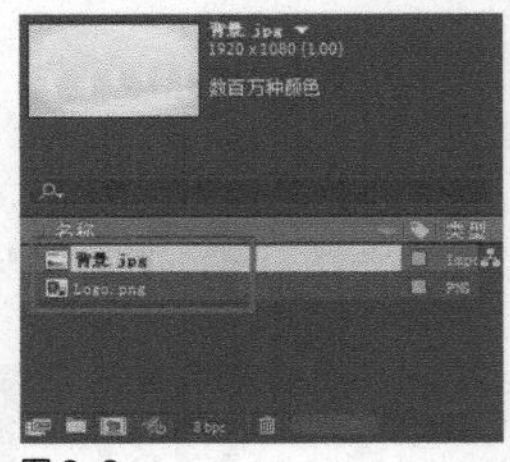

图2-3

03 执行“合成 > 新建合成”菜单命令，然后在打开的“合成设置”对话框中设置“合成名称”为“科技苑”、“预设”为HDTV 1080 25、“持续时间”为3秒，接着单击“确定”按钮，如图2-4所示。

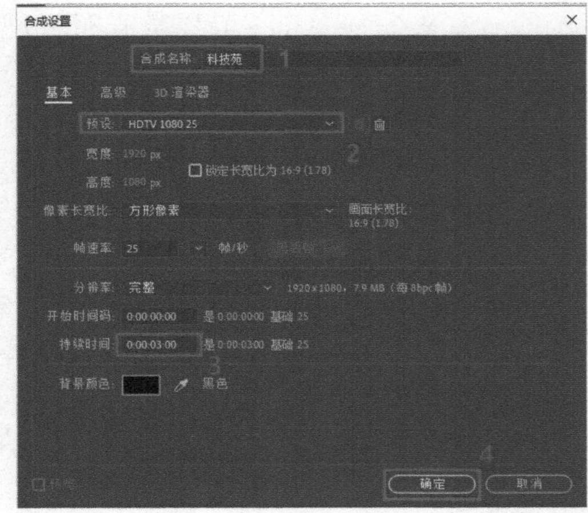

图2-4

04 在“项目”面板中选择“背景.jpg”文件，然后将其拖曳到“时间轴”面板中，此时“合成”面板中会显示“背景.jpg”文件中的内容，如图 2-5 所示。接着将“Logo.png”文件拖曳到“时间轴”面板中的顶层，如图 2-6 所示。

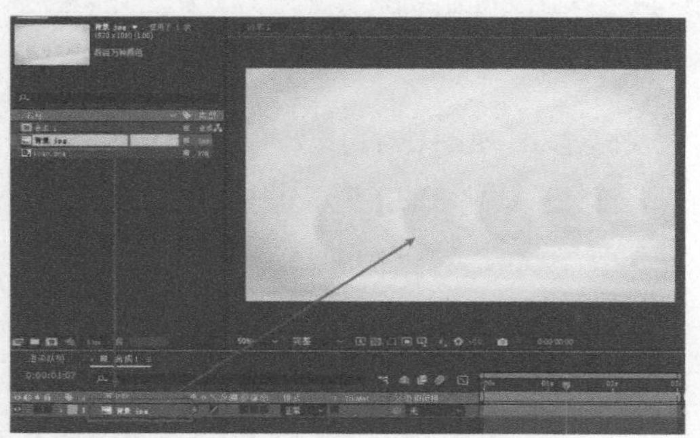
图 2-5

图 2-6

05 在“时间轴”面板中选择“Logo”图层，然后执行“效果 > 模拟 >CC Drizzle（细雨滴）”菜单命令，如图 2-7 所示。

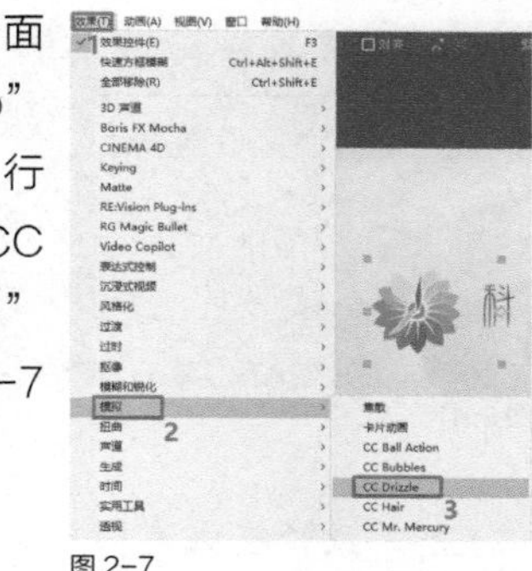
图 2-7

06 在“时间轴”面板中展开“Logo”图层的“变换”属性，将其“缩放”属性设置为（191.0%，191.0%）。然后在第 0 帧处将其“不透明度”设置为 0%，并激活关键帧记录器，在第 15 帧处将其“不透明度”设置为100%，如图2-8 所示。

07 在第 15 帧处，激活“CC Drizzle（细雨滴）”效果中“Displacement（置换）”“Spreading（散布）”“Light > Light Intensity（灯光强度）”的关键帧记录器，并将“Light > Light Intensity（灯光强度）”设置为 50.0，如图 2-9 所示。

08 在第 24 帧处，设置“CC Drizzle”（细雨滴）效果中的“Light > Light Intensity（灯光强度）”为 0.0，在第 1 秒 9 帧处，设置“CC Drizzle”（细雨滴）效果中的“Displacement（置换）”为 0.0，“Spreading（散布）”为 0.0，如图 2-10 所示。

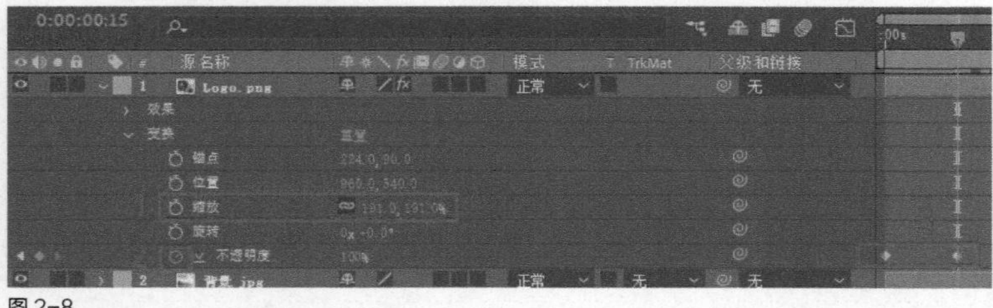
图 2-8

图 2-9

图 2-10

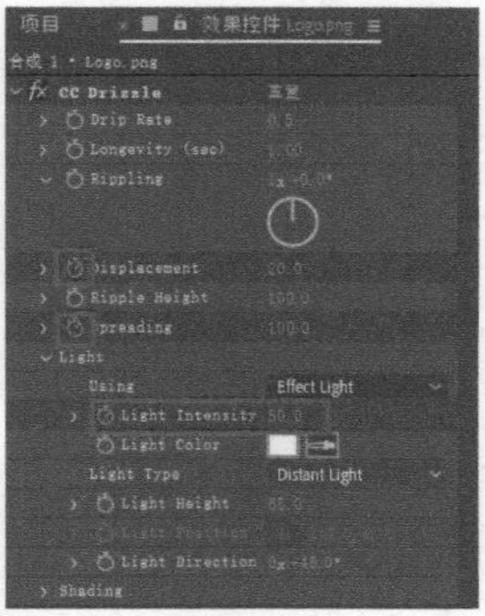

09 在菜单栏中执行“合成 > 添加到渲染队列”菜单命令，进行视频的输出工作。然后在“渲染队列”面板中单击“输出到”属性后边蓝色的“科技苑.avi”字样，接着在打开的“将影片输出到”对话框中指定输出路径，最后单击“渲染”按钮，如图 2-11 所示，即可输出视频。

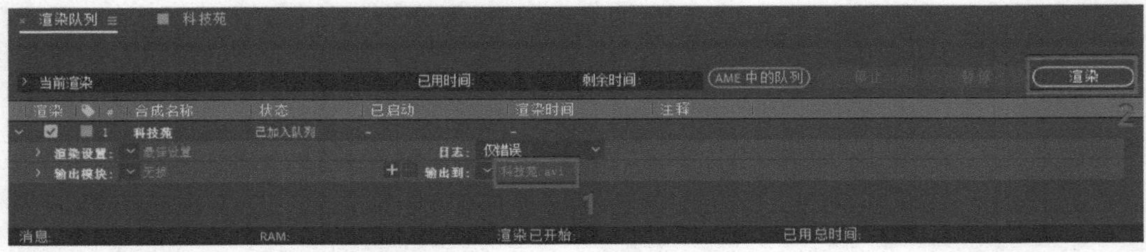

图 2-11

2.1.2 一次性导入素材

将素材导入“项目”面板中的方法有多种，首先介绍一次性导入素材的方法。

执行“文件>导入>文件”菜单命令或按快捷键Ctrl+I，打开“导入文件”对话框，然后选择需要导入的素材，接着单击“导入”按钮，如图2-12所示，即可将素材导入“项目”面板中。

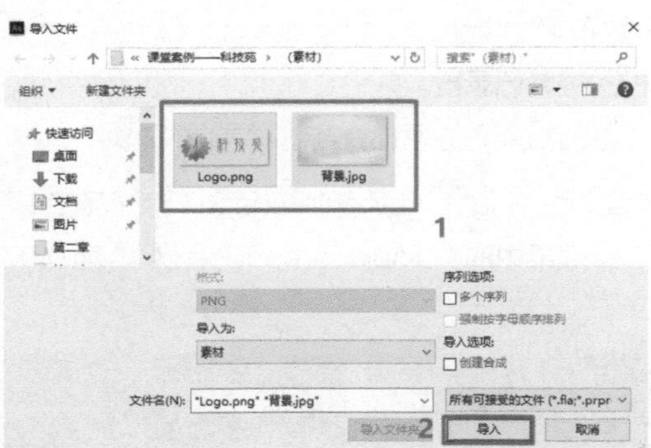

图 2-12

如果需要导入多个单一的素材文件，可以配合使用Ctrl键加选素材。

在“项目”面板的空白区域单击鼠标右键，然后在弹出的菜单中执行“导入>文件”命令，也可以导入素材。

技巧与提示

在“项目”面板的空白区域双击可以打开“导入文件”对话框。

2.1.3 连续导入素材

执行“文件>导入>多个文件”菜单命令或按快捷键Ctrl+Alt+I，打开“导入多个文件”对话框，选择需要导入的单个或多个素材，接着单击“导入”按钮，如图2-13所示，即可导入素材。

图 2-13

技巧与提示

在“项目”面板的空白区域单击鼠标右键，然后在弹出的菜单中执行“导入 > 多个文件”命令，也可以连续导入素材。

从图 2-12 和图 2-13 中不难发现这两种导入素材的方式的差别。图 2-12 中显示的是“导入”和“取消”按钮，也就是说在导入素材的时候只能一次性完成，选好素材后单击“导入”按钮即可导入素材。

而图 2-13 中显示的是“导入”和“完成”按钮，选好素材后单击“导入”按钮即可导入素材，但是“导入多个文件”对话框不会关闭，此时还可以继续导入其他素材，只有单击“完成”按钮后才能完成导入操作。

2.1.4 以拖曳方式导入素材

在Windows系统资源管理器或Adobe Bridge窗口中，选择需要导入的素材文件或文件夹，然后将其直接拖曳到“项目”面板中，即可完成导入素材的操作，如图2-14所示。

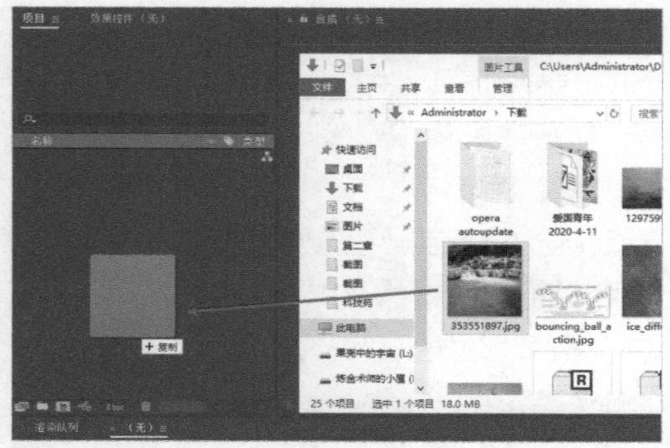

图 2-14

> 技巧与提示
>
> 如果通过执行“文件 > 在 Bridge 中浏览”菜单命令的方式来浏览素材，则可以用双击素材的方法直接把素材导入“项目”面板。

在“导入文件”对话框中选择要导入的素材，然后勾选某个序列选项，最后单击“导入”按钮，如图2-15所示，这样就可以以序列的方式导入素材。

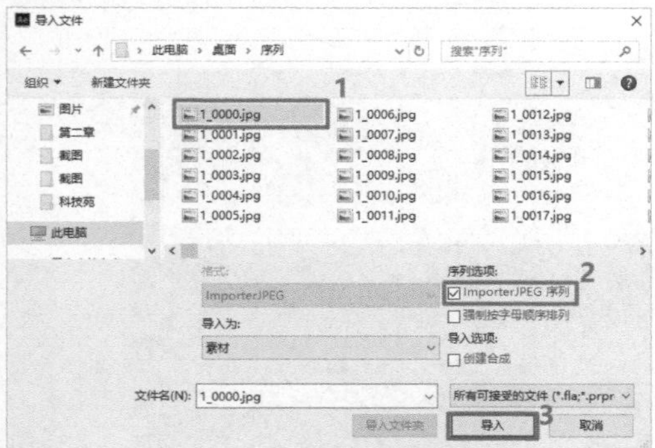

图 2-15

> 技巧与提示
>
> 如果只需导入序列文件中的一部分，可以在勾选某个序列选项后，框选需要导入的部分素材，然后单击“导入”按钮即可。

在导入含有图层的素材文件时，After Effects可以保留文件中的图层信息，如Photoshop的PSD格式的文件和Illustrator的AI格式的文件，可以选择以“素材”或“合成”的方式导入，如图2-16所示。

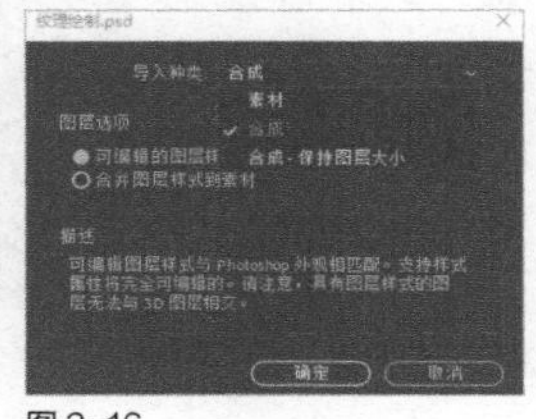

图 2-16

当以“合成”方式导入素材时，After Effects会将所有素材作为一个合成。在合成里，原始素材的图层信息可以得到最大限度的保留，用户可以在这些原有图层的基础上再制作一些特效和动画。此外，采用“合成”方式导入素材时，还可以将图层样式的相关信息保留下来，也可以将图层样式合并到素材中。

如果以“素材”方式导入素材，用户可以选择以“合并图层”的方式将原始文件的所有图层合并后一起进行导入，也可以选择以“选择图层”的方式将某些特定图层作为素材进行导入。

另外，将单个图层作为素材进行导入时，还可以设置素材尺寸为“文档大小”或“图层大小”，如图2-17所示。

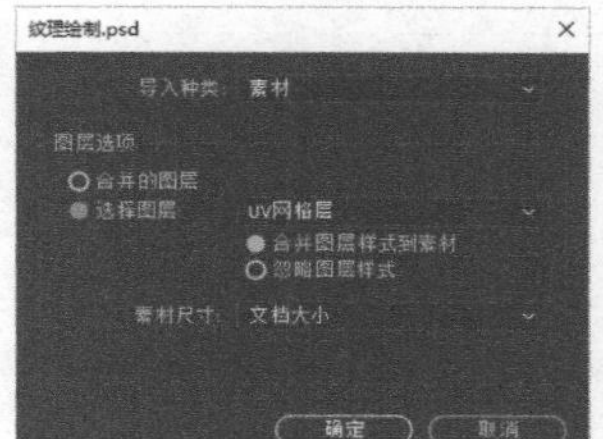

图 2-17

2.2 创建项目合成

将素材导入“项目”面板之后，接下来就需要创建项目合成。没有创建项目合成的就无法正常进行素材的效果处理。

在After Effects 2021中，一个工程项目中允许创建多个合成，而且每个合成都可以作为一个素材应用到其他的合成中。一个素材可以在单个合成中被多次使用，也可以在多个不同的合成中同时被使用，如图2-18所示。

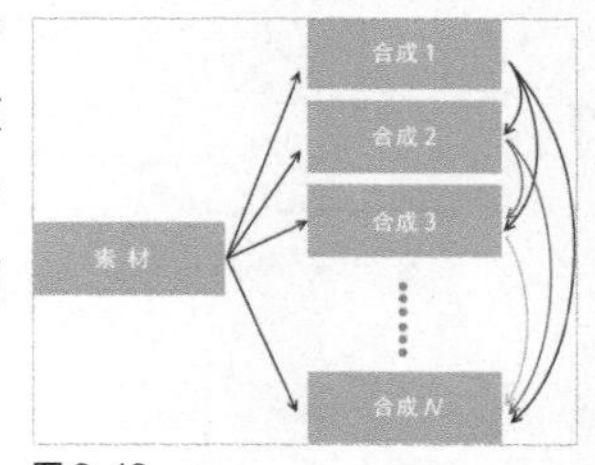

图 2-18

本节知识点

名称	学习目标	重要程度
设置项目	掌握正确设置项目的方法	高
创建合成	掌握创建合成的几种方法及合成的相关参数设置	高

2.2.1 课堂案例——跳舞的小人

素材位置	实例文件 >CH02> 课堂案例——跳舞的小人 >（素材）
实例位置	实例文件 >CH02> 课堂案例——跳舞的小人
难易指数	★☆☆☆☆
学习目标	掌握 After Effects 中合成的创建方法和相关参数设置

本案例的制作效果如图2-19所示。

图 2-19

01 启动 After Effects，将位于学习资源中的“实例文件 >CH02> 课堂案例——跳舞的小人 >（素材）> 背景 .jpg”文件导入“项目”面板。然后执行“文件 > 导入 > 文件”菜单命令，在“导入文件”对话框中打开“实例文件 >CH02> 课堂案例——跳舞的小人 >（素材）> 跳舞的小人”文件夹，选中其中的任意一帧，勾选“PNG 序列”，单击“导入”按钮，如图 2-20 所示。用同样的方法导入位于“实例文件 > CH02> 课堂案例——跳舞的小人 >（素材）> 音符”的序列帧。

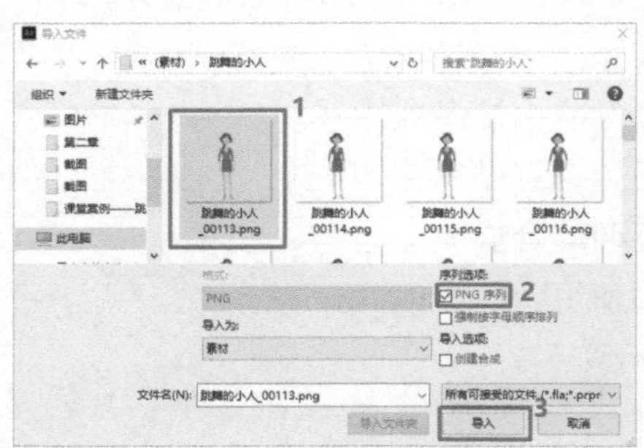

图 2-20

02 在“项目”面板中用鼠标右键单击导入的“跳舞的小人”序列帧，执行“解释素材 > 主要”菜单命令，在对话框中设置“帧速率”下的“假定此帧速率”为 25 帧/秒，如图2-21所示。然后对“音符”序列帧执行同样的操作。

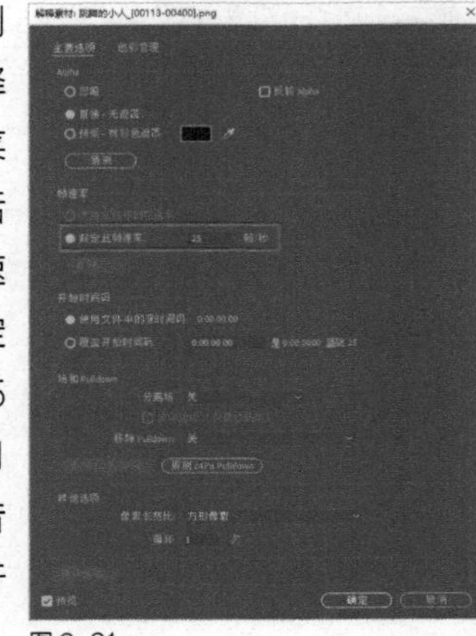

图 2-21

03 在“项目”面板中单击“新建合成”按钮，在打开的“合成设置”对话框中设置“合成名称”为“背景”、“宽度”为 1920px、“高度”为 1080px、“帧速率”为 25 帧 / 秒、“持续时间”为 10 秒，然后单击“确定”按钮，如图 2-22 所示。

图 2-22

04 在“项目”面板中选中“跳舞的小人”序列帧，把它拖曳到“新建合成”按钮上，松开鼠标左键，即可以该素材的宽、高、帧速率等为基础创建一个新的合成，如图2-23所示。

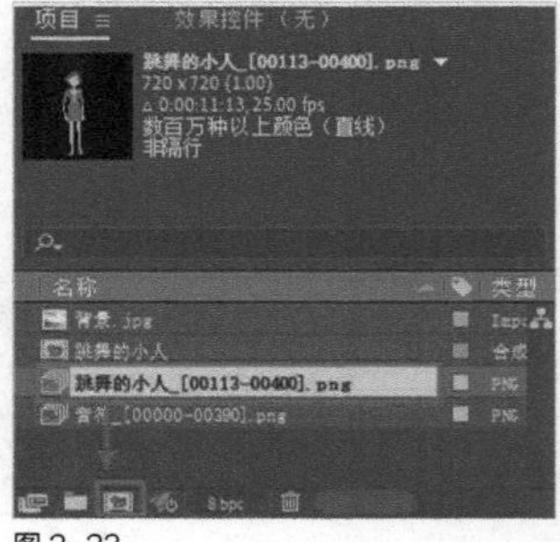

图 2-23

05 把“音符”序列帧拖曳到这个创建的新合成中，并在“时间轴”面板中展开“音符”图层的“变换”属性，将其“位置”属性设置为（537.0，160.1），“缩放”属性设置为（26.0%，26.0%），如图 2-24 所示。

06 在“时间轴”面板中单击“背景”回到原合成，然后把“项目”面板中的“跳舞的小人”合成拖曳进该合成，并使其位于“背景”图层的上方，如图 2-25 所示。

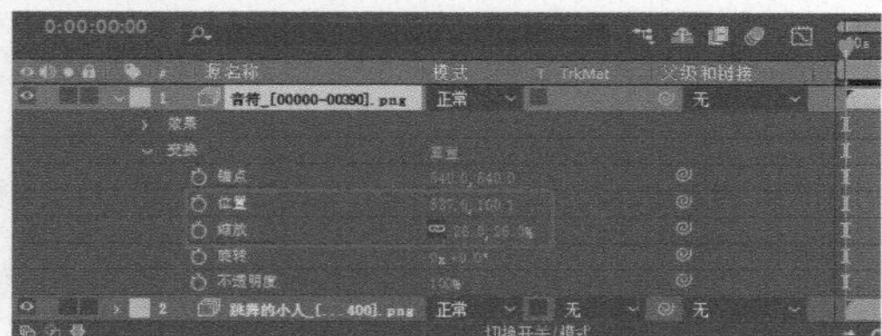

图 2-24

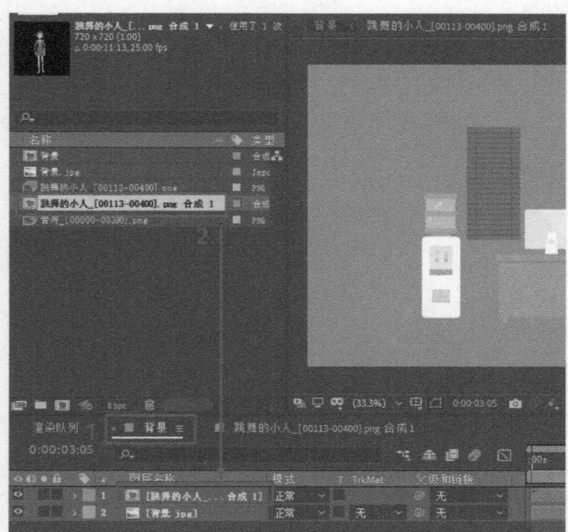

图 2-25

07 在“时间轴”面板中展开“跳舞的小人”图层的“变换”属性，将其“位置”属性设置为（1396.5，651.5），如图 2-26 所示。可以看到，位于同一个合成中的小人和音符随着合成的移动一起移动了。

08 在“预览”面板中单击“播放 / 停止”按钮，可以预览当前效果。

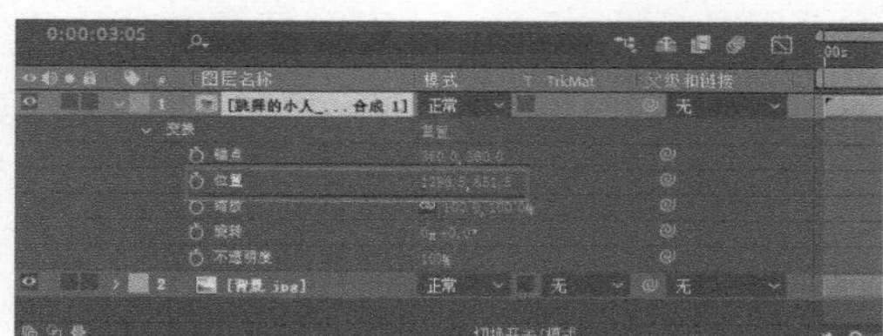

图 2-26

2.2.2 设置项目

正确设置项目可以帮助用户在输出影片时避免一些错误。执行“文件>项目设置”菜单命令，可以打开“项目设置”对话框，如图2-27和图2-28所示。

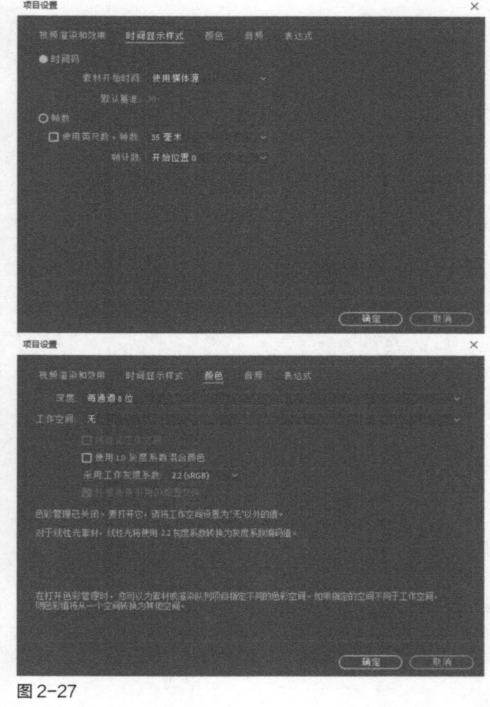

图 2-27

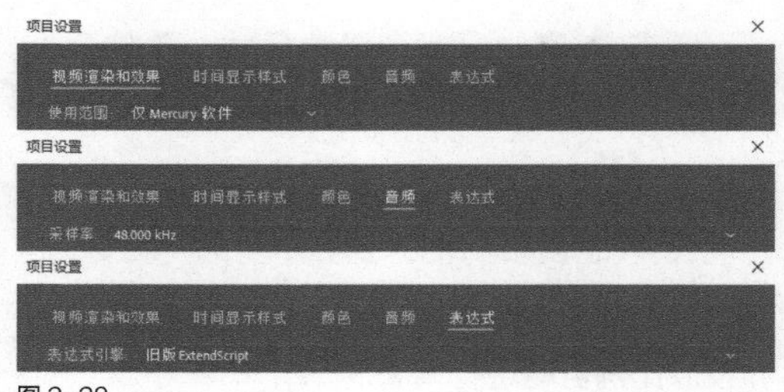

图 2-28

“项目设置”对话框中的参数分为5个部分，分别是视频渲染和效果、时间显示样式、颜色、音频和表达式。

其中，颜色设置是在设置项目时必须考虑的，因为它决定了导入素材的颜色将如何被解析，以及最终输出的视频的颜色数据将如何被转换。

2.2.3 创建合成

创建合成的方法主要有以下3种。

第1种，执行“合成>新建合成”菜单命令。

第2种，在“项目”面板中单击“新建合成”按钮。

第3种，按快捷键Ctrl+N。

创建合成时，After Effects会打开“合成设置”对话框，默认显示“基本”参数设置，如图2-29所示。

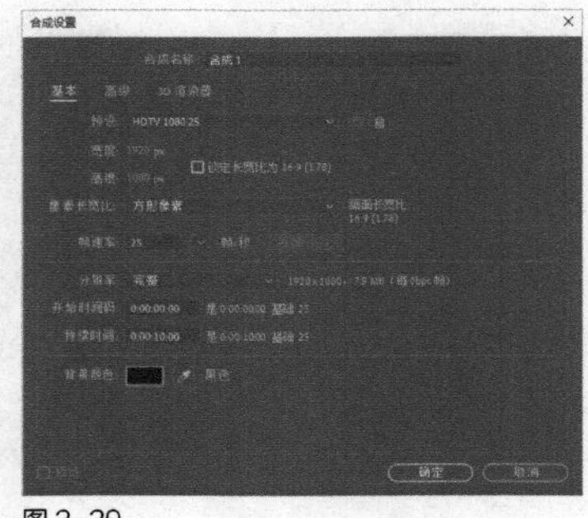

图2-29

参数详解

- **合成名称：**设置要创建的合成的名称。
- **预设：**选择预设的影片类型，用户也可以通过选择“自定义”选项来自行设置影片类型。
- **宽度/高度：**设置合成的尺寸，单位为px（px就是像素）。
- **锁定长宽比为：**勾选该选项时，将锁定合成尺寸的宽高比例，这样当调节“宽度”和“高度”中的某一个参数时，另外一个参数也会按照比例自动进行调整。
- **像素长宽比：**设置单个像素的宽高比例，可以在右侧的下拉列表中选择预设的像素宽高比，如图2-30所示。

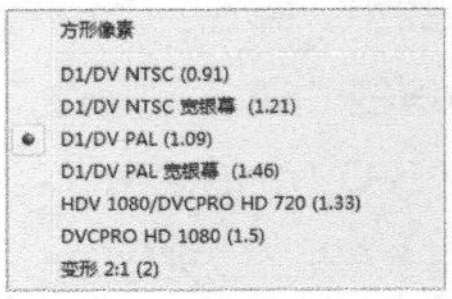

方形像素
D1/DV NTSC (0.91)
D1/DV NTSC 宽银幕 (1.21)
D1/DV PAL (1.09)
D1/DV PAL 宽银幕 (1.46)
HDV 1080/DVCPRO HD 720 (1.33)
DVCPRO HD 1080 (1.5)
变形 2:1 (2)

图2-30

- **帧速率：**设置项目合成的帧速率。
- **分辨率：**设置合成的分辨率，共有4个预设选项，分别是“完整”“二分之一”“三分之一”“四分之一”。此外，用户还可以通过选择“自定义”选项来自行设置合成的分辨率。
- **开始时间码：**设置合成开始的时间码，默认情况下从第0帧开始。
- **持续时间：**设置合成的总持续时间。
- **背景颜色：**设置创建的合成的背景色。

在“合成设置”对话框中单击“高级”选项卡，切换到“高级”参数设置，如图2-31所示。

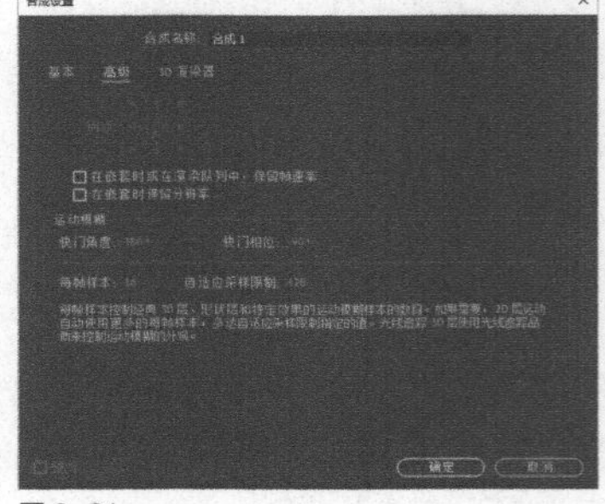

图2-31

参数详解

- **锚点：**设置合成图像的轴心点。当修改合成图像的尺寸时，锚点位置决定了如何裁切图像和扩大图像范围。
- **在嵌套时或在渲染队列中，保留帧速率：**勾选该选项后，在嵌套合成时或在渲染队列中可以继承原始合成设置的帧速率。
- **在嵌套时保留分辨率：**勾选该选项后，在进行嵌套合成时可以保持原始合成设置的图像分辨率。

● **快门角度：**如果开启了图层的运动模糊开关，该参数可以影响运动模糊的效果。图2-32所示是为同一个圆制作的斜角位移动画，在开启了运动模糊开关后，不同的“快门角度”产生的运动模糊效果是不同的（当然运动模糊的最终效果还取决于对象的运动速度）。

快门角度 =0（最小值）

快门角度 =180（默认值）

快门角度 =720（最大值）

图 2-32

● **快门相位：**设置运动模糊的方向。

● **每帧样本：**该参数可以控制3D图层、形状图层和包含特定效果图层的运动模糊效果。

● **自适应采样限制：**当图层的运动模糊需要更多的帧取样时，可以通过增大该参数值来增强运动模糊效果。

> **技巧与提示**
>
> 快门角度和快门速度之间的关系可以用“快门速度 =1/[帧速率 ×（360 / 快门角度）]”这个公式来表达。例如，当快门角度为 180 度，PAL 制式视频的帧速率为 25 帧 / 秒时，快门速度就是 1/50 帧 / 秒。

在“合成设置”对话框中单击“3D渲染器”选项卡，切换到“3D渲染器”参数设置，如图2-33所示。

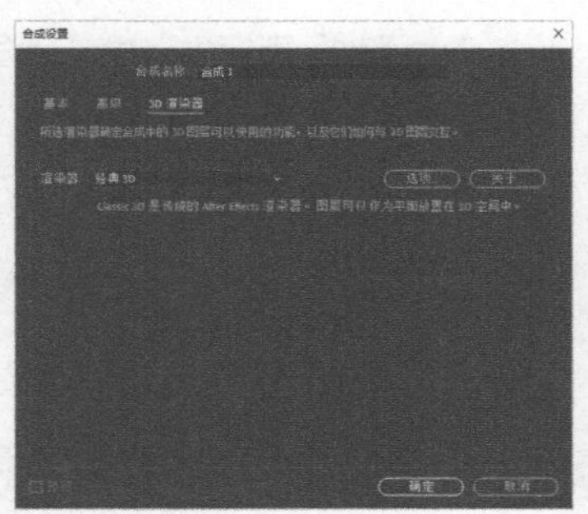

图 2-33

参数详解

● **渲染器：**设置渲染引擎。用户可以根据自身设备的显卡配置来进行设置，单击其后的“选项”按钮可以通过设置阴影的尺寸来确定阴影的精度。

2.3 编辑视频

本节知识点

名称	学习目标	重要程度
添加特效滤镜	掌握为素材添加特效滤镜的方法	高
设置动画关键帧	掌握动画关键帧的基本概念	高
画面预览	掌握预览画面的方法	高

2.3.1 课堂案例——音频可视化

素材位置	实例文件 >CH02> 课堂案例——音频可视化 >（素材）
实例位置	实例文件 >CH02> 课堂案例——音频可视化 .aep
难易指数	★★★☆☆
学习目标	掌握在 After Effects 中为图层添加特效滤镜的方法

本案例的制作效果如图2-34所示。

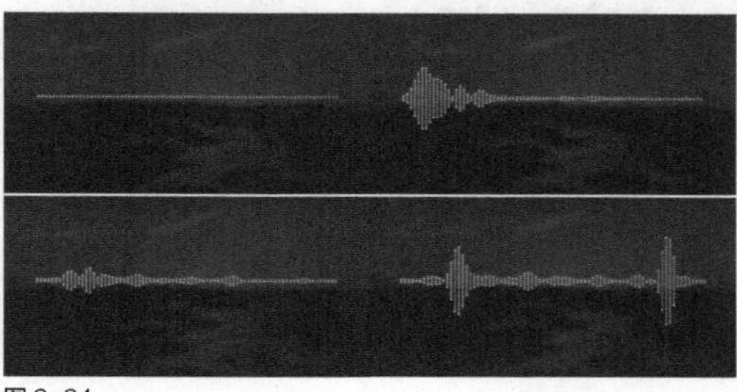
图 2-34

01 打开“实例文件 >CH02> 课堂案例——音频可视化 .aep”文件，然后在“音频频谱”图层上选择“效果 > 生成 > 音频频谱”，或在“效果与预设”面板中将“音频频谱”拖曳到图层中，如图 2-35 所示，该效果可以根据音频的频率显示图形，以供后续的操作。

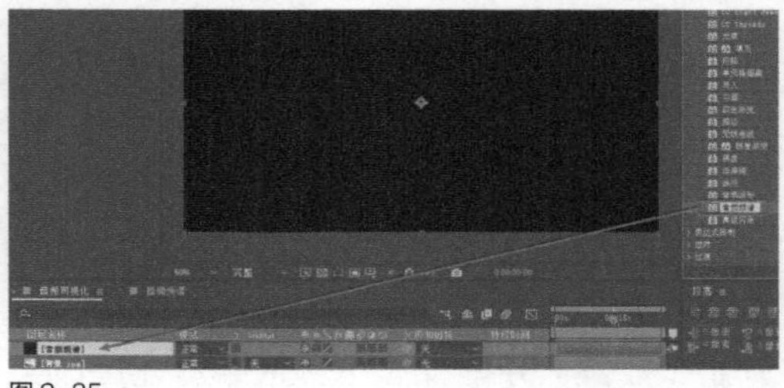
图 2-35

02 设置“音频频谱”效果的“音频层”为“3. 背景音乐 .mp3”，“结束频率”为 500.0，“频段”为 80，“最大高度”为 1200.0，“音频持续时间(毫秒)”为 150.00，“厚度”为 2.00，“内部颜色”和“外部颜色”均为（255，255，255），如图 2-36 所示。

03 在“时间轴”面板中选中“音频频谱”图层，按快捷键 Ctrl+D 复制该图层，在复制出来的新图层上，把“音频频谱”效果中的“厚度”改为 8.0，“显示选项”改为“模拟频点”，如图 2-37 所示。向后拖曳一下时间指针后，画面显示的效果如图 2-38 所示。

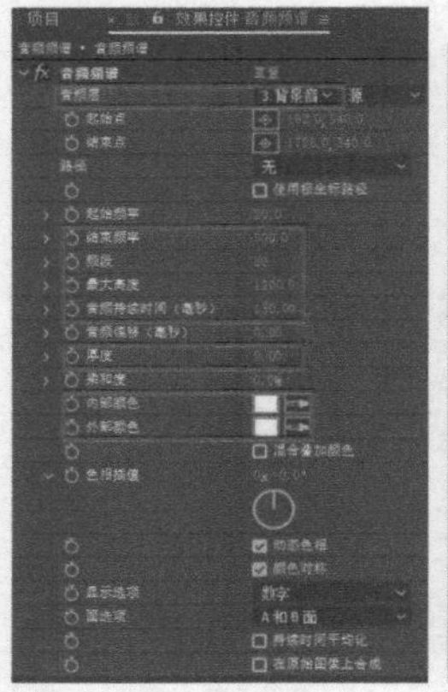
图 2-36

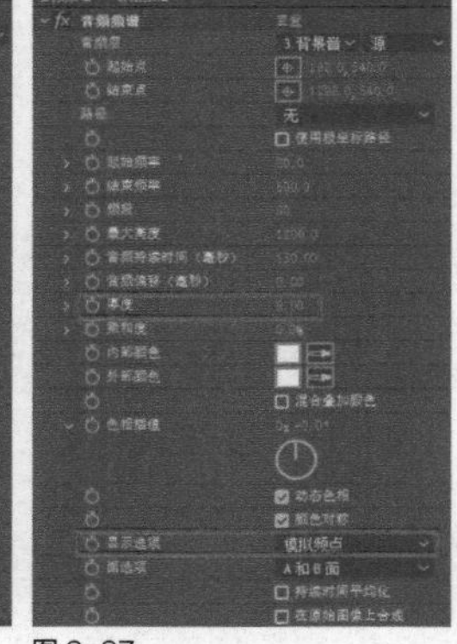
图 2-37

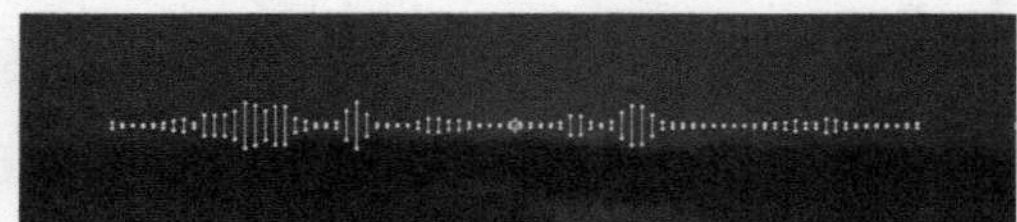
图 2-38

04 在“时间轴”面板中同时选中两个“音频频谱”图层，然后执行“图层 > 预合成”菜单命令，如图 2-39 所示，并把该合成命名为“音频频谱”。

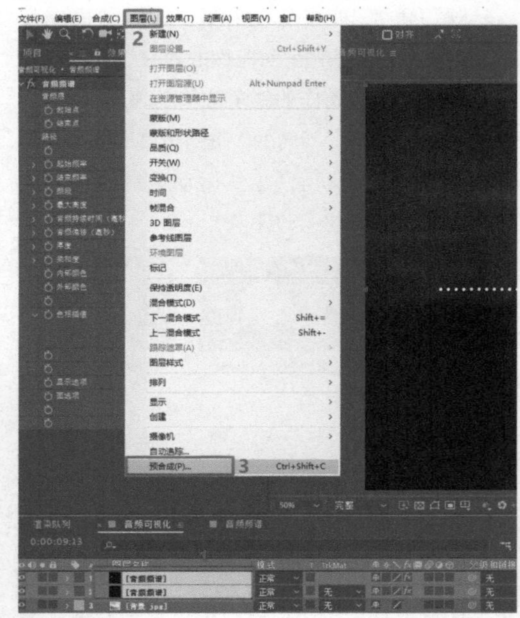
图 2-39

05 在“音频频谱”合成上添加“风格化 > 发光”效果，并把“发光阈值”设置为 70.0%，“发光半径”设置为 3.0，“发光强度”设置为 0.7，如图 2-40 所示。

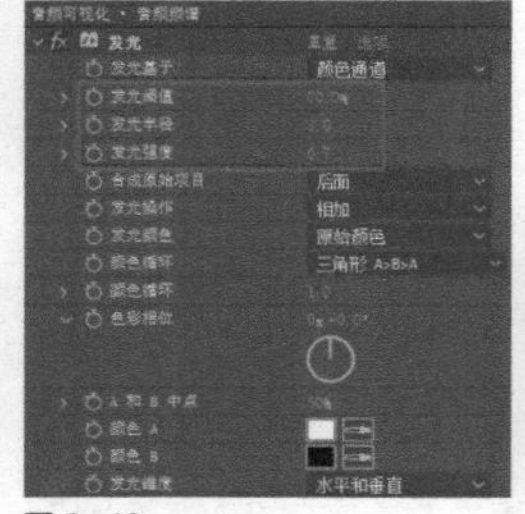
图 2-40

06 在“音频频谱”合成上添加“生成 > 梯度渐变”效果，并确保该效果在“发光”效果的下方。把“渐变起点”设置为（1918.8，390.8），“起始颜色”设置为（255，125，95），“渐变终点”设置为（0.0，669.6），“结束颜色”设置为（255，195，52），如图 2-41 所示。

图 2-41

07 在“时间轴”面板中选中“音频频谱”合成，按快捷键 Ctrl+D 复制该合成，把两个合成中处于下方的那个合成的“发光”效果中的“发光半径”设置为 4.0，“发光强度”设置为 1.0，如图 2-42 所示。

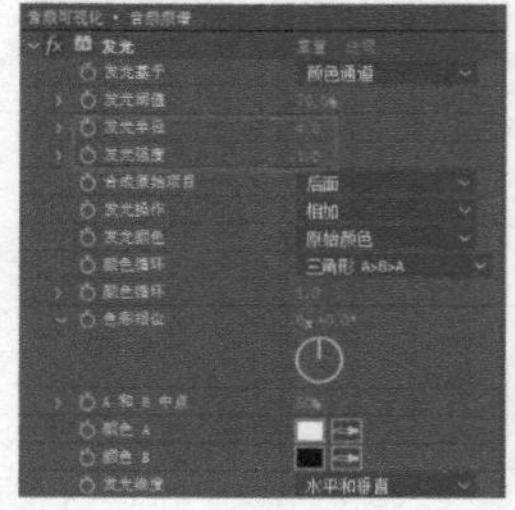
图 2-42

08 在上一步的图层上添加“模糊和锐化 > 快速方框模糊”效果，确保该效果在该图层所拥有的效果的最下方，并把“模糊半径”设置为 4.0，如图 2-43 所示。

图 2-43

09 在“预览”面板中单击“播放 / 停止”按钮预览当前效果，最终效果如图 2-44 所示。

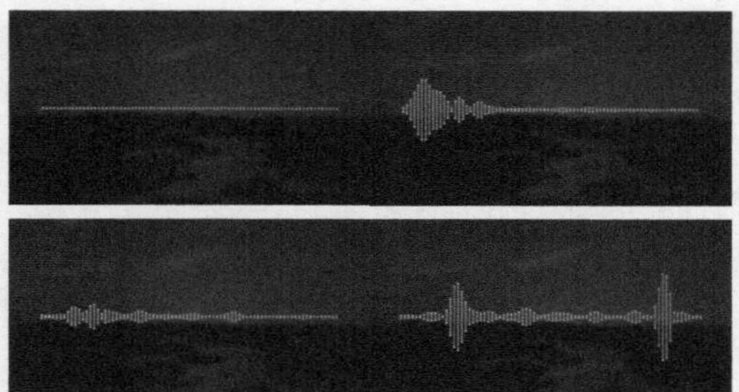

图 2-44

2.3.2 添加特效滤镜

After Effects 2021自带的滤镜有200多种，将不同的滤镜应用到不同的图层中，可以产生各种各样的特技效果，这类似于Photoshop中的滤镜。

> **技巧与提示**
>
> 默认情况下，效果文件存放在 After Effects 2021 安装路径下的“Adobe After Effects 2021>Support Files>Plug-ins” 文件夹中。因为效果都是作为插件引入 After Effects 中的，所以在 After Effects 2021 的“Plug-ins”文件夹中添加各种效果（前提是效果必须与当前软件的版本相兼容）后，在重启 After Effects 2021 时，系统会自动将效果加载到“效果和预设”面板中。

After Effects 2021中主要有以下6种添加滤镜的方法。

第1种：在“时间轴”面板中选择图层，然后在菜单栏中执行“效果”菜单中的子命令。

第2种：在“时间轴”面板中选择图层，然后在选中的图层上单击鼠标右键，接着在弹出的菜单中执行“效果”菜单中的子命令，如图2-45所示。

第3种：在“效果和预设”面板中选择效果，然后将其拖曳到“时间轴”面板中的图层上，如图2-46所示。

第4种：在“效果和预设”面板中选择效果，然后将其拖曳到图层的“效果控件”面板中，如图2-47所示。

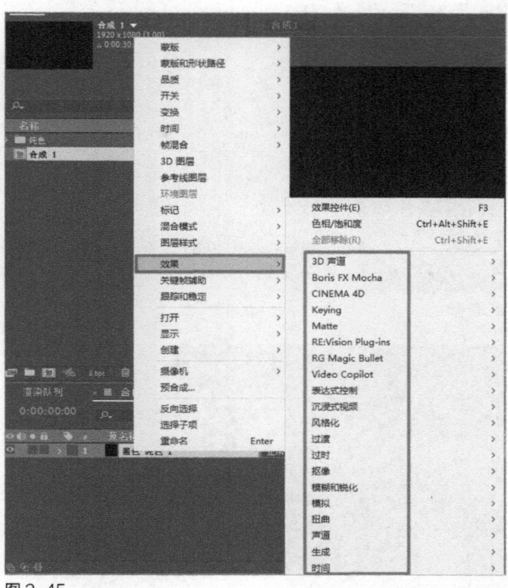

图 2-45

图 2-46

图 2-47

第 5 种：在“时间轴”面板中选择图层，然后在“效果控件”面板中单击鼠标右键，接着在弹出的菜单中选择需要的效果，如图 2-48 所示。

第6种：在“效果和预设”面板中选择效果，然后将其拖曳到“合成”面板中的图层上（在拖曳的时候要注意“信息”面板中显示的图层信息），如图2-49所示。

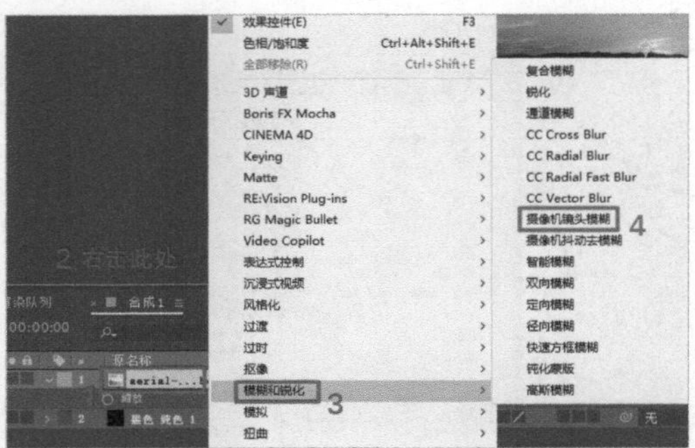

图 2-48

图 2-49

> **技巧与提示**
>
> 复制滤镜有两种情况，一种是在同一图层内复制滤镜，另外一种是将一个图层的滤镜复制到其他图层中。
>
> 第 1 种，在同一图层内复制滤镜。在“效果控件”面板或“时间轴”面板中选择需要复制的滤镜，然后按快捷键 Ctrl+D 即可完成复制操作。
>
> 第 2 种，将一个图层的滤镜复制到其他图层中。首先在“效果控件”面板或“时间轴”面板中选中图层的一个或多个滤镜，然后执行“编辑 > 复制”菜单命令或按快捷键 Ctrl+C 复制滤镜，接着在“时间轴”面板中选择目标图层，最后执行“编辑 > 粘贴”菜单命令或按快捷键 Ctrl+V 粘贴滤镜。
>
> 删除滤镜的方法很简单，在“效果控件”面板或“时间轴”面板中选择需要删除的滤镜，然后按 Delete 键即可删除。

2.3.3 设置动画关键帧

动画是在不同的时间段改变对象运动状态的过程，如图 2-50 所示。在 After Effects 中，动画的制作也遵循这个原理，就是为图层的“位置”“旋转”“遮罩”“效果”等参数设置关键帧。

图 2-50

在After Effects中，用户可以使用关键帧、表达式、关键帧助手和图表编辑器等来制作动画。此外，用户还可以使用“运动稳定”和“跟踪控制”功能来生成关键帧，并且可以将这些关键帧应用到其他图层中产生动画，同时也可以通过嵌套关系让子图层跟随父图层产生动画。

2.3.4 画面预览

预览是为了让用户确认制作效果，如果不预览，用户就没有办法提前确认制作效果是否达到要求。在预览的过程中，可以通过改变播放帧速率或画面的分辨率来改变预览的质量和预览等待的时间。执行“合成 > 预览> 播放当前预览”菜单命令，如图2-51所示，可以预览画面效果。

图 2-51

命令详解

- **播放当前预览：**对视频和音频进行内存预览，内存预览的时间跟合成的复杂程度及内存的大小有关，其快捷键为小键盘上的数字键0。
- **音频：**勾选该选项，播放视频的时候将同步播放音频。

2.4 视频输出

项目制作完成之后，就可以进行视频渲染输出了。每个合成的帧的大小、质量、复杂程度和输出的压缩方法不同，输出影片需要花费的时间也不同。此外，当After Effects开始渲染项目时，就不能在After Effects中进行任何其他的操作了。

本节知识点

名称	作用	重要程度
渲染设置	设置输出影片的质量、分辨率，以及特效等	高
输出模块参数	设置输出影片的音频格式	高
设置输出路径和文件名	设置影片的输出路径和名称	高

用After Effects把合成项目渲染输出成视频、音频或序列文件的方法主要有以下两种。

第1种，在“项目”面板中选择需要渲染的合成文件，然后执行“文件>导出”菜单中的子命令，如图2-52所示，可以输出单个合成项目。

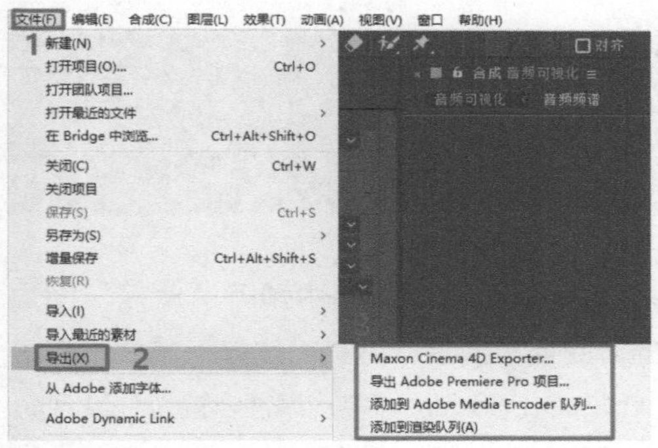

图 2-52

第2种，在“项目”面板中选择需要渲染的合成文件，然后执行“合成>添加到Adobe Media Encoder队列”或“合成>添加到渲染队列”菜单命令，如图2-53所示，可以将一个或多个合成添加到渲染队列中进行批量输出。

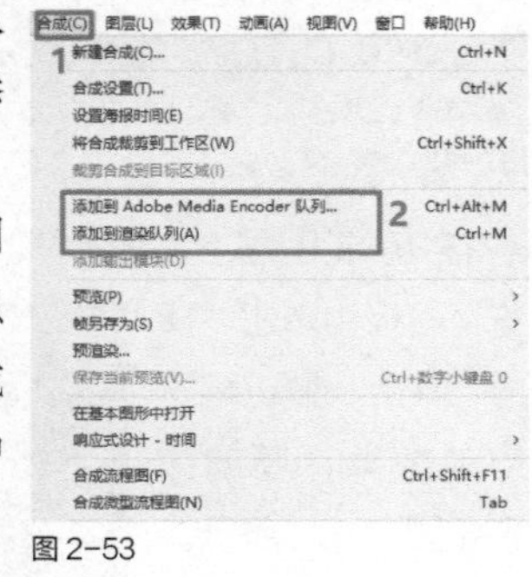

图 2-53

技巧与提示

按快捷键 Ctrl+M 可以达到与执行“合成 > 添加到渲染队列”菜单命令相同的效果。

执行“合成 > 添加到渲染队列”菜单命令，会打开“渲染队列”面板，如图 2-54 所示。

图 2-54

2.4.1 课堂案例——制作带透明通道的素材

素材位置	实例文件 >CH02> 课堂案例——制作带透明通道的素材 >（素材）
实例位置	实例文件 >CH02> 课堂案例——制作带透明通道的素材 .aep
难易指数	★☆☆☆☆
学习目标	掌握 After Effect 中带透明通道的序列的输出方法

本案例的制作效果如图2-55所示。

图 2-55

01 打开学习资源中的“实例文件 >CH02> 课堂案例——制作带透明通道的素材 >（素材）> 角标 .aep”文件。假设这是一个以后会多次使用的角标动画，如果每次都直接使用 AEP 格式的文件，不仅麻烦还比较慢，将其保存为一组带透明通道的序列是常见的解决办法。在“合成”面板中单击“切换透明网格”按钮，确认该工程是带透明通道的，如图 2-56 所示。

图 2-56

02 执行“合成 > 添加到渲染队列”菜单命令，在“渲染队列”面板中，单击“渲染设置”选项后面的“最佳设置”蓝色字样，打开“渲染设置”

对话框，然后单击“自定义”按钮，将结束时间设置为17秒，如图2-57所示。

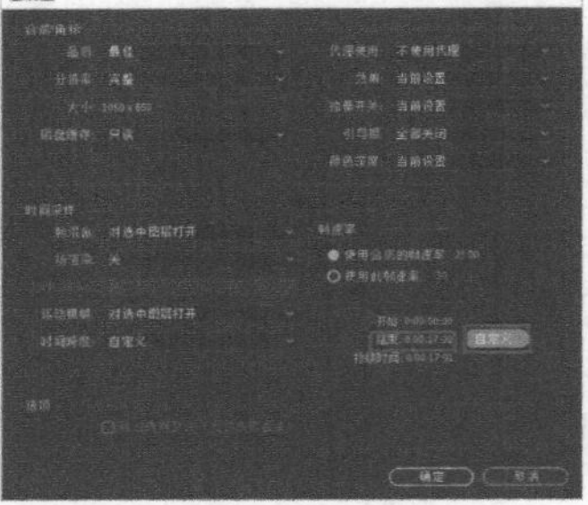

图2-57

03 在“渲染队列”面板中，单击“输出模块”选项后面的“无损”蓝色字样，打开“输出模块设置”对话框，把“格式”设置为“‘PNG’序列”，“通道”设置为“RGB+Alpha”（Alpha即为透明通道），如图2-58所示。

图2-58

04 单击“输出到”选项后面的蓝色字样，打开“将影片输出到”对话框，选择一个合适的位置来保存输出的序列，并单击“保存”按钮。然后在“渲染队列”面板中，单击“渲染”按钮，如图2-59所示。

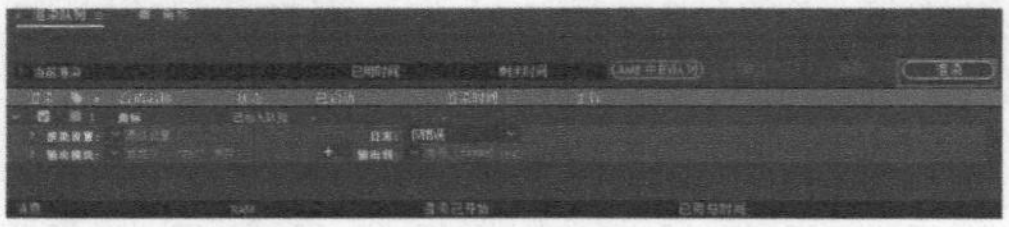

图2-59

05 渲染完成后，打开“实例文件 >CH02> 课堂案例——制作带透明通道的素材 .aep”文件，并导入刚才渲染好的序列帧，在其上单击鼠标右键，在弹出的菜单中执行“解释素材 > 主要”命令，再在弹出的窗口中选择“假定此帧速率”，并将其设置为25帧/秒，如图2-60所示。

06 以“项目”面板中的“厨房.mp4”为基准创建一个新的合成，把“角标”放入该合成，并使其位于上方，如图2-61所示。

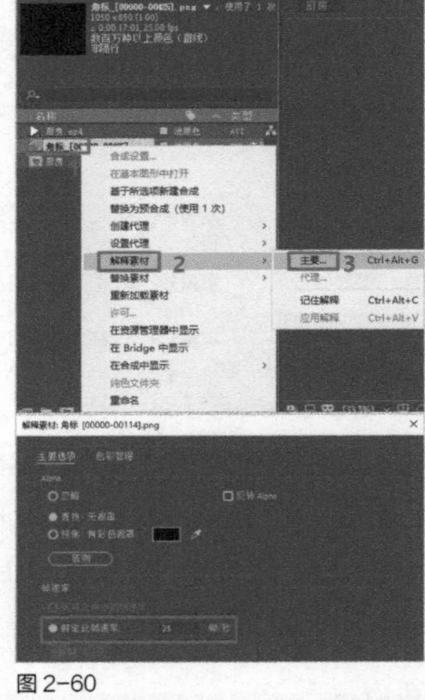

图2-60

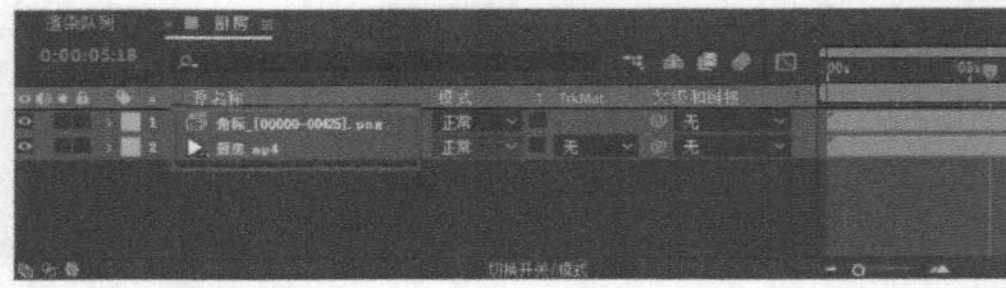

图2-61

07 在“时间轴”面板中展开“角标”图层的“变换”属性，将其“位置”属性设置为(1539.3,863.6)，“缩放”属性设置为(74.0%，74.0%)，如图2-62所示。

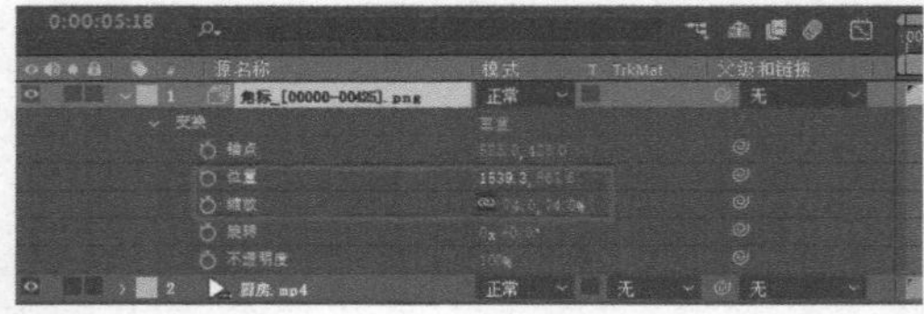

图2-62

08 在“角标”图层上添加“透视 > 投影”效果，在“预览”面板中单击“播放/停止”按钮预览当前效果，局部效果如图2-63所示。

图2-63

2.4.2 渲染设置

在“渲染队列”面板中的“渲染设置”

选项后面单击“最佳设置”蓝色字样，可以打开“渲染设置”对话框，如图2-64所示。单击“渲染设置”选项后面的按钮，在弹出的菜单中可以执行不同的渲染设置命令，如图2-65所示。

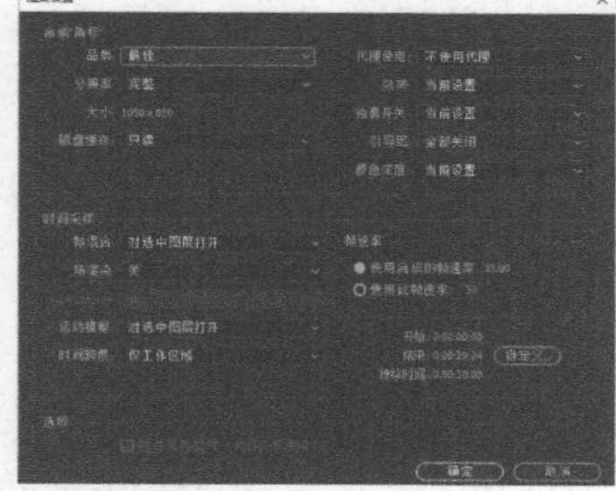

图 2-64

图 2-65

2.4.3 日志类型

日志是用来记录After Effects处理文件时的信息的。在“日志”下拉列表中可以选择日志类型，如图2-66所示。

图 2-66

2.4.4 输出模块参数

在“渲染队列”面板中的“输出模块”选项后面单击“无损”蓝色字样，可以打开“输出模块设置”对话框，如图2-67所示。单击“输出模块”选项后面的按钮，可以在弹出的菜单中选择相应的音视频格式，如图2-68所示。

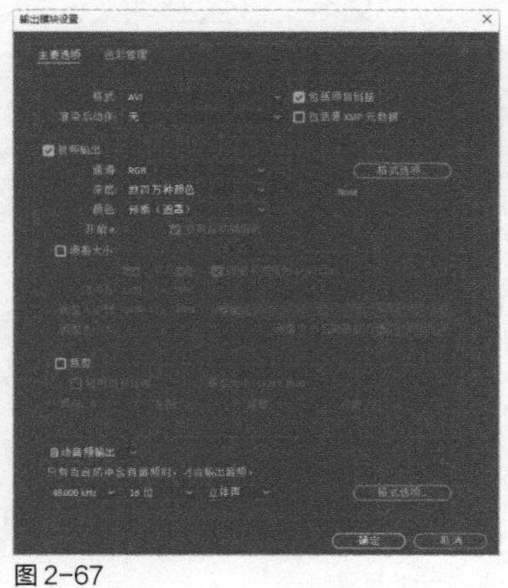

图 2-67

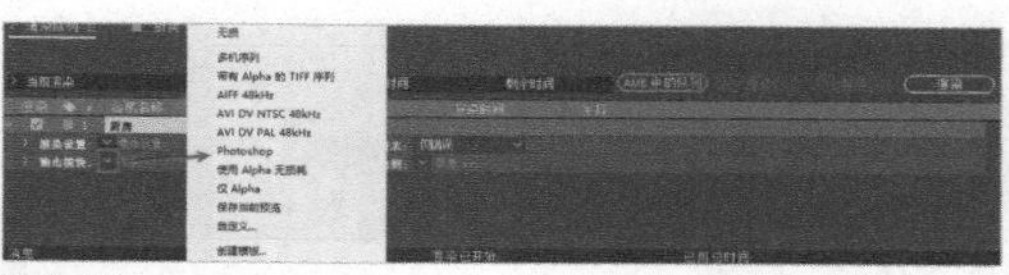

图 2-68

2.4.5 设置输出路径和文件名

在“渲染队列”面板中单击“输出到”选项后面的名称选项，可以打开“将影片输出到”对话框，在该对话框中可以设置影片的输出路径和文件名，如图2-69所示。

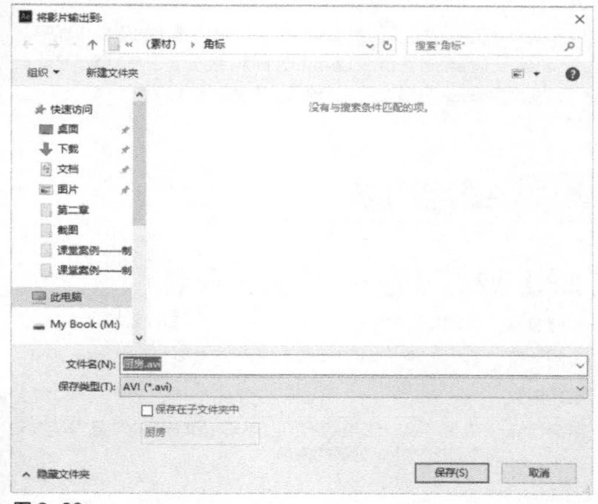

图 2-69

2.4.6 开启渲染

在“渲染”栏下勾选要渲染的合成，这时“状态”栏中会显示为“已加入队列”状态，如图2-70所示。

图 2-70

2.4.7 渲染

单击“渲染”按钮进行渲染输出，如图2-71所示。

最后以图表的形式来总结一下After Effects的基本工作流程，如图2-72所示。

图 2-71

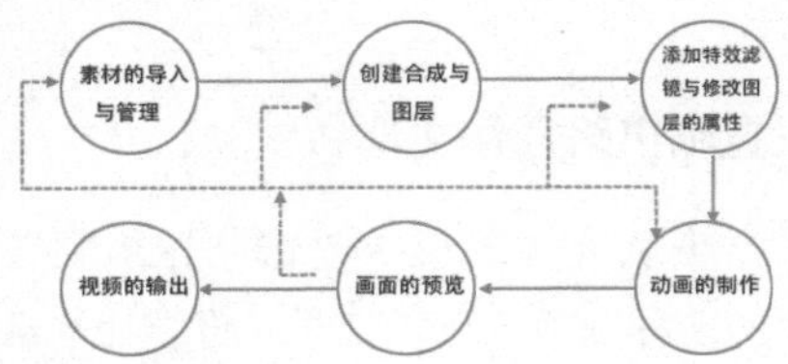

图 2-72

> **技巧与提示**
>
> 在 After Effects 中，无论是为视频制作简单的字幕还是制作一段复杂的动画，一般都要遵循上述的基本工作流程。当然，由于个人喜好不同，有的设计师会先创建项目合成，再执行素材的导入操作。

2.5 课后习题

2.5.1 课后习题——全高清合成

素材位置	实例文件 >CH02> 课后习题——全高清合成 >（素材）
实例位置	实例文件 >CH02> 课后习题——全高清合成 .aep
难易指数	★☆☆☆☆
练习目标	巩固对 After Effects 2021 基本工作流程的掌握，学习“保留细节放大”效果的应用

本习题的制作效果如图2-73所示。

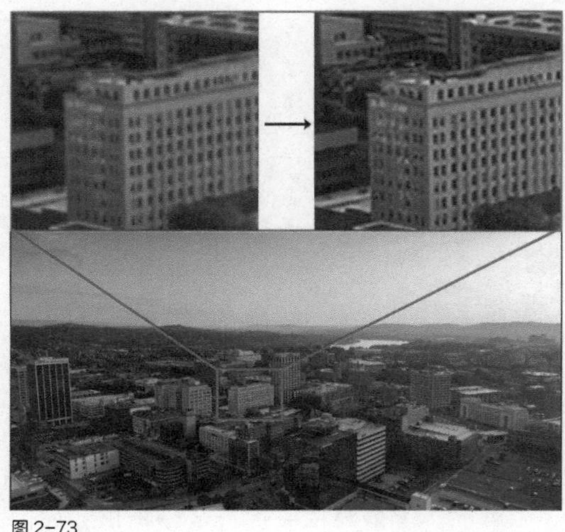

图 2-73

01 启动 After Effects，然后导入学习资源中的“实例文件 >CH02> 课后习题——全高清合成 >（素材）> 航拍 .mp4”文件。新建一个全高清合成，并将“航拍 .mp4”文件放入该合成。

02 为“航拍”图层添加“扭曲 > 保留细节放大”效果，并通过调整该效果的参数让该图层正好符合合成的大小。

03 为“航拍”图层添加“模糊和锐化 > 锐化”效果，并调整该效果的参数，使画面轮廓更加清晰。

2.5.2 课后习题——粉笔文字动画

素材位置	实例文件 >CH02> 课后习题——粉笔文字动画 >（素材）
实例位置	实例文件 >CH02> 课后习题——粉笔文字动画 .aep
难易指数	★★★☆☆
练习目标	练习涂写、描边等效果的应用

本习题的制作效果如图2-74所示。

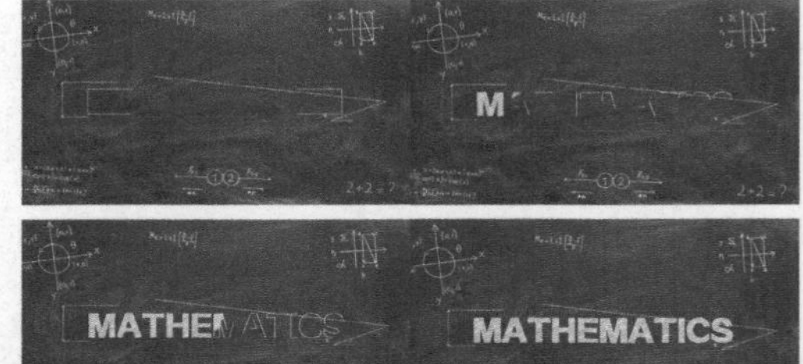

图 2-74

01 打开学习资源中的“实例文件 >CH02> 课后习题——粉笔文字动画 .aep”文件。将“项目”面板中的“文字 .png”拖曳到合成中，并置于顶层。

02 为“文字”图层执行“图层 > 自动追踪”菜单命令，为其轮廓生成一系列蒙版。

03 为“文字”图层添加“生成 > 涂写”效果，并在“效果控件”面板中把“涂写”效果的“涂抹”设置为“所有蒙版使用模式”，然后调整“涂写”效果的参数和该图层上蒙版的使用模式。

04 为“文字”图层添加“生成 > 描边”效果，勾选参数中的“所有蒙版”选项，然后添加“扭曲 > 湍流置换”效果，为其增添边缘细小的扭曲细节，接着调整两个效果的参数。

05 为“涂写”和“描边”效果中的“结束”设置动画关键帧。

第3章

图层操作

本章导读

无论是创建合成、动画还是制作特效，都离不开图层。

本章主要介绍图层的相关内容，包括图层的创建方法、图层的属性及图层的基本操作等。

课堂学习目标

掌握图层的创建方法

熟悉图层的属性

掌握图层的基本操作

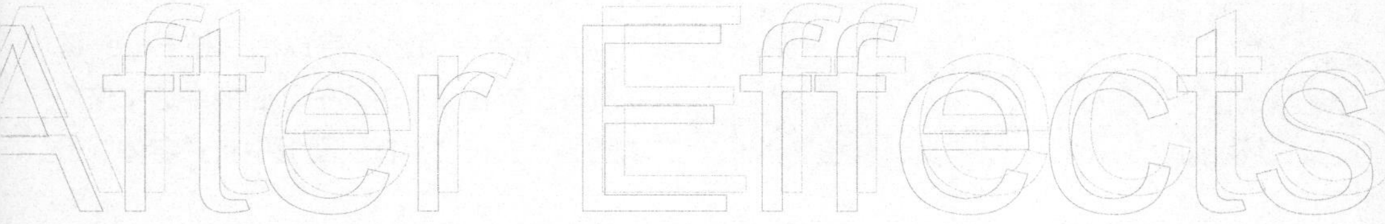

3.1 图层概述

无论是创建合成、动画还是制作特效，都离不开图层。After Effects中的图层和Photoshop中的图层一样，在“时间轴”面板中可以直观地看到图层的分布。图层按照从上向下的顺序依次叠放，上一层的内容将遮住下一层的内容，如果上一层没有内容，将直接显示下一层的内容，如图3-1所示。

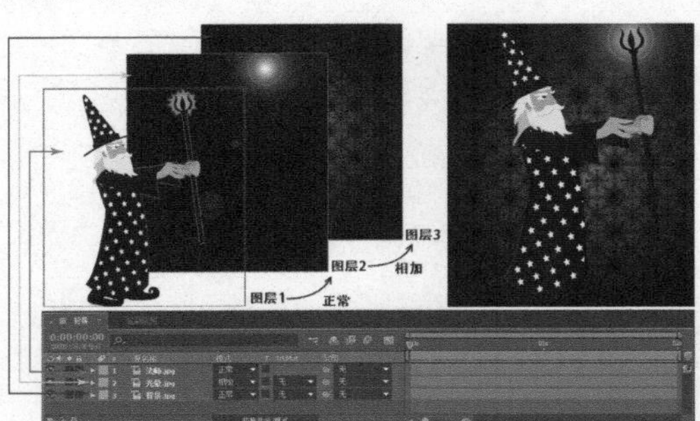

图 3-1

> 技巧与提示
>
> After Effects 可以自动为合成中的图层编号。在默认情况下，这些编号显示在“时间轴”面板中图层名字的左边。图层编号决定了图层在合成中的叠放顺序，当叠放顺序发生改变时，这些编号也会自动发生改变。

本节知识点

名称	学习目标	重要程度
图层的创建方法	了解图层的创建方法	高

3.1.1 课堂案例——海报标题

素材位置	实例文件 >CH03> 课堂案例——海报标题 >（素材）
实例位置	实例文件 >CH03> 课堂案例——海报标题 .aep
难易指数	★★☆☆☆
学习目标	了解不同图层之间的差别，掌握图层的创建方法

本案例的制作效果如图3-2所示。

图 3-2

01 启动 After Effects，导入学习资源中的“实例文件 > CH03 > 课堂案例——海报标题 .aep”文件，然后在“项目”面板中双击“海报标题”加载该合成，如图 3-3 所示。

图 3-3

02 在“时间轴”面板中选择“背景”图层，按 S 键展开其“缩放”属性，然后设置为（104.0%，104.0%），如图 3-4 所示。

图 3-4

03 执行“图层 > 新建 > 调整图层”菜单命令，确保该调整图层在“背景”图层上方，因为在调整图层上应用的效果可以影响到其下方所有的图层。这里把该图层的“缩放”属性设为（67.0%，67.0%），如图 3-5 所示。然后执行“效果 > 模糊和锐化 > 快速方框模糊”菜单命令，把“模糊半径”设为 31.0，并勾选“重复边缘像素”，如图 3-6 所示。

图 3-5

图 3-6

04 执行“图层 > 新建 > 文本”菜单命令，然后输入“DANCE ALL NIGHT PARTY”这段文字，每个单词输入完成后，按 Enter 键可以换行。接着在“时间轴”面板中选中这个文本图层，并在“字符”面板中将“字体”设置为“方正黑体简体”，“字体大小”设置为 143 像素，“行距”设置为 152 像素，“所选字符的字符间距”设为 51，“水平缩放”设置为 115%，并开启“仿粗体”和“全部大写字母”，如图 3-7 所示。最后，将该图层的“位置”属性设置为（458.5，356.1），并确保该图层在合成的最上方。

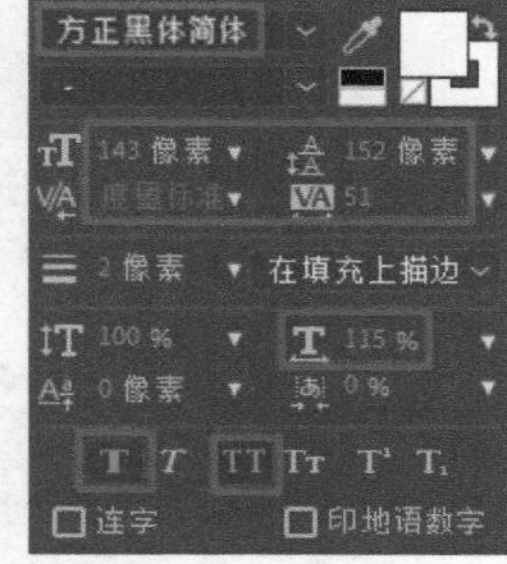

图 3-7

05 执行“图层 > 新建 > 形状图层”菜单命令，并在“工具”面板中选择矩形工具，然后单击蓝色的“填充”字样并将其设置为“纯色”，接着把填充颜色设置为（105，242，115），最后单击蓝色的“描边”字样并将其设置为“无”，如图 3-8 所示。

图 3-8

06 在“合成”面板中绘制图 3-9 所示的两个矩形，形状大致与图中一致即可。单击该形状图层左侧的三角形，执行“内容 > 矩形 1> 位置（或者缩放）”命令，即可像操作图层一样单独地控制每个绘制的矩形。

图 3-9

07 将上一步中的形状图层向下移动到文本图层和调整图层之间，如图 3-10 所示。

图 3-10

3.1.2 图层的创建方法

不同类型的图层所使用的创建和设置方法也不尽相同，可以通过导入的方式创建，也可以通过执行命令的方式创建。下面介绍几种不同类型的图层的创建方法。

◆ 1. 素材图层和合成图层

素材图层和合成图层是After Effects中最常见的图层。要创建素材图层和合成图层，只需要将“项目”面板中的素材或合成项目拖曳到“时间轴”面板中即可。

> **技巧与提示**
>
> 如果要一次性创建多个素材图层或合成图层，只需要在“项目”面板中按住 Ctrl 键的同时连续选择多个素材项目或合成项目，然后将其拖曳到“时间轴”面板中。“时间轴”面板中的图层将按照之前选择素材的顺序进行排列。另外，按住 Shift 键也可以选择多个连续的素材项目或合成项目。

◆ 2. 纯色图层

在After Effects中，可以创建不同颜色和尺寸（最大尺寸可达30000像素 × 30000像素）的纯色图层。和其他素材图层一样，用户可以在纯色图层上创建蒙版，也可以修改图层的“变换”属性，还可以对其添加特技效果。创建纯色图层的方法主要有以下两种。

第1种，执行“文件>导入>纯色”菜单命令，如图3-11所示，此时创建的纯色图层只显示在项目面板中作为素材使用。

第2种，执行“图层>新建>纯色”菜单命令或按快捷键Ctrl+Y，如图3-12所示。此时创建的纯色图层除了显示在“项目”面板的“固态层”文件夹中以外，还会被放置在当前“时间轴”面板中的顶层位置。

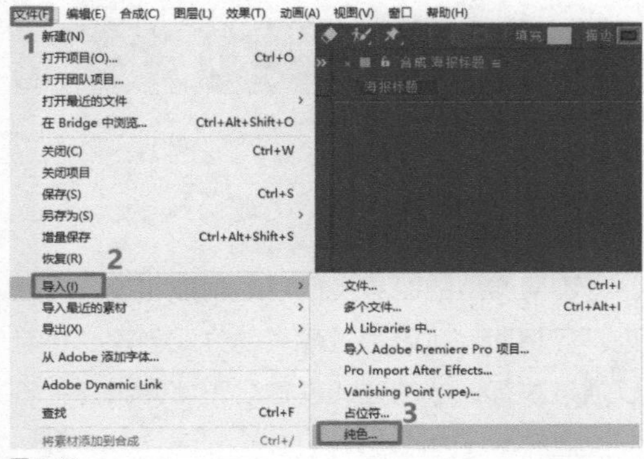

图 3-11

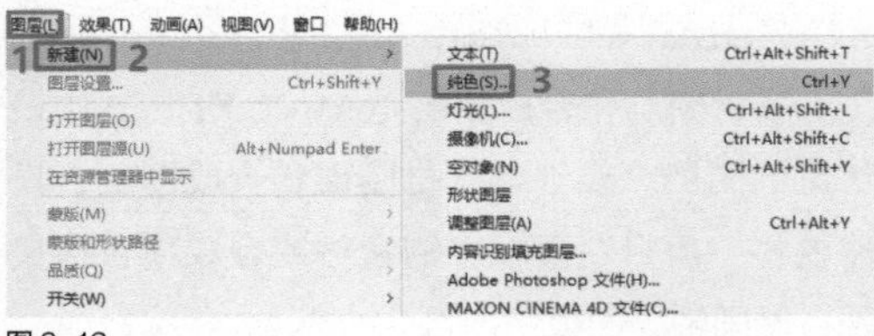

图 3-12

技巧与提示

通过以上两种方法创建纯色图层时，系统都会弹出“纯色设置”对话框，在该对话框中可以设置纯色图层相应的尺寸、像素比例、名称及颜色等，如图3-13所示。

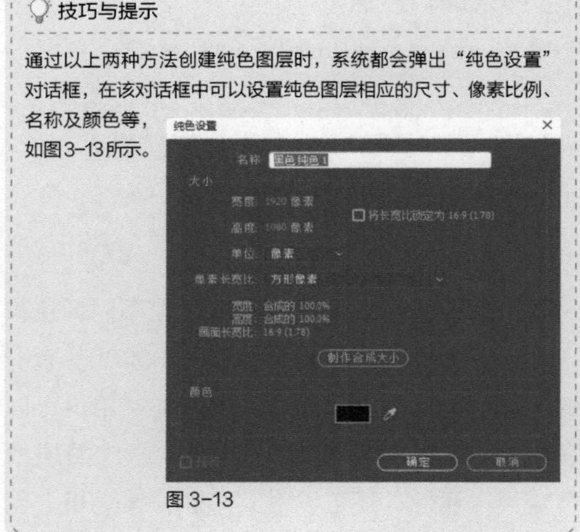

图 3-13

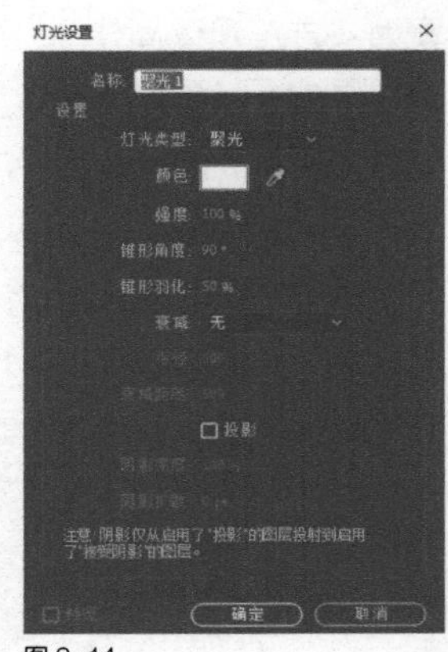

图 3-14

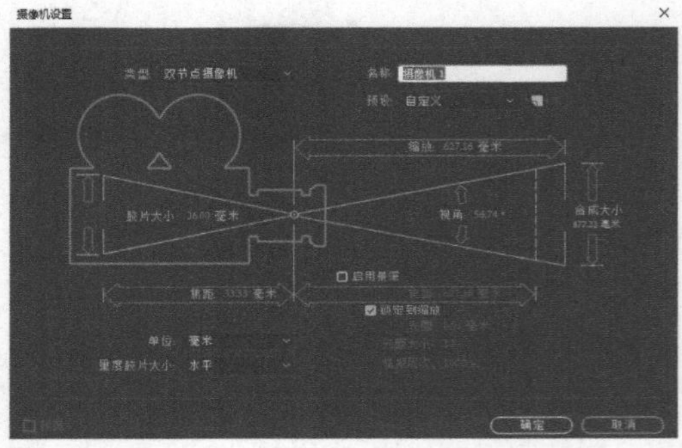

图 3-15

技巧与提示

在创建调整图层时，除了可以通过执行“图层 > 新建 > 调整图层”菜单命令来完成外，还可以通过“时间轴”面板把选择的图层转换为调整图层，方法就是单击图层名称后面的“调整图层”按钮 ，如图 3-16 所示。

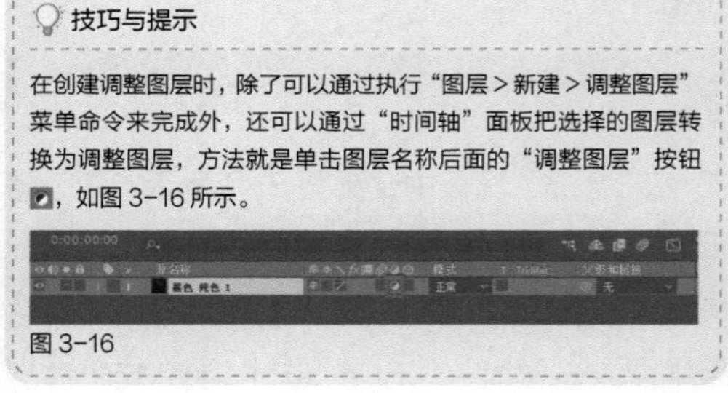
图 3-16

◆ 3. 灯光、摄像机和调整图层

灯光、摄像机和调整图层的创建方法与纯色图层的创建方法类似，可以通过执行“图层>新建”菜单中的子命令来完成。在创建这类图层时，系统也会弹出相应的参数设置对话框。图3-14和图3-15分别为“灯光设置”和“摄像机设置”对话框（这部分知识将在后面的章节中进行详细讲解）。

3.2 图层属性

在After Effects中，图层属性在制作动画、特效时占据着非常重要的地位。除了单独的音频图层以外，其他所有图层都具有5个基本“变换”属性，分别是“锚点”“位置”“缩放”“旋转”“不透明度”，如图3-17所示。在“时间轴”面板中单击 按钮，可以展开图层的“变换”属性。

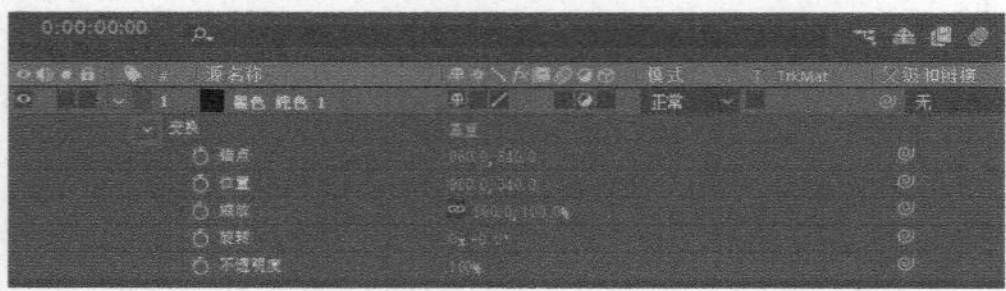

图 3-17

本案例的制作效果如图3-18所示。

图 3-18

本节知识点

名称	作用	重要程度
“位置”属性	制作图层的位移动画	高
“缩放”属性	以轴心点为基准改变图层的大小	高
“旋转”属性	以轴心点为基准旋转图层	高
“锚点”属性	基于该点对图层进行位移、旋转和缩放等操作	中
“不透明度”属性	以百分比的方式来调整图层的不透明度	高

3.2.1 课堂案例——定版动画

素材位置	实例文件 >CH03> 课堂案例——定版动画 >（素材）
实例位置	实例文件 >CH03> 课堂案例——定版动画 .aep
难易指数	★☆☆☆☆
学习目标	掌握图层属性的基础应用

01 启动 After Effects，然后导入学习资源中的“实例文件 >CH03 > 课堂案例——定版动画 .aep”文件，接着在“项目”面板中双击“定版动画”加载该合成，如图 3-19 所示。

图 3-19

02 选择“Logo”图层，按 S 键显示其“缩放”属性，然后在第 1 秒 15 帧处设置“缩放”属性为（0.0%，0.0%）并激活关键帧记录器，在第 2 秒 7 帧处设置“缩放”属性为（100.0%，100.0%）；之后选中该关键帧，按快捷键 F9 将其变为缓动关键帧，如图 3-20 所示。

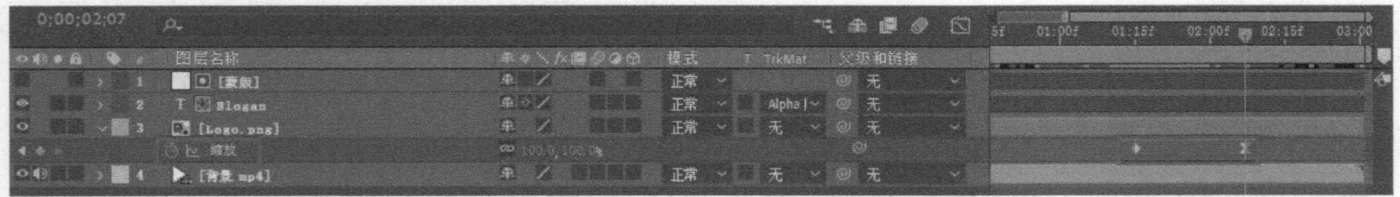

图 3-20

03 选择“Logo”图层，按快捷键 Shift+R 显示其“旋转”属性，然后在第 1 秒 15 帧处设置“旋转”属性为（0×+35.0°）并激活关键帧记录器，在第 2 秒 7 帧处设置“旋转”属性为（0×+0.0°）；接着选中这两个关键帧，按快捷键 F9 将其变为缓动关键帧，如图 3-21 所示。

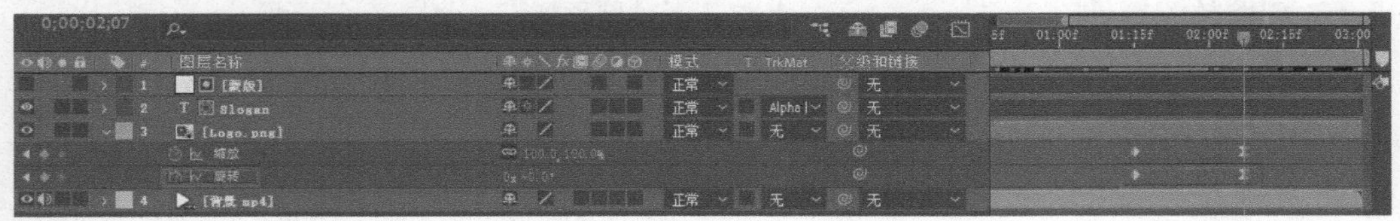

图 3-21

04 选择“Slogan”图层，按 P 键显示其“位置”属性，然后在第 1 秒 29 帧处设置“位置”属性为（783.3，916.4）并激活关键帧记录器，在第 2 秒 22 帧处设置“位置”属性为（783.3，853.4）；接着选中这两个关键帧，按快捷键 F9 将其变为缓动关键帧，如图 3-22 所示。

05 按数字键 0 预览画面效果，如图 3-23 所示。

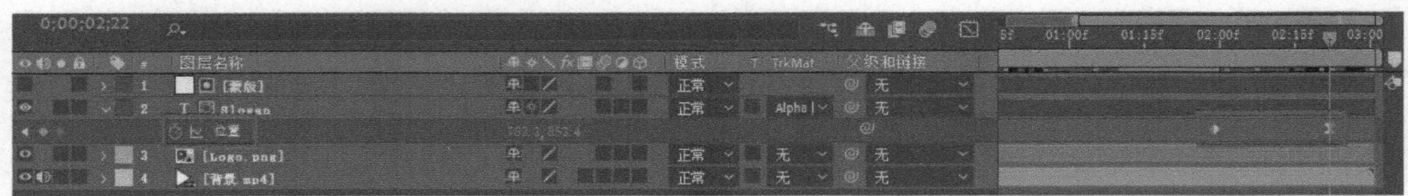

图3-22

图3-23

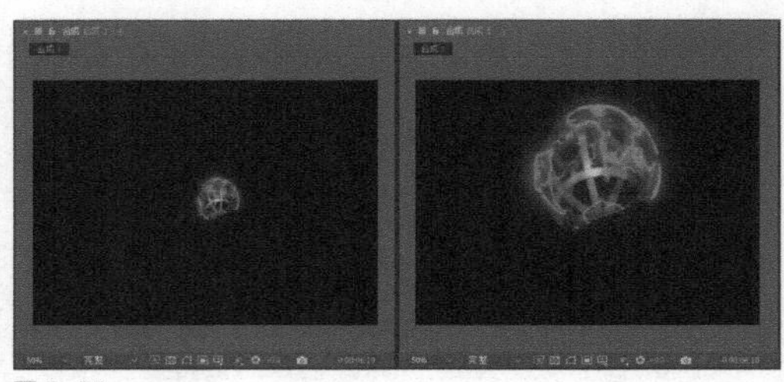

图3-25

3.2.2 “位置”属性

“位置”属性主要用来制作图层的位移动画，显示“位置”属性的快捷键为 P 键。普通二维图层的“位置”属性包括 X 轴和 Y 轴两个参数，三维图层则包括 X 轴、Y 轴和 Z 轴 3 个参数。图 3-24 所示是利用图层的“位置”属性制作的大楼移动动画。

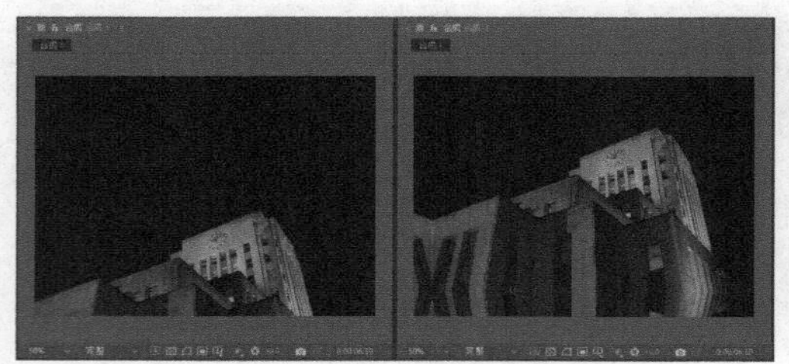

图3-24

3.2.3 “缩放”属性

“缩放”属性可以以轴心点为基准改变图层的大小，显示“缩放”属性的快捷键为S键。普通二维图层的“缩放”属性由X轴和Y轴两个参数组成，三维图层则由X轴、Y轴和Z轴3个参数组成。在缩放图层时，可以开启图层“缩放”属性前面的“锁定缩放”按钮，这样可以进行等比例缩放操作。图3-25所示是使用图层的“缩放”属性制作的球体放大动画。

3.2.4 “旋转”属性

“旋转”属性是指以轴心点为基准旋转图层，显示“旋转”属性的快捷键为R键。普通二维图层的“旋转”属性由“圈数”和“度数”两个参数组成，如“1×45° ”就表示旋转了1圈又45° （也就是405°）。图3-26所示是使用图层的“旋转”属性制作的枫叶旋转动画。

图3-26

如果当前图层是三维图层，那么该图层有4个旋转属性，分别是“方向”（可同时设定X轴、Y轴和Z轴3个方向的旋转）、“X轴旋转”（仅调整X轴方向的旋转）、“Y轴旋转”（仅调整Y轴方向的旋转）和“Z轴旋转”（仅调整Z轴方向的旋转）。

3.2.5 “锚点”属性

锚点即图层的轴心点。图层的位移、旋转和缩放操作都是基于锚点来进行的，显示“锚点”属性的快捷键为A键。当进行位移、旋转或缩放操作时，选择不同位置的轴心点将得到完全不同的视觉效果。图3-27所示是将“锚点”位置设在树的根部，然后通过设置“缩放”属性来制作的树的生长动画。

图 3-27

3.2.6　“不透明度”属性

“不透明度”属性是以百分比的方式来调整图层的不透明度的，显示“不透明度”属性的快捷键为T键。图3-28所示是利用“不透明度”属性制作的渐变动画。

图 3-28

> **技巧与提示**
>
> 一般情况下，按一次图层属性的快捷键，每次只能显示一种属性。如果要一次显示两种或两种以上的图层属性，可以在显示一种图层属性的前提下按住 Shift 键，然后按其他图层属性的快捷键，这样就可以显示多种图层属性了。

3.3　图层的基本操作

本节知识点

名称	学习目标	重要程度
图层的对齐和分布	了解图层的对齐和平均分布操作	高
序列图层	了解如何运用序列图层	高
设置图层时间	掌握设置图层时间的方法	高
拆分图层	掌握如何拆分图层	中
父子图层 / 父子关系	了解父子图层的设置及父子图层的关系	高

3.3.1　课堂案例——快闪动画

素材位置	实例文件 >CH03> 课堂案例——快闪动画 >（素材）
实例位置	实例文件 >CH03> 课堂案例——快闪动画 .aep
难易指数	★★★☆☆
学习目标	掌握父子关系的具体应用

本案例的制作效果如图3-29所示。

图 3-29

01 启动 After Effects，导入学习资源中的“实例文件>CH03 >课堂案例——快闪动画.aep”文件，然后在“项目”面板中双击“快闪动画”加载该合成，如图3-30所示。

图 3-30

02 选择“水果 1”图层，按 P 键显示“位置”属性。然后在第 3 秒 5 帧处设置“位置”属性为（960.0，1271.0）并激活关键帧记录器，在第 3 秒 16 帧处设置“位置”属性为（960.0，810.0），在第 3 秒 24 帧处设置“位置”属性为（960.0，492.0），接着选中这些关键帧并按快捷键 F9 将其变为缓动关键帧，如图 3-31 所示。

03 选择“水果 2”图层，按 P 键显示“位置”属性。在第 3 秒 16 帧处设置“位置”属性为（960.0，1443.0）并激活关键帧记录器，在第 3 秒 27 帧处设置“位置”属性为（960.0，699.0）。然后按快捷键 Shift+S 展开“缩放”属性，在第 3 秒 27 帧处设置“缩放”属性为（45.0%，45.0%），再激活关键帧记录器，在第 4 秒 5 帧处设置“缩放”属性为（40.5%，40.5%），接着选中这些关键帧并按快捷键 F9

将其变为缓动关键帧，如图 3-32 所示。

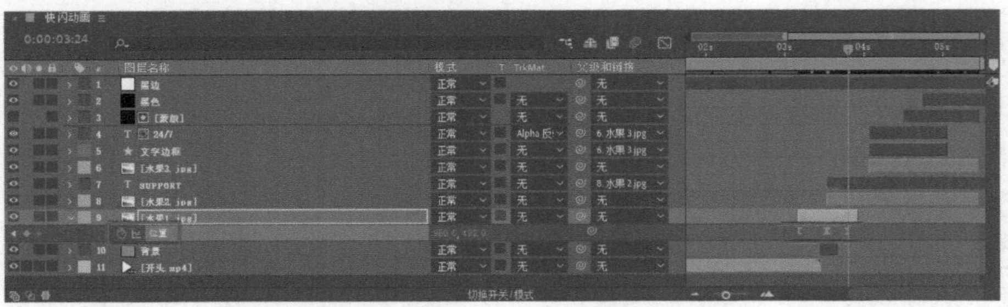

图 3-31

图 3-32

04 选择“SUPPORT”图层，在第 3 秒 27 帧处，在“时间轴”面板中将其“父级和链接”设置为“8. 水果 2.jpg”，这样，该图层就会随“水果 2”图层的运动而运动。然后按 S 键显示“缩放”属性，在第 3 秒 27 帧处设置“缩放”属性为（1459.5%，1459.5%）并激活关键帧记录器，在第 4 秒 5 帧处设置“缩放”属性为（650.5%，650.5%），接着选中这些关键帧并按快捷键 F9 将其变为缓动关键帧，如图 3-33 所示。

图 3-33

05 选择“水果 3”图层，按 S 键显示“缩放”属性，然后在第 4 秒 2 帧处设置“缩放”属性为（194.0%，194.0%）并激活关键帧记录器，在第 4 秒 14 帧处设置“缩放”属性为（48.0%，48.0%），接着选中后一个关键帧并按快捷键 F9 将其变为缓动关键帧，如图 3-34 所示。

06 在第 4 秒 14 帧处，在“时间轴”面板中将“文字边框”和“24/7”两个图层的“父级和链接”设置为“6. 水果 3.jpg”。然后按 P 键显示“24/7”图层的“位置”属性，在第 4 秒 16 帧处设置“位置”属性为（1991.8，1335.7）并激活关键帧记录器，在第 4 秒 26 帧处设置“位置”属性为（1991.8，1748.7），接着选中这些关键帧，按快捷键 F9 将其变为缓动关键帧，如图 3-35 所示。

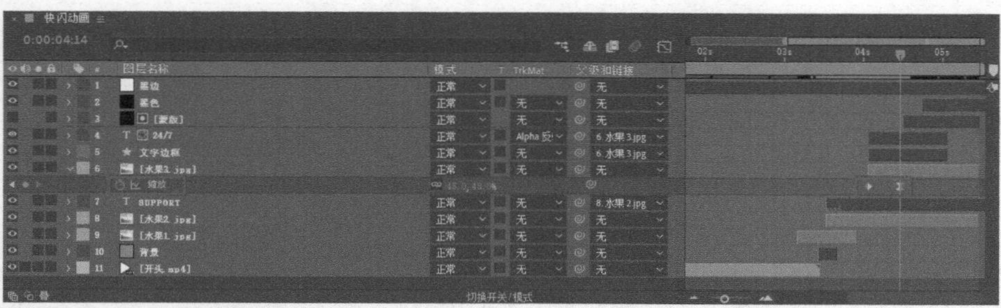

图 3-34

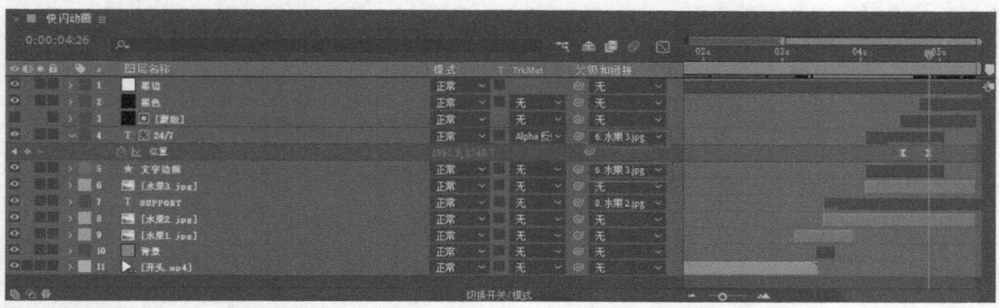

图 3-35

07 按数字键 0 预览画面效果，如图 3-36 所示。预览结束后对影片进行输出和保存。

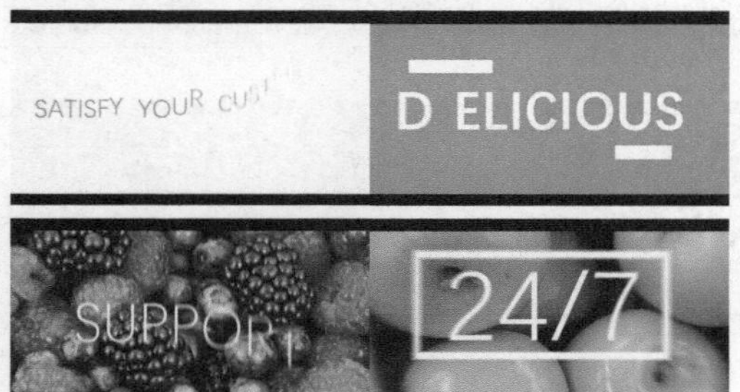

图 3-36

3.3.2 图层的对齐和平均分布

使用“对齐”面板可以对图层进行对齐和平均分布操作。执行“窗口>对齐”菜单命令，可以打开“对齐”面板，如图3-37所示。

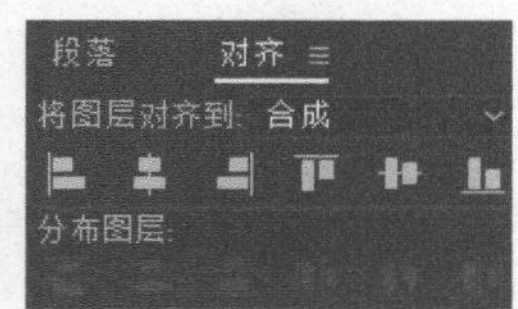

图 3-37

技巧与提示

在进行对齐和平均分布图层时需要注意以下 5 点。

第 1 点：在对齐图层时，至少需要选择 2 个图层；在平均分布图层时，至少需要选择 3 个图层。

第 2 点：如果选择右边对齐的方式来对齐图层，所有图层都将以位置靠在最右边的图层为基准进行对齐；如果选择左边对齐的方式来对齐图层，所有图层都将以位置靠在最左边的图层为基准来对齐图层。

第 3 点：如果选择平均分布的方式来对齐图层，After Effects 会自动找到位于最极端的上下或左右位置的图层来平均分布位于其间的图层。

第 4 点：被锁定的图层不能与其他图层一同进行对齐和平均分布。

第 5 点：文字（非文字图层）的对齐方式不受“对齐”面板的影响。

3.3.3 序列图层

当使用“关键帧辅助”中的“序列图层”命令来自动排列图层的入点和出点时，在“时间轴”面板中依次选择作为序列图层的图层，然后执行“动画>关键帧辅助>序列图层”菜单命令，可以打开“序列图层”对话框，如图3-38所示。

图 3-38

参数详解

- **重叠**：用来设置是否执行图层的交叠。
- **持续时间**：用来设置图层之间相互交叠的时间。
- **过渡**：用来设置交叠部分的过渡方式。

使用“序列图层”命令后，图层会依次排列。如果不勾选“重叠”选项，序列图层的首尾将依次连接起来，但是不会产生交叠现象，如图3-39所示。

如果勾选“重叠”选项，序列图层的首尾将产生交叠现象，并且可以设置交叠的持续时间和交叠之间的过渡是否产生淡入和淡出效果，如图3-40所示。

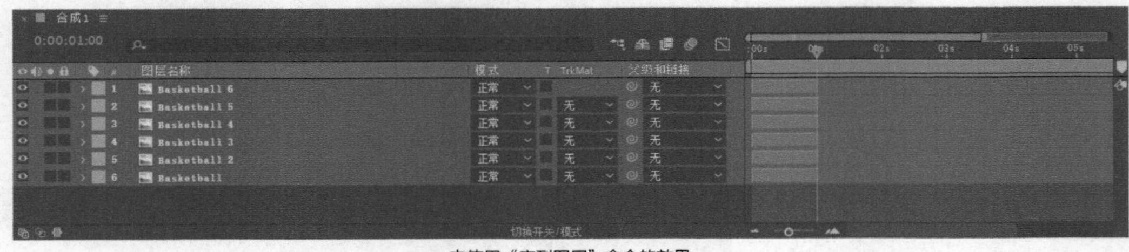

未使用“序列图层”命令的效果

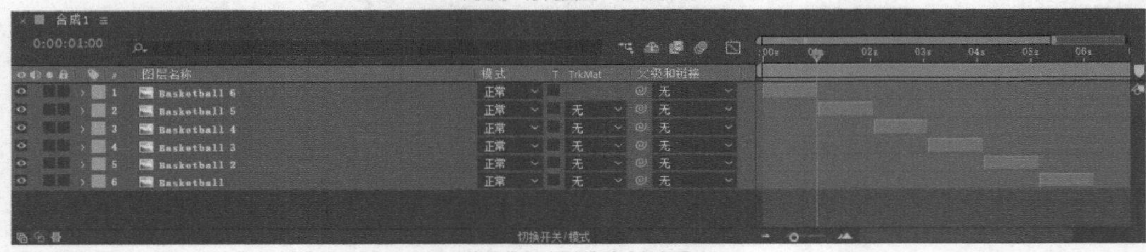

图 3-39　　使用“序列图层”命令的效果

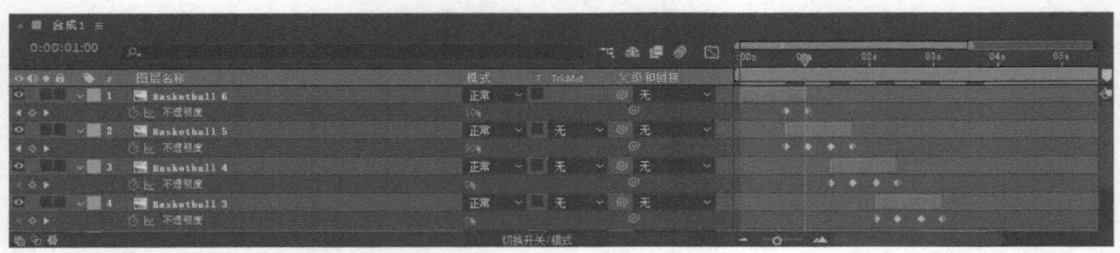

图 3-40

> **技巧与提示**
>
> 选择的第 1 个图层是最先出现的图层，后面的图层将按照该图层的顺序排列。另外，“持续时间”参数主要用来设置图层之间相互交叠的时间，“过渡”参数主要用来设置交叠部分的过渡方式。

3.3.4 设置图层时间

设置图层时间的方法有很多种，可以使用时间设置栏对图层的出入点时间进行精确设置，也可以使用手动方式对图层时间进行直接设置，具体方法如下。

第1种：在“时间轴”面板中的出入点时间上拖曳或单击，然后在打开的对话框中直接输入数值来改变图层的出入点时间，如图3-41所示。

图 3-41

第2种：在“时间轴”面板的图层时间栏中，通过在时间标尺上拖曳图层的出入点位置进行设置，如图3-42所示。

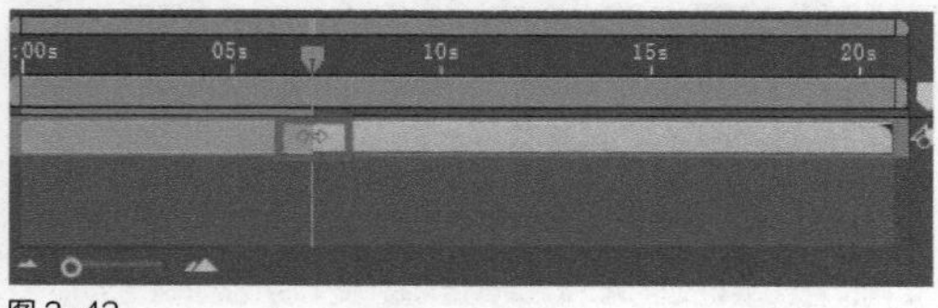

图 3-42

> **技巧与提示**
>
> 设置素材入点的快捷键为 Alt+[，设置出点的快捷键为 Alt+]。

3.3.5 拆分图层

拆分图层就是将一个图层在指定的时间处拆分为多段图层。选择需要分离 / 打断的图层，然后在“时间轴”面板中将时间指示器拖曳到需要分离的位置，如图 3-43 所示。接着执行“编辑 > 拆分图层”菜单命令或按快捷键 Ctrl+Shift+D，如图 3-44 所示。这样就把图层在当前时间处分离开了，如图 3-45 所示。

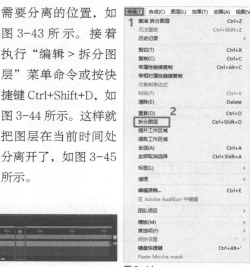

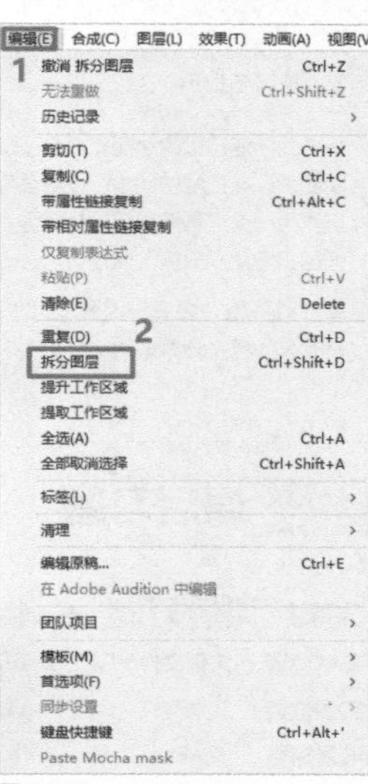

图 3-43

图 3-44

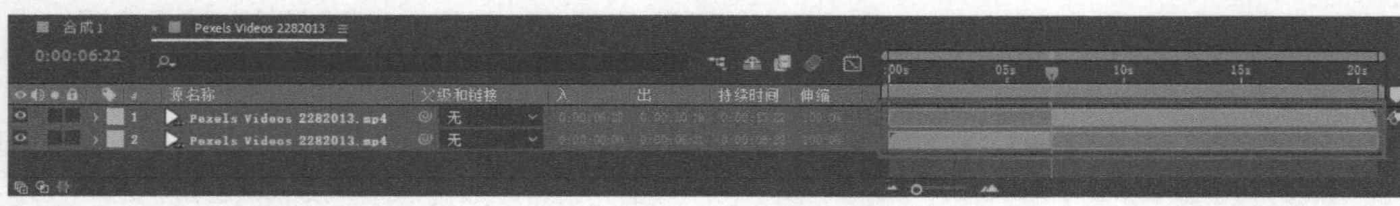

图 3-45

> **技巧与提示**
>
> 在分离图层时，一个图层被分离为两个图层。如果要改变两个图层在“时间轴”面板中的排列顺序，可以执行“编辑 > 首选项 > 常规”菜单命令，然后在打开的“首选项”对话框中进行设置，如图 3-46 所示。
>
> 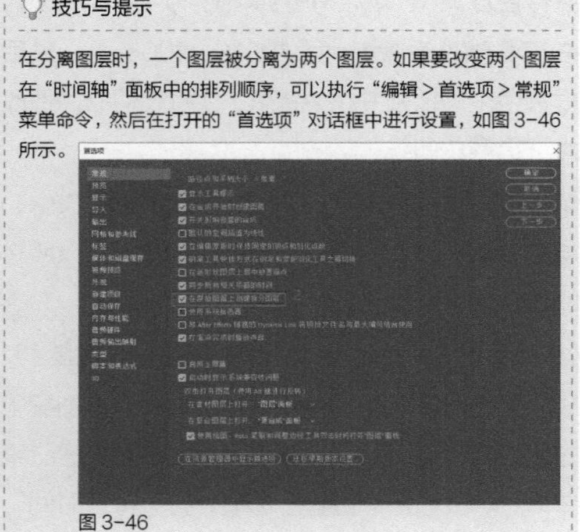
>
> 图 3-46

3.3.6 父子图层 / 父子关系

当改变一个图层时，如果要使其他图层也跟随该图层发生相应的变化，此时可以将该图层设置为父图层，如图3-47所示。

当为父图层设置“变换”属性（“不透明度”属性除外）时，子图层也会随着父图层的变化而发生变化。父图层的“变换”属性改变会导致所有子图层发生联动变化，但子图层的“变换”属性改变不会对父图层造成任何影响。

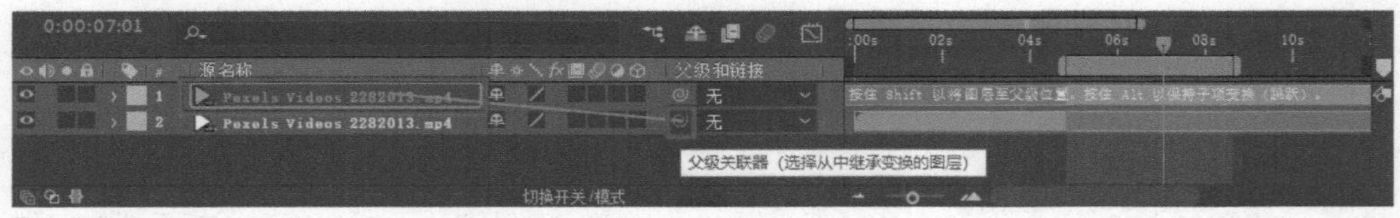

图 3-47

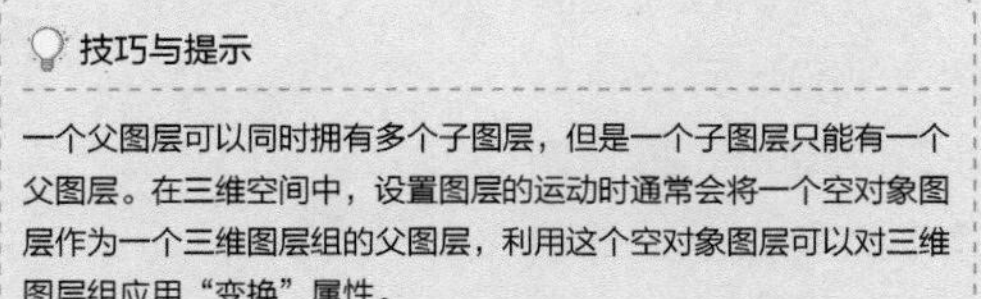
技巧与提示

一个父图层可以同时拥有多个子图层，但是一个子图层只能有一个父图层。在三维空间中，设置图层的运动时通常会将一个空对象图层作为一个三维图层组的父图层，利用这个空对象图层可以对三维图层组应用“变换”属性。

若“时间轴”面板中没有“父级”属性，可按快捷键 Shift + F4 打开父子关系控制面板。

3.4 课后习题

3.4.1 课后习题——倒计时动画

素材位置	实例文件 >CH03> 课后习题——倒计时动画 >（素材）
实例位置	实例文件 >CH03> 课后习题——倒计时动画 .aep
难易指数	★★☆☆☆
练习目标	巩固图层基本属性的操作和“序列图层”命令的具体应用

本习题的制作效果如图3-48所示。

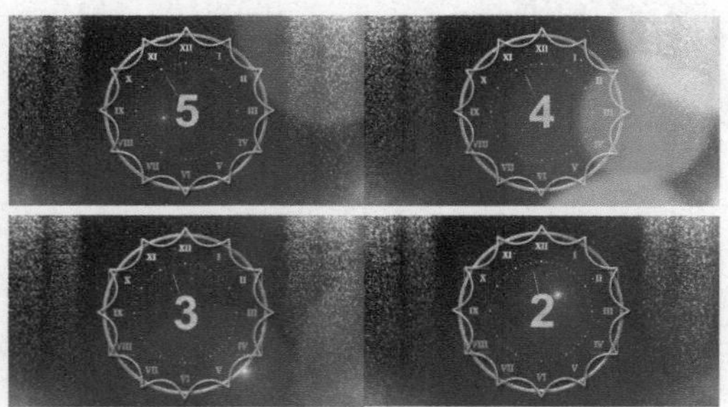
图 3-48

01 启动 After Effects，然后导入学习资源中的“实例文件 >CH03> 课后习题——倒计时动画 .aep”文件，接着在“项目”面板中双击“倒计时动画”加载该合成。

02 设置“1”~“5”5 个图层的持续时间为 1 秒，然后执行“动画 > 关键帧辅助 > 序列图层”菜单命令。

03 为“秒针”图层的“旋转”属性设置关键帧动画。

3.4.2 课后习题——百分比数据信息动画

素材位置	无
实例位置	实例文件 >CH03> 课后习题——百分比数据信息动画 .aep
难易指数	★★☆☆☆
练习目标	巩固“序列图层”命令的具体应用

本习题的制作效果如图3-49所示。

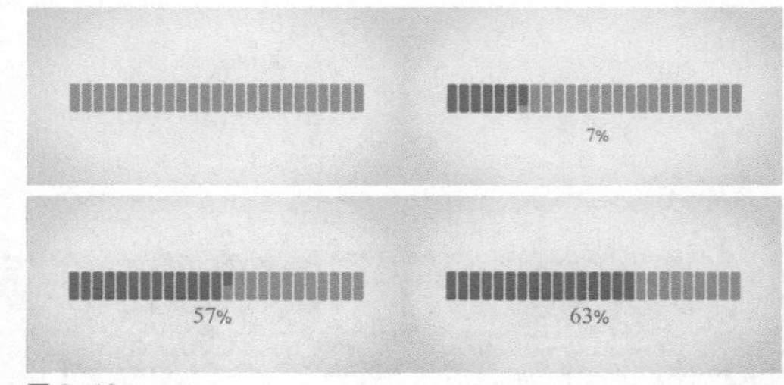

图 3-49

01 启动 After Effects 2021，在学习资源中找到“实例文件 >CH03> 课后习题——百分比数据信息动画 .aep”文件，并在“项目”面板中双击“百分比数据信息”加载该合成。选择“方块”图层，为其“内容 > 长方形 >A> 变换：A”下的“比例”属性设置动画关键帧，在第 0 帧处设置其为（100%，0%）并激活关键帧记录器，在第 6 帧处设置其为（100%，100%），最后框选两个关键帧并按快捷键 F9 将它们的插值改为“贝塞尔曲线”。

02 选择“方块”图层，连续使用快捷键 Ctrl+D 将其复制 15 个。由于是复制出来的，所以所有的方块均会在同一时间运动。

03 选择“方块 16”图层，按住 Shift 键并选择“方块”图层，即可选中刚才复制出来的所有图层，之后执行“动画 > 关键帧辅助 > 序列图层”菜单命令，并勾选“重叠”选项，将“持续时间”设置为 4 秒 20 帧。

04

第 4 章

动画操作

本章导读

熟悉了After Effects的基本工作流程及图层操作后，本章将着重介绍动画的相关操作，主要包括动画关键帧的概念和设置方法、动画图表编辑器的功能和操作方法及嵌套的基本概念和使用方法，这些都是制作动画和特效的重要知识点。

课堂学习目标

掌握动画关键帧的概念和设置方法

掌握动画图表编辑器的功能和操作方法

了解嵌套的基本概念

掌握嵌套的使用方法

After Effects

4.1 动画关键帧

在After Effects中，动画的制作主要是使用关键帧技术配合动画图表编辑器来完成的，当然也可以使用After Effects的表达式技术来制作动画。

本节知识点

名称	学习目标	重要程度
关键帧的概念	了解关键帧的概念	高
激活关键帧	掌握如何激活关键帧	高
关键帧导航器	掌握如何运用关键帧导航器	高
选择关键帧	掌握在多种情况下选择关键帧的方式	高
编辑关键帧	掌握如何编辑关键帧	高
插值方式	了解如何使用插值	高

4.1.1 课堂案例——卡通元素动画

素材位置	实例文件 >CH04> 课堂案例——卡通元素动画 >（素材）
实例位置	实例文件 >CH04> 课堂案例——卡通元素动画 .aep
难易指数	★★★★☆
学习目标	掌握图层、关键帧等常用制作技术

本案例制作的是卡通元素动画，综合应用了本章讲述的多种技术，如图层和关键帧等常用制作技术，其效果如图4-1所示。本案例涉及的制作方法和最终效果对大家今后在进行商业项目制作时有一定的帮助。

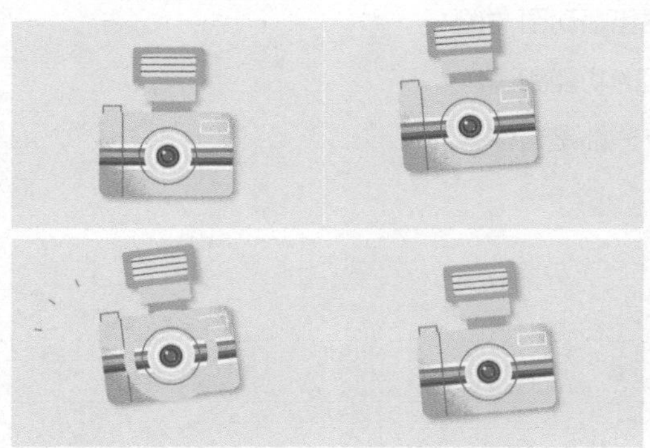

图 4-1

01 启动 After Effects 2021，导入学习资源中的“实例文件 >CH04> 课堂案例——卡通元素动画 .aep”文件，然后在“项目”面板中双击“照相机”加载该合成，如图 4-2 所示。

图 4-2

02 在“时间轴”面板中，单击鼠标右键，在弹出的菜单中选择“新建 > 纯色”命令，将颜色设置为（234，231，232），将该图层命名为“背景”，如图 4-3 所示。

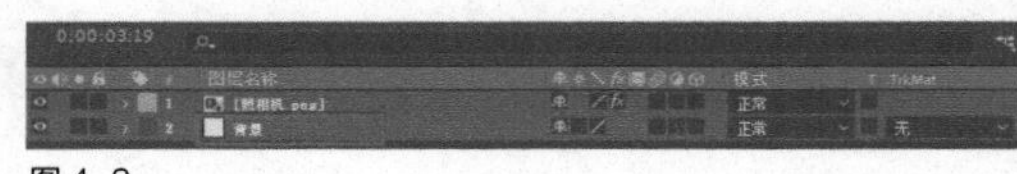

图 4-3

03 为“照相机”图层设置动画关键帧，这一步操作所要达到的效果是照相机从地上运动到空中来准备拍照。选中“照相机”图层，在第 10 帧处设置“缩放”为（100%，100%），并激活关键帧，在第 18 帧处设置“位置”为（960.0，540.0）、“缩放”为（100.0%，78.0%）、“旋转”为（0×+0.0°），并激活“位置”和“旋转”属性的关键帧，在第 1 秒处设置“缩放”为（100.0%，100.0%），在第 1 秒 9 帧处设置“位置”为（823.0，442.0）、“旋转”为（0×-8.0°），如图 4-4 所示。此时画面的预览效果如图 4-5 所示。

图 4-4

图 4-5

04 设置“照相机”图层的后续动画关键帧，这一步需要设置照相机拍完照后恢复到起始状态的过程。在第 2 秒 3 帧处设置“位置”为（954.5，490.5）、“旋转”为（0×+0°），在第 2 秒

15 帧处设置“位置”为（960.0，540.0），如图 4-6 所示。

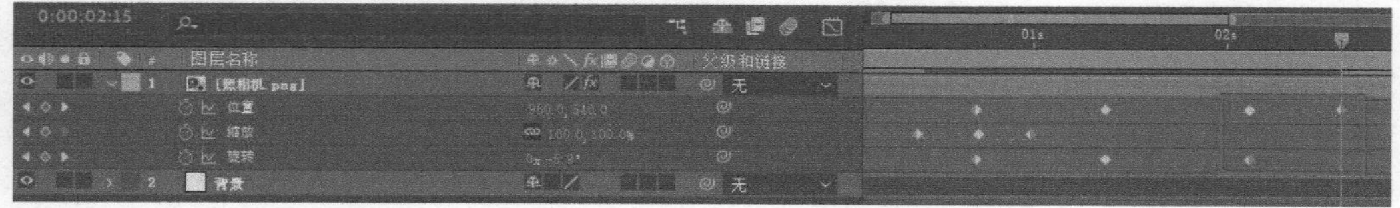

图 4-6

05 使“照相机”图层的移动路径更加平滑。单击该图层“位置”属性中的任一关键帧，可以在“合成”面板中看到它的运动路径，如图 4-7 所示。框选“位置”属性的所有关键帧，在任一关键帧上，单击鼠标右键，在弹出的菜单中执行“关键帧插值 > 空间插值 > 贝塞尔曲线”命令。这时，选中“合成”面板中的任一关键帧后，会出现两个手柄，通过拖动改变手柄的长度和角度，可以控制该帧和相邻两个关键帧之间的运动轨迹。调整手柄，使图层的运动路径如图 4-8 所示。

图 4-7

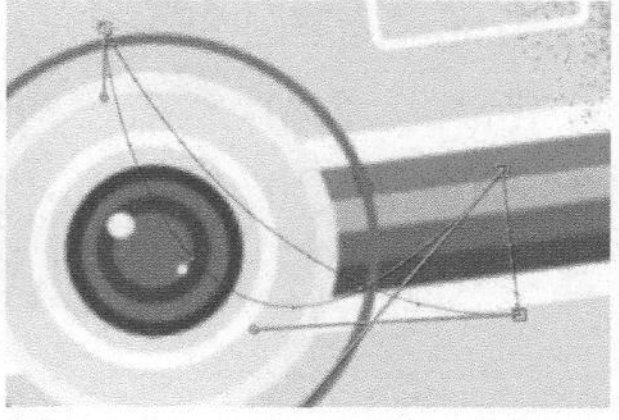

图 4-8

06 设置“照相机”图层拍照时的关键帧，并使照相机的运动速度在各个关键帧之间平滑过渡。在第 1 秒 3 帧处设置“缩放”为（110.0%，90.0%），在第 1 秒 5 帧处设置“缩放”为（100.0%，100.0%），框选所有的关键帧，按快捷键 F9 将它们的插值从线性转化为贝塞尔曲线，如图 4-9 所示。

07 将“项目”面板中“素材”文件夹下的“动态元素 1”导入“时间轴”面板。将“动态元素 1”图层放在“照相机”图层下方，并在时间轴中让其入点位于第 1 秒 1 帧处，如图 4-10 所示。

08 将“项目”面板中“素材”文件夹下的“动态元素 2”导入“时间轴”面板。将“动态元素 2”图层置于“照相机”图层上方，并将其“位置”设置为（965.5，617.5），然后将其设置为“照相机”图层的子图层，并在时间轴中让其入点位于第 1 秒 2 帧处，如图 4-11 所示。

图 4-9

图 4-10

图 4-11

09 为照相机添加阴影。选择“照相机”图层，然后执行“效果 > 透视 > 投影”菜单命令，接着在“效果控件”面板中设置“不透明度”为10%、“距离”为 3.0、“柔和度”为 5.0；为使阴影更有层次，可以再添加一个新的“投影”效果，将新的“投影”效果置于之前的“投影”效果的下方，并设置“不透明度”为 20%、“距离”为 15.0、“柔和度”为 30.0，如图 4-12 所示。

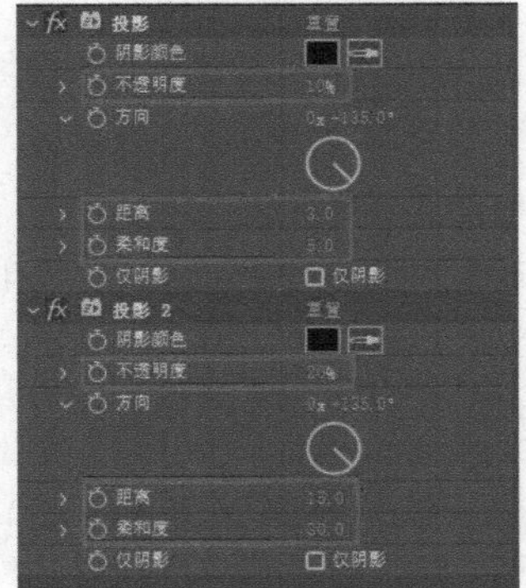

图 4-12

10 渲染并输出动画，最终效果如图 4-13 所示。

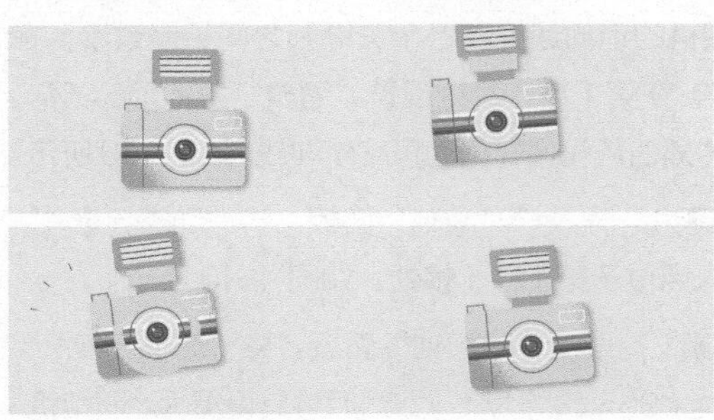
图 4-13

4.1.2 关键帧的概念

关键帧的概念来源于传统的卡通动画。在早期的迪士尼工作室中，动画设计师负责设计卡通片中的关键帧画面，即关键帧，如图4-14所示，然后由动画设计师助理来完成中间帧的制作，如图4-15所示。

图 4-14

图 4-15

在计算机动画中，中间帧可以由计算机来完成，插值代替了设计中间帧的动画设计师助理，所有影响画面图像的参数都可以作为关键帧的参数，如图4-16所示。After Effects可以依据前后两个关键帧来识别动画的起始和结束状态，并自动计算中间的动画过程，从而产生视觉动画。

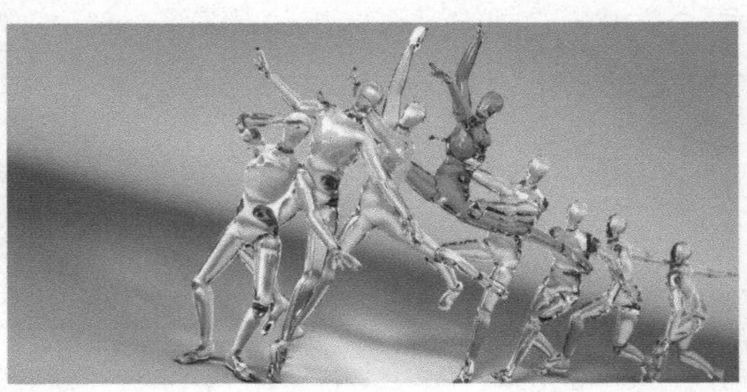
图 4-16

在After Effects的关键帧动画中，至少需要两个关键帧才能产生作用，第1个关键帧表示动画的起始状态，第2个关键帧表示动画的结束状态，而中间的动态过程则由计算机通过插值计算得出。当然，在起始状态与结束状态中间，还可以有其他的关键帧来表示运动状态的转折点。在图4-17所示的小球动画中，其中状态1是起始状态，状态17是结束状态，状态6和13是运动状态的转折点，它们同样是关键帧，而其余的状态则是通过计算机插值生成的中间动画状态。

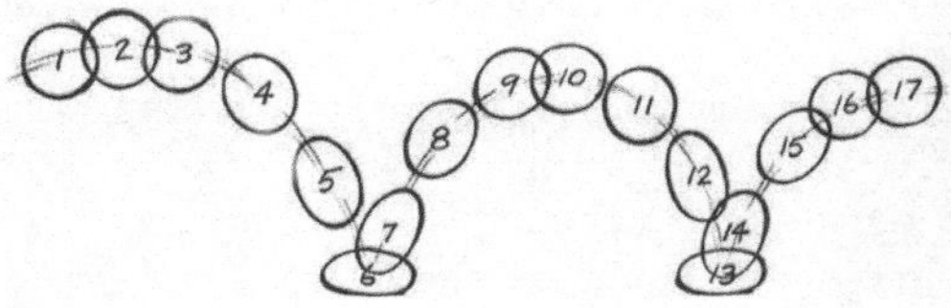

图 4-17

技巧与提示

在 After Effects 2021 中，还可以通过表达式来制作动画。表达式动画通过程序语言来生成动画，它可以结合关键帧来制作动画，也可以脱离关键帧，完全由程序语言来控制动画。

4.1.3 激活关键帧

在After Effects中，每个可以制作动画的图层参数前面都有一个“时间变化秒表”按钮，单击该按钮，使其呈凹陷状态，即可开始制作关键帧动画。

一旦激活“时间变化秒表”按钮，“时间轴”面板中的任何时间进程都将产生新的关键帧；再次单击“时间变化秒表”按钮后，所有设置的关键帧都将消失，参数设置将保持当前时间的参数值。激活与未激活的“时间变化秒表”按钮如图4-18所示。

设置关键帧的方法主要有两种：第 1 种是激活“时间变化秒表”按钮，如图 4-19 所示；第 2 种是制作动画曲线关键帧，如图 4-20 所示。

图 4-18

图 4-19

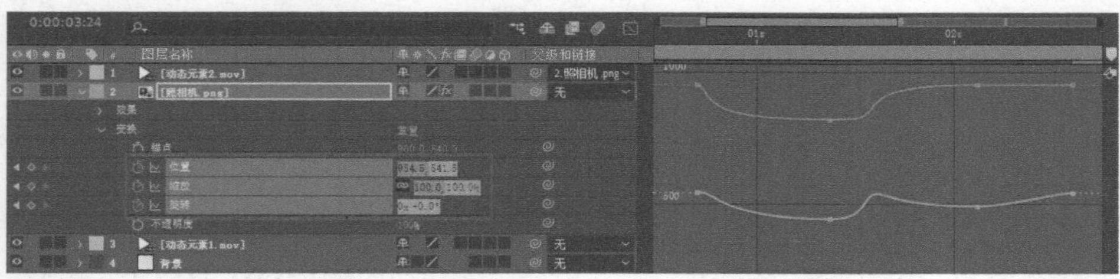
图 4-20

4.1.4 关键帧导航器

当为图层参数设置了第1个关键帧时，After Effects会显示关键帧导航器，通过导航器可以方便地从一个关键帧快速跳转到上一个或下一个关键帧，如图4-21所示。同时也可以通过关键帧导航器来添加和删除关键帧，如图4-22所示。

工具详解

- **转到上一个关键帧**：单击该按钮可以跳转到上一个关键帧的位置，快捷键为J键。
- **转到下一个关键帧**：单击该按钮可以跳转到下一个关键帧的位置，快捷键为K键。
- ：表示当前没有关键帧，单击该按钮可以添加一个关键帧。
- ：表示当前存在关键帧，单击该按钮可以删除当前选择的关键帧。

图 4-21

图 4-22

> **技巧与提示**
>
> 对关键帧进行操作时需要注意以下 3 点。
>
> 第 1 点，关键帧导航器只针对当前属性的关键帧进行导航，而快捷键 J 键和 K 键是针对展示的所有关键帧进行导航。
>
> 第 2 点，在“时间轴”面板中选择图层，按 U 键可以展开该图层所有属性的关键帧，再次按 U 键将取消显示关键帧。
>
> 第 3 点，如果在按住 Shift 键的同时移动当前的时间指针，那么时间指针将自动吸附对齐到关键帧上。同理，如果在按住 Shift 键的同时移动关键帧，那么关键帧将自动吸附对齐到当前的时间指针处。

4.1.5 选择关键帧

在选择关键帧时，主要有以下3种情况。

第1种，如果要选择单个关键帧，只需要单击关键帧即可。

第2种，如果要选择多个关键帧，可以在按住Shift键的同时连续单击需要选择的关键帧，也可通过框选来选择需要的关键帧。

第3种，如果要选择图层属性的所有关键帧，只需单击“时间轴”面板中的图层属性的名称即可。

4.1.6 编辑关键帧

◆ 1. 调整关键帧数值

如果要调整关键帧数值，可以在当前关键帧上双击，然后在打开的对话框中设置相应的数值即可，如图4-23所示。此外，在当前关键帧上单击鼠标右键，在弹出的菜单中执行“编辑值”命令，如图4-24所示，也可以调整关键帧数值。

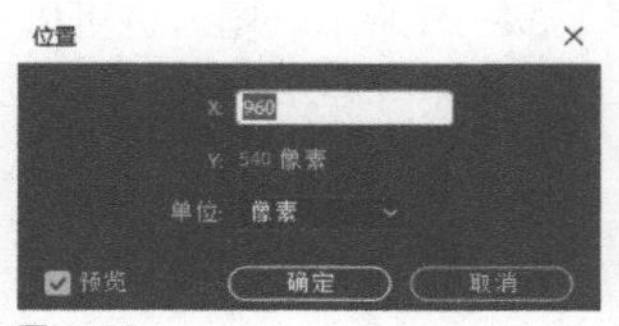

图 4-23

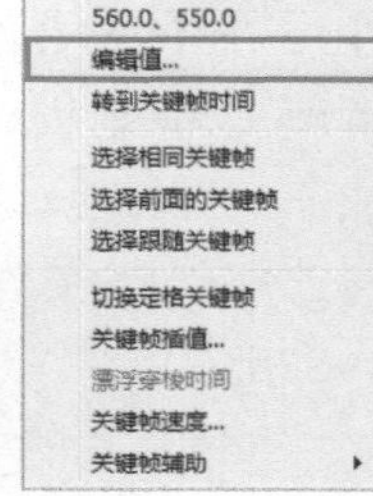

图 4-24

技巧与提示

对于涉及空间的一些图层参数的关键帧，可以使用“钢笔工具”进行调整，具体操作步骤如下。

第 1 步，在“时间轴”面板中选择需要调整的图层参数。

第 2 步，在“工具”面板中单击“钢笔工具”。

第 3 步，在“合成”面板或“图层”面板中使用“钢笔工具”添加关键帧，以改变关键帧的插值方式。如果结合 Ctrl 键，还可以移动关键帧的空间位置，如图 4-25 所示。

图 4-25

2. 移动关键帧

选择关键帧后，按住鼠标左键的同时拖曳关键帧即可移动关键帧。如果选择的是多个关键帧，那么在移动关键帧后，这些关键帧之间的相对位置将保持不变。

3. 对一组关键帧进行整体时间缩放

同时选择3个以上的关键帧，在按住Alt键的同时使用鼠标左键拖曳第1个或最后1个关键帧，可以对这组关键帧进行整体时间缩放。

4. 复制和粘贴关键帧

可以将不同图层中的相同属性或不同属性（但是需要具备相同的数据类型）的关键帧进行复制和粘贴操作，可以互相复制和粘贴关键帧的图层属性包括以下4种。

第1种，具有相同维度的图层属性，如“不透明度”和“旋转”属性。

第2种，效果的角度控制属性和具有滑块控制的图层属性。

第3种，效果的颜色属性。

第4种，蒙版属性和图层的空间属性。

一次只能从一个图层属性中复制关键帧，把关键帧粘贴到目标图层属性中时，被复制的第1个关键帧出现在目标图层属性的当前时间。而其他关键帧将以被复制的顺序依次排列，粘贴后的关键帧仍然处于被选择的状态，以方便用户继续对其进行编辑。复制和粘贴关键帧的步骤如下。

第1步，在“时间轴”面板中展开需要复制关键帧的图层属性。

第2步，选择单个或多个关键帧。

第3步，执行“编辑>复制”菜单命令或按快捷键Ctrl+C，复制关键帧。

第4步，在“时间轴”面板中展开需要粘贴关键帧的目标图层属性，然后将时间指针拖曳到需要粘贴关键帧的时间处。

第5步，选中目标图层属性，然后执行“编辑>粘贴”菜单命令或按快捷键Ctrl+V，粘贴关键帧。

技巧与提示

如果复制相同属性的关键帧，只需要选择目标图层即可粘贴关键帧；如果复制不同属性的关键帧，需要选择目标图层的目标属性才能粘贴关键帧。需要特别注意的是，如果粘贴的关键帧与目标图层上的关键帧在同一时间位置，粘贴的关键帧将覆盖目标图层上原有的关键帧。

5. 删除关键帧

删除关键帧的方法主要有以下4种。

第1种，选中一个或多个关键帧，然后执行“编辑>清除”菜单命令。

第2种，选中一个或多个关键帧，然后按Delete键执行删除操作。

第3种，当时间指针对齐当前关键帧时，单击“添加或删除关键帧”按钮即可删除当前关键帧。

第4种，如果需要删除某个属性中的所有关键帧，只需要选中属性名称（即选中该属性中的所有关键帧），然后按Delete键或单击“时间变化秒表”按钮即可。

4.1.7 插值方式

插值就是在两个已知的数据之间以一定方式插入未知数据的过程，在数字视频制作中就意味着在两个关键帧之间插入新的数值，使用插值可以制作出更加自然的动画效果。

常见的插值方式有两种，分别是“线性”插值和“贝塞尔”插值。“线性”插值是在关键帧之间对数据进行平均分配；“贝塞尔”插值是基于贝塞尔曲线的形状，改变数值变化的速度。

如果要改变关键帧的插值方式，可以选择需要调整的一个或多个关键帧，然后执行“动画>关键帧插值”菜单命令，接着在“关键帧插值”对话框中进行详细设置，如图4-26所示。

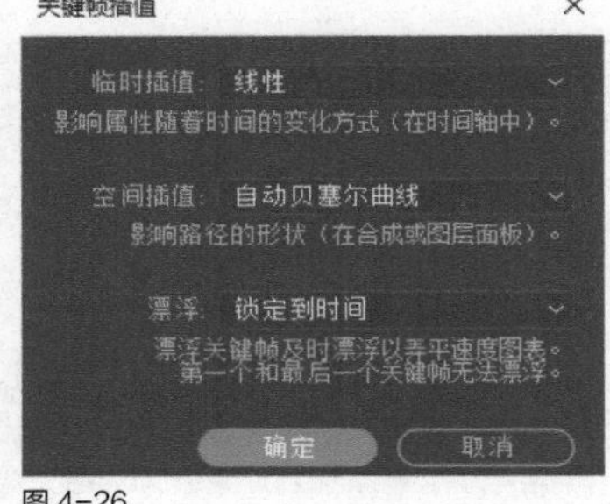

图4-26

从“关键帧插值”对话框中可以看到调节关键帧插值的运算方法有3种。

第1种，“临时插值”运算方法可以用来调整与时间相关的属性，控制进入关键帧和离开关键帧时的速度变化，同时也可以实现匀速运动、加速运动和突变运动等。

第2种，“空间插值”运算方法仅对“位置”属性起作用，主要用来控制空间运动路径。

第3种，“漂浮”运算方法使漂浮关键帧及时漂浮以弄平速度图表，第一个和最后一个关键帧无法漂浮。

◆1. 时间关键帧

时间关键帧可以对关键帧的出入方式进行设置，从而改变动画的状态，不同的出入方式在关键帧的外观上的表现也是不一样的。当为关键帧设置不同的出入插值方式时，关键帧的外观也会发生变化，如图4-27所示。

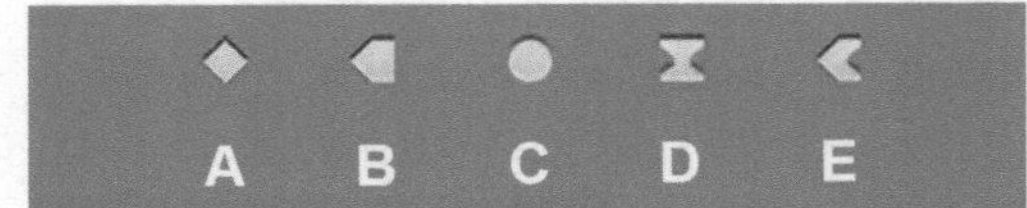

图4-27

- **A**：表现为线性的匀速变化，如图4-28所示。

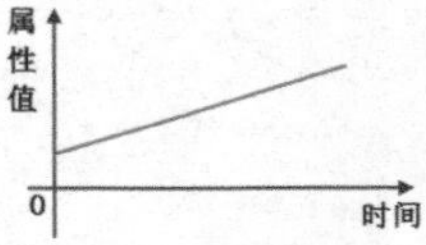

图4-28

- **B**：表现为以线性匀速方式进入，平滑到出点时为一个固定数值。
- **C**：自动缓冲速度变化，同时可以影响关键帧的出入速度，如图4-29所示。

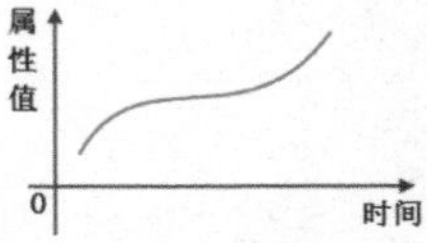

图4-29

- **D**：出入速度以贝塞尔方式表现出来。
- **E**：入点采用线性方式，出点采用贝塞尔方式，如图4-30所示。

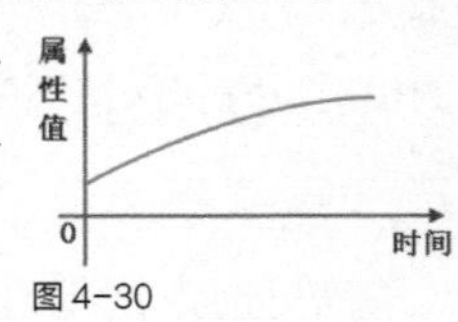

图4-30

◆2. 空间关键帧

空间关键帧会影响路径的形状，当对一个图层应用了“位置”动画时，可以在“合成”面板中对这些位移动画的关键帧进行调节，以改变它们的运动路径的插值方式。常见的运动路径的插值方式如图4-31所示。

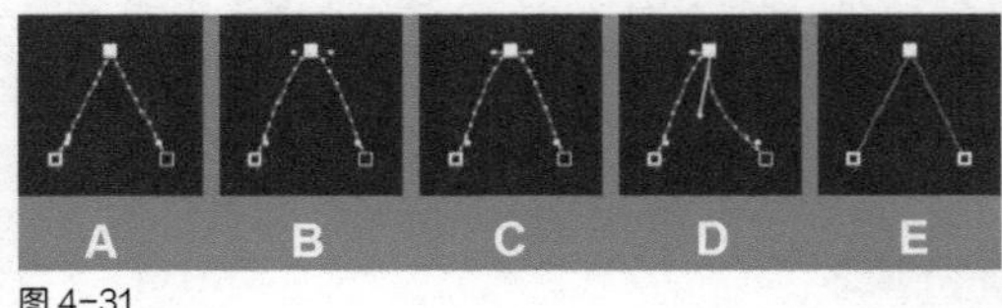

图4-31

插值方式详解

- **A**：关键帧之间表现为直线运动状态。
- **B**：运动路径为光滑的曲线。
- **C**：这是形成位置关键帧的默认方式。

- **D**：可以完全自由地调整关键帧两边的手柄，这样可以更加随意地调节运动方式。
- **E**：运动位置的变化以突变的形式进行，直接从一个位置消失，然后出现在另一个位置上。

4.2 图表编辑器

本节知识点

名称	学习目标	重要程度
“图表编辑器”功能介绍	了解“图表编辑器”的参数及使用方法	中
变速剪辑	了解变速剪辑的相关命令	中

4.2.1 课堂案例——滑板少年

素材位置	实例文件 >CH04> 课堂案例——滑板少年 >（素材）
实例位置	实例文件 >CH04> 课堂案例——滑板少年 .aep
难易指数	★★★★☆
学习目标	掌握变速剪辑的具体应用

本案例的制作效果如图4-32所示。

图 4-32

01 启动 After Effects 2021，导入学习资源中的“实例文件 >CH04> 课堂案例——滑板少年 .aep”文件，接着在“项目”面板中双击“滑板少年”加载该合成，如图4-33所示。

图 4-33

02 选择“滑板少年”图层，执行“图层 > 时间 > 启用时间重映射”菜单命令，“滑板少年”图层会自动添加“时间重映射”属性，并且在素材的入点和出点自动设置两个关键帧，这两个关键帧就是素材的入点和出点时间的关键帧，如图 4-34 所示。

> **技巧与提示**
>
> 在让视频变慢时，如果帧速率低于 15 帧 / 秒，一般掉帧现象就会变得极其明显，因为摄像机每秒捕捉的画面数量是有限的，而这时帧与帧之间的许多信息都缺失掉了。可以尝试通过“帧混合”选项或者利用插件“Twixtor”来进行帧与帧之间缺失信息的补充。

03 在第 5 秒 4 帧处和第 10 秒 7 帧处单击“时间重映射”属性前面的按钮，为该属性添加关键帧，如图 4-35 所示。

04 在“时间轴”面板中选择第 2 个关键帧，然后将其往左移动至第 0 秒 18 帧处，这样原始素材的前 5 秒就被加快了；将第 3 个关键帧向左移动至第 5 秒 13 帧处；将最后一个关键帧移动至第 6 秒 23 帧处，如图 4-36 所示。

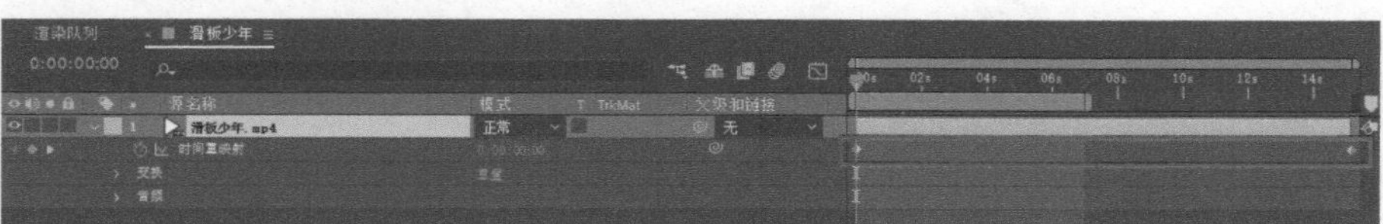

图 4-34

图 4-35

图 4-36

05 为了使变速后的素材与没有变速的素材之间能够平滑地过渡，需要单击“时间轴”面板中的“图表编辑器”按钮打开图表编辑器，单击“滑板少年”图层的“时间重映射”属性，即可看到该属性的值图表。选中中间的两个关键帧，单击鼠标右键，在弹出的菜单中执行“关键帧插值 > 临时插值 > 贝塞尔曲线”命令，通过调整手柄的角度和长度，使它们的值图表如图 4-37 所示。

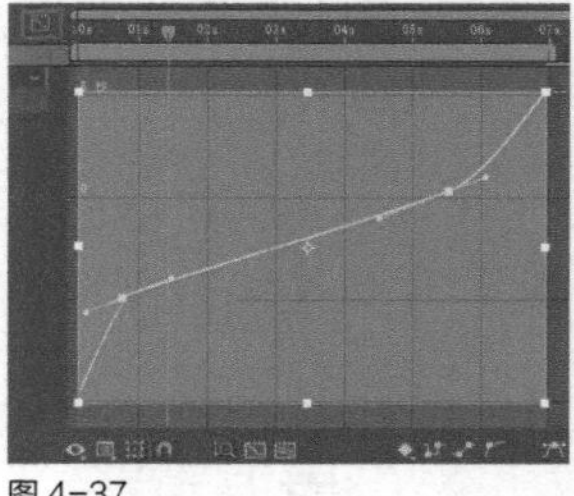
图 4-37

06 渲染并输出动画，最终效果如图 4-38 所示。

图 4-38

4.2.2 “图表编辑器”功能介绍

无论是时间关键帧还是空间关键帧，都可以使用动画图表编辑器来进行精确调整。使用动画关键帧除了可以调整关键帧的数值外，还可以调整关键帧的出入方式。

选择图层中应用了关键帧的属性名称，然后单击“时间轴”面板中的“图表编辑器”按钮，打开图表编辑器，如图4-39所示。

参数详解

- ：单击该按钮可以选择需要显示的属性和曲线。

显示选择的属性：显示被选择属性的属性变化曲线。

显示动画属性：显示所有包含动画属性的运动曲线。

显示图表编辑器集：同时显示属性变化曲线和速度变化曲线。

- ：激活该功能后，在选择多个关键帧时可以形成一个编辑框。
- ：激活该功能后，可以在编辑时使关键帧与出入点、标记、当前时间指针及其他关键帧等自动进行吸附对齐等操作。
- ：用于调整图表编辑器视图的工具，依次为“自动缩放图表高度”“使选择适于查看”“使所有图表适于查看”。
- ：单独维度按钮，在调节“位置”属性的动画曲线时，单击该按钮可以分别调节“位置”属性各个维度上的动画曲线，这样就能获得更加自然平滑的位移动画效果。
- ：从其下拉菜单中选择相应的命令可以编辑选择的关键帧。
- ：关键帧插值方式设置按钮，依次为“将选择的关键帧转换为定格”“将选择的关键帧转换为线性”“将选择的关键帧转换为自动贝塞尔曲线”。

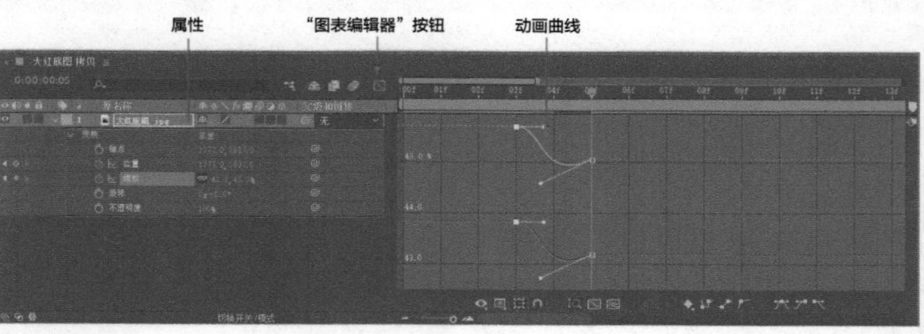

图 4-39

- ：关键帧助手设置按钮，依次为“缓动”“缓入”“缓出”。

4.2.3 变速剪辑

在 After Effects 中，用户可以很方便地对素材进行变速剪辑操作。“图层 > 时间”菜单下提供了 4 个对时间进行变速操作的命令，如图 4-40 所示。

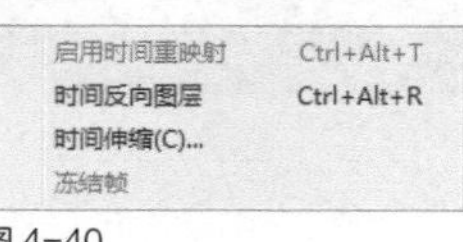
启用时间重映射 Ctrl+Alt+T
时间反向图层 Ctrl+Alt+R
时间伸缩(C)...
冻结帧

图 4-40

命令详解

- **启用时间重映射：**这个命令的功能非常强大，它差不多包含其他3个命令的所有功能。
- **时间反向图层：**对素材进行回放操作。
- **时间伸缩：**对素材进行均匀变速操作。
- **冻结帧：**对素材进行定帧操作。

4.3 嵌套

本节知识点

名称	学习目标	重要程度
嵌套的概念	了解嵌套的概念	中
嵌套的方法	掌握嵌套的方法	中
折叠变换 / 连续栅格化	掌握如何使用“折叠变换 / 连续栅格化”功能	中

4.3.1 课堂案例——太阳系动画

素材位置	实例文件 >CH04> 课堂案例——太阳系动画 >（素材）
实例位置	实例文件 >CH04> 课堂案例——太阳系动画 .aep
难易指数	★★★☆☆
学习目标	掌握嵌套的具体运用

本案例制作的太阳系动画效果如图 4-41 所示。

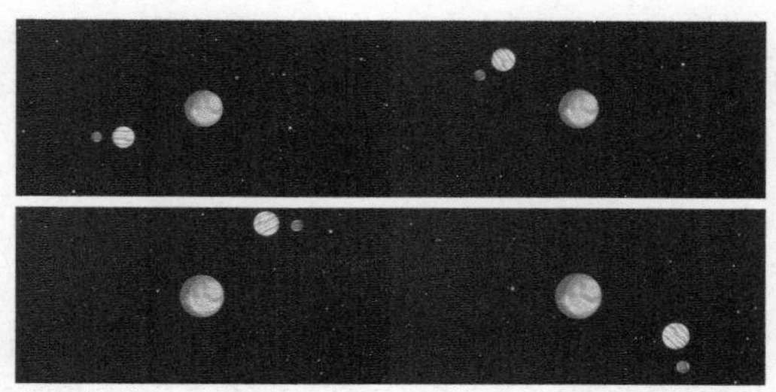

图 4-41

01 启动 After Effects 2021，执行“合成 > 新建合成”菜单命令，然后在打开的“合成设置”对话框中设置“合成名称”为“太阳系”、“宽度”为 1920 px、“高度”为 1080 px、“持续时间”为 10 秒，如图 4-42 所示。

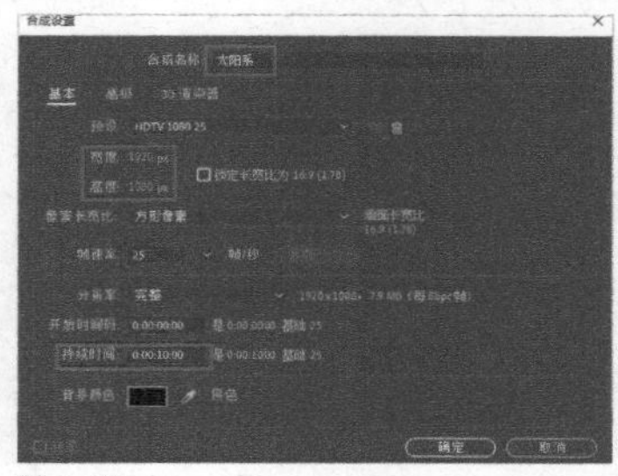

图 4-42

02 导入学习资源中的“实例文件 >CH04> 课堂案例——太阳系动画 >（素材）> 木星 .png、木卫二 .png”两个文件，然后将它们拖曳到“时间轴”面板中。接着将“木星”图层的“缩放”设置为（12.0%，12.0%），将“木卫二”图层的“缩放”设置为（8.0%，8.0%），“位置”设置为（823.5，540.0），如图 4-43 所示。

03 选择“木卫二”图层，接着选取“工具”面板中的“向后平移（锚点）工具”，并勾选“工具”面板右侧的“对齐”选项，然后使用该工具将“木卫二”图层的锚点拖曳至“木星”图层锚点所在的位置，如图 4-44 所示。

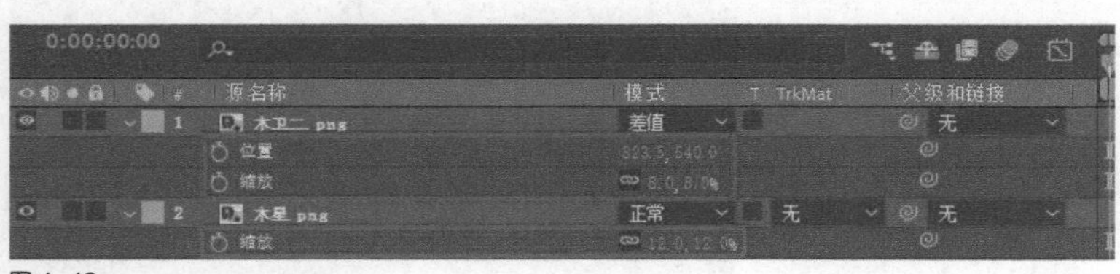

图 4-43

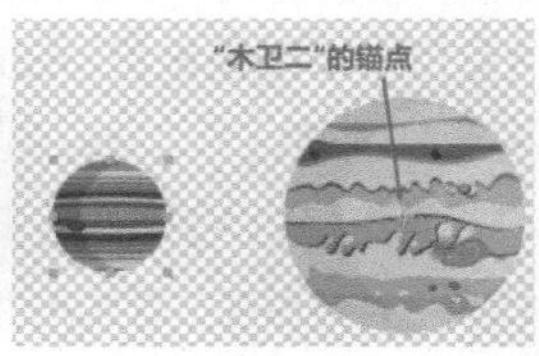

图 4-44

04 为“木卫二”图层设置关键帧，在第 0 秒处设置“旋转”为（0×+0.0°），在第 10 秒处设置“旋转”为（5×+0.0°），如图 4-45 所示。

05 导入学习资源中的“实例文件 >CH04> 课堂案例——太阳系动画 >（素材）> 太阳 .png”文件，将其“缩放”设置为（21%，21%）。同时选中“木星”和“木卫二”两个图层，执行“图层 > 预合成”菜单命令，并将“预合成”命名为“木星系统”，将“木星系统”图层的“位置”设置为（548.0，692.0）。之后将“木星系统”图层的锚点移动到“太阳”图层锚点所在的位置，如图 4-46 所示。

图 4-45

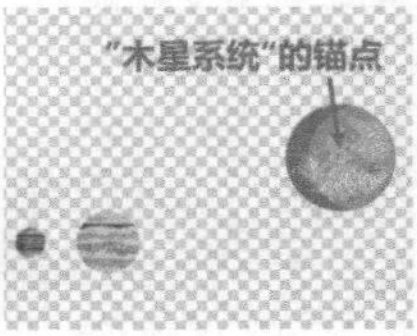

图 4-46

06 为“木星系统”图层设置关键帧，在第 0 秒处设置“旋转”为（0×+0.0°），在第 10 秒处设置“旋转”为（0×+0.0°），同时选中“太阳”和“木星系统”两个图层，执行“图层 > 预合成”菜单命令，并将“预合成”命名为“太阳系”。为“太阳系”图层设置关键帧，在第 0 秒处设置“缩放”为（100.0%，100.0%），在第 10 秒处设置“缩放”为（135%，135%），在“时间轴”面板的图层开关栏中单击该图层的“折叠变换 / 连续栅格化”按钮，如图 4-47 所示。

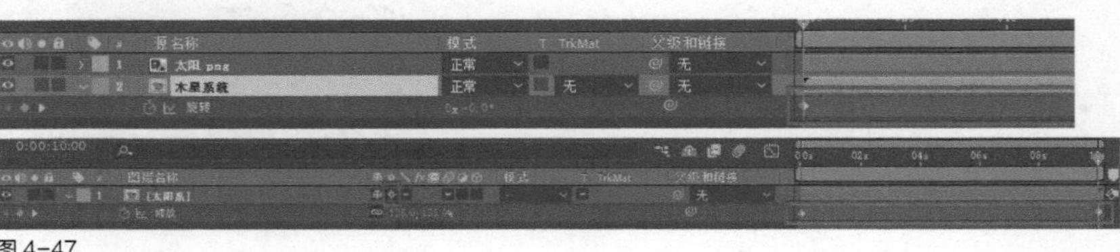

图 4-47

07 在“时间轴”面板中单击鼠标右键，在弹出的菜单中选择“新建 > 纯色”命令，将该图层命名为“背景”，并置于底层。选择该图层，然后执行“效果 > 生成 > 四色渐变”菜单命令，接着在“效果控件”面板中将“颜色 1”设为（27, 43, 59），将“颜色 2”设为（26, 33, 51），将“颜色 3”设为（26, 33, 51），将“颜色 4”设为（30, 22, 51），如图 4-48 所示。

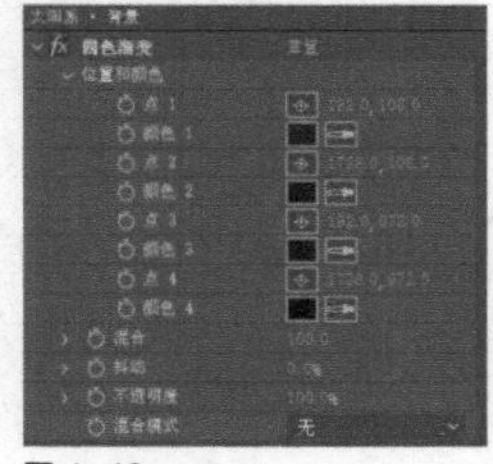

图 4-48

08 按快捷键 Ctrl+Y 新建一个名为“星星”的纯色图层，将颜色设置为白色，然后将其移至“太阳系”图层之下，“背景”图层之上，接着执行“效果 > 模拟 > CC Star Burst（CC 星爆）”菜单命令，最后在“效果控件”面板中设置“Scatter（散布）”为 650.0，“Speed（速度）”为 0.10，如图 4-49 所示。

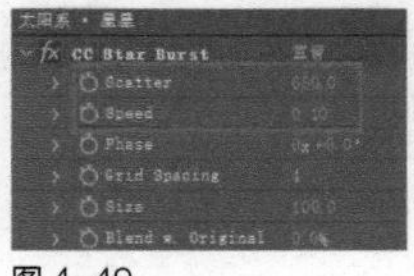

图 4-49

09 在“时间轴”面板中单击鼠标右键，在弹出的菜单中选择“新建 > 调整图层”命令，将该图层命名为“发光”，并置于顶层，然后执行“效果 > 风格化 > 发光”菜单命令，接着在“效果控件”面板中设置“发光半径”为 40.0，“发光强度”为 0.5，如图 4-50 所示。

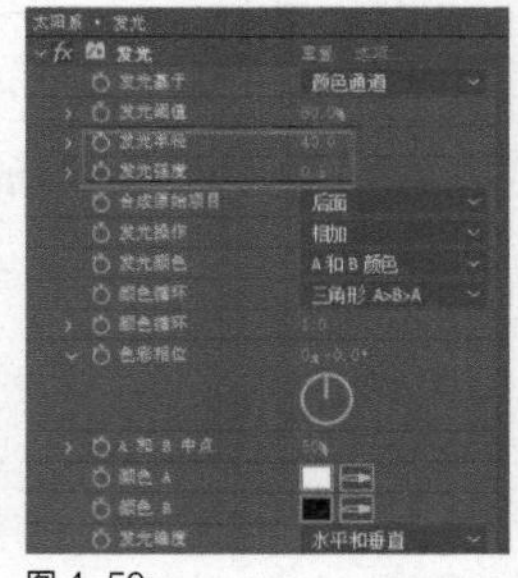

图 4-50

10 渲染并输出动画，最终效果如图 4-51 所示。

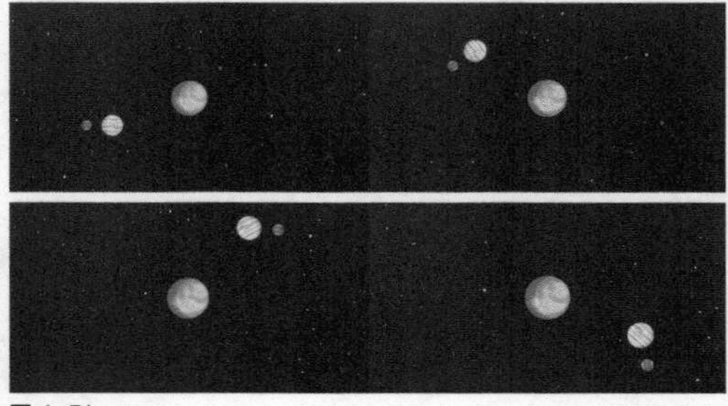

图 4-51

4.3.2 嵌套的概念

嵌套是将一个合成作为另一个合成的一个素材并进行相应操作。当希望对一个图层使用两次或两次以上的相同“变换”属性时（也就是说在使用嵌套时，用户可以使用两次蒙版、滤镜和“变换”属性），就需要使用嵌套功能。

4.3.3 嵌套的方法

嵌套的方法主要有以下两种。

第1种，在“项目”面板中将某个合成作为一个图层拖曳到“时间轴”面板中的另一个合成中，如图4-52所示。

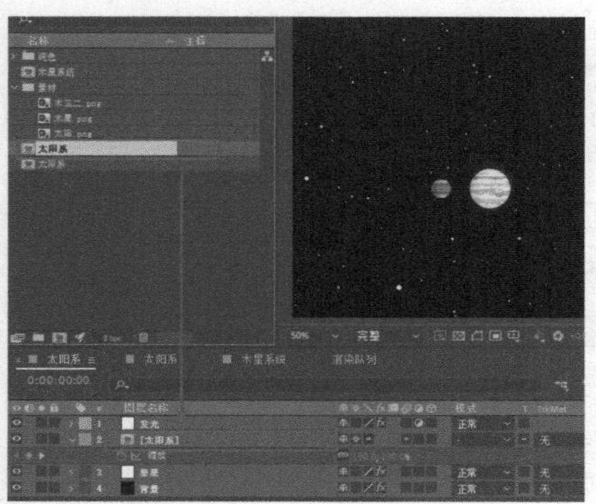

图 4-52

第2种，在“时间轴”面板中选择一个或多个图层，然后执行“图层>预合成”菜单命令（或按快捷键Ctrl+Shift+C），如图4-53所示。打开“预合成”对话框，在其中设置好参数，然后单击“确定”按钮，即可完成嵌套合成操作，如图4-54所示。

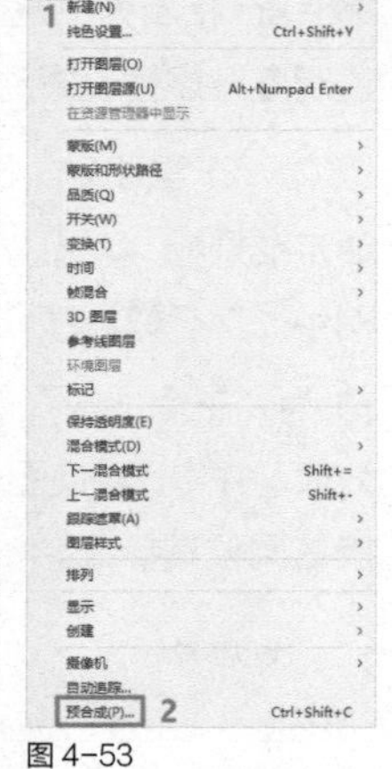

图 4-53

参数详解

- **保留“太阳系”中的所有属性：** 选中该选项时，会将所有的属性、动画信息及效果保留在合成中，只对所选的图层进行简单的嵌套合成处理。
- **将所有属性移动到新合成：** 选中该选项时，会将所有的属性、动画信息及效果都移入新建的合成中。
- **打开新合成：** 决定执行完嵌套合成操作后是否在“时间轴”面板中立刻打开新建的合成。

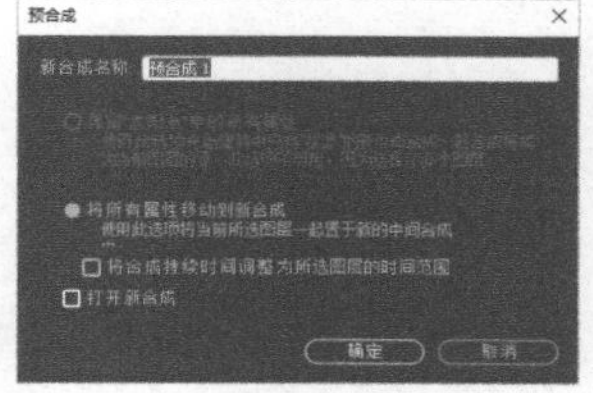

图 4-54

4.3.4 折叠变换 / 连续栅格化

在进行嵌套时，如果不继承原始合成的分辨率，那么在对被嵌套的合成制作“缩放”之类的动画时就有可能产生马赛克效果，这时就需要开启“折叠变换/连续栅格化”功能，该功能可以使图层的分辨率提高，使画面清晰。

如果要开启“折叠变换/连续栅格化”功能，可在“时间轴”面板的图层开关栏中单击“折叠变换/连续栅格化”按钮，如图4-55所示。

图 4-55

技巧与提示

开启“折叠变换 / 连续栅格化”功能的 3 点优势如下。

第 1 点，可以继承“变换”属性，开启“折叠变换 / 连续栅格化”功能后可以在嵌套的更高级别的合成中提高分辨率，如图 4-56 所示。

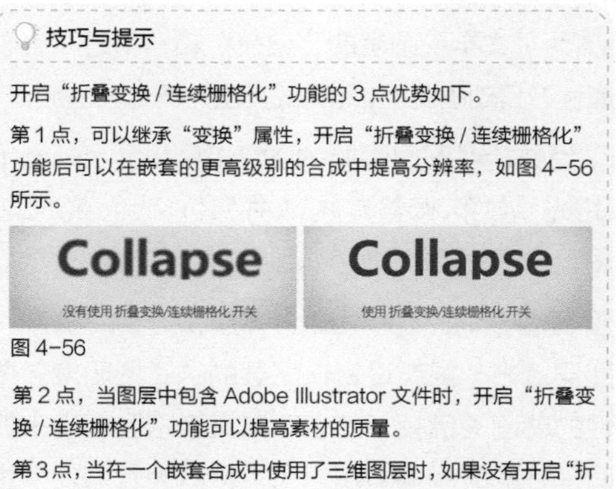

图 4-56

第 2 点，当图层中包含 Adobe Illustrator 文件时，开启“折叠变换 / 连续栅格化”功能可以提高素材的质量。

第 3 点，当在一个嵌套合成中使用了三维图层时，如果没有开启“折

叠变换 / 连续栅格化”功能，那么在嵌套的更高一级的合成中对属性进行变换时，低一级的嵌套合成将仍然作为一个平面素材被引入更高一级的合成中；如果对低一级的合成中的图层使用了塌陷开关，那么低一级的合成中的三维图层将作为一个三维组被引入新的合成中，如图 4-57 所示。

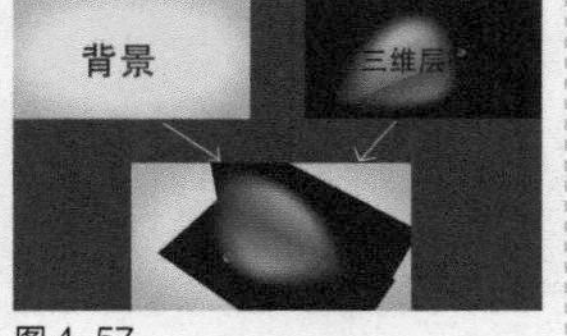

图 4-57

4.4 课后习题

4.4.1 课后习题——扫光文字

素材位置	实例文件 >CH04> 课后习题——扫光文字 >（素材）
实例位置	实例文件 >CH04> 课后习题——扫光文字 .aep
难易指数	★★★★☆
练习目标	学习关键帧及 Light Sweep（扫光）和 Radial Blur（放射模糊）的应用

本习题制作的扫光文字效果如图4-58所示。

图 4-58

01 打开学习资源中的“实例文件 >CH04> 课后习题——扫光文字 .aep”文件。将“素材”文件夹中的“光晕 .png”和“光晕 .mp4”拖入合成，并叠加在文字上面。

02 为“文字”图层的“缩放”和“不透明度”属性设置动画关键帧，完成其出入场动画的制作。

03 为“文字”图层添加“生成 >CC Light Sweep（扫光）”效果，调整其参数，并为 Direction（方向）设置动画关键帧，观察该图层独显的局部效果。

04 复制一个“文字”图层，将其置于原“文字”图层上方。重新设置该图层的“不透明度”属性的动画关键帧，使它只在文字刚显示出来的两三秒的时间中显示出来。接着为其添加“生成 > 填充”和“模糊和锐化 >CC Radial Blur（放射模糊）”效果，调整它们的参数，观察该图层独显的效果。

05 为 CC Radial Blur（放射模糊）效果中的 Center（中心）参数设置动画关键帧，观察独显的效果。

4.4.2 课后习题——冰冻文字动画

素材位置	实例文件 >CH04> 课后习题——冰冻文字动画 >（素材）
实例位置	实例文件 >CH04> 课后习题——冰冻文字动画 .aep
难易指数	★★☆☆☆
练习目标	学习动画关键帧、预合成的用途及“置换图”等效果的应用

本习题制作的冰冻文字动画效果如图4-59所示。

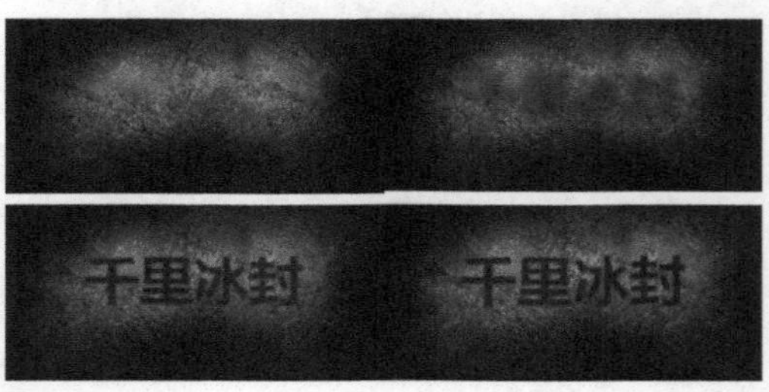

图 4-59

01 打开学习资源中的“实例文件 >CH04> 课后习题——冰冻文字动画 .aep”文件。在“素材”文件夹中找到“冰 _ 法线图”并将其置于合成的底层，接着为“千里冰封”图层的“缩放”和“不透明度”属性设置动画关键帧。

02 为“千里冰封”图层添加“模糊和锐化 > 快速方框模糊”效果，并配合上一步的动画为其“模糊半径”参数添加动画关键帧。

03 为“千里冰封”图层添加“扭曲 > 置换图”效果，并将“置换图层”设置为“冰 _ 法线图”，接着调整其参数。

技巧与提示

法线图是一种记录物体表面凹凸信息的图片，它将表面 X、Y、Z 3 个轴向上的信息分别记录在 RGB 3 个通道中。After Effects 2021 中的“置换图”效果可以还原法线图中的凹凸信息。

05

第5章

图层混合模式与蒙版

本章导读

After Effects 提供了丰富的图层混合模式用来定义当前图层与底图层的作用模式。另外，当素材不含 Alpha 通道时，可以通过蒙版来建立透明区域。本章主要讲解 After Effects 中图层混合模式与蒙版的具体应用。

课堂学习目标

了解图层的混合模式

掌握蒙版的创建与修改方法

了解蒙版的属性与混合模式

掌握蒙版动画的制作方法

After Effects

5.1 图层混合模式

After Effects 2021提供了较为丰富的图层混合模式。所谓图层混合模式就是指一个图层与其下面的图层发生颜色叠加关系，并产生特殊的效果，最终将该效果显示在“合成”面板中。

本节知识点

名称	作用	重要程度
打开图层的混合模式面板	介绍了打开图层的混合模式面板的两种方法	中
“正常”类别	包括“正常”“溶解”“动态抖动溶解”3种混合模式	高
“减少”类别	使图像的整体颜色变暗，包括“变暗”“相乘”“颜色加深”“经典颜色加深”“线性加深”“较深的颜色”6种混合模式	高
“添加”类别	使图像的整体颜色变亮，包括“相加”“变亮”“屏幕”“颜色减淡”“经典颜色减淡”“线性减淡”“较浅的颜色”7种混合模式	高
“复杂”类别	包括“叠加”“柔光”“强光”“线性光”“亮光”“点光”“纯色混合”7种混合模式	高
“差异”类别	基于当前图层和底图层的颜色值来产生差异效果，包括“差值”“经典差值”“排除”“相减”“相除”5种混合模式	高
HSL类别	改变底图层颜色的一个或多个色相、饱和度和明度值，包括“色相”“饱和度”“颜色”“发光度”4种混合模式	高
“遮罩”类别	可以使底图层与当前图层的Alpha通道或透明区域像素产生相互作用，包括“模板Alpha”“模板亮度”“轮廓Alpha”“轮廓亮度”4种混合模式	中

5.1.1 课堂案例——光效素材的混合

素材位置	实例文件>CH05>课堂案例——光效素材的混合>(素材)
实例位置	实例文件>CH05>课堂案例——光效素材的混合.aep
难易指数	★☆☆☆☆
学习目标	掌握图层混合模式的使用方法

本案例的制作效果如图5-1所示。

图5-1

01 导入学习资源中的“实例文件>CH05>课堂案例——光效素材的混合.aep”文件，然后在“项目”面板中双击“海面”加载该合成，如图5-2所示。

图5-2

02 把“项目”面板中的“光效.mp4”拖入“时间轴”面板，并确保它在“海面.mp4”图层的上方，然后将它的混合模式设置为“柔光”，如图5-3所示。

03 选择“光效”图层，按T键显示其“不透明度”属性，然后将其设置为75%，如图5-4所示。

图5-3

图5-4

04 把“项目”面板中的“光效2.mp4”拖曳到“时间轴”面板，并确保它在所有图层的最上方，并将它的混合模式设置为“屏幕”，如图5-5所示。

05 渲染并输出动画，观察使用不同混合模式后项目的最终效果。

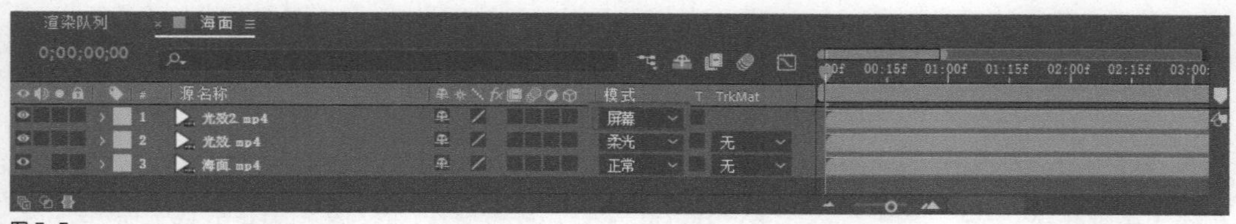

图 5-5

5.1.2 显示或隐藏图层的混合模式选项

在After Effects中，显示或隐藏混合模式选项有3种方法。

第1种，在“时间轴”面板中的类型名称区域（见图5-6）单击鼠标右键，在弹出的菜单中选择“列数>模式”命令，如图5-7所示，可显示或隐藏混合模式选项。

图 5-6

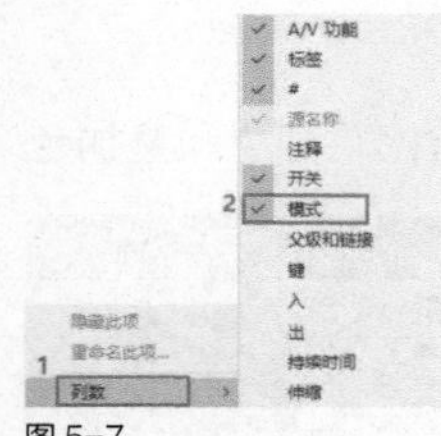

图 5-7

第2种，在“时间轴”面板中单击“切换开关/模式”按钮，可以显示或隐藏混合模式选项，如图5-8所示。

图 5-8

第3种，在“时间轴”面板中，按快捷键F4可以显示或隐藏混合模式选项，如图5-9所示。

图 5-9

下面用两层素材来详细讲解图层的各种混合模式，一个作为底图层素材，如图5-10所示；另一个作为当前图层素材（亦可以理解为叠加图层的源素材），如图5-11所示。

图 5-10

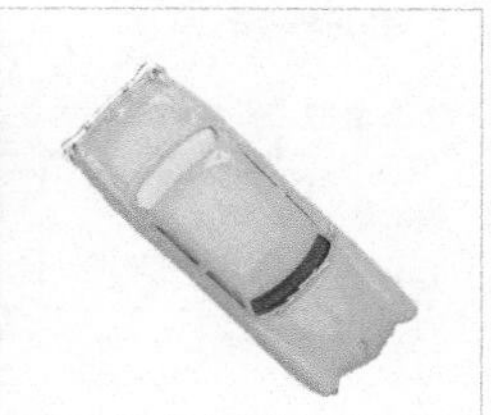

图 5-11

5.1.3 “正常”类别

“正常”类别主要包括“正常”“溶解”“动态抖动溶解”3种混合模式。

在没有透明度影响的前提下，这种类型的混合模式产生的最终效果的颜色不会受底图层像素颜色的影响，除非底图层像素的不透明度小于当前图层。

◆1.“正常”模式

“正常”模式是After Effects的默认模式，当图层的不透明度为100%时，合成将根据Alpha通道正常显示当前图层，并且不受下一图层的影响，如图5-12所示。当图层的不透明度小于100%时，当前图层的每个像素的颜色将受到下一图层的影响。

图 5-12

◆2.“溶解”模式

当图层有羽化边缘或不透明度小于100%

时，“溶解”模式才起作用。“溶解”模式是指在当前图层选取部分像素，然后采用随机颗粒图案的方式用下一图层的像素来替代，如图5-13所示。当前图层的不透明度越低，溶解效果越明显。

图 5-13

技巧与提示

当图层的“不透明度”为60% 时，“溶解”模式的效果如图 5-14 所示。

图 5-14

◆ 3. “动态抖动溶解”模式

“动态抖动溶解”模式和“溶解”模式的原理相似，只不过“动态抖动溶解”模式可以随时更新随机值，而“溶解”模式的颗粒都是不变的。

技巧与提示

在“正常”类别中，“正常”模式是日常工作中最常用的图层混合模式。

5.1.4 “减少”类别

“减少”类别主要包括“变暗”“相乘”“颜色加深”“经典颜色加深”“线性加深”“较深的颜色”6 种混合模式，这种类型的混合模式都可以使图像的整体颜色变暗。下面介绍其中 3 种常用的混合模式。

◆ 1. “变暗”模式

“变暗”模式是通过比较当前图层和底图层的颜色亮度来保留较暗的颜色部分。例如，一个全黑的图层与任何图层的变暗叠加效果都是全黑的，而白色图层和任何图层的变暗叠加效果都是透明的，如图5-15所示。

◆ 2. “相乘”模式

“相乘”模式是一种减色模式，它将基本色与叠加色相乘，形成一种透过光线查看两张叠加在一起的胶片的效果。任何颜色与黑色相乘都将产生黑色，与白色相乘将保持不变，而与中间亮度的颜色相乘可以得到一种更暗的效果，如图5-16所示。

图 5-15

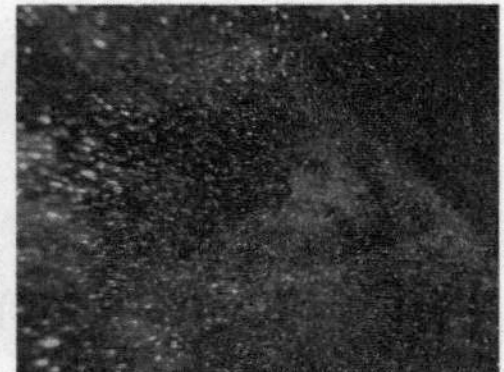
图 5-16

技巧与提示

“相乘”模式的相乘法产生的不是线性变暗效果，而是一种类似于抛物线变化的效果。

◆ 3. “线性加深”模式

“线性加深”模式是指比较基色和叠加色的颜色信息，通过降低基色的亮度来反映叠加色。与“相乘”模式相比，“线性加深”模式可以产生一种更暗的效果，如图5-17所示。

图 5-17

5.1.5 “添加”类别

“添加”类别主要包括“相加”“变亮”“屏幕”“颜色减淡”“经典颜色减淡”“线性减淡”“较浅的颜色”7 种混合模式，这种类型的混合模式都可以使图像的整体颜色变亮。下面介绍其中 5 种常用的混合模式。

◆ 1. “相加”模式

“相加”模式是将上下层对应的像素进行加法运算，从而使画面变亮，如图5-18所示。

图 5-18

技巧与提示

一些火焰、烟雾和爆炸等素材需要合成到某个场景中时，将该素材图层的混合模式修改为“相加”模式，这样该素材与背景进行叠加时，就可以直接去掉黑色背景，如图 5-19 所示。

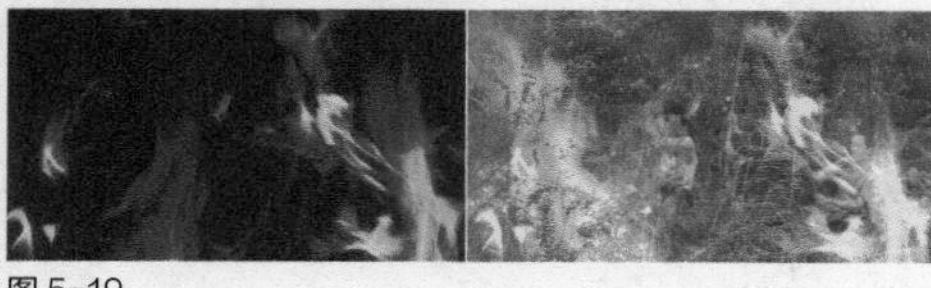

图 5-19

◆ 2. “变亮”模式

“变亮”模式与“变暗”模式相反，它可以查看每个通道中的颜色信息，并选择基色和叠加色中较亮的颜色作为结果色（比叠加色暗的像素将被替换掉，而比叠加色亮的像素则保持不变），如图5-20所示。

图 5-20

◆ 3. “屏幕”模式

“屏幕”模式是一种加色混合模式，与“相乘”模式相反，它可以将叠加色的互补色与基本色相乘，从而得到一种更亮的效果，如图5-21所示。

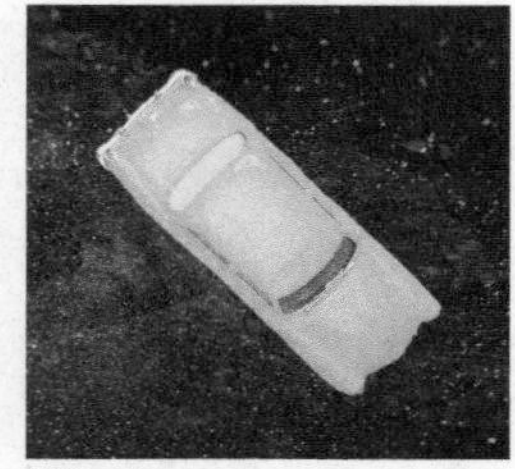

图 5-21

◆ 4. “线性减淡”模式

“线性减淡”模式可以查看每个通道的颜色信息，并通过增加亮度来使基色变亮，以反映叠加色（如果与黑色叠加则不发生变化），如图5-22所示。

图 5-22

◆ 5. “较浅的颜色”模式

“较浅的颜色”模式与“变亮”模式相似，略有区别的是该模式不对单独的颜色通道起作用。

技巧与提示

在“添加”类别中，“相加”和“屏幕”模式是使用频率较高的图层混合模式。

5.1.6 “复杂”类别

在使用这种类型的图层混合模式时，需要比较当前图层的颜色和底图层的颜色亮度是否低于50%的灰度，然后根据不同的图层混合模式创建不同的混合效果。下面介绍其中5种常用的混合模式。

◆ 1. “叠加”模式

“叠加”模式可以增强图像颜色的对比度，并保留底图层图像的高光和暗调，如图5-23所示。“叠加”模式对中间色调的影响比较明显，但对于高光区域和暗调区域的影响不大。

◆ 2. “柔光”模式

“柔光”模式可以使颜色变亮或变暗（具体效果要取决于叠加色），这种效果与发散的聚光灯照在图像上的效果很相似，如图5-24所示。

图 5-23

图 5-24

◆3.“强光”模式

使用“强光”模式时，当前图层中比 50% 灰度亮的像素会使图像变亮，比 50% 灰度暗的像素会使图像变暗。这种模式产生的效果与耀眼的聚光灯照在图像上的效果很相似，如图 5-25 所示。

◆4.“线性光”模式

“线性光”模式可以通过减小或增大亮度来加深或减淡颜色，其具体效果取决于叠加色，如图5-26所示。

图 5-25

图 5-26

◆5.“亮光”模式

“亮光”模式可以通过增大或减小对比度来加深或减淡颜色，其具体效果取决于叠加色，如图 5-27 所示。

图 5-27

5.1.7 “差异”类别

“差异”类别主要包括“差值”“经典差值”“排除”“相减”“排除”5种混合模式。这种类型的混合模式都是基于当前图层和底图层的颜色值来产生差异效果的。下面介绍其中3种常用的混合模式。

◆1.“差值”模式

“差值”模式可以从基色中减去叠加色或从叠加色中减去基色，其具体效果取决于哪个颜色的亮度值更高，如图 5-28 所示。

图 5-28

◆2.“经典差值”模式

“经典差值”模式可以从基色中减去叠加色或从叠加色中减去基色，其效果要优于“差值”模式。

◆3.“排除”模式

“排除”模式与“差值”模式相似，但是该模式可以产生对比度更低的叠加效果，如图5-29所示。

图 5-29

5.1.8 HSL 类别

HSL（色相、饱和度、亮度）类别主要包括“色相”“饱和度”“颜色”“发光度”4 种混合模式。这种类型的混合模式会改变底图层颜色的一个或多个色相、饱和度和明度值。

◆1.“色相”模式

“色相”模式可以将当前图层的色相应用到底图层图像的亮度和饱和度中，可以改变底图层图像的色相，但不会影响其亮度和饱和度。对于黑色、白色和灰色区域，该模式不起作用，如图5-30所示。

◆2.“饱和度”模式

“饱和度”模式可以将当前图层的饱和度应用到底图层图像的亮度和色相中，可以改变底图层图像的饱和度，但不会影响其亮度和色相，如图5-31所示。

图 5-30

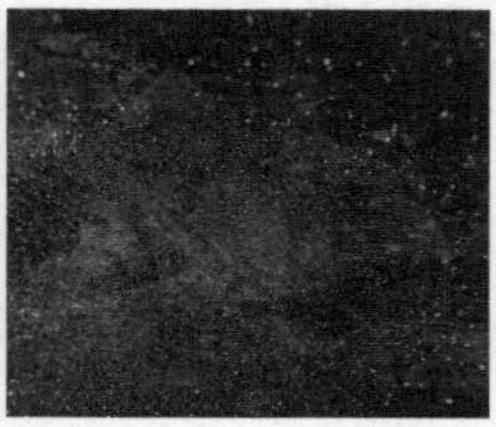

图 5-31

3. "颜色"模式

"颜色"模式可以将当前图层的色相与饱和度应用到底图层图像中，且保持底图层图像的亮度不变，如图 5-32 所示。

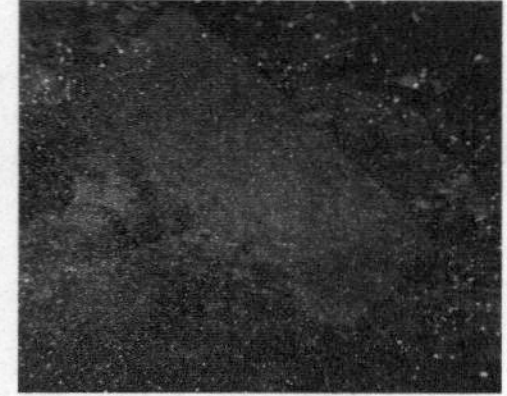
图 5-32

4. "发光度"模式

"发光度"模式可以将当前图层的亮度应用到底图层图像的颜色中，可以改变底图层图像的亮度，但不会对其色相与饱和度产生影响，如图 5-33 所示。

图 5-33

技巧与提示

在 HSL 类别中，"发光度"模式是使用频率较高的图层混合模式。

5.1.9 "遮罩"类别

"遮罩"类别主要包括"模板 Alpha""模板亮度""轮廓 Alpha""轮廓亮度"4 种混合模式。这种类型的混合模式可以将当前图层转化为底图层的一个遮罩。

1. "模板 Alpha"模式

"模板 Alpha"模式可以穿过蒙版图层的 Alpha 通道来显示多个图层，如图 5-34 所示。

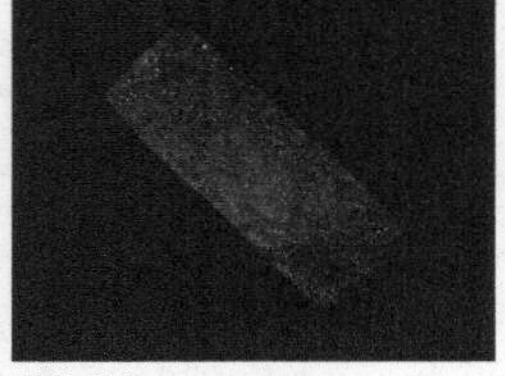
图 5-34

2. "模板亮度"模式

"模板亮度"模式可以穿过蒙版图层的像素亮度来显示多个图层，如图5-35所示。

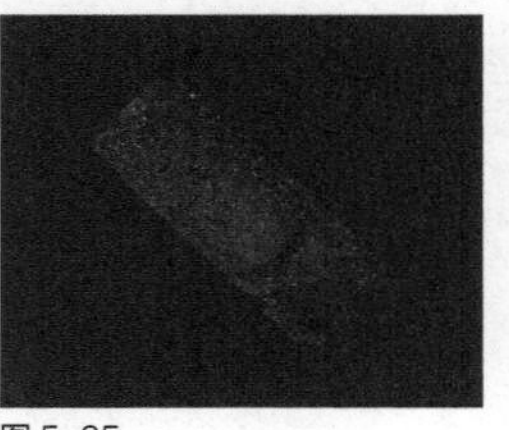
图 5-35

3. "轮廓 Alpha"模式

"轮廓Alpha"模式可以通过当前图层的Alpha通道来影响底图层图像，使受影响的区域被剪切掉，如图5-36所示。

4. "轮廓亮度"模式

"轮廓亮度"模式可以通过当前图层上的像素亮度来影响底图层图像，使受影响的像素被部分剪切或被全部剪切掉，如图5-37所示。

图 5-36

图 5-37

5.2 蒙版

在进行项目合成的时候，由于有的素材本身不具备Alpha通道信息，因而无法通过常规的方法将这些素材合成到镜头中。当素材没有Alpha通道时，可以通过创建蒙版来建立透明的区域。

本节知识点

名称	学习目标	重要程度
蒙版的概念	了解蒙版的概念	中
蒙版的创建与修改	掌握如何创建与修改蒙版	高
蒙版的属性	了解蒙版的属性	高
蒙版的混合模式	了解蒙版的混合模式	高
蒙版的动画	了解蒙版的动画	高

5.2.1 课堂案例——遮罩分割展示动画

素材位置	实例文件 >CH05> 课堂案例——遮罩分割展示动画 >(素材)
实例位置	实例文件 >CH05> 课堂案例——遮罩分割展示动画 .aep
难易指数	★★★★☆
学习目标	掌握蒙版动画的应用

本案例制作的蒙版动画效果如图5-38所示。

图 5-38

01 启动 After Effects 2021，导入学习资源中的“实例文件 >CH05 > 课堂案例——遮罩分割展示动画 .aep”文件，接着在“项目”面板中双击“遮罩分割展示动画”加载该合成，如图 5-39 所示。

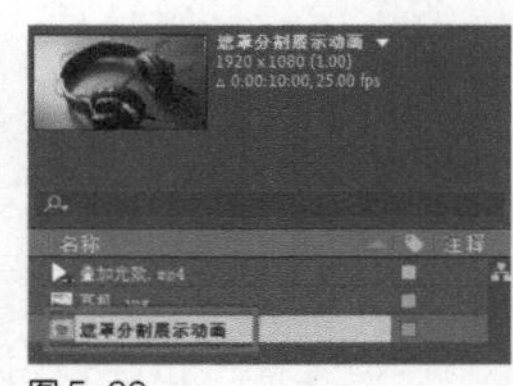

图 5-39

02 在“时间轴”面板中选择“耳机”图层，然后使用“工具”面板中的“矩形工具”绘制蒙版，如图 5-40 所示，并在第 3 秒 8 帧处设置“蒙版路径”属性的动画关键帧。接着在第 0 帧处设置蒙版位置，如图 5-41 所示。最后框选这些关键帧，按快捷键 F9 把它们的插值变为贝塞尔曲线，如图 5-42 所示。

图 5-40

图 5-41

图 5-42

技巧与提示

调节蒙版的形状和大小等属性可以在“合成”面板中进行，双击蒙版的任意一个顶点，即可进入蒙版的编辑状态；编辑完成后，再次双击即可确认。蒙版的编辑状态如图 5-43 所示。

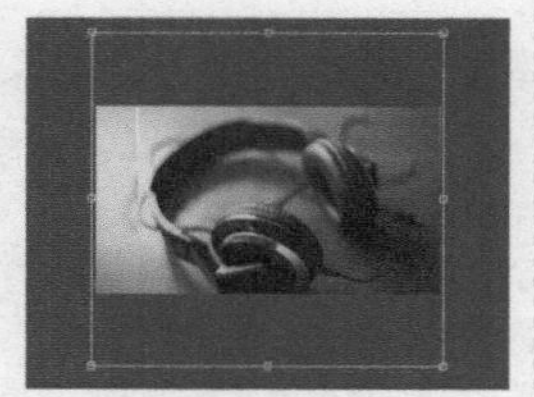

图 5-43

03 在“项目”面板中，将“耳机 .jpg”拖曳到“时间轴”面板中，并让它位于最上方，然后在第 4 秒 3 帧处绘制蒙版，如图 5-44 所示，并设置“蒙版路径”属性的动画关键帧。接着在第 0 帧处设置它的蒙版，如图 5-45 所示。最后框选这些关键帧，按快捷键 F9 把它们的插值变为贝塞尔曲线。

图 5-44

图 5-45

04 选中上一步中的图层，将其“缩放”设置为（110.0%，110.0%），然后执行“效果 > 颜色校正 > 色调”菜单命令，并把“着色数量”设置为 50.0%，如图 5-46 所示。

图 5-46

05 选中上一步中的图层，按快捷键 Ctrl+D 将其复制一份，删去上面的所有效果和蒙版并将其

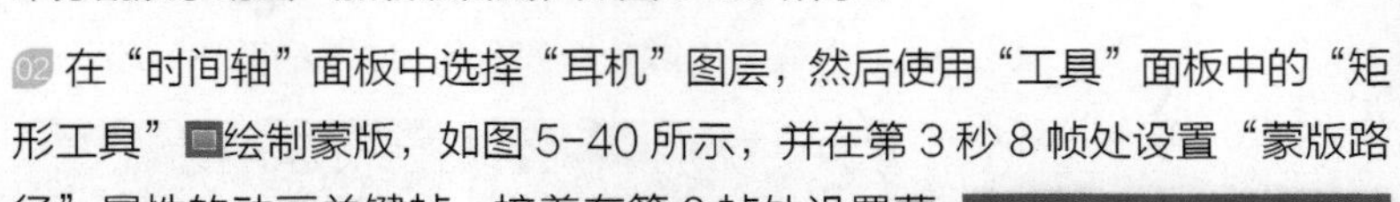

置于顶层。然后在第 6 秒处绘制两个蒙版，如图 5-47 所示，并设置“蒙版路径”属性的动画关键帧。接着在第 0 帧处设置蒙版位置，如图 5-48 所示，并按快捷键 F9 把这些关键帧的插值变为贝塞尔曲线。最后将较小蒙版的混合模式设置为“相减”，并把它的后一个关键帧移动到第 6 秒 13 帧处，如图 5-49 所示。

图 5-47

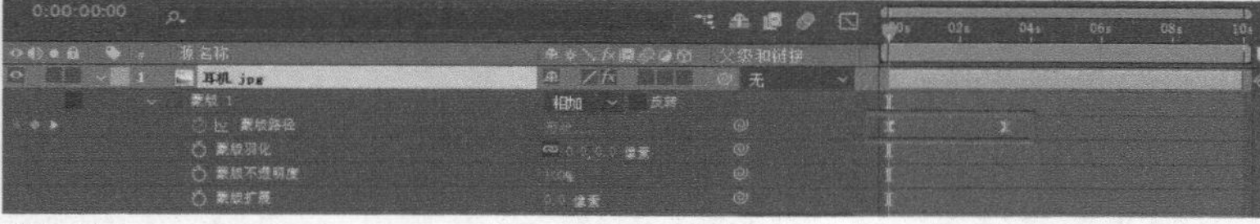

图 5-48

图 5-49

06 按快捷键 Ctrl+D 复制上一步中的图层并将其置于顶层，删去第 0 帧处的关键帧，并把较大蒙版剩下的关键帧移动到第 9 秒处，把较小蒙版剩下的关键帧移动到第 9 秒 24 帧处，然后在第 3 秒处设置遮罩，接着按快捷键 F9 把这些关键帧的插值变为贝塞尔曲线，如图 5-50 和图 5-51 所示。

图 5-50

图 5-51

07 对最上面的两个“耳机”图层分别执行“图层 > 预合成”菜单命令，并在弹出的对话框中选择“保留‘耳机’中的所有属性”选项，分别双击进入两个合成内部，然后对里面的“耳机”图层执行“效果 > 模糊和锐化 > 快速方框模糊”菜单命令，把“模糊半径”设置为 15.0，并勾选“重复边缘像素”选项，如图 5-52 所示。

图 5-52

08 回到“遮罩分割展示动画”合成，为任一图层添加“生成 >CC Light Sweep（扫光）”效果，然后将 Center（中心）设置为（960.0，970.0），Direction（方向）设置为（0×-90.0°），Width（宽度）设置为 300.0，Sweep Intensity（扫光强度）设置为 0.0，Edge Intensity（边缘强度）设置为 30.0，Light Color（光线颜色）设置为（240，252，255），如图 5-53 所示。接着将该效果复制一份，将其中的 Center（中心）改为（960.0，105.0），最后将这两个效果复制到该合成剩下的 3 个图层上。

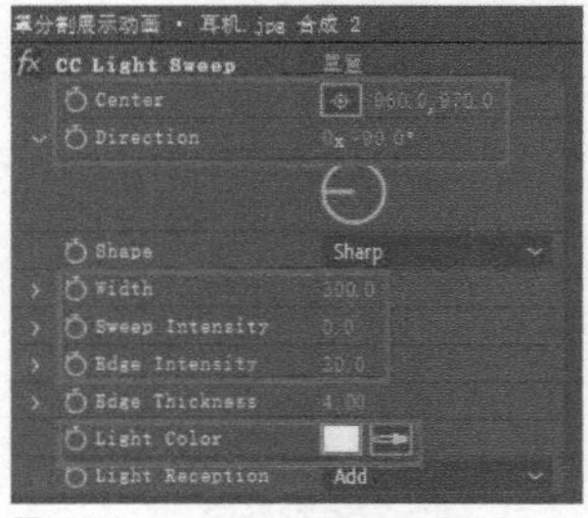

图 5-53

09 将“项目”面板中的“叠加光效 .mp4”拖曳到“时间轴”面板中，并将其置于倒数第 2 层，然后将其混合模式设置为“相加”，如图 5-54 所示。

10 渲染并输出动画，最终效果如图 5-55 所示。

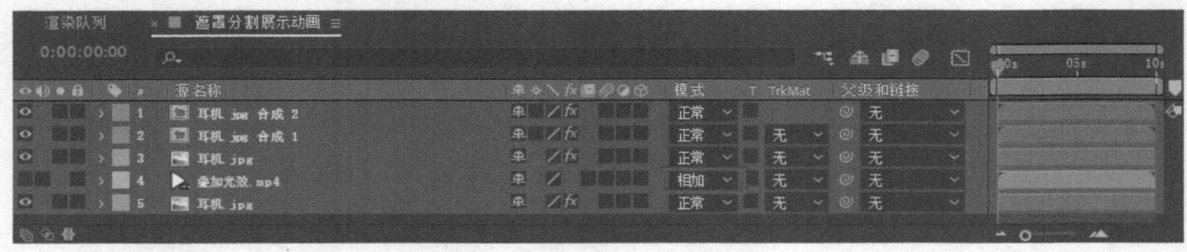

图 5-54

图 5-55

5.2.2 蒙版的概念

After Effects 中的蒙版其实就是一条封闭的贝塞尔曲线所构成的路径轮廓，轮廓之内或之外的区域可以作为控制图层透明区域和不透明区域的依据，如图5-56所示。如果不是闭合曲线，那就只能作为路径使用，如图 5-57 所示。

图 5-56

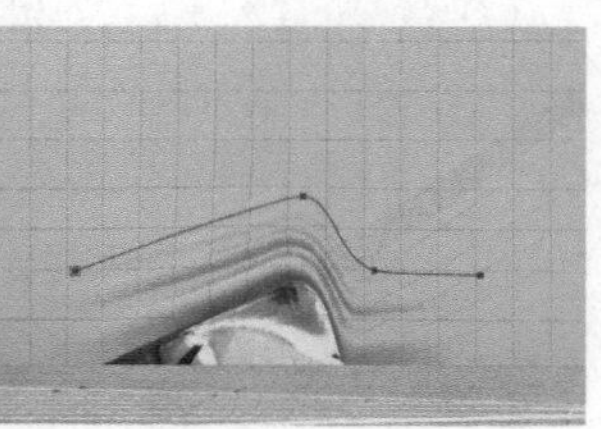
图 5-57

5.2.3 蒙版的创建

创建蒙版的方法比较多，但在实际工作中主要使用以下4种方法。

◆ 1. 使用形状工具创建

使用形状工具创建蒙版的方法很简单，但软件提供的可选择的形状工具比较有限。使用形状工具创建蒙版的步骤如下。

第1步，在“时间轴”面板中选择需要创建蒙版的图层。

第2步，在“工具”面板中选择合适的形状工具，如图5-58所示。

图 5-58

技巧与提示

可选择的形状工具包括“矩形工具”、“圆角矩形工具”、“椭圆工具”、“多边形工具”和“星形工具”。

第3步，保持形状工具的被选择状态，在“合成”面板或“图层”面板中按住鼠标左键进行拖曳，即可创建出蒙版，如图5-59所示。

技巧与提示

在选择好的形状工具上双击鼠标左键，可以在当前图层中自动创建一个最大的蒙版。

在“合成”面板中，按住 Shift 键的同时使用形状工具可以创建出等比例的蒙版形状，例如，使用“矩形工具”可以创建出正方形的蒙版，使用“椭圆工具”可以创建出圆形的蒙版。

如果在创建蒙版时按住 Ctrl 键，可以创建一个以单击鼠标左键确定的第 1 个点为中心的蒙版。

图 5-59

◆ 2. 使用钢笔工具创建

在“工具”面板中按住“钢笔工具”数秒，可以在打开的菜单中切换工具，如图5-60所示。使用“钢笔工具”可以创建出任意形状的蒙版，注意在使用“钢笔工具”创建蒙版时，必须使蒙版处于闭合的状态。

图 5-60

使用“钢笔工具”创建蒙版的步骤如下。

第1步，在“时间轴”面板中选择需要创建蒙版的图层。

第2步，在“工具”面板中选择“钢笔工具”。

第3步，在“合成”面板或“图层”面板中单击鼠标左键确定第1个点，然后继续单击鼠标左键绘制出一条闭合的贝塞尔曲线，如图5-61所示。

图 5-61

> **技巧与提示**
>
> 在使用“钢笔工具”创建曲线的过程中，如果需要在闭合的曲线上添加点，可以使用“添加‘顶点’工具”；如果需要在闭合的曲线上减少点，可以使用“删除‘顶点’工具”；如果需要对曲线上的点进行贝塞尔控制调节，可以使用“转换‘顶点’工具”；如果需要对创建的曲线进行羽化，可以使用“蒙版羽化工具”。

◆ 3. 使用自动追踪命令创建

执行“图层>自动追踪”菜单命令，可以根据图层的Alpha、红、绿、蓝通道和亮度信息自动生成路径蒙版，如图5-62所示。

图 5-62

执行“图层>自动追踪”菜单命令，将会打开“自动追踪”对话框，如图5-63所示。

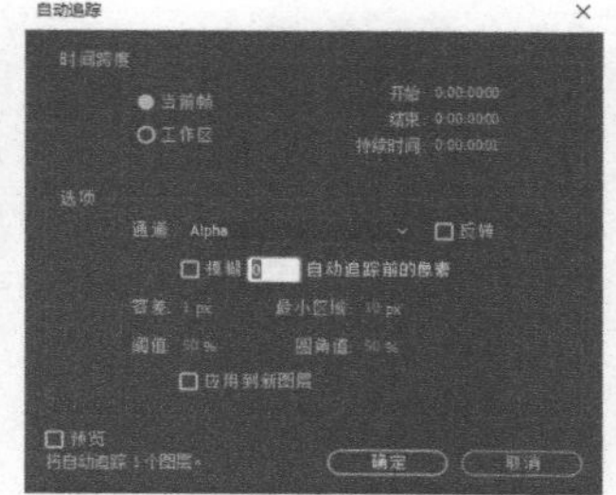

图 5-63

参数详解

- **时间跨度：** 设置“自动追踪”的时间区域。

当前帧： 只对当前帧进行自动追踪。

工作区： 对整个工作区进行自动跟踪，选择这个选项可能需要花费一定的时间来生成蒙版。

- **选项：** 设置自动追踪蒙版的相关参数。

通道： 选择作为自动追踪蒙版的通道，共有“Alpha”“红色”“绿色”“蓝色”“明亮度”5个选项。

反转： 选择该选项后，可以反转蒙版的方向。

模糊： 在自动追踪蒙版之前，对原始画面进行虚化处理，这样可以使自动追踪蒙版的结果更加平滑。

容差： 设置容差范围，可以判断误差和界限的范围。

最小区域： 设置蒙版的最小区域值。

阈值： 设置蒙版的阈值范围。高于该阈值的区域为不透明区域，低于该阈值的区域为透明区域。

圆角值： 设置追踪蒙版拐点处的圆滑程度。

应用到新图层： 选择此选项时，最终创建的追踪蒙版路径将保存在一个新建的固态层中。

- **预览：** 选择该选项时，可以预览设置的结果。

◆ 4. 蒙版的其他创建方法

在After Effects中，还可以通过复制Adobe Illustrator和Adobe Photoshop的路径来创建蒙版，这对于创建一些规则的蒙版或有特殊结构的蒙版非常有用。

5.2.4 蒙版的属性

在“时间轴”面板中连续按两次M键可以展开蒙版的所有属性，如图5-64所示。

图 5-64

参数详解

- **蒙版路径：** 设置蒙版的路径范围和形状，也可以为蒙版节点制作关键帧动画。
- **反转：** 反转蒙版的路径范围和形状，如图5-65所示。

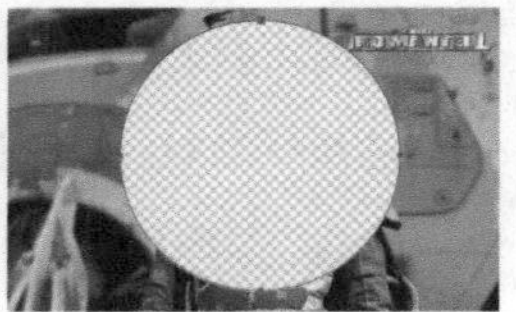

图 5-65

- **蒙版羽化：** 设置蒙版边缘的羽化效果，这样可以使蒙版边缘与底层图像完美地融合在一起，如图5-66所示。单击“锁定”按钮，将其设置为“解锁”状态后，可以在水平方向和垂直方向上分别设置蒙版的羽化值。

图 5-66

- **蒙版不透明度：** 设置蒙版的不透明度。将“蒙版不透明度”分别设置为100%和50%的效果如图5-67所示。

图 5-67

- **蒙版扩展：** 调整蒙版的扩展程度。正值为扩展蒙版区域，负值为收缩蒙版区域，如图5-68所示。

图 5-68

5.2.5 蒙版的混合模式

当一个图层具有多个蒙版时，可以通过选择各种混合模式，使蒙版之间产生叠加效果，如图5-69所示。另外，蒙版的排列顺序对最终的叠加效果有很大的影响，After Effects在处理蒙版时是按照蒙版的排列顺序，从上往下依次进行处理的，也就是说先处理最上面的蒙版及其叠加效果，再将结果按照下方蒙版设置的叠加模式，同下方蒙版进行计算。此外，“蒙版不透明度”也是需要考虑的必要因素之一。

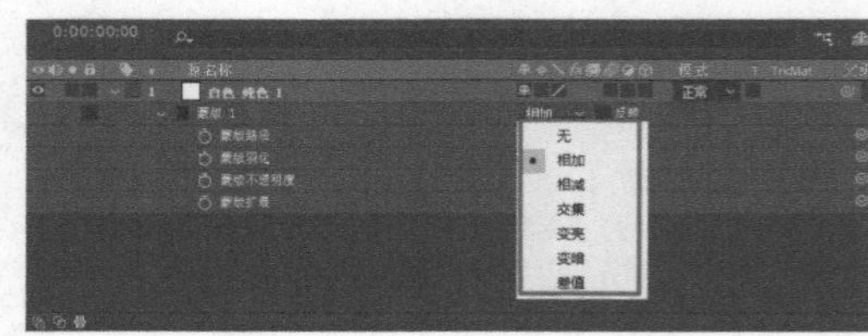

图 5-69

参数详解

- **无：** 选择“无”模式时，路径将不作为蒙版使用，而是作为路径存在，如图5-70所示。

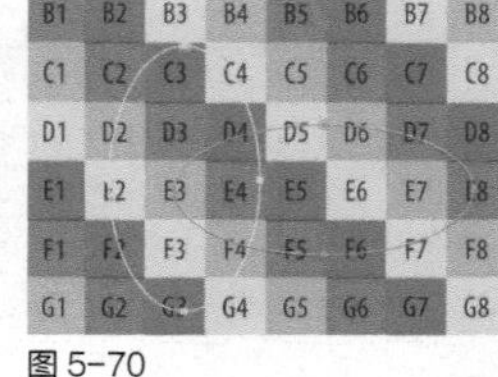

图 5-70

- **相加**：将当前蒙版区域与其上面的蒙版区域进行相加处理，如图5-71所示。

- **相减**：将当前蒙版与其上面的所有蒙版的组合结果进行相减处理，如图5-72所示。

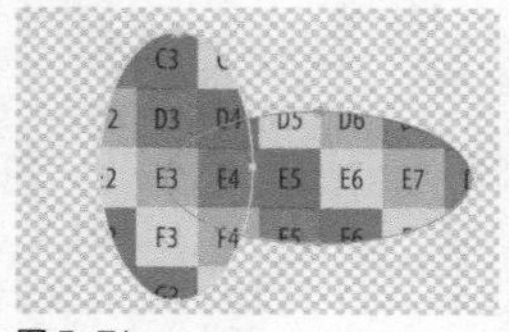
图 5-71

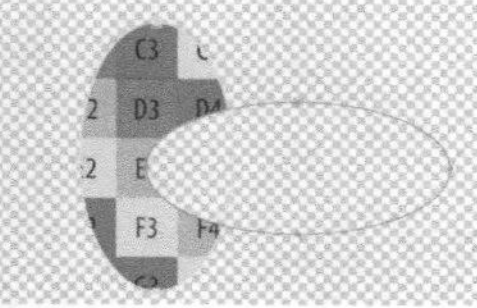
图 5-72

- **交集**：只显示当前蒙版与其上面所有蒙版的组合结果相交的部分，如图5-73所示。

- **变亮**："变亮"模式与"相加"模式相同，只是对于蒙版重叠处的不透明度采用不透明度较高的值，如图5-74所示。

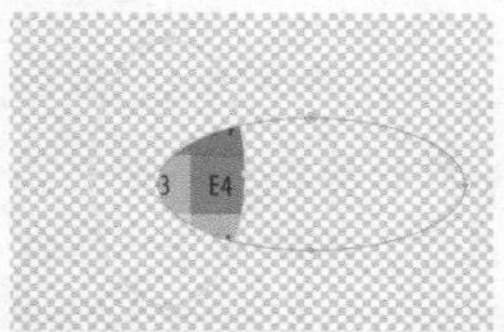
图 5-73

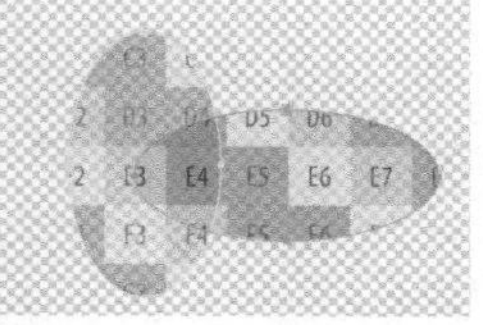
图 5-74

- **变暗**："变暗"模式与"交集"模式相同，只是对于蒙版重叠处的不透明度采用不透明度较低的值，如图5-75所示。

- **差值**：采取并集减去交集的方式，换言之，先将所有蒙版的组合进行并集运算，然后再对所有蒙版组合的相交部分进行相减运算，如图5-76所示。

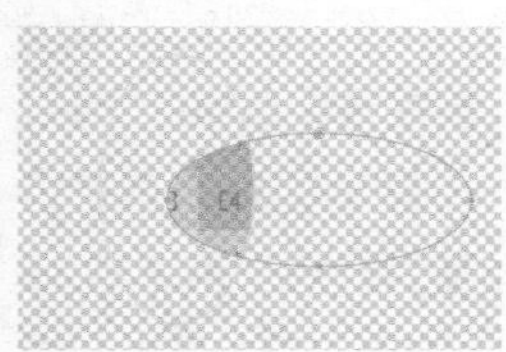
图 5-75

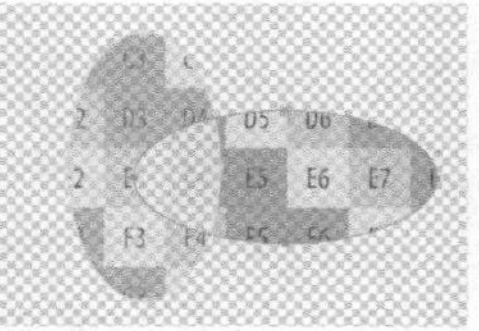
图 5-76

5.2.6 蒙版的动画

在实际工作中，为了配合画面，有时会用到蒙版动画。实际上就是设置"蒙版路径"属性的动画关键帧。

5.3 轨道遮罩

轨道遮罩是一种特殊的蒙版类型，它可以将一个图层的Alpha通道信息或亮度信息作为另一个图层的透明度信息，同样可以完成建立图像透明区域或限制图像局部显示的工作。

当遇到特殊要求的时候（如在运动的文字轮廓内显示图像），用户可以通过轨道遮罩来完成镜头的制作，如图5-77所示。

图 5-77

本节知识点

名称	学习目标	重要程度
面板切换	了解如何通过面板切换来打开轨道蒙版	中
"跟踪遮罩"菜单命令	了解如何使用菜单命令打开跟踪遮罩	中

5.3.1 课堂案例——描边光效

素材位置	实例文件 >CH05> 课堂案例——描边光效 >（素材）
实例位置	实例文件 >CH05> 课堂案例——描边光效 .aep
难易指数	★★★★☆
学习目标	掌握遮罩和跟踪遮罩的具体组合应用

本案例的制作效果如图5-78所示。

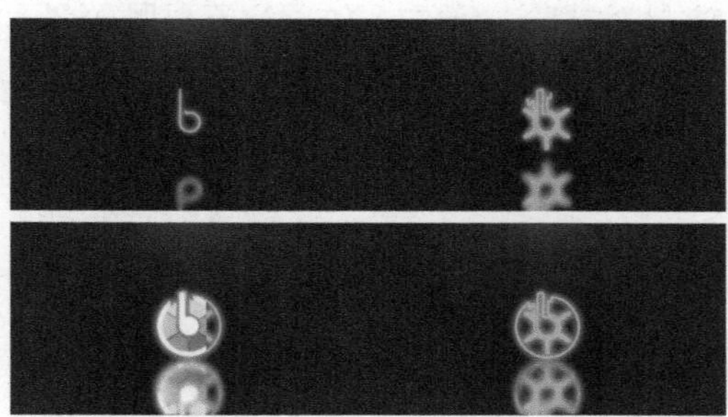
图 5-78

01 启动 After Effects 2021，导入学习资源中的"实例文件 >CH05> 课堂案例——描边光

效 .aep”文件，然后在“项目”面板中双击“描边光效”加载该合成，如图 5-79 所示。

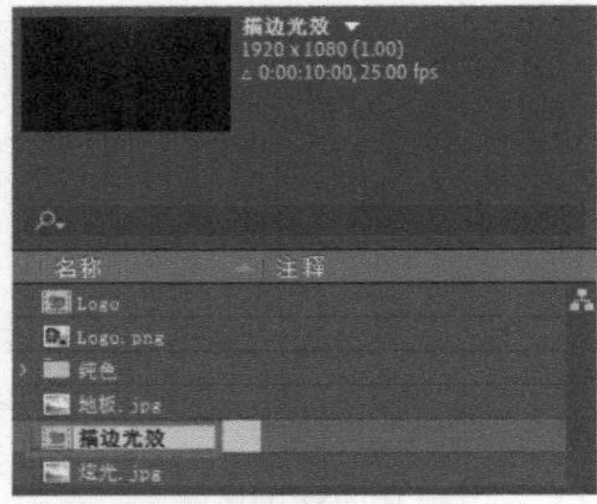
图 5-79

02 选择“Logo”图层，执行“图层 > 自动追踪”菜单命令，在打开的“自动追踪”对话框中选择“当前帧”选项，然后设置“通道”为 Alpha，接着单击“确定”按钮，如图 5-80 所示。

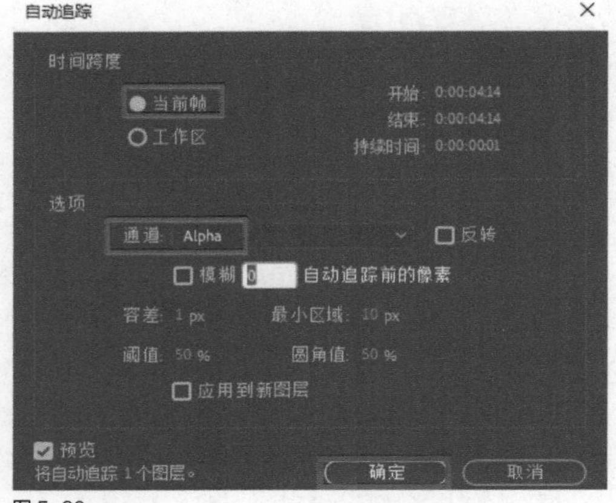

图 5-80

03 选择“Logo”图层，执行“效果 > 生成 > 描边”菜单命令，勾选“所有蒙版”选项，然后将“颜色”设为（0.2549，0.6932，1），因为本合成“位深度”被设为 32，所以不再用 0~255 的数值来表示颜色。将“画笔大小”设为 1.5，“结束”设为 0.0%，并在第 0 帧设置动画关键帧，接着在第 2 秒 22 帧将“结束”设为 100.0%，最后将“绘画样式”设为“在透明背景上”，如图 5-81 所示。

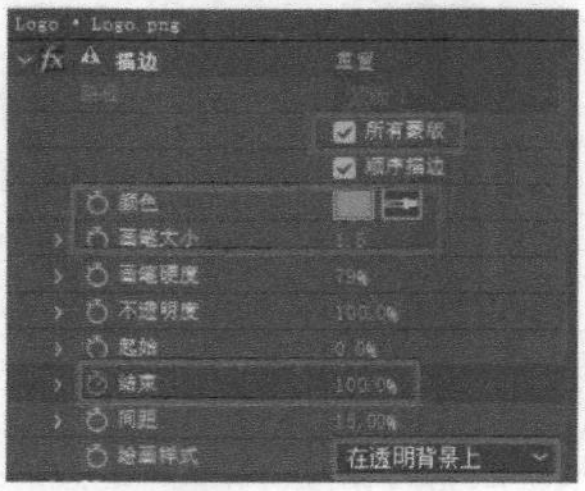

图 5-81

04 对上一步的图层执行“效果 > 模糊与锐化 > 快速方框模糊”菜单命令，并将“模糊半径”设为 1.2，“迭代”设为 1。然后继续为其添加“风格化 > 发光”效果，将“发光阈值”设为 0.0%，“发光半径”设为 20.0，“发光强度”设为 0.1，其他参数保持默认设置，如图 5-82 所示。

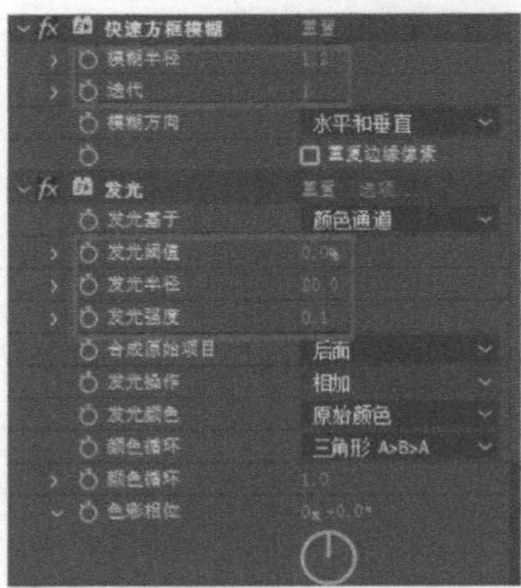
图 5-82

05 将上一步中的“发光”效果复制两份，并置于所有效果的最下方，将其中靠上的“发光”效果中的“发光半径”设为 105，靠下的“发光”效果中的“发光半径”设为 300。然后按快捷键 Ctrl+D 将该图层复制一份并置于顶层，删掉图层上的“描边”效果，接着执行“效果 > 通道 > 固态层合成”菜单命令，将其置于“快速方框模糊”效果的下方，并将“颜色”设为（0，0，0），如图 5-83 所示。

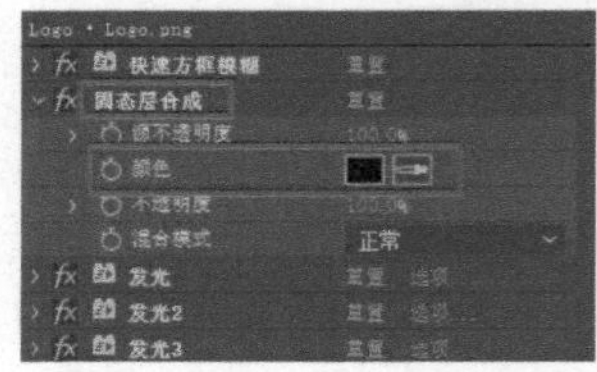
图 5-83

06 新建一个黑色的纯色图层并将其置于上一步中复制的图层的上方，将该图层的“轨道遮罩”设为“Alpha”，并在纯色图层上面绘制 3 个遮罩，如图 5-84 所示。然后激活 3 个遮罩的动画关键帧，向后拖曳时间线，设置 3 个遮罩的形状，如图 5-85 所示。接着在时间轴中重新布置它们的关键帧，粉色遮罩布置为起始于第 2 秒 12 帧和结束于第 3 秒 23 帧；棕色遮罩布置为起始于第 2 秒 22 帧和结束于第 4 秒 8 帧；绿色遮罩布置为起始于第 3 秒 11 帧和结束于第 4 秒 21 帧，如图 5-86 所示。

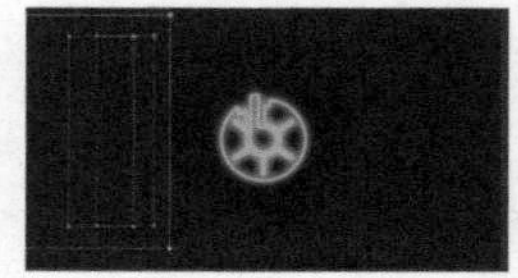
图 5-84

图 5-85

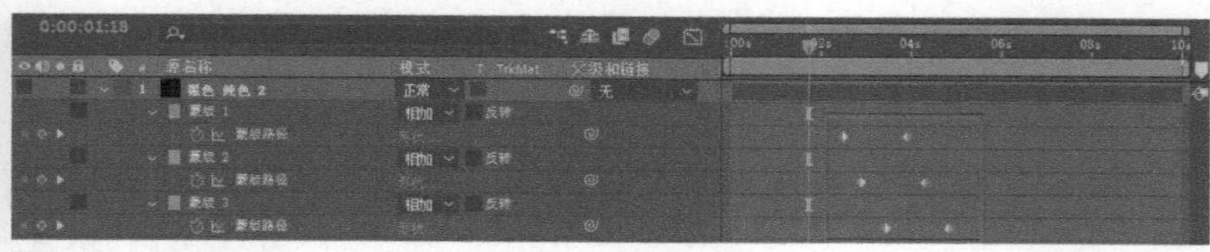

图 5-86

07 选择前面步骤中的 3 个图层（即两个“Logo”图层和一个纯色图层），执行“图层 > 预合成”菜单命令，将该预合成的“位置”设为（960.0，576.0）。然后复制一份该图层，并执行“图层 > 变换 > 垂直翻转”菜单命令，将它的“位置”设为（960.0，963.1），接着将这两个图层的混合模式设为“屏幕”，如图 5-87 所示。

08 将“项目”面板中的“炫光 .jpg”拖曳到“时间轴”面板中，并置于顶层，然后将它的混合模式设为“屏幕”，如图 5-88 所示。

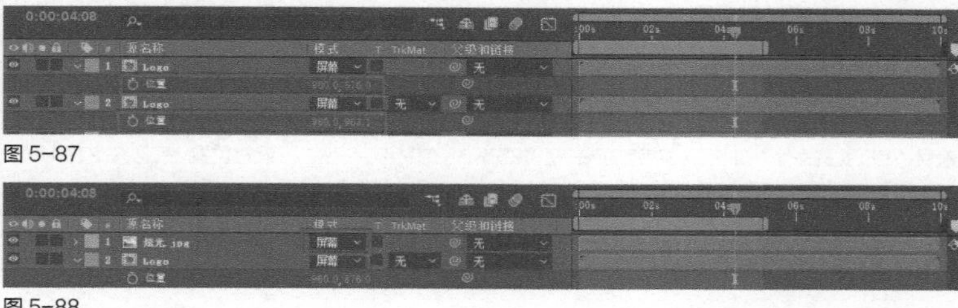

图 5-87

图 5-88

09 新建一个调整图层，将其放在两个“Logo”预合成之间，然后执行“效果 > 模糊和锐化 > 复合模糊”菜单命令，将“模糊图层”设为“5. 地板 .jpg”，将“最大模糊”设为 20.0，如图 5-89 所示。

图 5-89

10 渲染并输出动画，最终效果如图 5-90 所示。

图 5-90

5.3.2 面板切换

在After Effects中单击“切换开关/模式”按钮，如图5-91所示，可以打开“跟踪遮罩”控制面板。

图 5-91

5.3.3 “跟踪遮罩”菜单命令

选择某一个图层后，执行“图层>跟踪遮罩”菜单命令，然后在其子菜单中选择所需要的类型，即可创建相应的跟踪遮罩，如图5-92所示。

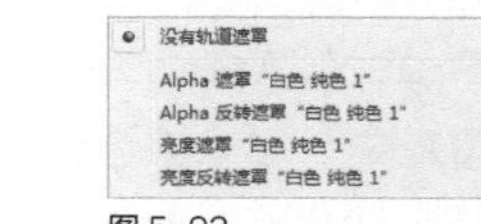

图 5-92

技巧与提示

使用“跟踪遮罩”时，蒙版图层必须位于最终显示图层的上一图层，并且在应用了轨道遮罩后，将关闭蒙版图层的可视性，如图 5-93 所示。另外，在改变图层顺序时一定要将蒙版图层和最终显示的图层一起移动。

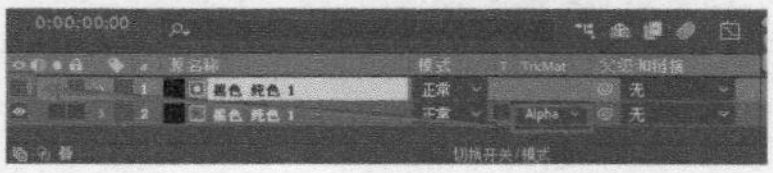

图 5-93

参数详解

- **没有轨道遮罩：**不设置轨道遮罩，图层仍为普通图层。

● **Alpha遮罩**：将蒙版图层的Alpha通道信息作为最终显示图层的蒙版参考。

● **Alpha反转遮罩**：与“Alpha遮罩”的结果相反。

● **亮度遮罩**：将蒙版图层的亮度信息作为最终显示图层的蒙版参考。

● **亮度反转遮罩**：与“亮度遮罩”的结果相反。

5.4 课后习题

5.4.1 课后习题——水墨晕染

素材位置	实例文件 >CH05> 课后习题——水墨晕染 >（素材）
实例位置	实例文件 >CH05> 课后习题——水墨晕染 .aep
难易指数	★★☆☆☆
练习目标	练习轨道遮罩的应用

本习题的制作效果如图5-94所示。

图 5-94

01 启动 After Effects 2021，导入学习资源中的“实例文件 >CH05> 课后习题——水墨晕染 .aep”文件，然后在“项目”面板中双击“水墨晕染”加载该合成。接着将“P02.png”和“Ink002.flv”放入合成，调整它们的位置和大小，并将“Ink002.flv”设置为“P02.png”的轨道遮罩，最后调整“Ink002.flv”的“不透明度”属性的动画关键帧，使“P02.png”完全显示出来之后不会再消失。

02 将“P04.png”和“Ink001.flv”放入“时间轴”面板，调整它们的位置和大小，并调整前者的颜色。然后将“Ink001.flv”设置为“P04.png”的蒙版，调整“Ink001.flv”的“不透明度”属性的动画关键帧，使“P04.png”完全显示出来之后不会再消失。

03 将“文字png”和“Ink13.flv”放入“时间轴”面板，调整它们的位置和大小，然后将“Ink13.flv”设置为“文字 .png”的蒙版，调整“Ink13.flv”的“不透明度”属性的动画关键帧，使“文字 .png”完全显示出来之后不会再消失。

04 将“叶子 .mp4”和“叶子蒙版 .mp4”放入“时间轴”面板的顶层，并将“叶子蒙版 .mp4”设置为“叶子 .mp4”的蒙版。

5.4.2 课后习题——动感幻影

素材位置	实例文件 >CH05> 课后习题——动感幻影 >（素材）
实例位置	实例文件 >CH05> 课后习题——动感幻影 .aep
难易指数	★★☆☆☆
练习目标	练习“自动追踪”的用法

本习题制作的动感幻影效果如图5-95所示。

图 5-95

01 启动 After Effects 2021，导入学习资源中的“实例文件 >CH05> 课后习题——动感幻影 .aep”文件，在“项目”面板中双击“动感幻影”加载该合成。然后将“时间轴”面板中的“Video”图层复制出一份，并对位于上面的“Video”图层执行“图层 > 自动追踪”菜单命令，接着在打开的“自动追踪”对话框中选择“工作区”选项，并设置“通道”为“明亮度”。

02 为上一步中的图层添加“生成 > 描边”效果，勾选“所有蒙版”选项并调整其他效果参数。然后添加“模糊和锐化 > 快速方框模糊”效果，并调整其参数。

03 新建一个调整图层并将其置于顶端，为其添加“风格化 >CC Kaleida（万花筒）”和“风格化 > 发光”效果，然后调整它们的参数。

06

第 6 章

绘画与形状

本章导读

本章主要讲解笔刷和形状工具的相关属性及具体应用。矢量绘画工具（画笔工具）类似于 Photoshop 中的画笔工具，可以用来润色、逐帧加工素材或者创建新的元素。After Effects 2021 中形状工具的升级与优化为影片制作提供了无限的可能，尤其是形状属性组中的颜料属性和路径变形属性。

课堂学习目标

了解“绘画”面板与“画笔”面板

掌握“画笔工具”的应用

掌握“仿制图章工具”的应用

掌握“橡皮擦工具”的应用

掌握“形状工具”的应用

掌握“钢笔工具”的应用

After Effects

6.1 绘画的应用

在使用After Effects的绘画工具进行创作时，每一步操作都可以被记录成动画，并且能实现动画的回放。使用绘画工具还可以制作出一些独特的、多样的图案或花纹，如图6-1和图6-2所示。

图6-1

图6-2

在After Effects中，绘画工具由"画笔工具"、"仿制图章工具"和"橡皮擦工具"组成，如图6-3所示。

图6-3

> **技巧与提示**
>
> 使用这些工具可以在图层中添加或擦除像素，但是这些操作只影响当前显示效果，不会对图层的源素材造成破坏。此外，使用这些工具还可以删除笔刷或制作位移动画。

本节知识点

名称	作用	重要程度
"绘画"面板与"画笔"面板	了解"绘画"面板与"画笔"面板的参数及应用	中
"画笔"工具	可以在当前图层的"图层"面板中进行绘画操作	高
"仿制图章"工具	通过取样源图层中的像素，可以将取样的像素直接复制应用到目标图层中	中
"橡皮擦"工具	可以擦除图层上的图像或笔刷	高

6.1.1 课堂案例——书法文字

素材位置	实例文件 >CH06> 课堂案例——书法文字 >（素材）
实例位置	实例文件 >CH06> 课堂案例——书法文字 .aep
难易指数	★★☆☆☆
学习目标	掌握"画笔工具"的使用方法

本案例制作的书法文字效果如图6-4所示。

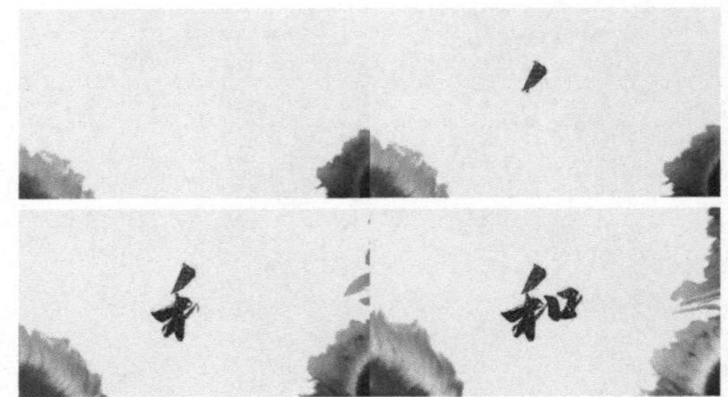
图6-4

01 启动After Effects 2021，导入学习资源中的"实例文件 >CH06 > 课堂案例——书法文字 .aep"文件，然后在"项目"面板中双击"书法文字"加载该合成，如图6-5所示。

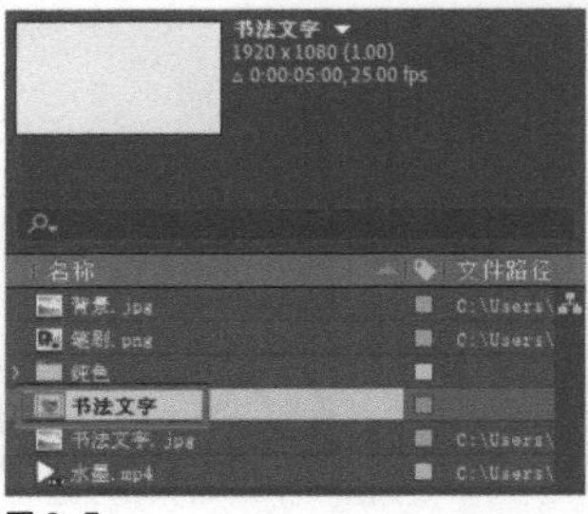

图6-5

02 将"项目"面板中的"书法文字.jpg"拖曳到"时间轴"面板中，然后在"工具"面板中选择"画笔工具"，并在"画笔"面板中设置"直径"为92像素、"硬度"为96%、"间距"为25%，如图6-6所示。接着在"绘画"面板中设置颜色为（0，0，0），如图6-7所示。

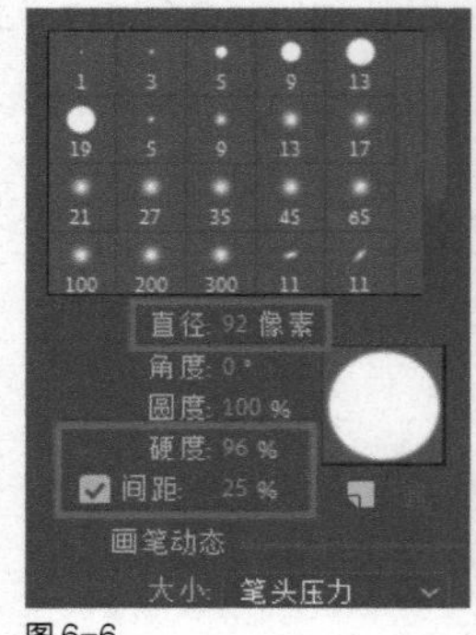

图6-6

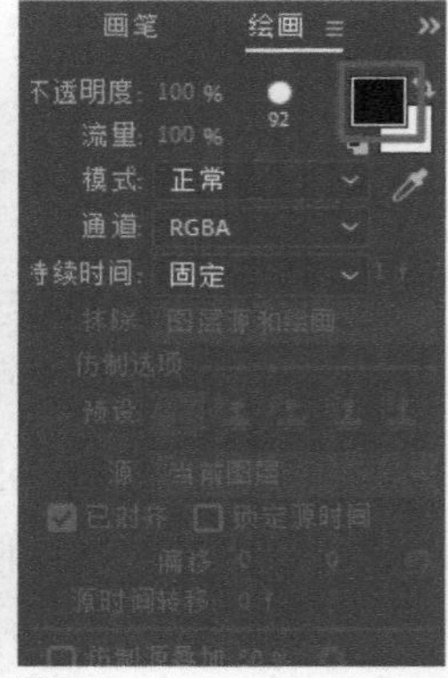

图6-7

03 双击"书法文字"图层进入"图层"面板，并在其中使用"画笔工具"按照字的笔顺一笔一笔地描绘文字（不要求精准，绘制的图形能完全盖住原来的文字即可）。本案例中，绘制的文字分为 4 笔，分别是“禾”的撇（画笔 1）、“禾”的横竖撇捺（画笔 2）、“口”的竖（画笔 3）和“口”的横折与横（画笔 4），绘制完的效果如图 6-8 所示。然后在“效果控件”面板中勾选“在透明背景上绘画”选项。

图 6-8

> **技巧与提示**
>
> 如果要改变笔刷的直径，可以在“图层”面板中按住 Ctrl 键的同时拖曳鼠标。
>
> 使用“画笔工具”时，按住 Shift 键可以在之前绘制的笔触效果上继续绘制。注意，如果无须在之前的笔触上绘制，那么按住 Shift 键可以绘制出直线笔触效果。
>
> 连续按两次 P 键可以在“时间轴”面板中展开已经绘制好的各种笔触列表。

04 为上一步的图层设置动画关键帧。在第 0 帧处，将画笔 1“描边选项”下的“结束”设为 0% 并激活关键帧记录器，在第 9 帧处设置其为 100%；在第 9 帧处设置画笔 2“描边选项”下的“结束”为 0% 并激活关键帧记录器，在第 1 秒 6 帧处将其设为 100%；在第 1 秒 6 帧处，将画笔 3“描边选项”下的“结束”设为 0% 并激活关键帧记录器，在第 1 秒 14 帧处将其设为 100%；在第 1 秒 14 帧处，将画笔 4“描边选项”下的“结束”设为 0%，在第 1 秒 24 帧处将其设为 100%。然后框选这些关键帧，按快捷键 F9 将它们的插值变为贝塞尔曲线，如图 6-9 所示。

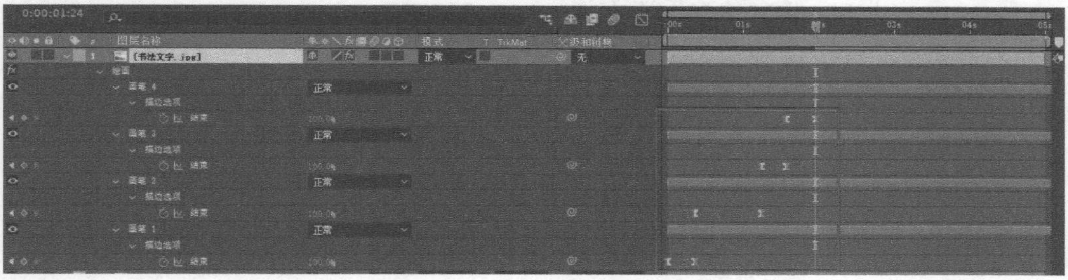

图 6-9

05 从“项目”面板中拖曳一份新的“书法文字 .jpg”进入“时间轴”面板，并置于之前的“书法文字”图层上方，然后将下方的“书法文字”图层的轨道遮罩设为“亮度反转”，如图 6-10 所示。

图 6-10

06 为下方的“书法文字”图层添加“通道 > 设置遮罩”效果，并将“从图层获取遮罩”设为“5. 笔刷 .png”，然后取消勾选“伸缩遮罩以适合”，如图 6-11 所示。

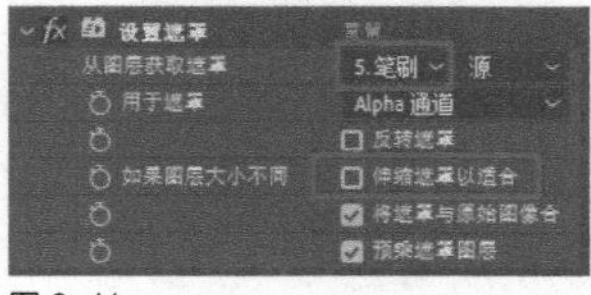

图 6-11

07 将“项目”面板中的“水墨 .mp4”放入“时间轴”面板，置于“背景”之上，并将它的混合模式设置为“相乘”，如图 6-12 所示。

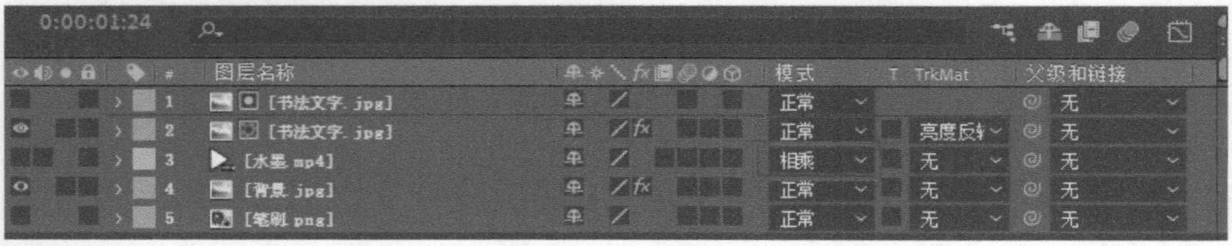

图 6-12

08 渲染并输出动画，最终效果如图6-13所示。

图6-13

6.1.2 “绘画”面板与“画笔”面板

◆1. “绘画”面板

“绘画”面板主要用来设置绘画工具的笔刷不透明度、流量、模式、通道及持续时间等。每种绘画工具的“绘画”面板都有一些共同的特征，如图6-14所示。

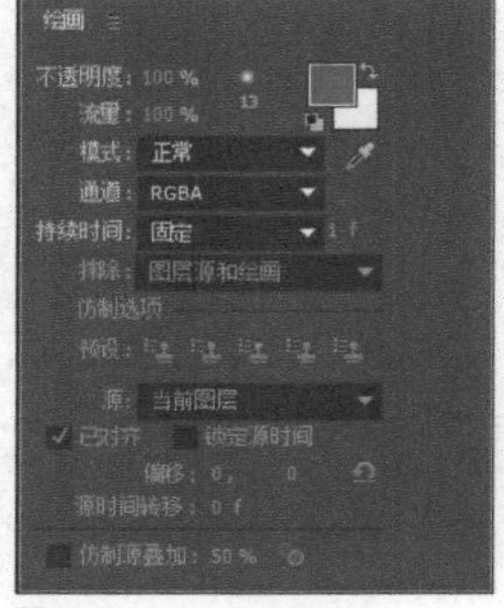

图6-14

参数详解

- **不透明度：** 对于“画笔工具”和“仿制图章工具”，该属性主要用来设置画笔笔刷和仿制图章工具的最大不透明度；对于“橡皮擦工具”，该属性主要用来设置擦除图层颜色的最大量。
- **流量：** 对于“画笔工具”和“仿制图章工具”，该属性主要用来设置笔刷的流量；对于“橡皮擦工具”，该属性主要用来设置擦除像素的速度。

> **技巧与提示**
>
> “不透明度”和“流量”这两个参数很容易混淆，在这里简单讲解一下这两个参数的区别。
>
> “不透明度”参数主要用来设置绘制区域所能达到的最大不透明度。如果设置其值为50%，那么以后不管经过多少次绘画操作，笔刷的最大不透明度都只能达到50%。
>
> “流量”参数主要用来设置涂抹时的流量，如果在同一个区域不断地使用绘画工具进行涂抹，其不透明度值会不断叠加，按照理论来说，最终不透明度可以接近100%。

- **模式：** 设置画笔或仿制笔刷的混合模式，这与图层中的混合模式是相同的。
- **通道：** 设置绘画工具影响的图层通道。如果选择Alpha通道，那么绘画工具只影响图层的透明区域。

> **技巧与提示**
>
> 如果使用黑色的“画笔工具”在Alpha通道中绘画，相当于使用“橡皮擦工具”擦除图像。

- **持续时间：** 设置笔刷的持续时间，共有以下4个选项。

固定： 使笔刷在整个绘制过程中都能显示出来。

写入： 根据手写速度再现手写动画的过程。其原理是自动产生“开始”和“结束”关键帧，可以在“时间轴”面板中对图层绘画属性的“开始”和“结束”关键帧进行设置。

单帧： 仅显示当前帧的笔刷。

自定义： 自定义笔刷的持续时间。

在其他参数涉及相关具体应用的时候，再对其做详细说明。

◆2. “画笔”面板

对于绘画工作而言，选择和使用笔刷是非常重要的。在“画笔”面板中可以选择绘画工具预设的一些笔刷，也可以通过修改笔刷的参数值来快捷地设置笔刷的尺寸、角度和边缘羽化等属性，如图6-15所示。

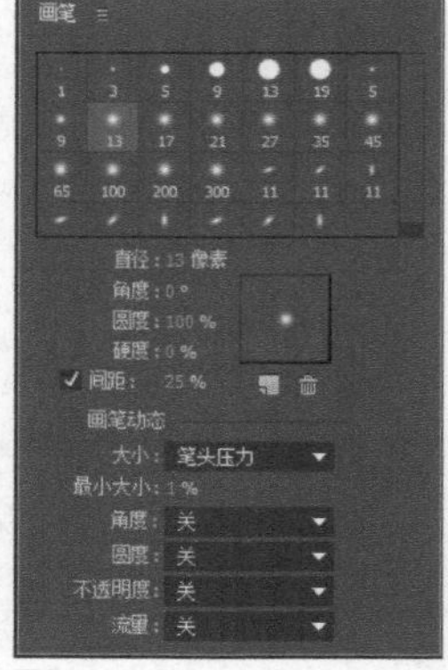

图6-15

参数详解

- **直径：** 设置笔刷的直径，单位为像素，图6-16所示是使用不同直径的笔刷绘画的效果。

图 6-16

- **角度：** 设置椭圆形笔刷的旋转角度，图6-17所示是笔刷旋转角度为45° 和-45° 时的绘画效果。

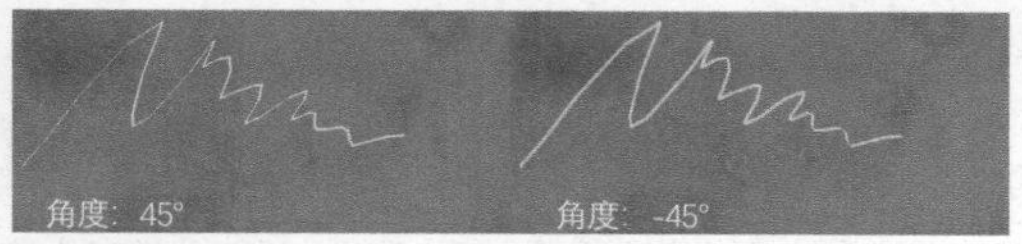

图 6-17

- **圆度：** 设置笔刷形状的长轴和短轴比例。其中圆形笔刷为100%，线形笔刷为0%，0%~100%的笔刷为椭圆形笔刷，如图6-18所示。

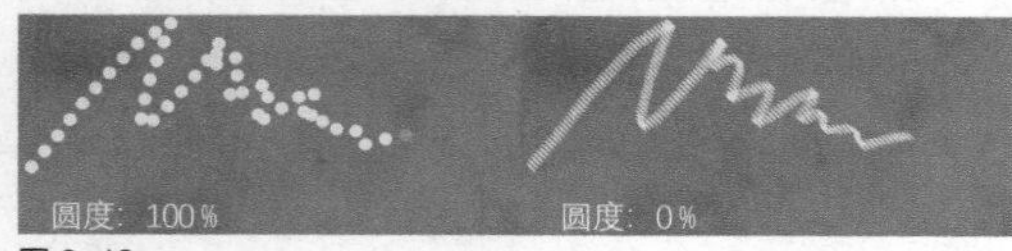

图 6-18

- **硬度：** 设置画笔中心硬度的大小。该值越小，画笔的边缘越柔和，如图6-19所示。

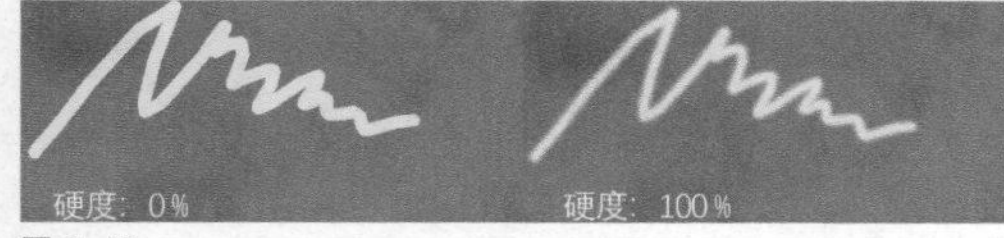

图 6-19

- **间距：** 设置笔刷的间隔距离（鼠标的绘图速度也会影响笔刷的间距大小），如图6-20所示。

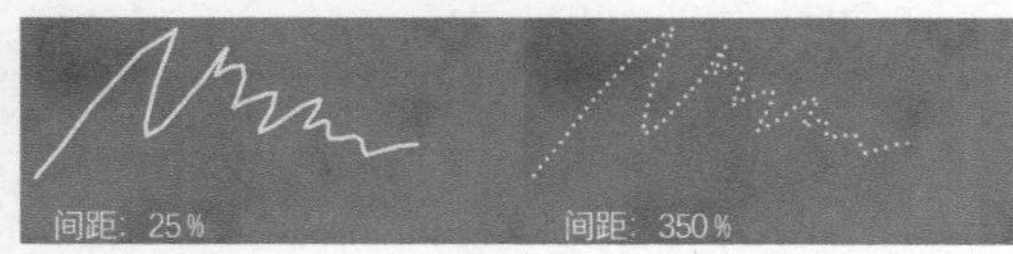

图 6-20

- **画笔动态：** 当使用手绘板进行绘画时，该属性可以用来设置压笔感应。

在其他参数涉及相关应用时再对其做详细说明。

6.1.3 画笔工具

使用“画笔工具”可以在当前图层的“图层”面板中进行绘画操作，如图 6-21 所示。

图 6-21

使用“画笔工具”绘画的基本流程如下。

第1步，在“时间轴”面板中双击要进行绘画的图层，此时将打开“图层”面板。

第2步，在“工具”面板中选择“画笔工具”，然后单击“工具”面板中的“切换绘画面板”按钮，打开“绘画”面板和“画笔”面板。

> **技巧与提示**
>
> 如果在“工具”面板中勾选了“自动打开面板”选项，那么在“工具”面板中选择“画笔工具”时，After Effects 会自动打开“绘画”面板和“画笔”面板。

第3步，在“画笔”面板中选择预设的笔刷或自定义的笔刷。

第4步，在“绘画”面板中设置画笔的颜色、不透明度、流量及模式等参数。

第5步，使用“画笔工具”在图层预览窗口中进行绘制，每次绘制的笔触效果都会在图层的绘画属性栏下以列表的形式显示出来，如图6-22所示。

图 6-22

6.1.4 仿制图章工具

“仿制图章工具”通过取样源图层中的像素，然后将取样的像素直接复制并应用到目标图层中。它也可以将某一时间某一位置的像素复制并应用到另一时间的另一位置。在这里，目标图层可以是同一个合成中的其他图层，也可以是源图层自身。

在使用“仿制图章工具”前需要设置“绘画”参数和“画笔”参数，在仿制操作完成后可以在“时间轴”面板中的“仿制”属性中制作动画。图6-23所示是“仿制图章工具”的特有参数。

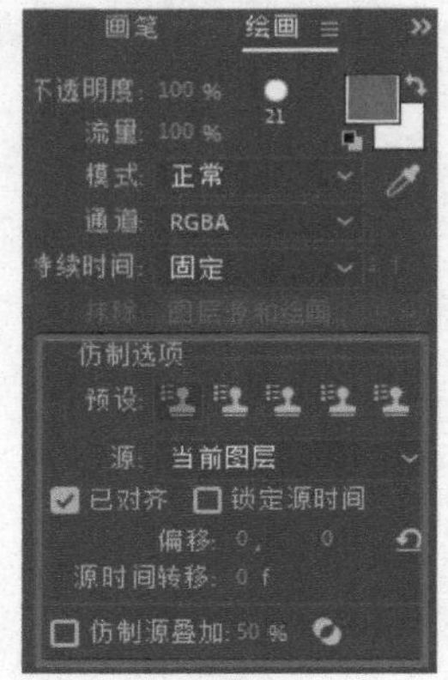

图 6-23

参数详解

- **预设**：仿制图像的预设选项，共有5种。
- **源**：选择仿制的源图层。
- **已对齐**：设置不同笔画采样点的仿制位置的对齐方式，选择该项与未选择该项时的对比效果如图6-24和图6-25所示。

图 6-24

图 6-25

- **锁定源时间**：控制是否只复制单帧画面。
- **偏移**：设置取样点的位置。
- **源时间转移**：设置源图层的时间偏移量。
- **仿制源叠加**：设置源画面与目标画面的叠加混合程度。

> **技巧与提示**
>
> 选择“仿制图章工具”，然后在图层预览窗口中按住 Alt 键对采样点进行取样，设置好的采样点会自动显示在“绘画”面板的“偏移”选项中。

6.1.5 橡皮擦工具

使用“橡皮擦工具”可以擦除图层上的图像或笔刷，还可以选择仅擦除当前的笔刷。选择该工具后，可以在“绘画”面板中设置擦除图像的模式，如图6-26所示。

图 6-26

参数详解

- **图层源和绘画**：擦除源图层中的像素和绘画笔刷效果。
- **仅绘画**：仅擦除绘画笔刷效果。
- **仅最后描边**：仅擦除之前的绘画笔刷效果。

如果设置为擦除源图层像素或绘画笔刷效果，那么擦除像素的每个操作都会在“时间轴”面板的“绘画”属性中留下擦除记录，这些擦除记录对擦除素材没有任何破坏性，可以对其进行删除、修改或改变擦除顺序等操作。

> **技巧与提示**
>
> 如果当前正在使用“画笔工具”绘画，要将当前的“画笔工具”切换为“橡皮擦工具”的“仅最后描边”擦除模式，可以按快捷键 Ctrl+Shift 进行切换。

6.2 形状的应用

使用After Effects 中的形状工具可以很容易地绘制出矢量图形，并且可以为这些形状制作动画效果。After Effects 2021中形状工具的升级与优化为影片制作提供了无限的可能，尤其是形状属性组中的颜料属性和路径变形属性。

本节知识点

名称	作用	重要程度
形状概述	包括矢量图形、位图图像及路径	中
形状工具	可以创建形状图层或形状路径遮罩，包括“矩形工具”、“圆角矩形工具”等	高
钢笔工具	可以在“合成”或“图层”面板中绘制出各种路径，它包含 4 个辅助工具	高
创建文字轮廓形状图层	介绍了创建文字轮廓形状图层的方法	高
形状属性	了解形状属性	低

6.2.1 课堂案例——植物生长

素材位置	无
实例位置	实例文件 >CH06> 课堂案例——植物生长 .aep
难易指数	★★☆☆☆
学习目标	掌握形状工具的综合运用

本案例制作的效果如图6-27所示。

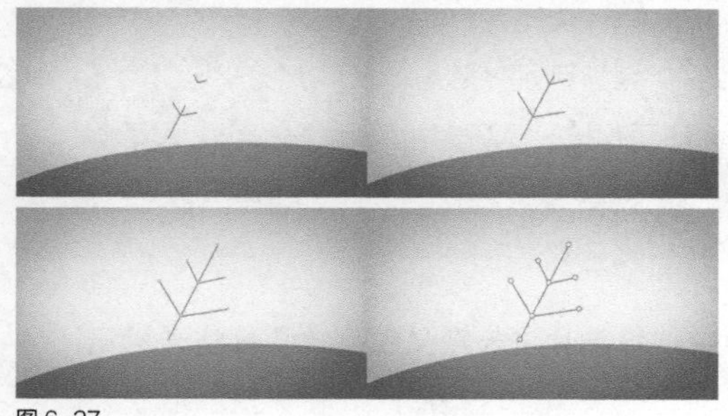

图 6-27

01 启动 After Effects 2021，导入学习资源中的“实例文件 >CH06 > 课堂案例——植物生长 .aep”文件，然后在“项目”面板中双击“植物生长”加载该合成，如图 6-28 所示。

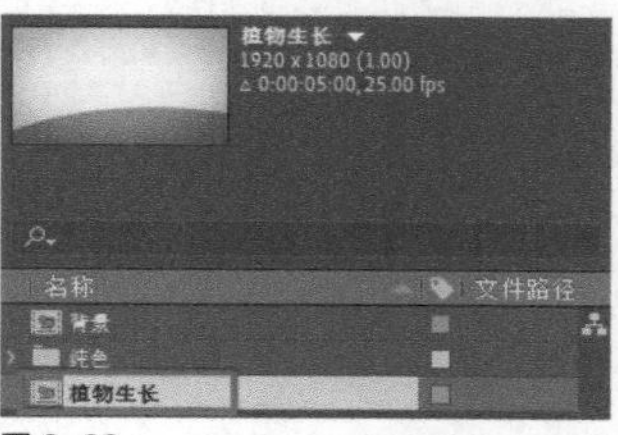

图 6-28

02 不要选中任何图层，直接使用“钢笔工具”绘制出图 6-29 所示的植物枝干。绘制之前，将“填充”设置为“无”，“描边”设置为（246，104，0），“描边宽度”设置为 7 像素。绘制时，要注意画每一笔之前都要选中该形状图层，这样绘制出的每一根线条都会在同一个图层上，以便后面整体地控制它们。

图 6-29

> **技巧与提示**
>
> 绘制新线条时，可能会不小心在之前的线条上添加点，这时可以在该图层的“内容”中暂时关闭之前线条的显示，再去绘制新的线条。

03 为上一步中的形状图层添加一个“修剪路径”属性，如图 6-30 所示。然后在第 0 帧处设置“内容 > 修剪路径 1> 结束”为 0%，并激活关键帧记录器。接着在第 1 秒 12 帧处设置“结束”为 100%，并按快捷键 F9 把后一个关键帧的插值变为贝塞尔曲线。

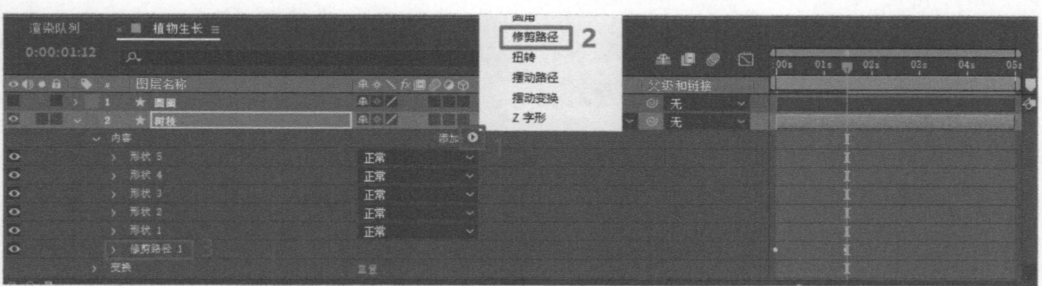

图 6-30

> **技巧与提示**
>
> 如果某些线条的生长方向不对，可以单独找到该线条，然后单击相应的“反转路径方向”按钮，如图 6-31 所示。
>
> 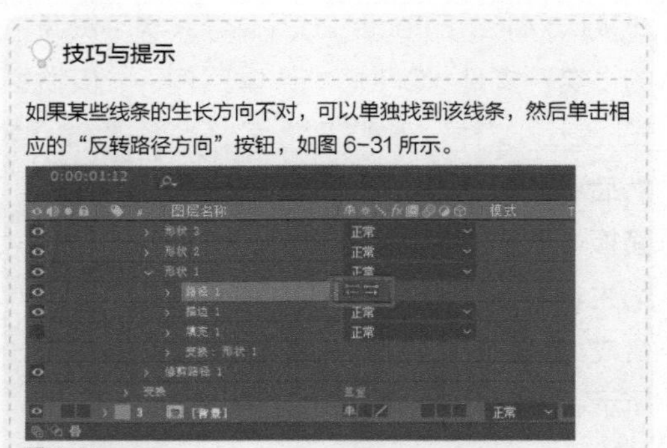
>
> 图 6-31

04 不要选中任何图层，使用“椭圆工具”绘制图 6-32 所示的 8 个圆圈。绘制之前，将“填充”颜色设置为（249，246，239），“描边”颜色设置为（246，104，0），“描边宽度”设置为 5 像素。

05 打开上一步中形状图层的“内容 > 椭圆 1> 变换 > 比例”属性，然后在第 1 秒 11 帧处设置其为 0%，并激活关键帧记录器，接着在第 1 秒 16 帧处设置其为 120%，在第 1 秒 19 帧处设置其为 90%，在第 1 秒 21 帧处设置其为 100%，最后按快捷键 F9 把这些关键帧的插值都变为贝塞尔曲线，如图 6-33 所示。

06 将上一步中的关键帧复制到其他 7 个椭圆上，如图 6-34 所示。

07 渲染并输出动画，最终效果如图 6-35 所示。

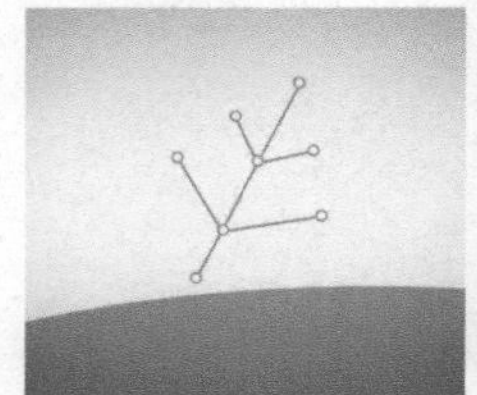

图 6-32

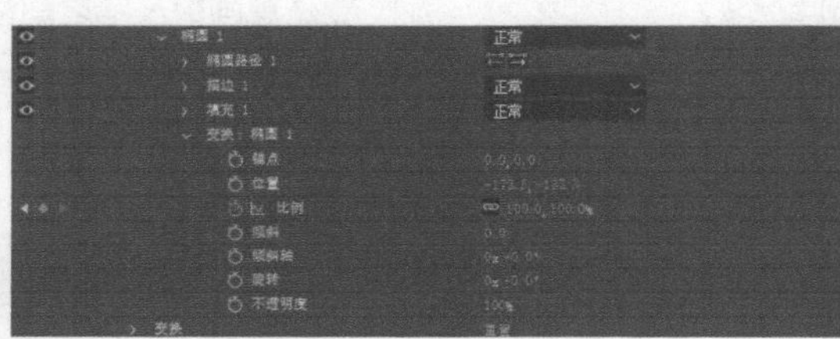

图 6-33

图 6-34

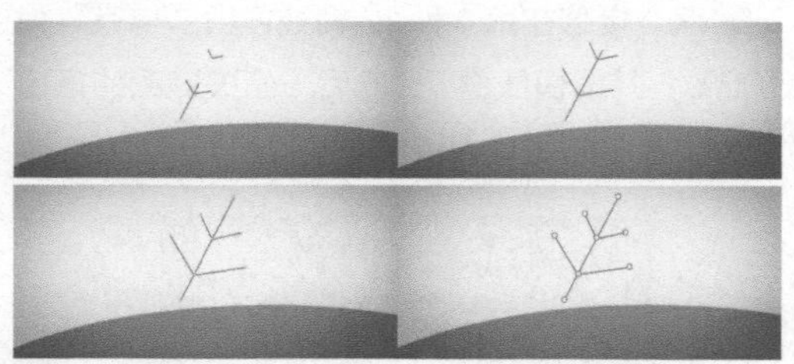

图 6-35

6.2.2 形状概述

◆ 1. 矢量图形

构成矢量图形的直线或曲线都是由计算机中的数学算法来定义的，数学算法采用几何学的特征来描述这些形状。将矢量图形放大很多倍，我们仍然可以清楚地观察到图形的边缘是光滑平整的，如图6-36所示。

◆ 2. 位图图像

位图图像也叫光栅图像，它是由许多带有不同颜色信息的像素点构成的，其图像质量取决于图像的分辨率。图像的分辨率越高，图像看起来就越清晰，图像文件需要的存储空间也就越大，所以当放大位图图像到一定程度时，图像的边缘会出现锯齿现象，如图6-37所示。

图 6-36

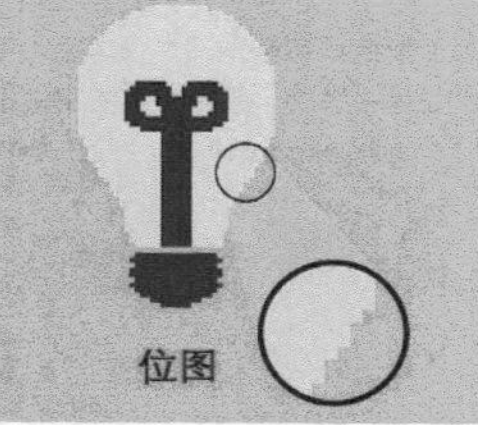

图 6-37

用户可以将其他软件（如Illustrator、CorelDRAW等）生成的矢量图形文件导入After Effects。在导入这些文件后，After Effects会自动对这些矢量图形进行位图化处理。

◆ 3. 路径

蒙版和形状都是基于路径的概念。一条路径是由点和线构成的，线可以是直线也可以是曲线。线连接了点，而点则定义了线的起点和终点。

在After Effects中，可以使用形状工具来绘制标准的几何形状路径，也可以使用“钢笔工具”来绘制复杂的形状路径。通过调节路径上的点或点的控制手柄可以改变路径的形状，如图6-38所示。

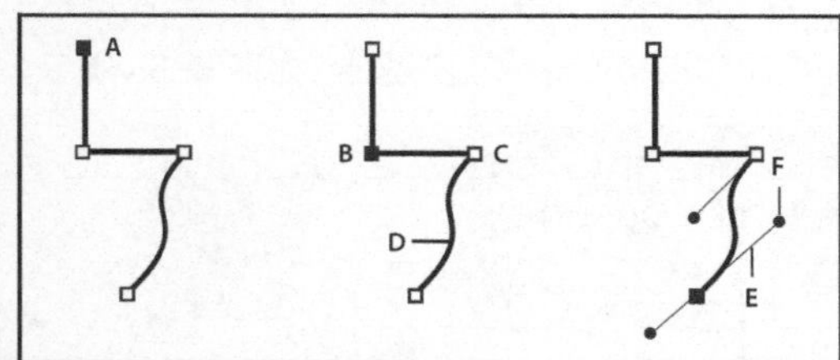

图 6-38

技巧与提示

在 After Effects 中，路径具有两种不同的点，即角点和平滑点。平滑点连接的是平滑的曲线，其出点和入点的方向控制手柄在同一条直线上，如图 6-39 所示。

对于角点而言，连接角点的两条曲线在角点处发生了突变，曲线的出点和入点的方向控制手柄不在同一条直线上，如图 6-40 所示。

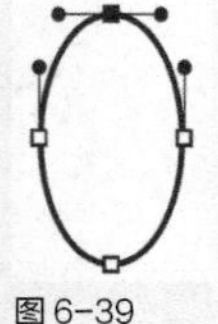
图 6-39

用户可以结合角点和平滑点来绘制各种路径形状，也可以在绘制完成后对这些点进行调整，如图 6-41 所示。

当调节平滑点上的一个方向控制手柄时，另外一个方向控制手柄也会发生改变，如图 6-42 所示。

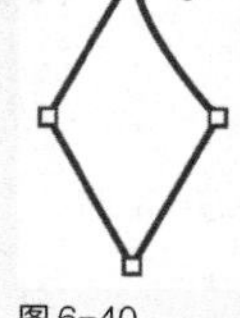
图 6-40

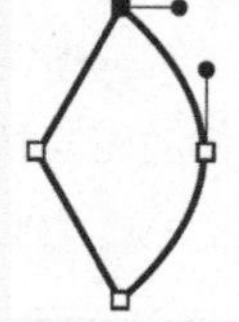
图 6-41

当调节角点上的一个方向控制手柄时，另外一个方向控制手柄不会发生改变，如图 6-43 所示。

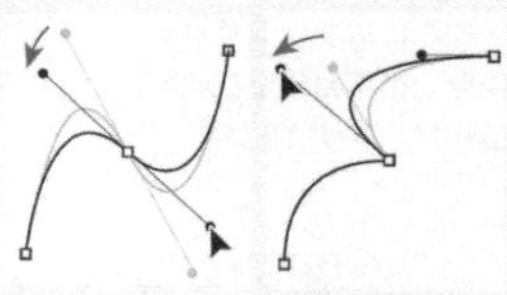
图 6-42　　图 6-43

6.2.3 形状工具

在 After Effects 中，使用形状工具既可以创建形状图层，也可以创建形状路径。形状工具包括“矩形工具”、“圆角矩形工具”、“椭圆工具”、“多边形工具”和“星形工具”，如图 6-44 所示。

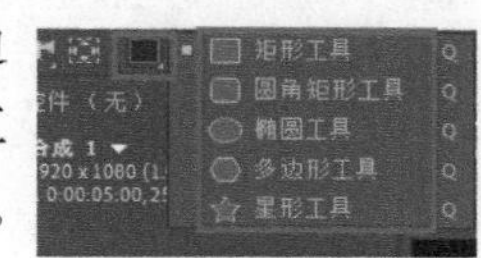

图 6-44

技巧与提示

因为运用“矩形工具”和“圆角矩形工具”所创建的形状比较类似，名称也都是以“矩形”来命名的，而且它们的参数完全一样，因此这两种工具可以归纳为一种。

“多边形工具”和“星形工具”的参数也完全一致，并且属性名称都是以“多边星形”来命名的，因此这两种工具也可以归纳为一种。

归纳后就只剩下“椭圆工具”，因此形状工具实际上就只有 3 种。

选择一个形状工具后，“工具”面板中会出现创建形状或蒙版的选择按钮，分别是“工具创建形状”按钮和“工具创建蒙版”按钮，如图6-45所示。

图 6-45

在未选择任何图层的情况下，使用形状工具创建出来的是形状图层，而不是蒙版；如果选择的图层是形状图层，那么可以继续使用形状工具创建图形或为当前图层创建蒙版；如果选择的图层是素材图层或纯色图层，那么使用形状工具只能创建蒙版。

技巧与提示

形状图层与文字图层一样，在“时间轴”面板中都是以图层的形式显示出来的，但是形状图层不能在“图层”面板中进行预览，同时它也不会显示在“项目”面板的素材文件夹中，所以不能直接在其上进行绘画操作。

当使用形状工具创建形状图层时，还可以在“工具”面板右侧设置图形的填充、描边及描边宽度等参数，如图6-46所示。

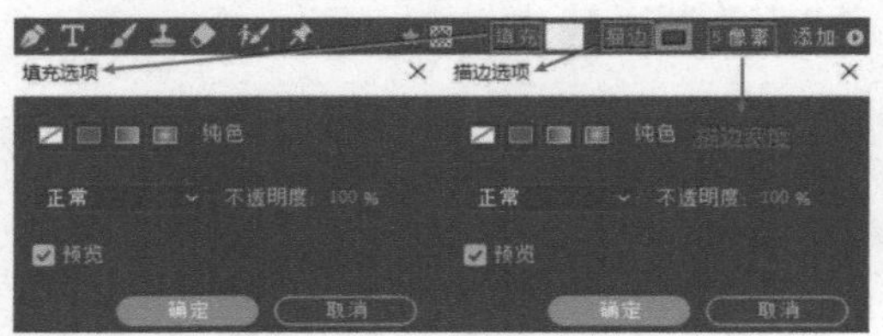

图 6-46

◆ 1. 矩形工具

使用“矩形工具”可以绘制出矩形和正方形，如图6-47所示；也可以为图层绘制蒙版，如图6-48所示。

图 6-47

图 6-48

◆ 2. 圆角矩形工具

使用“圆角矩形工具”可以绘制出圆角矩形和圆角正方形，如图6-49所示；也可以为图层绘制蒙版，如图6-50所示。

图 6-49

图 6-50

技巧与提示

如果要设置圆角的半径大小，可以在形状图层的“矩形路径”属性组中修改“圆度”属性，如图 6-51 所示。

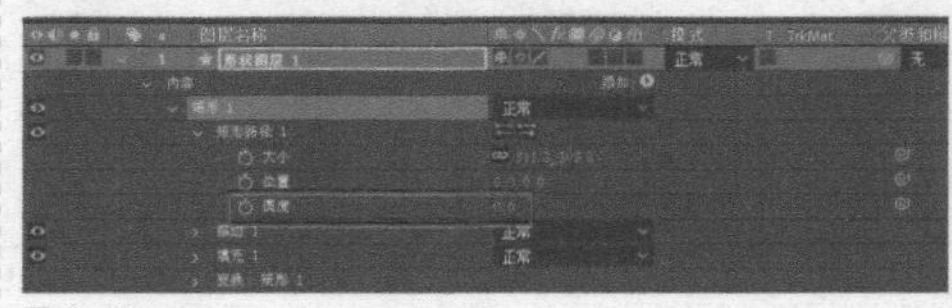
图 6-51

◆ 3. 椭圆工具

使用“椭圆工具”可以绘制出椭圆和圆，如图6-52所示；也可以为图层绘制椭圆形和圆形蒙版，如图6-53所示。

图 6-52

图 6-53

技巧与提示

如果要绘制圆形路径或圆形，可以在按住 Shift 键的同时使用“椭圆工具”进行绘制。

◆ 4. 多边形工具

使用“多边形工具”可以绘制出边数至少为 5 的多边形路径和图形，如图 6-54 所示；也可以为图层绘制多边形蒙版，如图 6-55 所示。

图 6-54

图 6-55

技巧与提示

如果要设置多边形的边数，可以在形状图层的“多边星形路径”属性组中修改“点”属性，如图 6-56 所示。

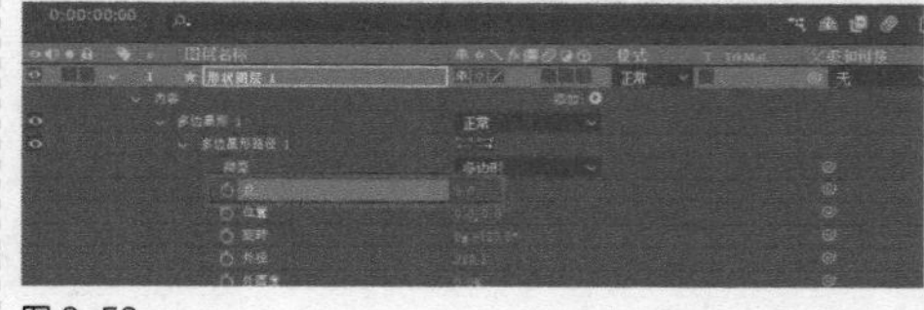
图 6-56

◆5. 星形工具

使用“星形工具”可以绘制出边数至少为3的星形路径和图形，如图6-57所示；也可以为图层绘制星形蒙版，如图6-58所示。

图6-57

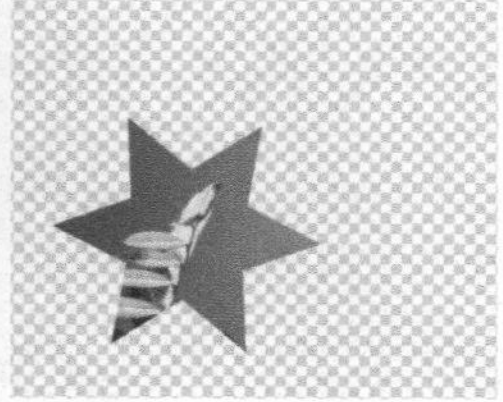
图6-58

6.2.4 钢笔工具

使用“钢笔工具”可以在“合成”或“图层”面板中绘制出各种路径，它包含4个辅助工具，分别是“添加‘顶点’工具”、“删除‘顶点’工具”、“转换‘顶点’工具”和“蒙版羽化工具”。

在“工具”面板中选择“钢笔工具”后，面板的右侧会出现一个“RotoBezier”选项，如图6-59所示。

图6-59

在默认情况下，“RotoBezier”选项处于未被勾选的状态，这时使用“钢笔工具”绘制的贝塞尔曲线的顶点有控制手柄，可以通过调整控制手柄的位置来调节贝塞尔曲线的形状。

如果勾选“RotoBezier”选项，那么绘制出来的贝塞尔曲线将不包含控制手柄，曲线的顶点曲率由After Effects自动计算。

如果要将非平滑贝塞尔曲线转换成平滑贝塞尔曲线，可以通过执行“图层>蒙版和形状路径>RotoBezier”菜单命令来完成。

在实际工作中，使用“钢笔工具”绘制的贝塞尔曲线主要包括直线、U形曲线和S形曲线3种，下面分别讲解如何绘制这3种曲线。

◆1. 绘制直线

使用“钢笔工具”绘制直线的方法很简单。首先使用该工具单击确定第1个点，然后在其他地方单击确定第2个点，连接两个点的线就是一条直线。如果要绘制水平直线、垂直直线或倾斜角度与45度成倍数的直线，可以在按住Shift键的同时进行绘制，如图6-60所示。

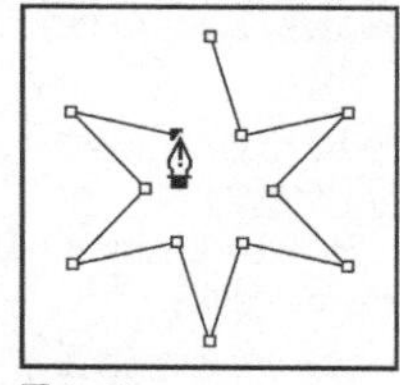
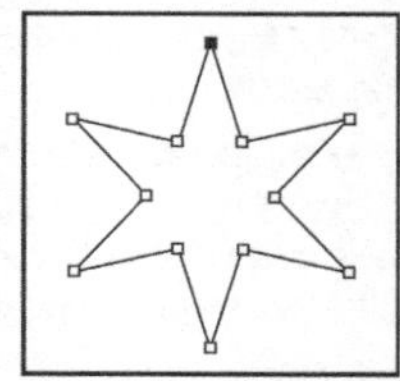
图6-60

◆2. 绘制U形曲线

如果要使用“钢笔工具”绘制U形贝塞尔曲线，可以在确定好第2个顶点后拖曳第2个顶点的控制手柄，使其与第1个顶点的控制手柄在水平方向上对称。在图6-61中，A为开始拖曳第2个顶点时的状态，B为将第2个顶点的控制手柄调节成与第1个顶点的控制手柄对称时的状态，C为最终结果。

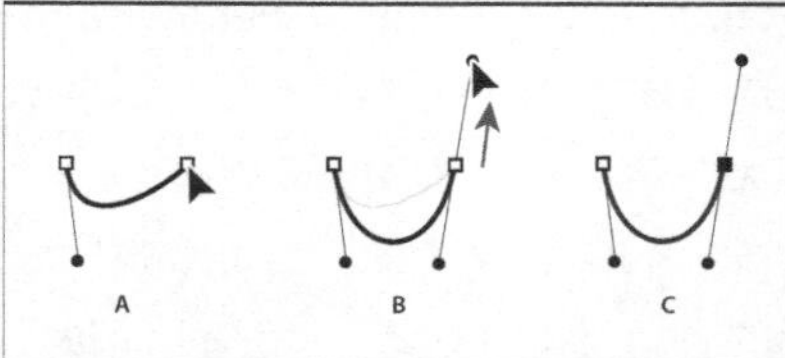

图6-61

◆3. 绘制S形曲线

如果要使用“钢笔工具”绘制S形贝塞尔曲线，可以在确定好第2个顶点后拖曳第2个顶点的控制手柄，使其方向与第1个顶点的控制手柄的方向相同。在图6-62中，A为开始拖曳第2个顶点时的状态，B为将第2个顶点的控制手柄调节成与第1个顶点的控制手柄方向相同时的状态，C为最终结果。

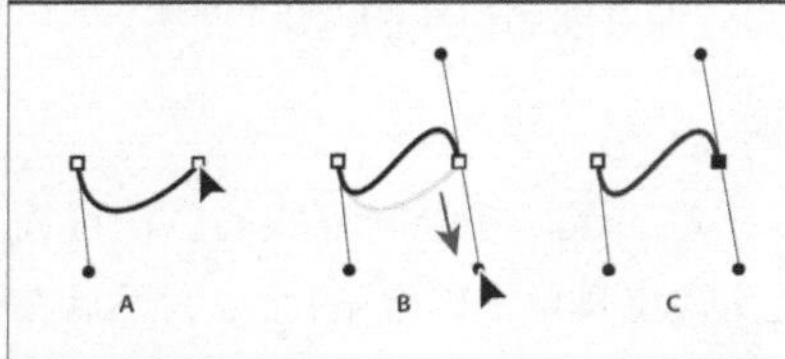

图 6-62

> 技巧与提示
>
> 在使用“钢笔工具”时，需要注意以下 3 种情况。
>
> 第 1 种，改变顶点位置。在创建顶点时，如果想在未松开鼠标左键之前改变顶点的位置，这时可以按住 Space 键，然后拖曳鼠标即可重新确定顶点的位置。
>
> 第 2 种，封闭开放的曲线。如果在绘制好曲线形状后，想要将开放的曲线设置为封闭曲线，这时可以通过执行“图层 > 蒙版和形状路径 > 已关闭”菜单命令来完成。此外，也可以将鼠标指针放置在第 1 个顶点处，当鼠标指针变成形状时，单击即可封闭曲线。
>
> 第 3 种，结束选择曲线。在绘制好曲线后，如果想要取消对该曲线的选择，这时可以激活“工具”面板中的其他工具或按 F2 键。

6.2.5 创建文字轮廓形状图层

在After Effects中，可以将文字的外形轮廓提取出来，其形状路径将作为一个新图层出现在“时间轴”面板中。新生成的轮廓形状图层会继承源文字图层的变换属性、图层样式、滤镜和表达式等。

如果要将一个文字图层的文字轮廓提取出来，可以先选择该文字图层，然后执行“图层>从文本创建形状”菜单命令，如图6-63所示。

图 6-63

> 技巧与提示
>
> 如果要将文字图层中所有文字的轮廓都提取出来，可以选择该图层，然后执行“图层 > 从文本创建形状”菜单命令。
>
> 如果要将某个文字的轮廓单独提取出来，可以先在“合成”面板中选择该文字，然后执行“图层 > 从文本创建形状”菜单命令。

6.2.6 形状属性

创建完一个形状后，可以在“时间轴”面板或“添加”选项的下拉菜单中，为形状或形状组添加属性，如图6-64所示。

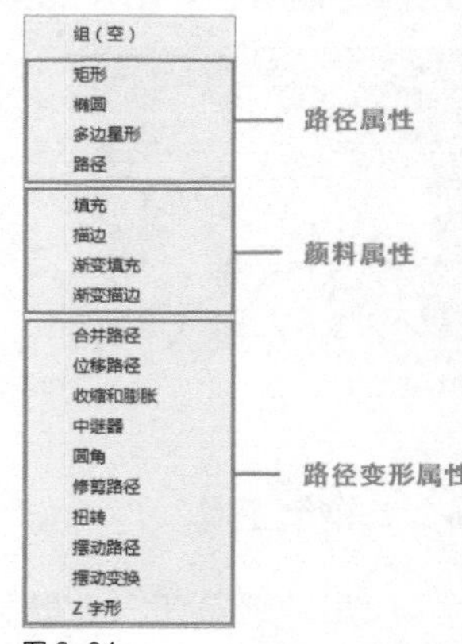

图 6-64

关于路径属性，在前面的内容中我们已经讲过，这里就不再重复，下面只针对颜料属性和路径变形属性进行讲解。

◆1. 颜料属性

颜料属性包括“填充”“描边”“渐变填充”“渐变描边”4种，下面分别进行简要介绍。

颜料属性详解

- **填充**：该属性主要用来设置图形内部的固态填充颜色。
- **描边**：该属性主要用来为路径进行描边。
- **渐变填充**：该属性主要用来为图形内部填充渐变颜色。
- **渐变描边**：该属性主要用来为路径设置渐变描边色，如图6-65所示。

图 6-65

◆ 2. 路径变形属性

在同一个群组中，路径变形属性可以对位于其中的所有路径起作用。此外，我们可以对路径变形属性进行复制、剪切、粘贴等操作。

路径变形属性详解

- **合并路径**：该属性主要针对群组形状，为一个路径组添加该属性后，可以运用特定的运算方法将群组中的路径合并起来。为群组添加“合并路径”属性后，可以为群组设置5种不同的模式，如图6-66所示。

图 6-66

图6-67~图6-71所示的模式分别为“合并”“相加”“相减”“相交”“排除相交”。

图 6-67

相加

图 6-68

图 6-69

图 6-70

图 6-71

- **位移路径**：使用该属性可以对原始路径进行缩放操作，如图6-72所示。

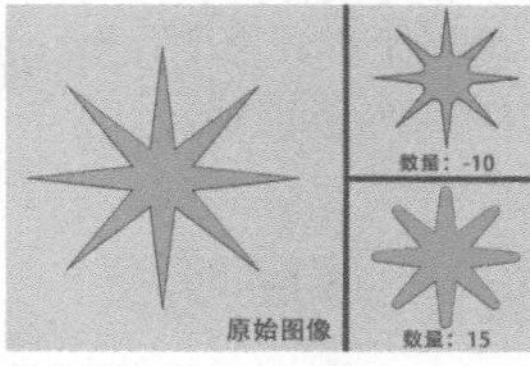

图 6-72

- **收缩和膨胀**：使用该属性可以使源曲线中向外凸起的部分往内塌陷，向内凹陷的部分往外凸出，如图6-73所示。

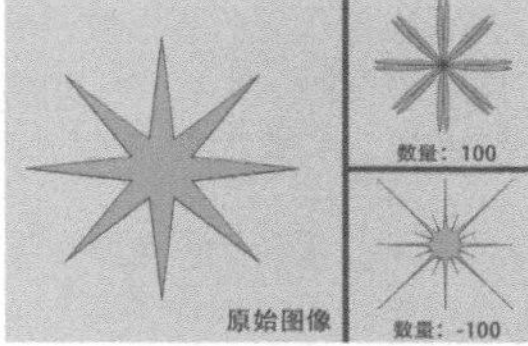

图 6-73

- **中继器**：使用该属性可复制一个形状，然后为每个复制对象应用指定的变换属性，如图6-74所示。

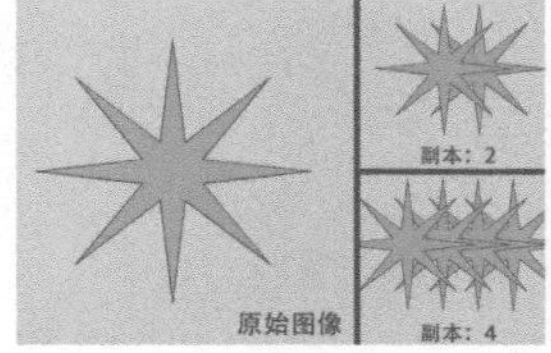

图 6-74

- **圆滑**：使用该属性可以对图形中尖锐的拐角点进行圆滑处理。
- **修剪路径**：该属性主要用来为路径制作生长动画。
- **扭转**：使用该属性可以以形状的中心为圆心对形状进行扭曲操作。正值可以使形状按照顺时针方向扭曲，负值可以使形状按照逆时针方向扭曲，如图6-75所示。

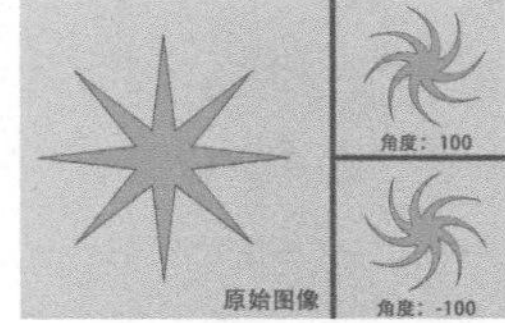

图 6-75

- **摆动路径**：该属性可以将路径形状变成各种效果的锯齿形状，并且添加该属性后路径会自动摆动。
- **摇摆变换**：该属性可以为路径形状制作摇摆动画。

- **Z字形**：该属性可以将路径变成具有统一规律的锯齿状路径。

6.3 课后习题

6.3.1 课后习题——阵列动画

素材位置	无
实例位置	实例文件 >CH06> 课后习题——阵列动画 .aep
难易指数	★★☆☆☆
练习目标	练习形状属性的组合使用

本习题制作的阵列动画效果如图6-76所示。

图6-76

01 启动After Effects 2021，导入学习资源中的"实例文件 >CH06> 课后习题——阵列动画 .aep"文件，然后在"项目"面板中双击"阵列动画"加载该合成。

02 调整形状图层中"中继器"下的"副本""缩放""旋转"的参数。

03 为"矩形路径"下的"大小"和"中继器"下的"副本"设置动画关键帧。

04 为形状图层的"旋转"属性设置动画关键帧。

6.3.2 课后习题——克隆水母动画

素材位置	实例文件 >CH06> 课后习题——克隆水母动画 >（素材）
实例位置	实例文件 >CH06> 课后习题——克隆水母动画 .aep
难易指数	★★☆☆☆
练习目标	练习"仿制图章工具"的使用

本习题制作的克隆水母动画效果如图6-77所示。

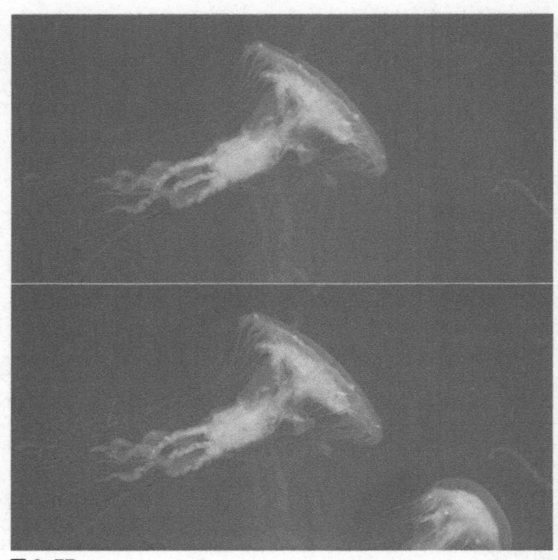

图6-77

01 启动After Effects 2021，导入学习资源中的"实例文件 >CH06 > 课后习题——克隆水母动画 .aep"文件，然后在"项目"面板中双击"克隆水母动画"加载该合成。

02 使用"仿制图章工具"将水母在画面右下角处复制一份，并为该图层中"仿制"下"路径"设置动画关键帧，然后根据实际需要调整路径，并确保"仿制"的范围覆盖了整个视频。

03 调整该图层"效果 > 仿制 > 描边选项 > 仿制时间偏移"的参数，以及"效果 > 仿制 > 变换"下的"位置""比例""旋转"的参数，让复制出来的水母与其原始形态有更大的差别。

07

第7章

文字及文字动画

本章导读

文字是人类用来记录语言的符号系统，也是人类进入文明社会的标志。在影视后期中，文字不仅担负着补充画面信息和媒介交流的职责，而且是设计师们常常用来进行视觉设计的辅助元素。本章主要讲解在After Effects中如何创建文字、优化文字、制作文字动画，以及创建文字蒙版和形状轮廓等内容。

课堂学习目标

了解文字的作用

掌握文字的创建方法

熟悉文字的属性

掌握文字动画的制作方法

掌握文字遮罩的创建方法

掌握文字蒙版和形状轮廓的创建方法

After Effects

7.1 文字的创建

在After Effects 中，可以使用以下4种方法来创建文字。

第1种，使用文字工具。

第2种，使用“图层>新建>文本”菜单命令。

第3种，使用“文本”滤镜组。

第4种，从外部导入。

本节知识点

名称	学习目标	重要程度
使用文字工具	掌握如何使用文字工具创建文字	高
使用“文本”菜单命令	掌握如何使用“文本”菜单命令创建文字	高
使用“文本”滤镜组	掌握如何使用“编号”和“时间码”滤镜创建文字	中
外部导入	了解如何从外部导入文字	中

7.1.1 课堂案例——文字渐显动画

素材位置	实例文件 >CH07> 课堂案例——文字渐显动画 >（素材）
实例位置	实例文件 >CH07> 课堂案例——文字渐显动画 .aep
难易指数	★★☆☆☆
学习目标	掌握文字基本的属性设置和文字动画的制作方法

本案例的文字渐显动画效果如图7-1所示。

图 7-1

01 启动 After Effects 2021，导入学习资源中的“实例文件 >CH07 > 课堂案例——文字渐显动画 .aep” 文件，然后在“项目”面板中双击“文字渐显动画”加载该合成，如图7-2所示。

图 7-2

02 选中 5 号“LOVE THE LIFE YOU LIVE”文本图层，展开文本图层的“文本”属性，单击“动画”按钮，先后执行“位置”和“不透明度”命令，如图 7-3 所示。然后设置“位置”为（0.0，14.0），“不透明度”为 0%，如图 7-4 所示。

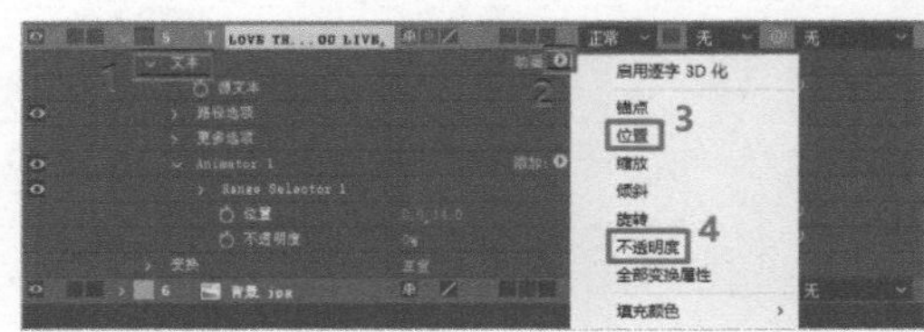
图 7-3

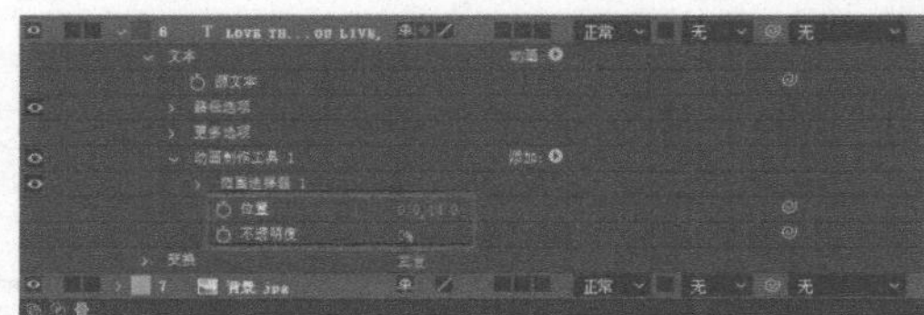
图 7-4

03 将上一步中图层的“动画制作工具 1> 范围选择器 1> 高级”中的“依据”设置为“词”，如图 7-5 所示。

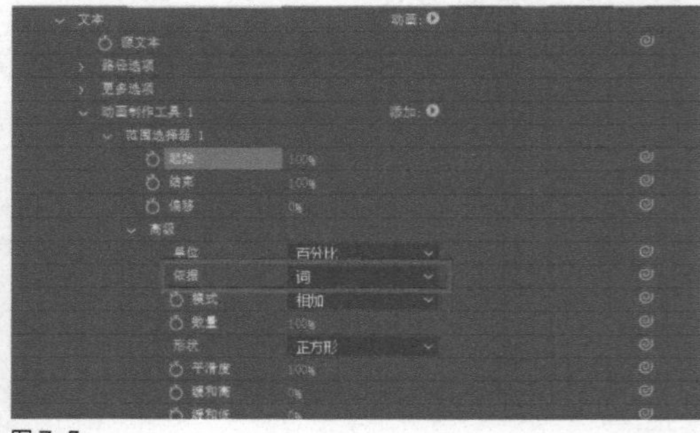
图 7-5

04 在第 0 帧处，设置“动画制作工具 1> 范围选择器 1”下的“起始”为 0%，并设置动画关键帧，然后在第 1 秒 11 帧处设置其为 100%，接着框选这两个关键帧并按快捷键 F9，将它们的空间插值变为贝塞尔曲线，如图 7-6 所示。

05 对 3 号和 4 号图层进行同样的操作。在 3 号图层中，第 1 个关键帧的位置为第 1 秒处，第 2 个为第 2 秒处；在 4 号图层中，第 1 个关键帧的位置为第 10 帧处，第 2 个为第 1 秒 20 帧处，如图 7-7 所示。

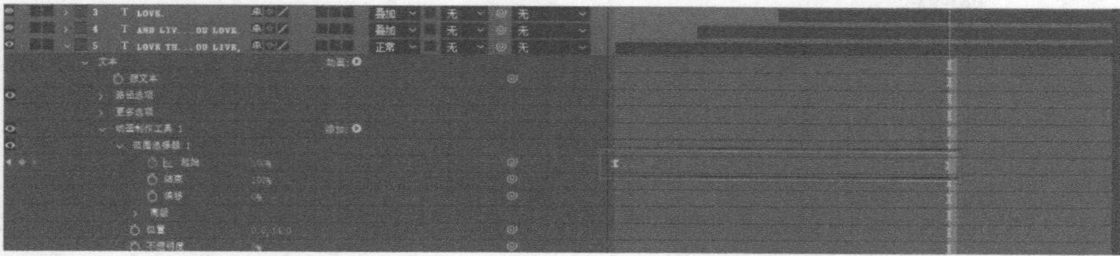

图 7-6

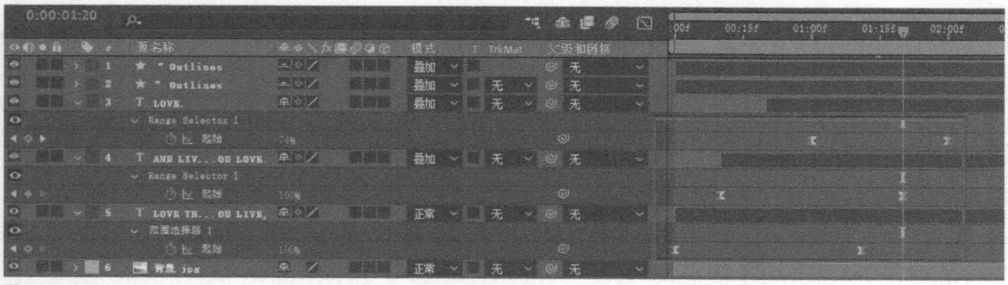

图 7-7

06 在 1 号图层中，在第 10 帧处，设置“位置”为（581.0，377.6），“不透明度”为 0%，并设置动画关键帧；在第 1 秒 20 帧处，设置“位置”为（581.0，357.6），“不透明度”为 100%。在 2 号图层中，在第 10 帧处，设置“位置”为（1288.0，711.4），“不透明度”为 0%，并设置动画关键帧；在第 1 秒 20 帧处，设置“位置”为（1288.0，731.4），“不透明度”为 100%。然后框选所有关键帧并按快捷键 F9，将它们的空间插值变为贝塞尔曲线，如图 7-8 所示。

07 选择 1~5 号图层，将它们的混合模式设置为“叠加”，如图 7-9 所示。

图 7-8

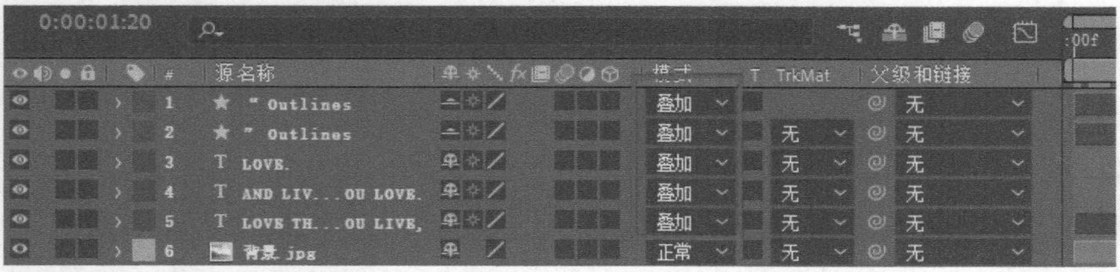

图 7-9

08 渲染并输出动画，最终效果如图 7-10 所示。

图 7-10

7.1.2 使用文字工具

在“工具”面板中选择文字工具可以创建文字。在该工具上按住鼠标左键不动，将打开子菜单，其中包含两个子工具，分别为“横排文字工具”和“直排文字工具”，如图7-11所示。

图 7-11

选择相应的文字工具后，在“合成”面板中单击鼠标左键确定文字的输入位置，当显示光标后，即可输入相应的文字，最后按Enter 键即可完成操作。这时在“时间轴”面板中，After Effects 已自动新建了一个文字图层。

> **技巧与提示**
>
> 选择文字工具后，也可以按住鼠标左键拖曳出一个矩形选框来输入文字，这时输入的文字分布在选框内部，称为“段落文本”，如图 7-12 所示。如果直接输入文字，所创建的文字称为“点文本”。
>
> 
>
> 图 7-12
>
> 如果要在“点文本”和“段落文本”之间进行转换，可按照下面的步骤来进行操作。
>
> 第 1 步，使用“选择工具”在“合成”面板中选择文字图层。
>
> 第 2 步，选择文字工具，然后在“合成”面板中单击鼠标右键，在弹出的菜单中选择“转换为段落文本”或“转换为点文本”命令，即可完成相应的操作。

7.1.3 使用“文本”菜单命令

使用菜单命令创建文字的方法有以下两种。

第1种：执行“图层>新建>文本”菜单命令或按快捷键Ctrl+Alt+Shift+T，如图7-13所示。新建一个文字图层，然后“合成”面板正中间会出现输入光标，此时可以直接输入相应文字，按Enter键即可确认完成。

第2种：在“时间轴”面板的空白处单击鼠标右键，然后在弹出的菜单中选择“新建>文本”命令，如图7-14所示。新建一个文字图层，然后在“合成”面板中单击鼠标左键确定文字的输入位置，当显示文字光标后，即可输入相应的文字，最后按Enter键即可确认完成。

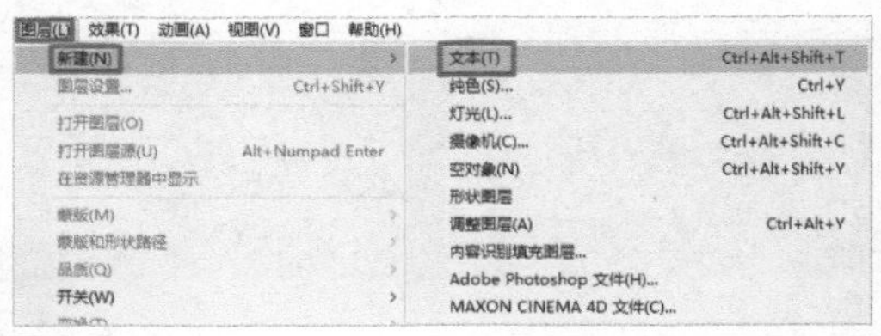

图 7-13

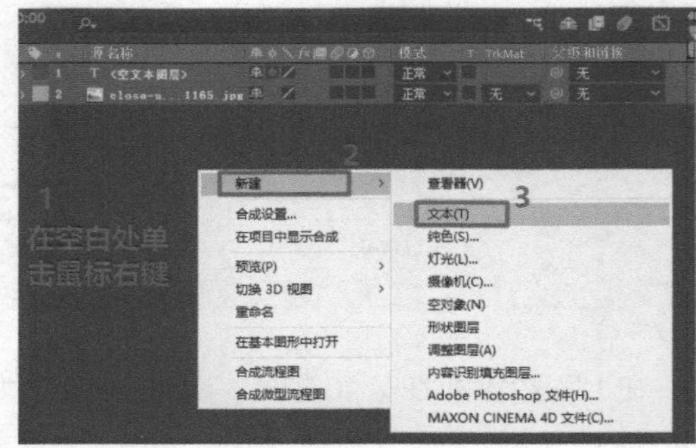

图 7-14

7.1.4 使用“文本”滤镜组

在“文本”滤镜组中，可以使用“编号”和“时间码”滤镜来创建文字。

◆1.“编号”滤镜

“编号”滤镜主要用来创建各种数字效果，尤其适用于创建数字的变化效果。执行“效果 > 文本 > 编号”菜单命令，打开“编号”对话框，如图 7-15 所示。在“效果控件”面板中展开“编号”滤镜的属性，如图 7-16 所示。

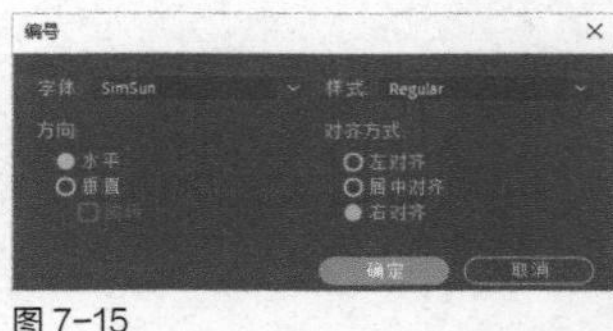

图 7-15

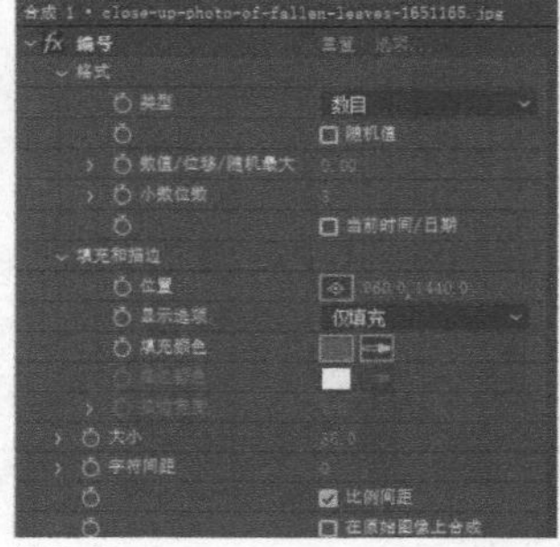

图 7-16

参数详解

- **格式**：用来设置文字的类型。

类型：用来设置数字类型，包括“数目”“时间码”“时间”“十六进制的”等选项。

随机值：勾选后会产生一个逐帧变化的随机数字。

数值/位移/随机最大：用来设置数字随机离散的范围。

小数位数：用来设置小数点后的位数。

当前时间/日期：用来设置当前系统的时间和日期。

- **填充和描边**：用来设置文字颜色和描边的显示方式。

位置：用来指定文字的位置。

显示选项：其下拉列表中提供了4种方式供用户选择。“仅填充”，只显示文字的填充颜色；“仅描边”，只显示文字的描边颜色；“在描边上填充”，文字的填充颜色覆盖描边颜色；“在填充上描边”，文字的描边颜色覆盖填充颜色。

填充颜色：用来设置文字的填充颜色。

描边颜色：用来设置文字的描边颜色。

描边宽度：用来设置文字描边的宽度。

- **大小**：用来设置字体的大小。
- **字符间距**：用来设置文字的间距。
- **比例间距**：用来设置均匀的间距。

◆2.“时间码”滤镜

“时间码”滤镜主要用来创建各种时间码动画，与“编号”滤镜中的“时间码”效果比较类似。

时间码是影视后期制作的时间依据，由于渲染后的影片还要进行配音或加入特效等，如果每一帧包含时间码，就会有利于配合其他方面的制作。

执行“效果>文本>时间码”菜单命令，然后在“效果控件”面板中展开“时间码”滤镜的参数，如图7-17所示。

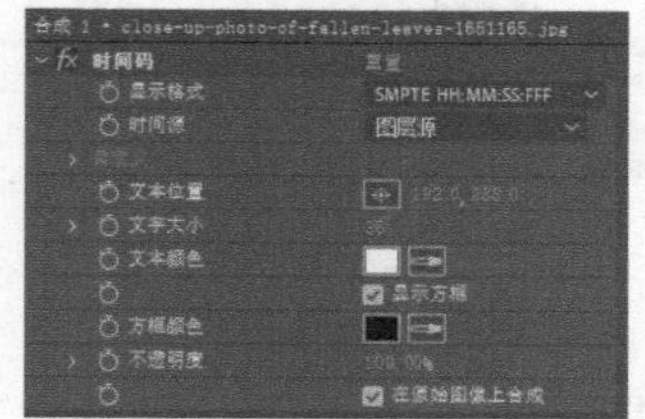

图7-17

参数详解

- **显示格式**：用来设置时间码格式。
- **时间源**：用来设置时间码的来源。
- **自定义**：用来自定义时间码的单位。
- **文字位置**：用来设置时间码显示的位置。
- **文字大小**：用来设置时间码的大小。
- **文字颜色**：用来设置时间码的颜色。
- **方框颜色**：用来设置外框的颜色。
- **不透明度**：用来设置不透明度。

7.1.5 外部导入

用户可以将在Photoshop或者Illustrator软件中设计好的文字导入After Effects中，供二次使用。以导入文字为例，其操作步骤如下。

第1步，执行“文件>导入>文件”菜单命令，导入一个素材文件，然后在“导入种类”下拉菜单中选择“合成-保持图层大小”选项，接着在“图层选项”属性中选择“可以编辑的图层样式”，最后单击“确定”按钮，如图7-18所示。

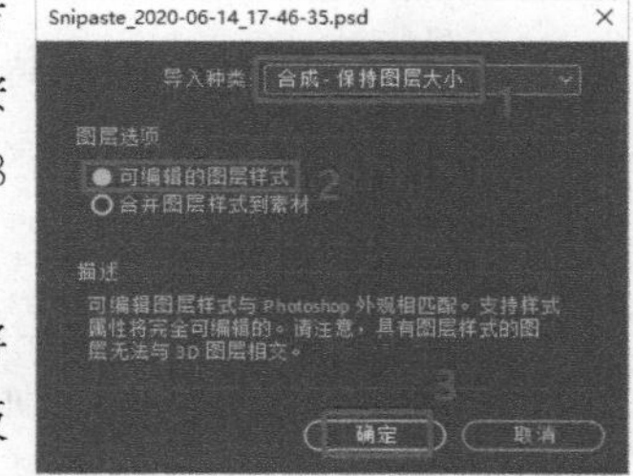

图7-18

第2步，将“项目”面板中psd格式的素材合成添加到“时间轴”面板中，如图7-19所示。

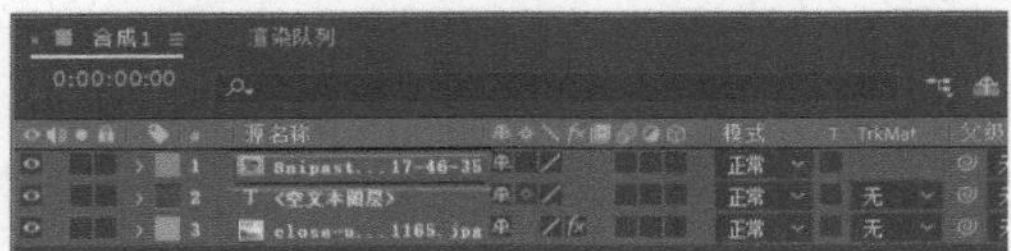
图 7-19

7.2 文字的属性

创建文字之后，设计师常常要根据设计要求随时调整文字的内容、字体、颜色、风格、间距和行距等基本属性。

本节知识点

名称	学习目标	重要程度
修改文字内容	了解如何修改文字内容	高
“字符”和“段落”面板	了解“字符”和“段落”面板中的各个参数	高

7.2.1 课堂案例——复古文字排版

素材位置	实例文件 >CH07> 课堂案例——复古文字排版 >（素材）
实例位置	实例文件 >CH07> 课堂案例——复古文字排版 .aep
难易指数	★★☆☆☆
学习目标	掌握设置文字属性的基本方法

本案例修改文字基本属性的效果如图7-20所示。

图 7-20

01 启动 After Effects 2021，导入学习资源中的“实例文件 >CH07 > 课堂案例——复古文字排版 .aep”文件，然后在“项目”面板中双击“复古文字排版”加载该合成，如图7-21所示。

图 7-21

02 在“工具”面板中选择“横排文字工具”T，然后在“字符”面板中设置字体为“方正字迹-牟氏美隶”、颜色为（255，255，255）、字号为 121 像素、字符间距为 48，开启“全部大写字母”，如图 7-22 所示。接着在“合成”面板中输入文字，如图 7-23 所示。

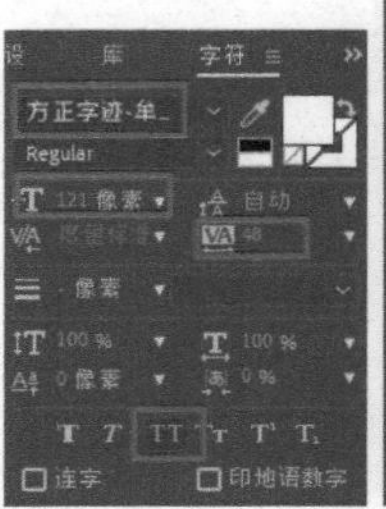
图 7-22

图 7-23

03 选择文本图层，将图层的“位置”设为(829.5，578.0)，如图 7-24 所示，然后为其添加“扭曲 > 变换”效果，并将“变换”下的“倾斜”设置为 -9.6，如图 7-25 所示。

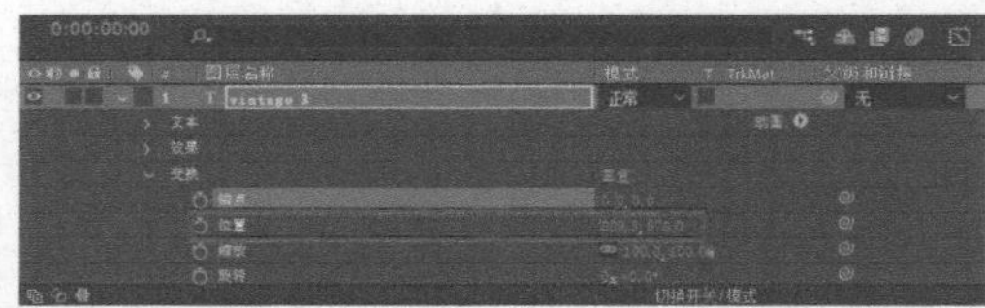
图 7-24

04 选择该文本图层，并按快捷键 Ctrl+D 将其复制一份，将两个文本图层中位于下方的图层的颜色设为（70，70，70），并将它的“位置”设为（832.1，581.0），如图 7-26 所示。

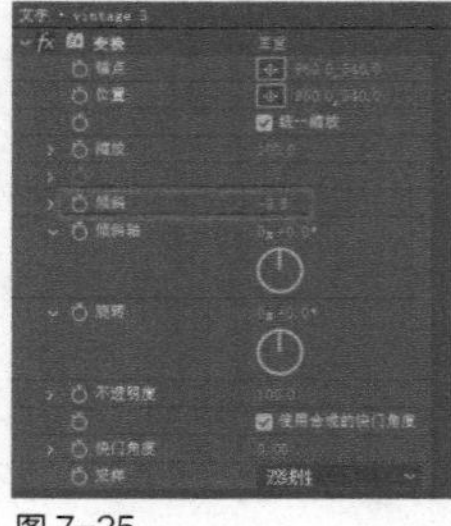
图 7-25

05 将两个文本图层和“文字背景”图层放入一个预合成，并将该合成命名为“文字”，确保“文字”图层在“叠加纹理”图层下方，然后将“文字”图层的轨道遮罩设为“亮度”，如图 7-27 所示。本案例制作完成。

图7-26

图7-27

7.2.2 修改文字内容

如果要修改文字内容，可以在“工具”面板中单击“横排文字工具”，然后在“合成”面板中单击需要修改的文字，接着按住鼠标左键拖曳，选择需要修改的部分，被选中的部分将会以高亮反色的形式显示出来，最后只需要输入新的文字信息即可。

7.2.3 “字符”和“段落”面板

如果要修改字体、颜色、风格、间距和其他基本属性，就需要用到文字设置面板。After Effects 中的文字设置面板主要包括“字符”面板和“段落”面板。

执行“窗口>字符”菜单命令，打开“字符”面板，如图7-28所示。

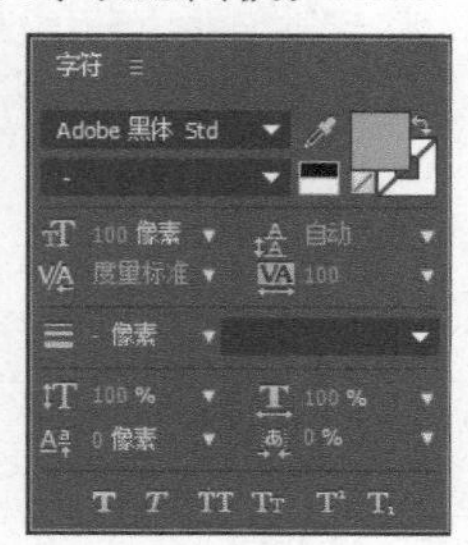

图7-28

参数详解

- **字体**：设置文字的字体（必须是计算机中已经存在的字体）。
- **字体样式**：设置字体的样式。
- **吸管工具**：可以用这个工具吸取当前计算机界面上的颜色，吸取的颜色将作为字体或描边的颜色。
- **设置为黑色/设置为白色**：单击相应的色块可以快速地将字体或描边的颜色设置为黑色或白色。
- **不填充颜色**：单击这个图标可以不为文字或描边填充颜色。
- **颜色切换**：快速切换填充颜色和描边颜色。
- **字体/描边颜色**：设置字体的填充和描边颜色。
- **文字大小**：设置文字的大小。
- **文字行距**：设置上下文本之间的距离。
- **字偶间距**：增大或缩小当前字符之间的距离。
- **文字间距**：设置文本之间的距离。
- **描边粗细**：设置文字描边的粗细。
- **描边方式**：设置文字描边的方式，共有“在描边上填充”“在填充上描边”“全部填充在全部描边之上”“全部描边在全部填充之上”4个选项。
- **文字高度**：设置文字的高度缩放比例。
- **文字宽度**：设置文字的宽度缩放比例。
- **文字基线**：设置文字的基线。
- **比例间距**：设置中文或日文字符的比例间距。
- **文本粗体**：将文本设置为粗体。
- **文本斜体**：将文本设置为斜体。
- **强制大写**：强制将所有文本变成大写。
- **强制大写但区分大小**：无论输入的文本是否有大小写区别，都强制将所有文本转化成大写，但是对小写字符采取较小的尺寸进行显示。
- **文字上下标**：设置文字的上下标，适用于制作一些数学单位。

执行“窗口>段落”命令，可打开“段落”面板，如图7-29所示。

图 7-29

参数详解

- **对齐文本：**分别为文本居左、居中及居右对齐。
- **最后一行对齐：**分别为最后一行文本居左、居中及居右对齐，并且强制两边对齐。
- **两端对齐：**强制文本两边对齐。
- **缩进左边距：**设置文本的左侧缩进量。
- **缩进右边距：**设置文本的右侧缩进量。
- **段前添加空格：**设置段前间距。
- **段后添加空格：**设置段末间距。
- **首行缩进：**设置段落的首行缩进量。

> **技巧与提示**
>
> 当选择“直排文字工具”时，“段落”面板中的参数也会随之发生变化，如图 7-30 所示。

图 7-30

7.3 文字的动画

After Effects 为文字图层提供了单独的文字动画选择器，为设计师创建丰富多彩的文字效果提供了更多的选择，也使得影片的画面更加鲜活、更具生命力。在实际工作中，制作文字动画的方法主要有以下3种。

第1种，通过“源文本”属性制作动画。

第2种，将文字图层自带的基本动画与选择器相结合来制作单个文字动画或文本动画。

第3种，调用文本动画中的预设动画，然后再根据需要进行个性化修改。

本节知识点

名称	学习目标	重要程度
“源文本”动画	了解如何使用“源文本”属性制作动画	高
“动画制作工具”动画	了解如何使用“动画制作工具”功能制作出复杂的动画效果	高
路径动画文字	了解如何使用路径来制作动画文字	高
预设的文字动画	了解如何使用预设的文字动画	高

7.3.1 课堂案例——霓虹文字动画

素材位置	实例文件 >CH07> 课堂案例——霓虹文字动画 >（素材）
实例位置	实例文件 >CH07> 课堂案例——霓虹文字动画 .aep
难易指数	★★☆☆☆
学习目标	掌握文字动画及特效技术的综合运用

本案例的制作效果如图7-31所示。

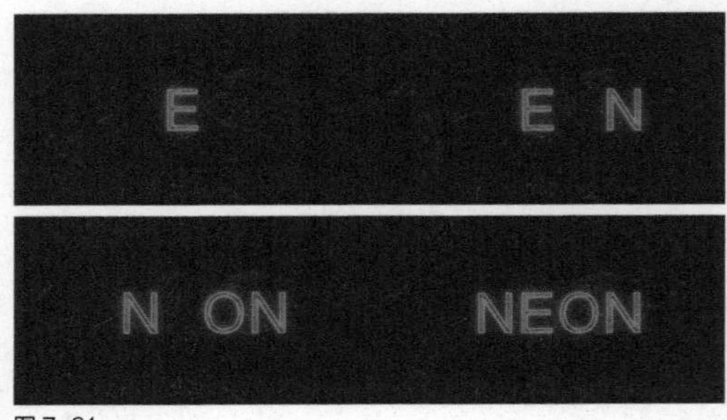

图 7-31

01 启动 After Effects 2021，导入学习资源中的“实例文件 >CH07 > 课堂案例——霓虹文字动画 .aep”文件，然后在“项目”面板中双击“霓虹文字动画”加载该合成，如图 7-32 所示。

02 使用“横排文字工具”在“合成”面板中输入“NEON”，然后在“字符”面板中设置字体为“方正黑体简体 ”，填充颜色为“无”，描边颜色为（255，65，110），字号为 300 像素，字符间距为 48，描边宽度为 5.5 像素，如图 7-33 所示。

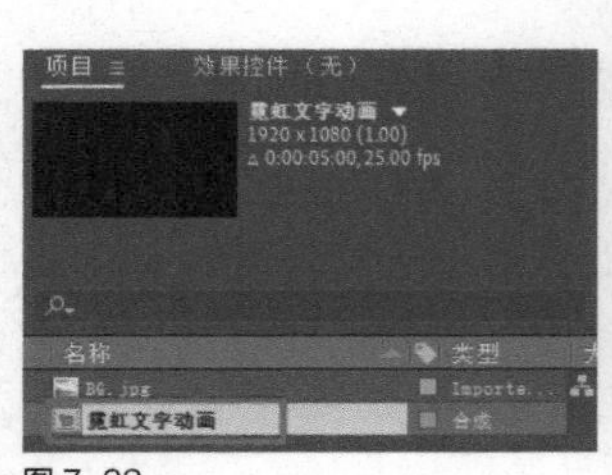

图 7-32

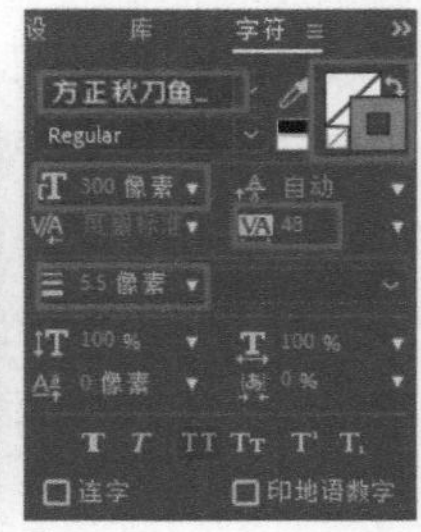

图 7-33

03 展开文本图层的“文本”属性，单击“动画”按钮，并执行“不透明度”命令，然后设置该“不透明度”为 0%，接着将“动画制作工具 1> 范围选择器 1> 高级”下面的“平滑度”设置为 0%，如图 7-34 所示。

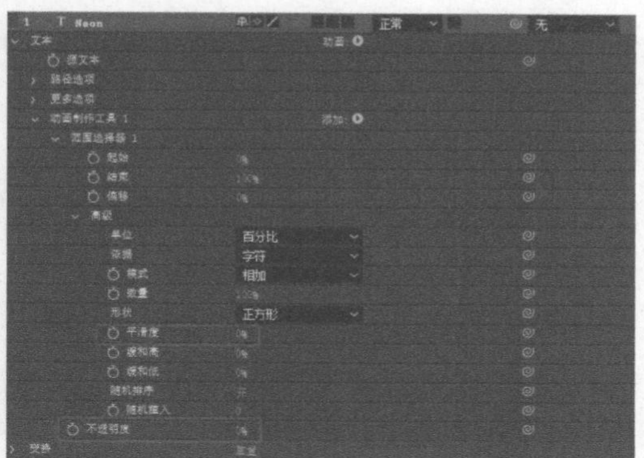

图 7-34

04 选择文本图层，然后展开“文本 > 动画制作工具 1> 范围选择器 1”属性组，接着在第 0 帧处激活“起始”和“随机植入”属性的关键帧，最后在第 17 帧处设置“起始”为 100%，设置“随机植入”为 10，如图 7-35 所示。

图 7-35

05 设置文本图层的“位置”为（566.4，640.0），然后将其复制 2 份。接着将 3 个文本图层中最上面的图层的填充颜色设为白色，描边颜色设为无；将 3 个文本图层中中间图层的描边宽度设为 2，将其“位置”设为（580.9，654.5）。最后设置中间文字图层的轨道遮罩为“Alpha 遮罩”，这时的 3 个文本图层如图 7-36 所示。

图 7-36

06 新建一个调整图层，并将其置于顶层，执行“效果 > 风格化 > 发光”菜单命令，将“发光”效果的“发光半径”设置为 5.0，“发光强度”设置为 1.5，如图 7-37 所示。

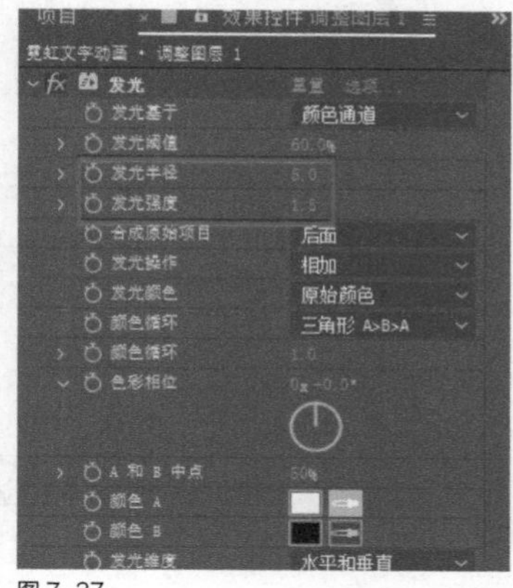

图 7-37

07 将上一步中的“发光”效果复制两份，将第 1 份的“发光半径”改为 20.0，“发光强度”改为 1.0；将第 2 份的“发光半径”改为 100.0，“发光强度”设为 1.0，如图 7-38 所示。

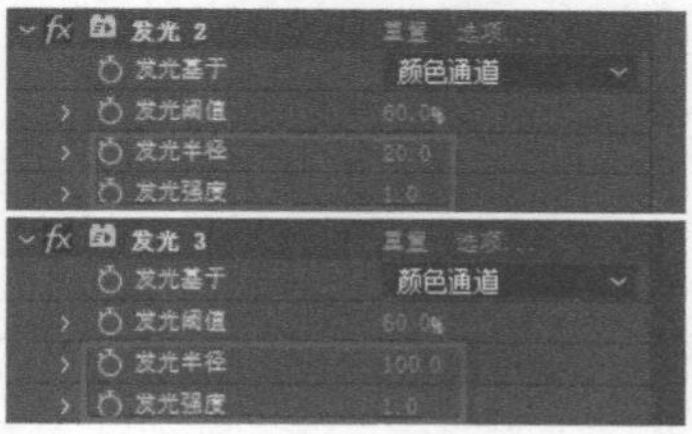

图 7-38

08 渲染并输出动画，最终效果如图 7-39 所示。

图 7-39

7.3.2 “源文本”动画

使用“源文本”属性可以对文字内容和段落格式等制作动画，不过这种动画只能是突变性的动画，片长较短的视频字幕可以使用此方法来制作。

7.3.3 “动画制作工具”动画

创建一个文字图层以后，可以使用“动画制作工具”功能方便快速地创建出复杂的动画效果。一个“动画制作工具”组中可以包含一个或多个动画选择器及动画属性，如图7-40所示。

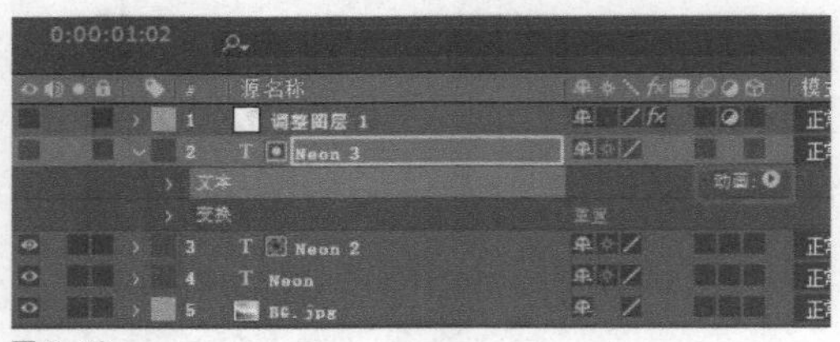

图7-40

◆1. 动画属性

单击“动画”后面的按钮，可以打开动画属性菜单。动画属性主要用来设置文字动画的效果（所有动画属性都可以单独对文字产生动画效果），如图7-41所示。

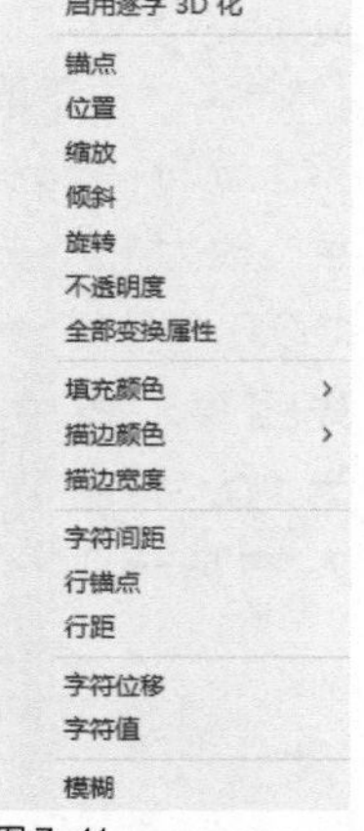

图7-41

属性详解

- **启用逐字3D化**：用于控制是否开启三维文字功能。如果开启了三维文字功能，文本图层属性中将新增一个“材质选项”属性，用来设置文字的漫反射、高光以及是否产生阴影等效果，同时“变换”属性也会从二维变换属性转换为三维变换属性。

- **锚点**：用于制作文字中心定位点的变换动画。

- **位置**：用于制作文字的位移动画。

- **缩放**：用于制作文字的缩放动画。

- **倾斜**：用于制作文字的倾斜动画。

- **旋转**：用于制作文字的旋转动画。

- **不透明度**：用于制作文字的不透明度变化动画。

- **全部变换属性**：用于将所有属性一次性添加到“动画制作工具”中。

- **填充颜色**：用于制作文字的颜色变化动画，包括“RGB”“色相”“饱和度”“亮度”“不透明度”5个选项。

- **描边颜色**：用于制作文字描边的颜色变化动画，包括“RGB”“色相”“饱和度”“亮度”“不透明度”5个选项。

- **描边宽度**：用于制作文字描边粗细的变化动画。

- **字符间距**：用于制作文字的间距变化动画。

- **行锚心**：用于制作文字的对齐动画。值为0%时，表示左对齐；值为50%时，表示居中对齐；值为100%时，表示右对齐。

- **行距**：用于制作多行文字的行距变化动画。

- **字符位移**：用于按照统一的字符编码标准（即Unicode标准）为选择的文字制作偏移动画。例如，设置英文“design”的“字符位移”为1，那么最终显示的英文就是“eftjho”（按字母表顺序从d往后数，第1个字母是e；从字母e往后数，第1个字母是f，以此类推），如图7-42所示。

图7-42

- **字符值**：按照Unicode文字编码形式，用设置的“字符值”所代表的字符统一替换原来的文字。例如，设置“字符值”为100，那么使用文字工具输入的文字都将被字母d替换，如图7-43所示。

图7-43

- **模糊**：用于制作文字的模糊动画，可以单独设置文字在水平和垂直方向的模糊数值。

添加动画属性的方法有以下两种。

第1种，单击“动画”后面的◎按钮，然后在打开的菜单中选择相应的属性，此时会产生一个“动画制作工具”属性组，如图7-44所示。除了“字符位移”等特殊属性外，一般的动画属性设置完成后都会在“动画制作工具”属性组中产生一个“范围选择器”属性组。

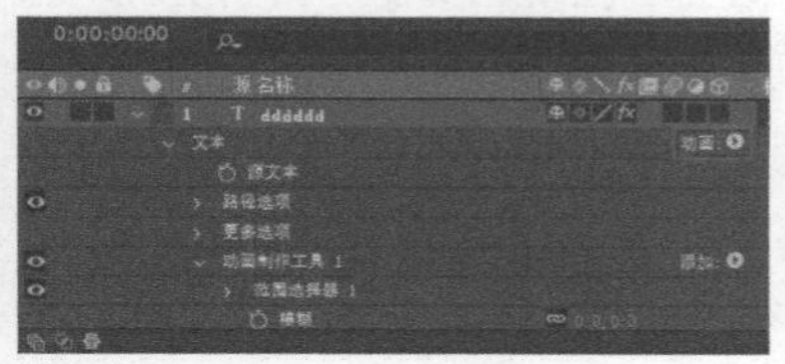

图7-44

第2种，如果文本图层中已经存在“动画制作工具”属性组，那么还可以在这个“动画制作工具”属性组中添加动画属性，如图7-45所示。使用这个方法添加的动画属性可以使几种属性共用一个“范围选择器”属性组，这样就可以很方便地制作出不同属性的步调相同的动画。

文字动画是按照从上向下的顺序进行渲染的，所以在不同的“动画制作工具”属性组中添加相同的动画属性时，最终结果都是以最后一个“动画制作工具”属性组中的动画属性为主。

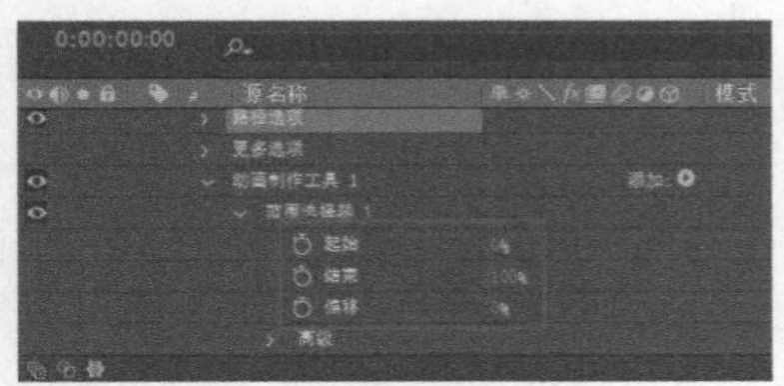

图7-45

◆2. 选择器

每个“动画制作工具”属性组中都包含一个“范围选择器”属性组，用户可以在一个“动画制作工具”属性组中继续添加“范围选择器”属性组或在一个“范围选择器”属性组中添加多个动画属性。如果在一个“动画制作工具”属性组中添加了多个“范围选择器”属性组，那么可以在其中对各个选择器进行调节，这样可以控制各个范围选择器之间相互作用的方式。

添加选择器的方法是在“时间轴”面板中选择一个“动画制作工具”属性组，然后单击其右边的“添加”后面的◎按钮，接着在打开的菜单中选择需要添加的选择器，包括“范围”“摆动”“表达式”3种，如图7-46所示。

图7-46

◆3. 范围选择器

“范围选择器”可以使文字按照特定的顺序进行移动和缩放，如图7-47所示。

图7-47

属性详解

- **起始**：设置选择器的起始位置，与“字符”“词”“行”的数量以及“单位”“依据”选项的设置有关。
- **结束**：设置选择器的结束位置。
- **偏移**：设置选择器的整体偏移量。
- **单位**：设置选择范围的单位，有“百分比”和“索引”两种。
- **依据**：设置选择器动画的基于模式，包括“字符”“不包含空格的字符”“词”“行”4种模式。
- **模式**：设置多个范围选择器的混合模式，包括“相加”“相减”“相交”“最小值”“最大值”“差值”6种模式。

- **数量：** 设置动画属性参数对选择器文字的影响程度。0%表示动画参数对选择器文字没有任何影响，50%表示动画参数只会按照当前设定参数值的一半来影响选择器文字。
- **形状：** 设置选择器边缘的过渡方式，包括“正方形”“上斜坡”“下斜坡”“三角形”“圆形”“平滑”6种方式。
- **平滑度：** 在设置“形状”为“正方形”时，该选项才起作用，它决定了一个字符向另一个字符过渡的动画时间。
- **缓和高：** 决定在文字从完全选择状态到部分选择状态这一过程中，状态改变的速度。例如，当设置“缓和高”值为100%时，文字特效从完全选择状态到部分选择状态的过程就很平缓；当设置“缓和高”值为-100%时，文字特效从完全选择状态到部分选择状态的过程就会很快。
- **缓和低：** 决定在文字从部分选择状态到完全选择状态这一过程中，状态改变的速度。例如，当设置“缓和低”值为100%时，文字从部分选择状态到完全不选择状态的过程就很平缓；当设置“缓和低”值为-100%时，文字从部分选择状态到完全不选择状态的过程就会很快。
- **随机排序：** 用于决定是否启用随机设置。

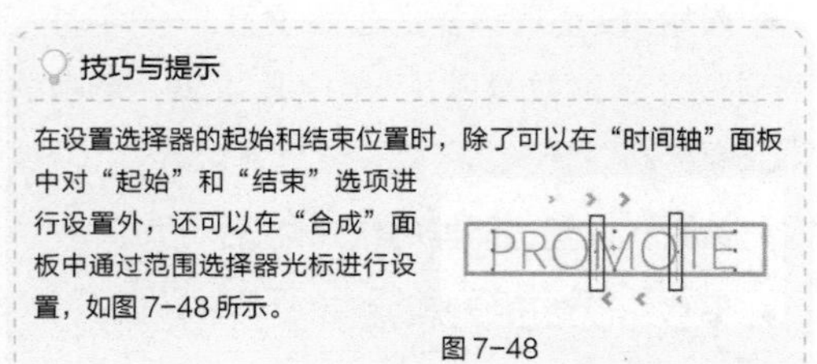

技巧与提示

在设置选择器的起始和结束位置时，除了可以在“时间轴”面板中对“起始”和“结束”选项进行设置外，还可以在“合成”面板中通过范围选择器光标进行设置，如图7-48所示。

图7-48

◆ 4. 摆动选择器

使用“摆动选择器”可以让选择器在指定的时间段内产生摇摆动画，如图7-49所示。其属性如图7-50所示。

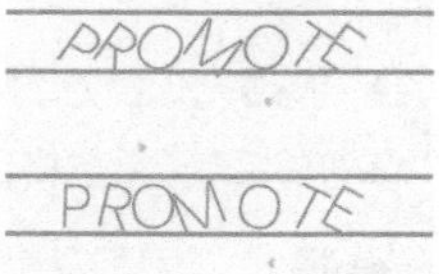

图7-49

图7-50

属性详解

- **模式：** 设置“摆动选择器”与其上层“选择器”之间的混合模式，类似于多重遮罩的混合设置。
- **最大量/最小量：** 设置选择器的最大/最小变化幅度。
- **依据：** 设置文字摇摆动画的基于模式，包括“字符”“不包含空格的字符”“词”“行”4种模式。
- **摇摆/秒：** 设置文字摇摆的变化频率。
- **关联：** 设置每个字符变化的关联性。当其值为100%时，所有字符在相同时间内的摆动幅度都是一致的；当其值为0%时，所有字符在相同时间内的摆动幅度都互不影响。
- **时间相位/空间相位：** 设置字符是基于时间还是基于空间的相位大小。
- **锁定维度：** 设置是否让不同维度的摆动幅度拥有相同的数值。
- **随机植入：** 设置随机的变数。

◆ 5. 表达式选择器

在使用“表达式选择器”时，用户可以很方便地使用动态方法来设置动画属性对文本的影响范围。用户可以在一个“动画制作工具”属性组中使用多个“表达式选择器”，并且每个选择器可以包含多个动画属性，如图7-51所示。

属性详解

- **依据：** 设置选择器的基于方式，包括“字符”“不包含空格的字符”“词”“行”4 种模式。

- **数量：**设定动画属性对选择器文字的影响范围。0%表示动画属性对选择器文字没有任何影响，50%表示动画属性会按照当前设定参数值的一半影响选择器文字。

图 7-51

7.3.4 路径动画文字

如果在文字图层中创建了一个蒙版路径，那么可以将这个蒙版路径作为一个文字的路径来制作动画。作为路径的蒙版可以是封闭的，也可以是开放的，但是必须要注意一点，如果使用封闭的蒙版作为路径，用户必须将蒙版的模式设置为“无”。

在文字图层下展开“文本”属性下的“路径选项”属性，如图7-52所示。

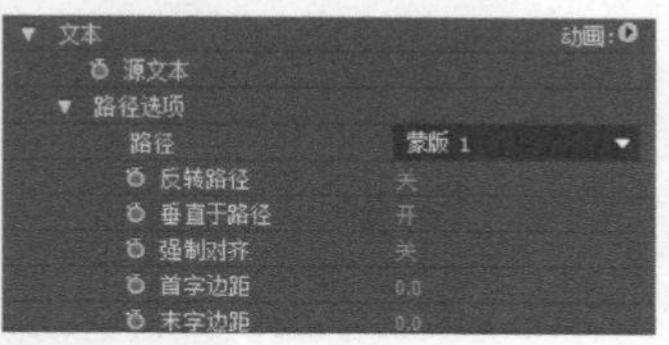

图 7-52

属性详解

- **路径：**在后面的下拉列表中可以选择作为路径的蒙版。
- **反转路径：**控制是否反转路径。
- **垂直于路径：**控制是否让文字垂直于路径。
- **强制对齐：**将第一个文字和路径的起点强制对齐，或与设置的“首字边距”对齐，同时让最后一个文字和路径的结尾处对齐，或与设置的“末字边距”对齐。
- **首字边距：**设置第一个文字相对于路径起点的位置，单位为像素。
- **末字边距：**设置最后一个文字相对于路径结尾处的位置，单位为像素。

7.3.5 预设的文字动画

简单来讲，预设的文字动画就是系统预先做好的文字动画，用户可以直接调用这些文字动画效果。

在After Effects中，系统提供了丰富的预设特效来创建文字动画。此外，用户还可以借助Adobe Bridge软件可视化地预览这些预设的文字动画。

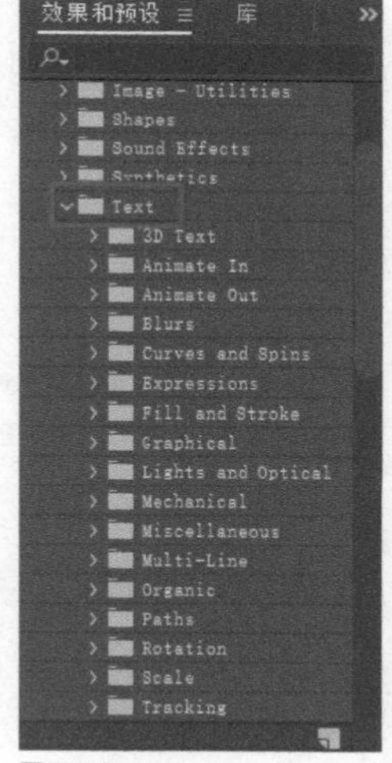

图 7-53

第1步：在“时间轴”面板中，选择需要应用文字动画的文字图层，将时间指针放到动画开始的时间点上。

第2步：执行“窗口>效果和预设”菜单命令，打开“效果和预设”面板，如图7-53所示。

第3步：在“效果和预设”面板中，找到合适的文字动画，然后直接将其拖曳到选择的文字图层上即可。

技巧与提示

想要更加直观和方便地看到预设的文字动画效果，可以通过执行“动画 > 浏览预设”菜单命令，打开 Adobe Bridge 软件后就可以动态预览各种文字动画效果了。然后在合适的文字动画效果上双击，就可以将动画添加到选择的文字图层上，如图 7-54 所示。

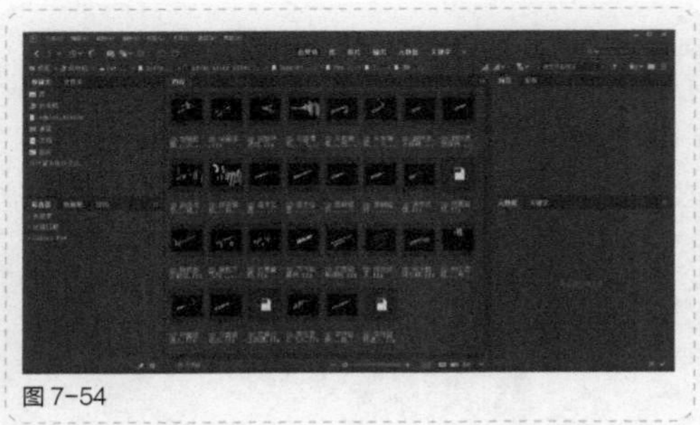
图 7-54

7.4 文字的拓展

After Effects旧版本中的“创建外轮廓”命令，在After Effects 新版本中被分成了“从文本创建形状”和“从文本创建蒙版”两个命令。其中“从文本创建蒙版”命令的功能和使用方法与原来的“创建外轮廓”命令完全一样，而执行“从文本创建形状”命令，则可以建立一个以文字轮廓为形状的形状图层。

本节知识点

名称	学习目标	重要程度
创建文字蒙版	了解如何创建文字蒙版	中
创建文字形状	了解如何创建文字形状轮廓	中

7.4.1 课堂案例——路径文字动画

素材位置	无
实例位置	实例文件 >CH07> 课堂案例——路径文字动画 .aep
难易指数	★★☆☆☆
学习目标	掌握创建文字蒙版的方法

本案例制作的路径文字动画效果如图7-55所示。

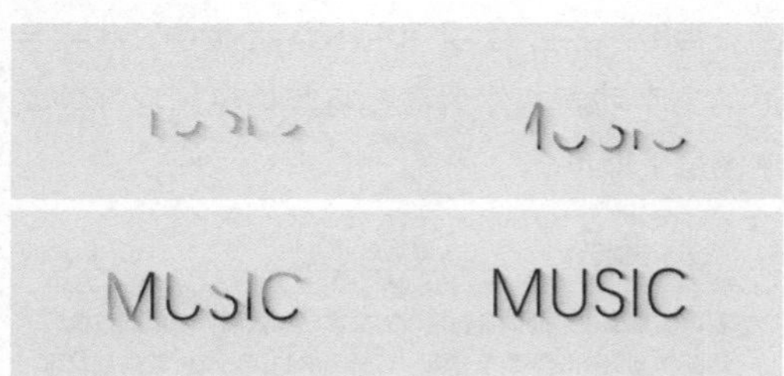

图 7-55

01 打开学习资源中的“实例文件 >CH07> 课堂案例——路径文字动画 .aep”文件，然后在“项目”面板中双击“路径文字动画”加载该合成，如图 7-56 所示。

图 7-56

02 选择文本图层，执行“图层 > 创建 > 从文本创建蒙版”菜单命令，此时将会生成一个名为“MUSIC”的纯色图层，其上有根据文本图层形成的蒙版，如图 7-57 所示。

图 7-57

03 选择“MUSIC 轮廓”图层，执行“效果 > 生成 > 描边”菜单命令，然后在“效果控件”面板中勾选“所有蒙版”选项，接着设置“画笔硬度”为100%、“间距”为0.00%、“绘画样式”为“显示原始图像”，如图 7-58 所示。

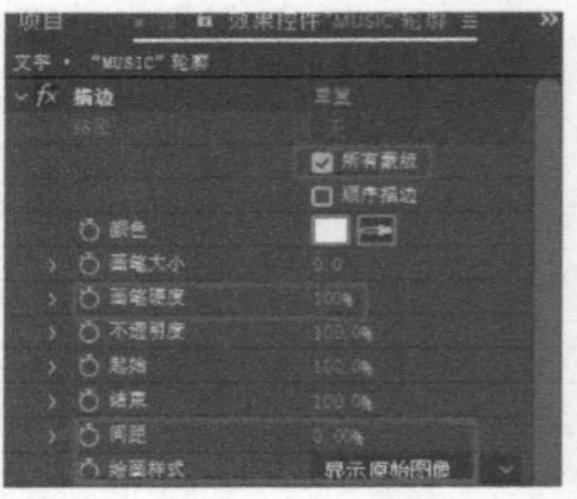

图 7-58

04 设置“描边”效果的动画关键帧。在第0 帧处设置“画笔大小”为 0，“起始”为100.0%，并分别激活关键帧记录器，在第 5 帧处设置“画笔大小”为 50.0，在第 13 帧处设置“起始”为 86.7%，在第 1 秒 4 帧处设置“起始”为 40.7%，在第 1 秒 18 帧处设置“起始”为 0.0%，然后按快捷键 F9 将所有关键帧的空间插值改为贝塞尔曲线，如图 7-59 所示。

05 将“Music 轮廓”图层复制 3 份，从下到上将这 4 个图层的起始时间分别设置为 0 帧、4 帧、8 帧和 12 帧，如图 7-60 所示。

图 7-59

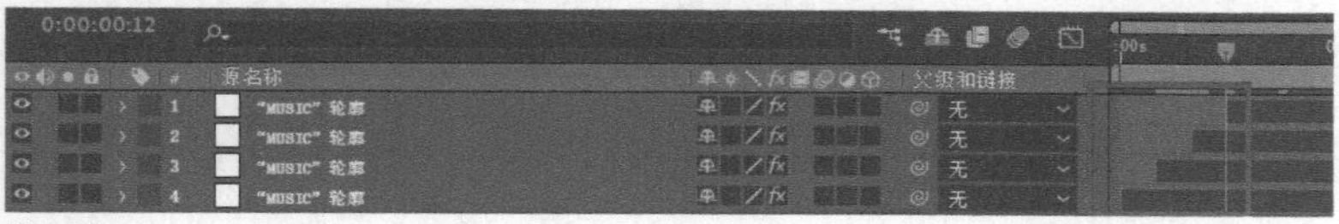

图 7-60

06 为上一步中的 4 个图层分别执行“效果 > 生成 > 填充”菜单命令，从下到上将这 4 个图层的“填充”效果中的“颜色”分别设置为（154，191，176）、（117，168，167）、（73，130，142）和（17，29，39），如图 7-61 所示。

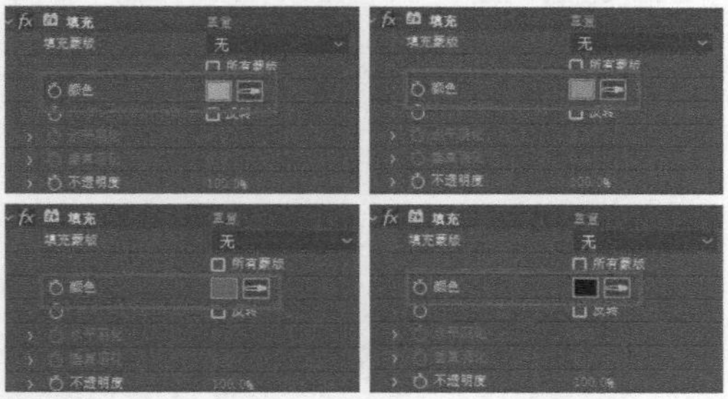

图 7-61

07 为上一步中的 4 个图层执行“图层 > 预合成”菜单命令，并将该合成命名为“文字”，然后将“文字”合成复制一份，将复制出来的图层置于其下，并命名为“阴影”，为其执行“效果 > 模糊和锐化 >CC Radial Fast Blur（放射状快速模糊）”菜单命令，接着将 Center（中心）设置为（-1928.0，-1680.0），Amount（数量）设置为 60.0，如图 7-62 所示。

08 为“阴影”合成执行“效果 > 生成 > 填充”菜单命令，将“填充”效果的“颜色”设置为黑色，如图 7-63 所示，并将“阴影”合成的“不透明度”设置为 50%。

图 7-62

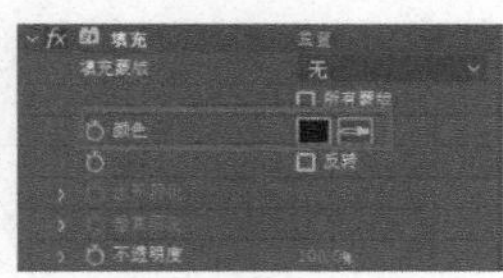
图 7-63

09 渲染并输出动画，最终效果如图 7-64 所示。

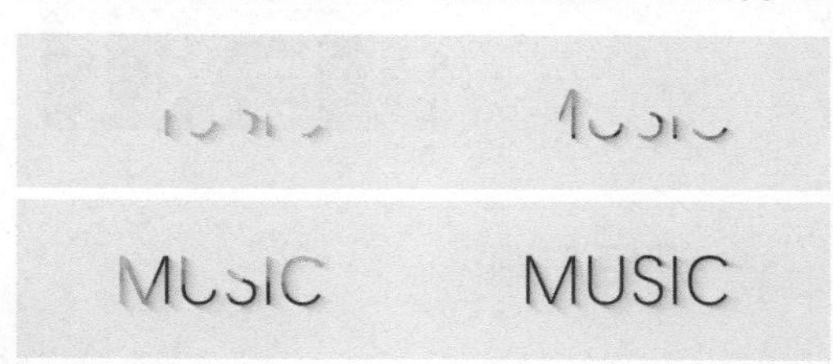

图 7-64

7.4.2 创建文字蒙版

在“时间轴”面板中选择文本图层，执行“图层>创建>从文本创建蒙版”菜单命令，系统会自动生成一个新的白色的纯色图层，并在这个图层上创建蒙版，同时原始的文字图层将自动关闭显示，如图7-65和图7-66所示。

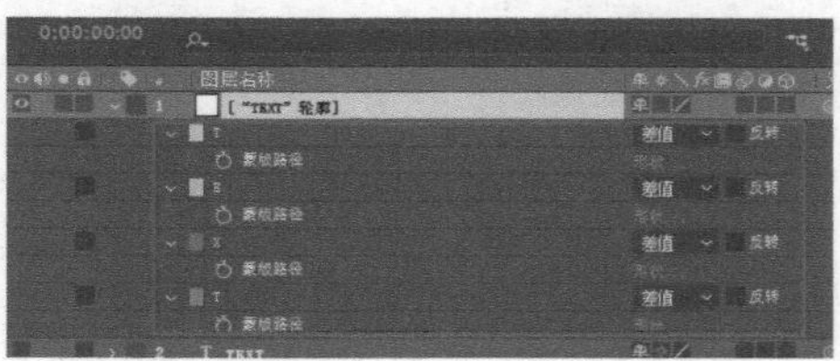
图 7-65

图 7-66

技巧与提示

在 After Effects 中，“从文本创建蒙版”功能非常实用，可以在转化后的蒙版图层上应用各种特效，还可以将转化后的蒙版应用于其他图层。

7.4.3 创建文字形状

在“时间轴”面板中选择文本图层，执行

“图层>创建>从文本创建形状”菜单命令，系统会自动生成一个新的文字形状轮廓图层，同时原始的文字图层将自动关闭显示，如图7-67和图7-68所示。

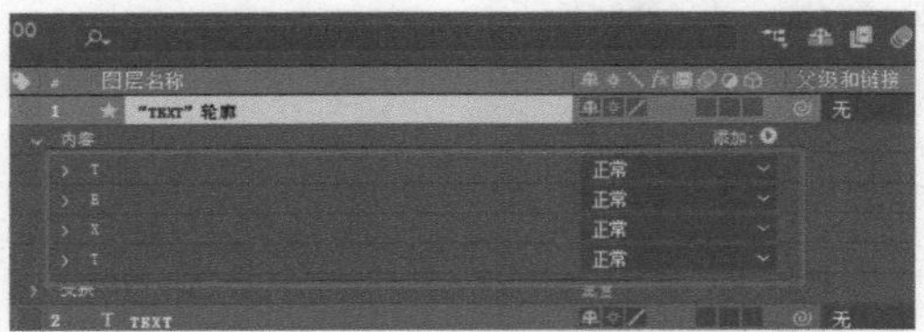

图 7-67

图 7-68

7.5 课后习题

7.5.1 课后习题——呼叫指示线文字动画

素材位置	实例文件>CH07>课后习题——呼叫指示线文字动画>(素材)
实例位置	实例文件>CH07>课后习题——呼叫指示线文字动画.aep
难易指数	★★☆☆☆
练习目标	练习文字动画技术的综合运用

本习题制作的呼叫指示线文字动画效果如图7-69所示。

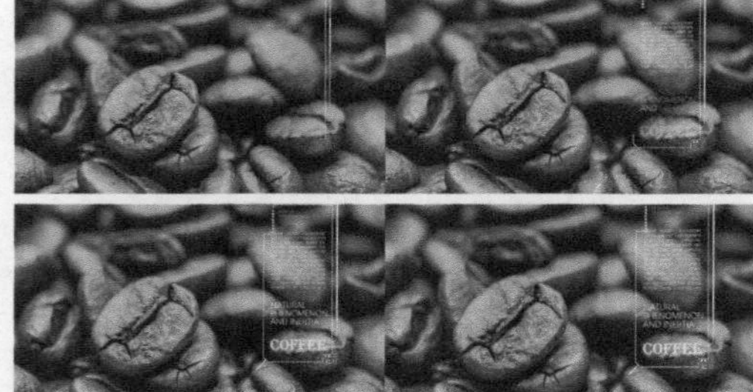
图 7-69

01 启动 After Effects 2021，导入学习资源中的“实例文件 >CH07 > 课后习题——呼叫指示线文字动画 .aep”文件，然后在“项目”面板中双击“呼叫指示线文字动画”加载该合成。

02 为“COFFEE”图层的“文本”属性分别添加“填充颜色 > 不透明度”和“描边颜色 > 不透明度”，然后设置这两个“不透明度”为0%，接着分别为它们的“范围选择器”下的“起始”设置动画关键帧，观察独显该图层的局部效果。

03 对“Natural”图层执行与上一步同样的操作。除此之外，打开“动画制作工具 > 范围选择器 > 高级”下的“随机排序”，并设置“随机植入”的动画关键帧，观察独显该图层的局部效果。

04 为“Quod”图层的“文本”属性分别添加“位置”和“不透明度”属性，并调整它们的参数，接着为“范围选择器”下的“起始”设置动画关键帧。新建一个空对象，将它设为其他所有图层的父对象，然后为空对象的“缩放”属性添加一个缓缓放大的动画。

7.5.2 课后习题——逐字动画

素材位置	无
实例位置	实例文件 >CH07> 课后习题——逐字动画 .aep
难易指数	★☆☆☆☆
练习目标	练习目标“源文本”的具体应用

本习题制作的逐字动画效果如图 7-70 所示。

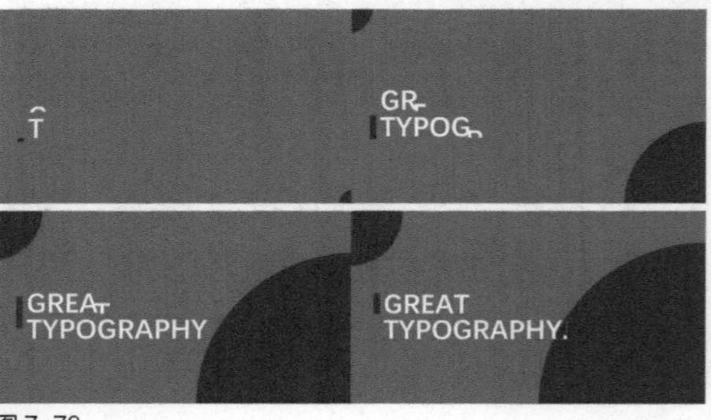

图 7-70

01 启动 After Effects 2021，导入学习资源中的“实例文件 >CH07 > 课后习题——逐字动画 .aep”文件，然后在“项目”面板中双击“逐字动画”加载该合成。

02 为“GREAT”图层的“文本”属性添加“位置”和“字符间距”属性，并调整它们的参数，然后为“范围选择器”下的“起始”添加从 0% 到 100% 的动画关键帧。

03 为“GREAT”图层绘制一个恰好能包括其文字上下边缘的遮罩。对“TYPOGRAPHY”图层执行与“GREAT”图层相同的操作。

08

第8章

三维空间

本章导读

三维空间为合成对象提供了更为广阔的想象空间，同时也给作品增添了更加立体的效果。本章主要讲解After Effects 中三维图层、摄像机和灯光等功能的具体应用。

课堂学习目标

熟悉三维图层的坐标系统

了解三维图层的基本操作

了解三维图层的材质属性

了解灯光的属性与类型

掌握摄像机的控制方法

了解镜头的运动方式

After Effects

8.1 三维空间的属性

本节知识点

名称	学习目标	重要程度
开启三维图层	了解如何开启三维图层	中
三维图层的坐标系统	了解三维图层的坐标系统	高
三维图层的基本操作	掌握三维图层的基本操作	高
三维图层的材质属性	了解三维图层材质属性的作用	高

8.1.1 课堂案例——云层穿梭

素材位置	实例文件 >CH08> 课堂案例——云层穿梭 >（素材）
实例位置	实例文件 >CH08> 课堂案例——云层穿梭 .aep
难易指数	★★☆☆☆
学习目标	掌握三维图层的具体应用

本案例制作的云层穿梭效果如图8-1所示。

图 8-1

01 导入学习资源中的“实例文件 >CH08 > 课堂案例——云层穿梭 .aep”文件，然后在“项目”面板中双击“云层穿梭”加载该合成，如图 8-2 所示。

图 8-2

02 激活“时间轴”面板中所有 002.jpg、005.jpg、006.jpg 和 IN THE AIR 文本图层的“三维图层”功能，如图 8-3 所示。

图 8-3

03 设置 4 号图层的“位置”中的 Z 轴为 105.0，5 号图层的“位置”中的 Z 轴为 100.0，6 号图层的“位置”中的 Z 轴为 -5.0，7 号图层的“位置”中的 Z 轴为 -10.0，9 号图层的“位置”中的 Z 轴为 1300.0，10 号图层的“位置”中的 Z 轴为 1000.0，12 号图层的“位置”中的 Z 轴为 640.0，13 号图层的“位置”中的 Z 轴为 840.0，14 号图层的“位置”中的 Z 轴为 840.0，如图 8-4 所示。

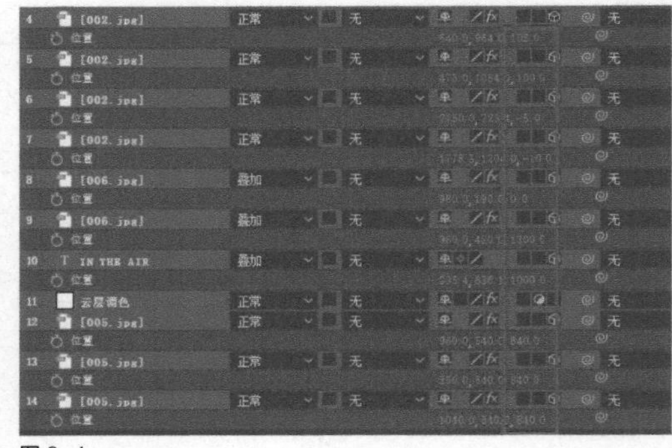

图 8-4

04 执行“图层 > 新建 > 摄像机”菜单命令，在弹出的对话框中将“胶片大小”设置为 36.00 毫米，并单击“确定”按钮，如图 8-5 所示。

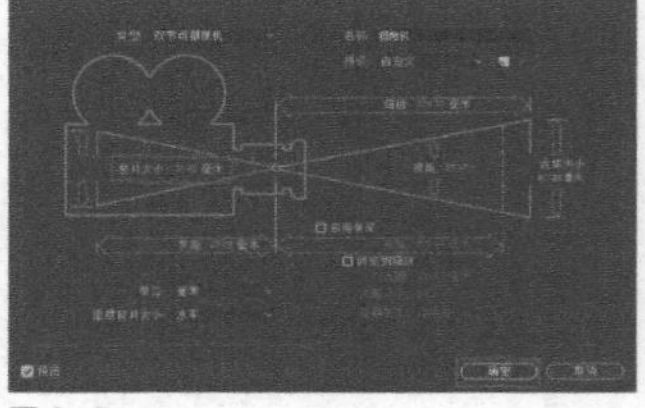

图 8-5

05 激活“空对象”图层的“三维图层”功能，在第 0 帧处设置其“位置”中的 Z 轴为 -700，并激活关键帧记录器；之后将“摄像机”图层的父对象设置为“空对象”，如图 8-6 所示；最后在第 14 秒 21 帧处设置“空对象”图层的“位置”中的 Z 轴为 39.9，如图 8-7 所示。

图 8-6

图 8-7

06 渲染并输出动画，最终效果如图8-8所示。

图8-8

8.1.2 三维空间概述

在复杂的项目制作中，普通的二维图层已经很难满足设计师的需求。因此，After Effects为设计师提供了较为完善的三维系统，在这个系统里可以创建三维图层、摄像机和灯光等，从而可以进行三维合成操作。这些三维功能为设计师提供了更为广阔的想象空间，同时也使作品具有更强的视觉表现力。

在三维空间中，“维”是一种度量单位，表示方向，三维空间分为一维、二维和三维，如图8-9所示。由1个方向确立的空间为一维空间，一维空间呈现为直线型，拥有1个长度方向；由2个方向确立的空间为二维空间，二维空间呈现为面型，拥有长、宽2个方向；由3个方向确立的空间为三维空间，三维空间呈现为立体型，拥有长、宽和高3个方向。

对于三维空间，我们可以从多个不同的视角观察其空间结构，如图8-10所示。随着视角的变化，我们会感觉不同景深的物体之间产生了空间错位，例如，在移动物体时可以发现远处的物体的变化速度比较缓慢，而近处的物体的变化速度则比较快。

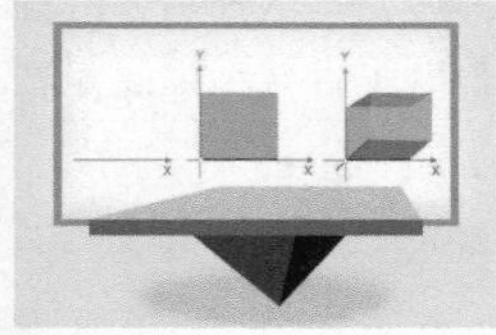

图8-9

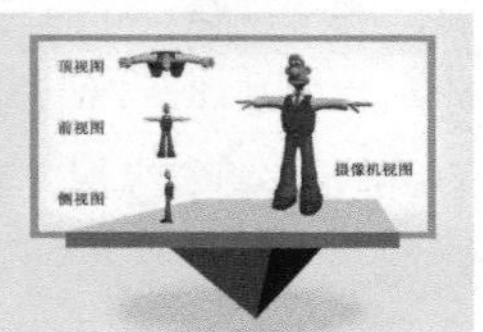

图8-10

After Effects提供的三维图层虽然不像专业的三维软件具有建模功能，但在After Effects的三维空间系统中，图层与图层之间同样可以利用三维景深的属性来产生前后遮挡的效果，并且此时的三维图层自身也具备了接收和投射阴影的功能。因此在After Effects中，用户通过摄像机的属性就可以完成各种透视、景深及运动模糊等效果的制作，如图8-11所示。

图8-11

同时，对于一些较复杂的三维场景，用户可以将三维软件（如Maya、3ds Max、Cinema 4D等）与After Effects 结合来制作。只要方法恰当，再加上足够的耐心，就能制作出非常漂亮和逼真的三维场景，如图8-12所示。

图8-12

8.1.3 开启三维图层

要将二维图层转换为三维图层，可在对应的图层后面单击“3D图层”按钮（系统默认的状态是处于空白状态的），如图8-13所示；也可以通过执行“图层>3D图层”菜单命令来完成，如图8-14所示。

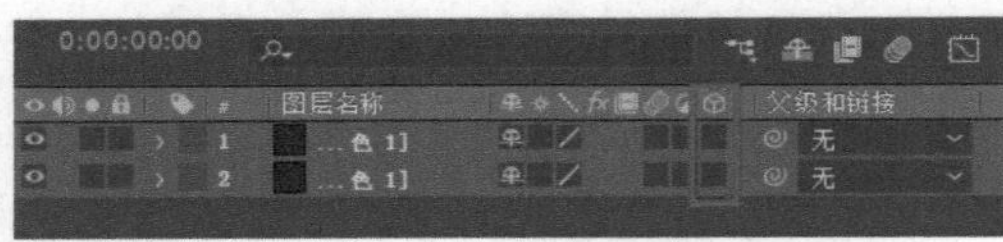
图 8-13

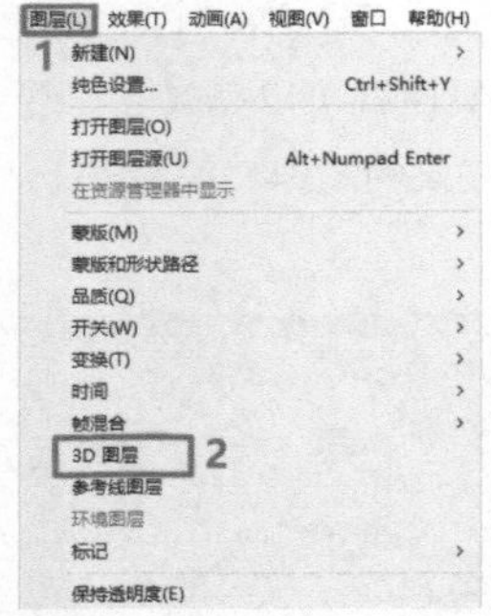

图 8-14

> 技巧与提示
>
> 在 After Effects 中，除了音频图层外，其他图层都可以转换为三维图层。另外，在激活了使用文字工具创建的文字图层的“启用逐字 3D 化”属性之后，还可以为单个文字制作三维动画效果。

将二维图层转换为三维图层后，三维图层会增加一个“Z轴”旋转属性和一个“材质选项”属性，如图8-15所示。

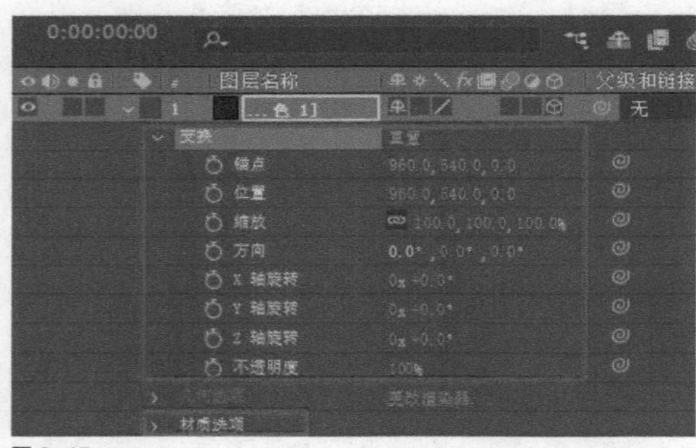
图 8-15

> 技巧与提示
>
> 在关闭图层的三维图层开关后，所增加的属性会随之消失，所有涉及的三维参数、关键帧和表达式都将被自动删除，而且即使重新将二维图层转换为三维图层，这些参数设置也不会恢复，因此将三维图层转换为二维图层时需要多加注意。

8.1.4 三维图层的坐标系统

在After Effects的三维坐标系中，最原始的坐标系统的起点是在左上角，X轴从左到右不断增加，Y轴从上到下不断增加，而Z轴则是从近到远不断增加，这与其他三维软件中的坐标系统有比较大的差别。

用户在操作三维图层对象时，可以根据轴向来对物体进行定位。“工具”面板中共有3种定位三维对象坐标的工具，分别是“本地轴模式”、“世界轴模式”和“视图轴模式”，如图8-16所示。

图 8-16

1. 本地轴模式

“本地轴模式”采用对象自身的表面作为对齐的依据，如图 8-17 所示。如果当前选择对象与世界坐标系不一致，用户可以通过调节“本地轴模式”的轴向来对齐世界坐标系。

图 8-17

> 技巧与提示
>
> 在图 8-17 中，红色轴代表 X 轴，绿色轴代表 Y 轴，蓝色轴代表 Z 轴。

2. 世界轴模式

“世界轴模式”对齐于合成空间中的绝对坐标系，无论如何旋转三维图层，其坐标轴始终对齐于三维空间的三维坐标系，X轴始终沿着水平方向延伸，Y轴始终沿着垂直方向延伸，而Z轴则始终沿着纵深方向延伸，如图8-18所示。

图 8-18

◆ 3. 视图轴模式

“视图轴模式”对齐于用户进行观察的视图轴向。如果在一个自定义视图中对一个三维图层进行了旋转操作，在此之后还对该图层进行了各种变换操作，那么该图层的轴向仍然垂直于对应的视图。

对于摄像机视图和自定义视图，由于它们同属于透视图，所以即使 Z 轴垂直于屏幕平面，但还是可以观察到 Z 轴；对于正交视图而言，由于它没有透视关系，所以在这种视图中只能观察到 X、Y 两个轴向，如图 8-19 所示。

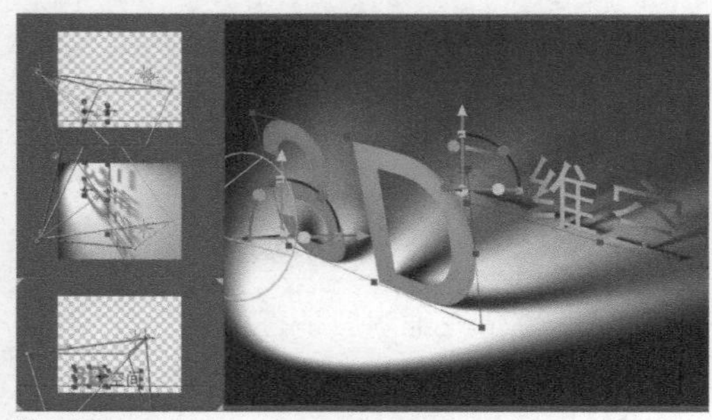

图 8-19

技巧与提示

如果要显示或隐藏图层上的三维坐标轴、摄像机或灯光图层的线框图标、目标点和图层控制手柄，可以在“合成”面板中单击■按钮，执行“视图选项”命令，然后在打开的对话框中进行相应的设置，如图 8-20 所示。

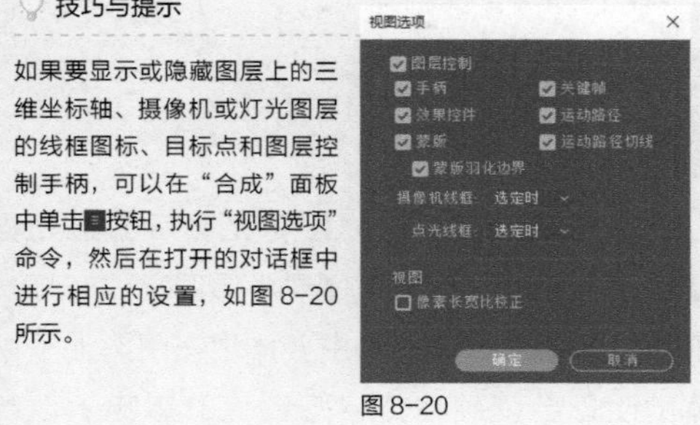

图 8-20

如果要持久显示“合成”面板中的三维空间参考坐标系，可以在“合成”面板下方的“选择网格和参考线选项”下拉列表中选择“3D 参考轴”选项来设置三维参考坐标，如图 8-21 和图 8-22 所示。

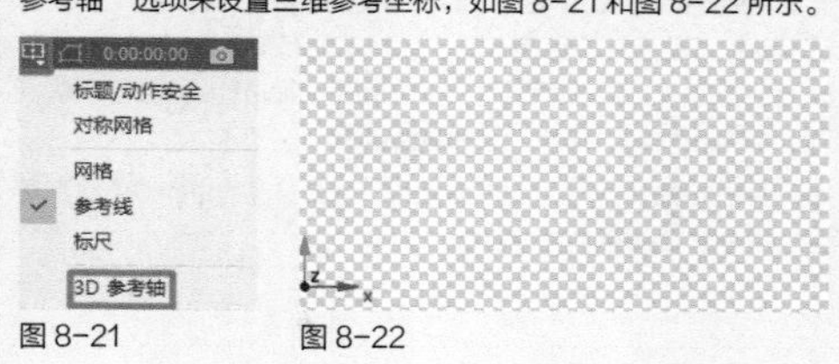

图 8-21　图 8-22

8.1.5 三维图层的基本操作

◆ 1. 移动三维图层

用户在三维空间中移动三维图层、将对象放置在三维空间中的指定位置或在三维空间中为图层制作空间位移动画时，就需要对三维图层进行移动操作。移动三维图层的方法主要有以下两种。

第1种：在“时间轴”面板中对三维图层的“位置”属性进行调节，如图8-23所示。

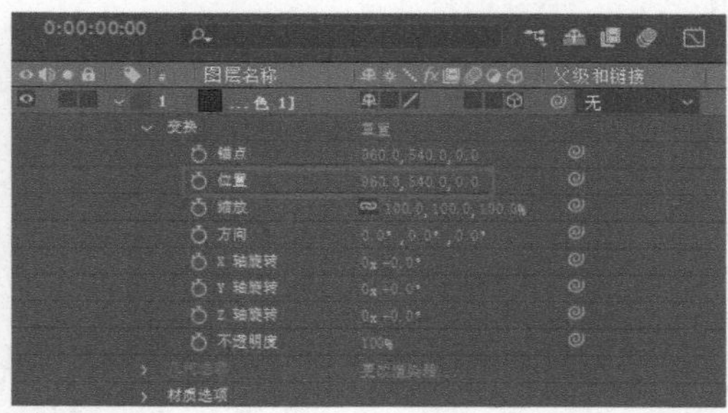

图 8-23

第2种：在“合成”面板中使用“选取工具”▶直接在三维图层的轴向上移动三维图层，如图8-24所示。

图 8-24

> 技巧与提示
>
> 当鼠标指针停留在各个轴向上时，如果鼠标指针呈现为▶形状，表示当前的移动操作锁定在 X 轴上；如果鼠标指针呈现为▶形状，表示当前的移动操作锁定在 Y 轴上；如果鼠标指针呈现为▶形状，表示当前的移动操作锁定在 Z 轴上。
>
> 如果不在单独的轴向上移动三维图层，那么该图层中的“位置”属性的 3 个数值会同时发生变化。

◆ 2. 旋转三维图层

按R键展开三维图层的“旋转”属性，可以观察到三维图层的可操作旋转参数包括“方向”“X轴旋转”“Y轴旋转”“Z轴旋转”4个，如图8-25所示。

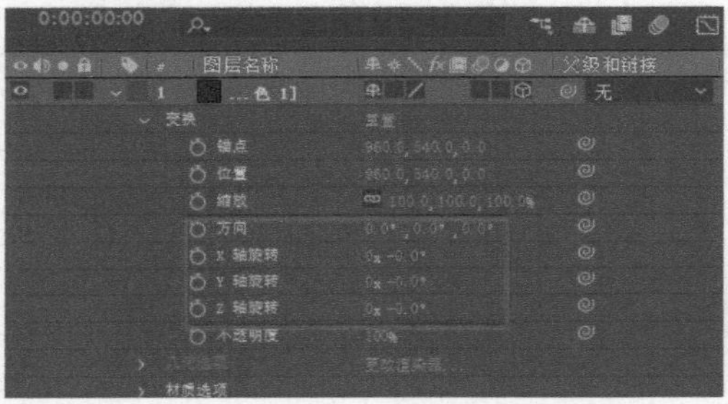

图 8-25

旋转三维图层的方法主要有以下两种。

第1种：在“时间轴”面板中直接对三维图层的“方向”属性或旋转属性进行调节，如图8-26所示。

图 8-26

> 技巧与提示
>
> 通过调节“方向”属性的值或者“旋转”属性的值来旋转三维图层，都是以图层的“轴心点”作为基点来旋转图层的。
>
> 使用“方向”属性制作的动画可以产生更加自然平滑的旋转过渡效果，而使用“旋转”属性制作的动画可以更精确地控制旋转的过程。
>
> 在制作三维图层的旋转动画时，不要同时使用“方向”和“旋转”属性，以免在制作旋转动画的过程中产生混乱。

第2种：在“合成”面板中使用“旋转工具”以“方向”或“旋转”的方式直接对三维图层进行旋转操作，如图8-27所示。

图 8-27

> 技巧与提示
>
> 在“工具”面板中单击“旋转工具”后，面板的右侧会出现一个设置三维图层旋转方式的选项，其中包括“方向”和“旋转”两种方式。

8.1.6 三维图层的材质属性

将二维图层转换为三维图层后，该图层除了会新增第3个维度的属性外，还会增加一个“材质选项”属性，该属性主要用来设置三维图层与灯光系统之间的关系，如图8-28所示。

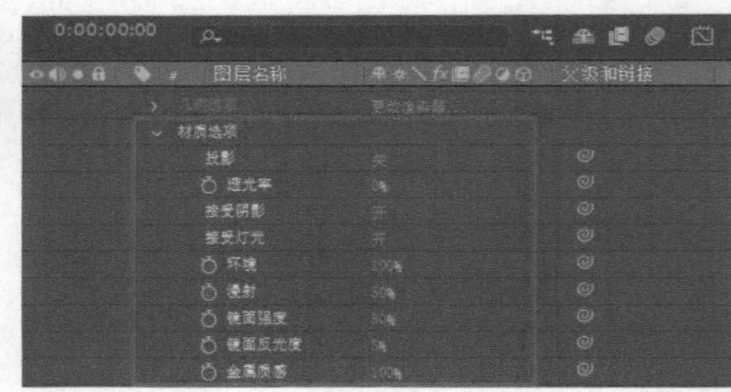

图 8-28

属性详解

- **投影**：决定三维图层是否投射阴影，包括“关”“开”“仅”3个选项，其中“仅”选项表示三维图层只投射阴影，如图8-29所示。

图 8-29

- **透光率**：设置物体接受光照后的透光程度，这个属性可以用来体现半透明物体在灯光下的照射效果，其效果主要体现在阴影上（物体的阴影会受到物体自身颜色的影响）。当“透光率”设置为0%时，物体的阴影颜色不受物体自身颜色的影响；当“透光率”设置为100%时，物体的阴影受物体自身颜色的影响最大，如图8-30所示。

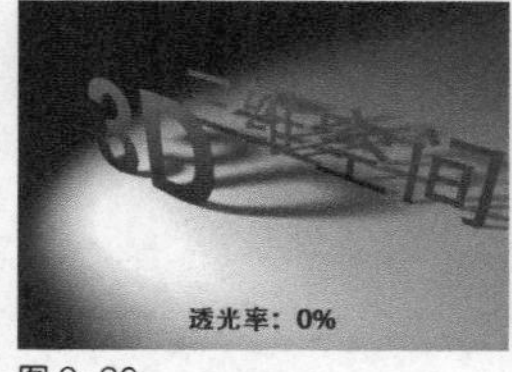

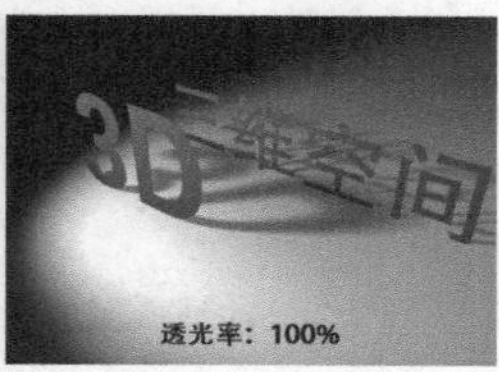

图8-30

- **接受阴影**：设置物体是否接受其他物体的阴影投射效果，包括“开”“关”两种模式，如图8-31所示。

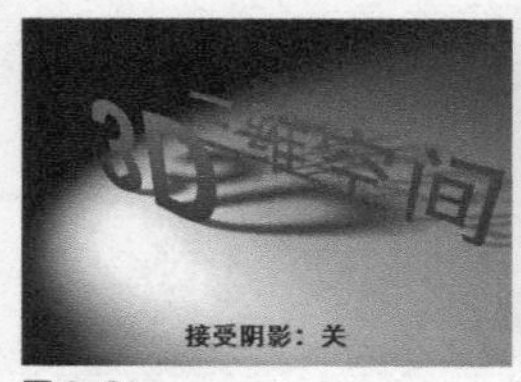

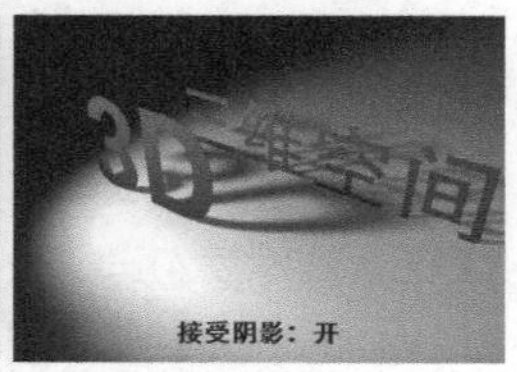

图8-31

- **接受灯光**：设置物体是否接受灯光的影响。设置为“开”模式时，表示物体接受灯光的影响，物体的受光面会受到灯光照射角度或强度的影响；设置为“关”模式时，表示物体表面不受灯光照射的影响，物体只显示自身的材质。
- **环境**：设置物体受环境光影响的程度，该属性只有在三维空间中存在环境光时才起作用。
- **漫射**：调整灯光漫反射的程度，主要用来突出物体颜色的亮度。
- **镜面强度**：调整图层镜面反射的强度。
- **镜面反光度**：设置图层镜面反射的区域，其值越小，镜面反射的区域就越大。
- **金属质感**：调节镜面反射光的颜色。其值越接近100%，效果就越接近物体的材质；其值越接近0%，效果就越接近灯光的颜色。

> **技巧与提示**
>
> 只有当场景中使用了灯光系统，“材质选项”中的各个属性才能起作用。

8.2 灯光系统

前面已经介绍了三维图层的材质属性，结合三维图层的材质属性，可以让灯光影响三维图层的表面颜色，同时还可以为三维图层创建阴影效果。

本节知识点

名称	学习目标	重要程度
创建灯光	了解如何创建灯光	高
属性与类型	了解灯光的属性及4种类型，包括“平行”“聚光”“点”“环境”	高
灯光的移动	了解如何移动灯光	高

8.2.1 课堂案例——黄昏森林

素材位置	实例文件 >CH08> 课堂案例——黄昏森林 >（素材）
实例位置	实例文件 >CH08> 课堂案例——黄昏森林 .aep
难易指数	★★★☆☆
学习目标	掌握灯光属性和类型的应用

本案例制作的黄昏森林效果如图8-32所示。

图8-32

01 打开学习资源中的“实例文件 >CH08 > 课堂案例——黄昏森林 .aep”文件，然后在“项目”面板中双击“黄昏森林”加载该合成，如图8-33所示。

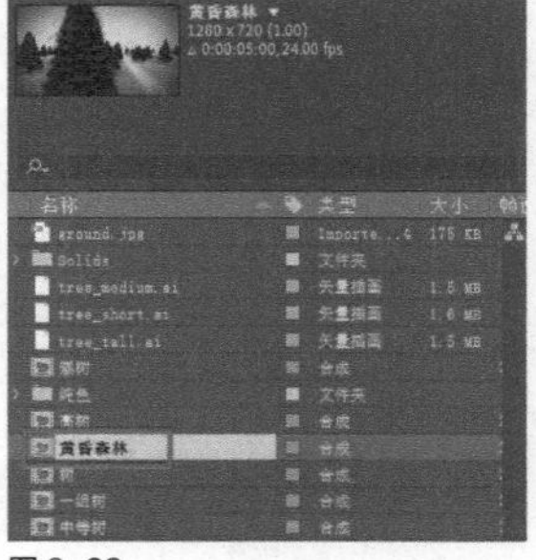

图8-33

02 在“时间轴”面板中双击进入“树 > 一组树 > 中等树”合成，并开启其中两个图层的“三维图层”属性，然后把“中等树”图层的“材质选项”属性下的“投影”打开，把“接受灯光”关闭，如图 8-34 所示。接着把“阴影”图层的“方向”设置为（270.0°，0.0°，0.0°），如图 8-35 所示。最后关闭“阴影”图层的“材质选项”属性下的“接受阴影”和“接受灯光”。

图 8-34

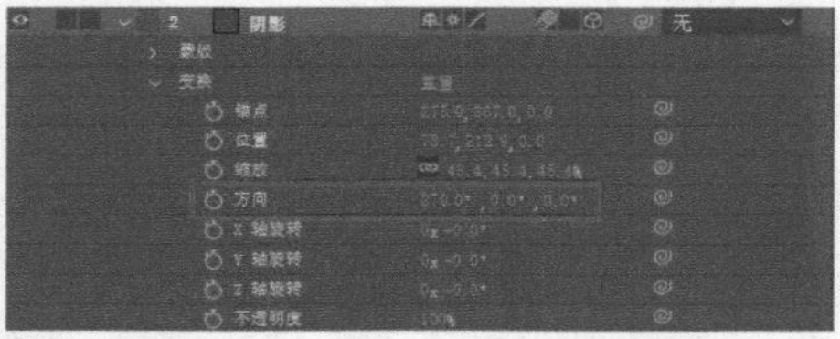

图 8-35

03 对“一组树”合成中的“矮树”和“高树”中的图层进行如上一步所示的操作，然后打开“中等树”“矮树”“高树”的“三维图层”和“折叠变换”属性，如图 8-36 所示。

图 8-36

04 开启“黄昏森林”合成中“地面”图层的“三维图层”属性，并将“位置”中的 Z 坐标设置为 -16.0，“方向”设为（270.0°，0.0°，0.0°），然后关闭其“材质选项”属性下的“接受灯光”，如图 8-37 所示。

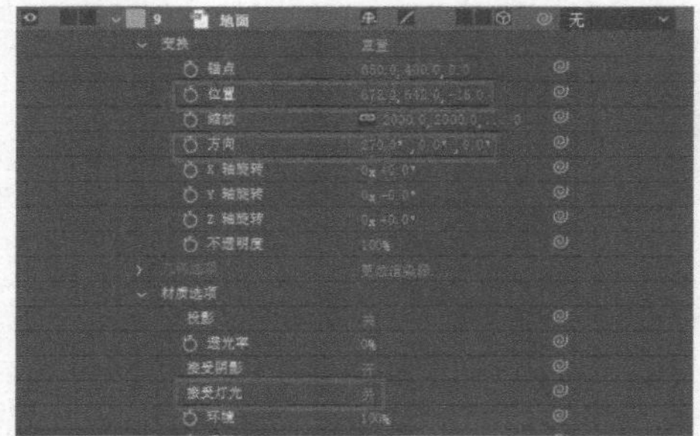

图 8-37

05 新建一个灯光图层，设置“灯光类型”为聚光、“颜色”为白色、“强度”为 100%、“锥形角度”为 120°，“锥形羽化”为 50%，然后勾选“投影”选项，接着设置“阴影深度”为 40%，“阴影扩散”为 60 px，最后单击“确定”按钮，如图 8-38 所示。

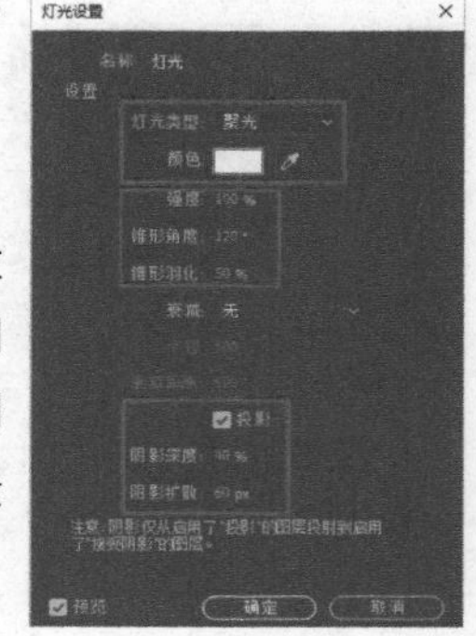

图 8-38

06 选择上一步创建的灯光图层，设置“位置”为（693.3，306.7，6000.0），如图 8-39 所示。

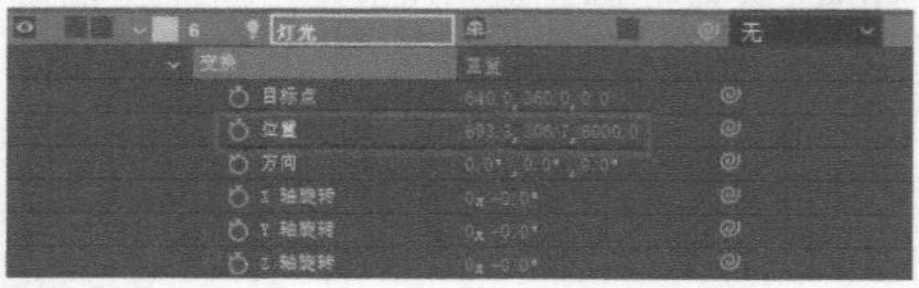

图 8-39

07 开启“空对象”图层的“三维图层”属性，在第 0 帧处设置其“位置”为（-1418.0，530.0，175.0），并激活这个属性的关键帧记录器，然后在第 4 秒 23 帧处设置其“位置”为（600.9，422.2，-0.2），如图 8-40 所示。

图 8-40

08 新建一个摄像机图层，并将“胶片大小”设置为 36 毫米，如图 8-41 所示，然后在第 0 帧处将其“位置”设为（0.0，0.0，-320.0），并将它的父对象设置为上一步中的“空对象”，如图 8-42 所示。

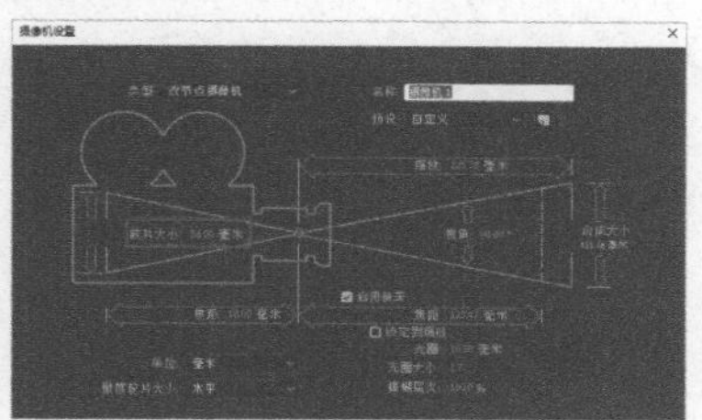

图 8-41

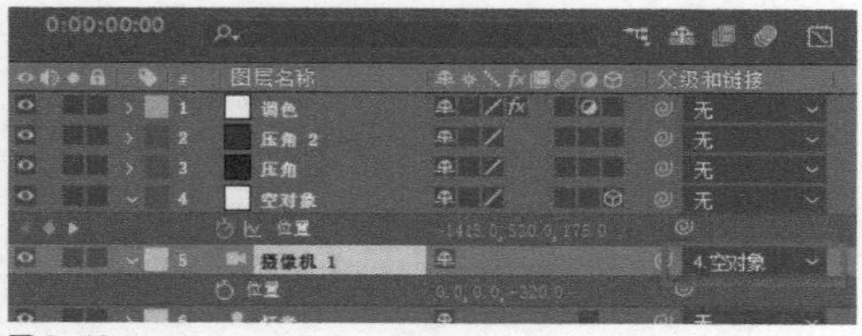

图 8-42

09 渲染并输出动画，最终效果如图 8-43 所示。

图 8-43

8.2.2 创建灯光

执行“图层>新建>灯光”菜单命令或按快捷键Ctrl+Alt+Shift+L，就可以创建一盏灯光，如图8-44所示。

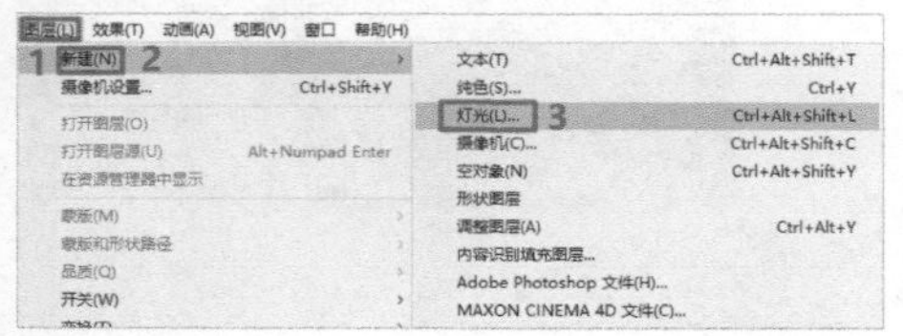

图 8-44

8.2.3 属性与类型

执行“图层>新建>灯光”菜单命令或按快捷键Ctrl+Alt+Shift+L时，将会打开“灯光设置”对话框，在该对话框中可以设置灯光的类型、强度、锥形角度和锥形羽化等相关参数，如图8-45所示。

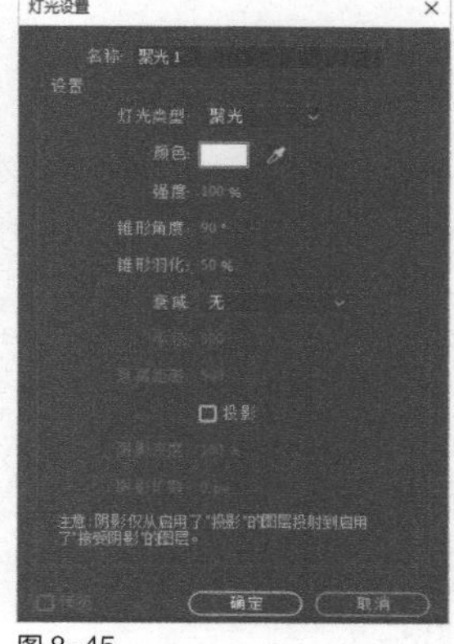

图 8-45

参数详解

- **名称**：设置灯光的名称。
- **灯光类型**：设置灯光的类型，包括“平行”“聚光”“点”“环境”4种类型。
- **颜色**：设置灯光照射的颜色。
- **强度**：设置灯光的光照强度。数值越大，光照越强。
- **锥形角度**：“聚光”特有的参数，主要用来设置“灯罩”的范围（即聚光灯遮挡的范围）。
- **锥形羽化**：“聚光”特有的参数，与“锥形角度”参数配合使用，主要用来调节光照区与无光区边缘的过渡效果。
- **半径**：设置灯光照射的范围。
- **衰减距离**：控制灯光衰减的范围。
- **投影**：控制灯光是否投射阴影。该参数必须在勾选了三维图层的“材质”选项属性下的“投影”选项的情况下才能起作用。
- **阴影深度**：设置阴影的投射深度，也就是阴影的黑暗程度。
- **阴影扩散**：设置“聚光”和“点”灯光下阴影的扩散程度，其值越大，阴影的边缘越柔和。

◆1. 平行光

“平行光”类似于太阳光，具有方向性，并且不受灯光距离的限制，也就是光照范围可以是无穷大，场景中的任何被照射的物体都能产生均匀的光照效果，但是只能产生尖锐的投影，如图8-46所示。

图8-46

◆2. 聚光灯

“聚光灯”可以产生类似于舞台聚光灯的光照效果，即从光源处产生一个圆锥形的照射范围，从而形成光照区和无光区。“聚光灯”同样具有方向性，并且能产生柔和的阴影效果和光线的边缘过渡效果，如图8-47所示。

图8-47

◆3. 点光源

“点光源”类似于没有灯罩的灯泡形成的照射效果,其光线以 360 度的全角范围向四周照射,并且会随着光源和照射对象之间距离的增大而发生衰减。虽然“点光源”不能产生无光区，但是也可以产生柔和的阴影效果，如图 8-48 所示。

◆4. 环境光

“环境光”没有灯光发射点，也没有方向性，不能产生投影效果，不过可以用来调节整个画面的亮度，也可以和三维图层“材质选项”属性中的“环境光”属性配合使用，以影响环境的色调，如图 8-49 所示。

图8-48

图8-49

8.2.4 灯光的移动

用户可以通过调节灯光图层的“位置”和“目标点”来设置灯光的照射方向和范围。

在移动灯光时，除了使用直接调节参数以及移动其坐标轴的方法外，还可以通过直接拖曳灯光的图标来自由移动其位置，如图8-50所示。

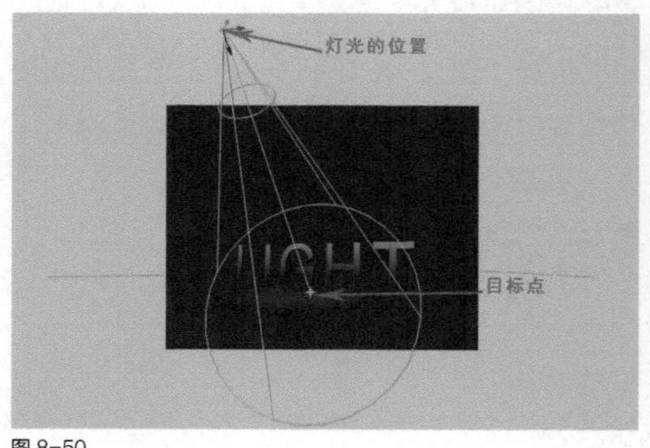

图8-50

> 技巧与提示
>
> 灯光的“目标点”主要起确定灯光方向的作用。在默认情况下，“目标点”的位置在合成的中央。
>
> 在使用“选取工具”移动灯光的坐标轴时，灯光的目标点也会随之发生移动；如果只想让灯光的“位置”属性发生改变，而保持“目标点”位置不变，可以在使用“选取工具”移动灯光的同时按住 Ctrl 键。

8.3 摄像机系统

在After Effects 中创建一个摄像机后，用户可以在摄像机视图中以任意距离和任意角度来观察三维图层的效果，和在现实生活中使用摄像机进行拍摄一样方便。

本节知识点

名称	学习目标	重要程度
创建摄像机	了解如何创建摄像机	高
摄像机的属性设置	了解如何设置摄像机的属性	高
摄像机的基本控制	了解如何控制摄像机	高

8.3.1 创建摄像机

执行“图层>新建>摄像机”菜单命令或按快捷键Ctrl+Alt+Shift+C，可以创建一个摄像机，如图8-51所示。

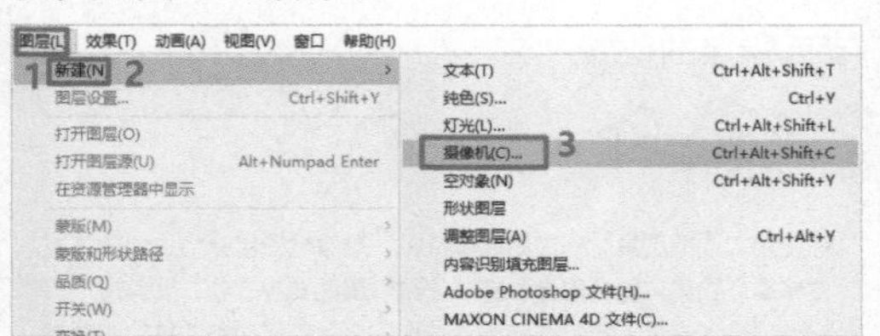

图 8-51

After Effects中的摄像机是以图层的方式被引入合成的，这样在一个合成项目中对同一场景可以使用多台摄像机来进行观察和渲染，如图8-52所示。

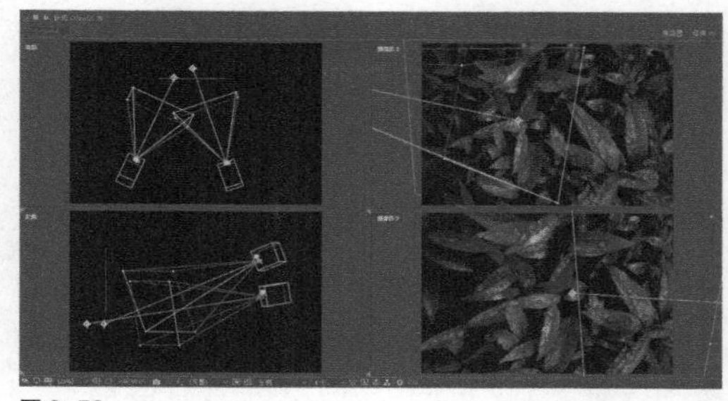

图 8-52

> 技巧与提示
>
> 如果要使用多台摄像机进行多视角展示，可以通过在同一个合成中添加多个摄像机图层来完成。如果在场景中使用了多台摄像机，此时应该在“合成”面板中将当前视图设置为“活动摄像机”视图。“活动摄像机”视图显示的是当前图层中最上面的摄像机，在对合成进行最终渲染或对图层进行嵌套时，使用的就是“活动摄像机”视图，如图 8-53 所示。
>
> 
>
>
> 图 8-53

8.3.2 摄像机的属性设置

执行“图层>新建>摄像机”菜单命令，打开“摄像机设置”对话框，通过该对话框可以设置摄像机的基本属性，如图8-54所示。

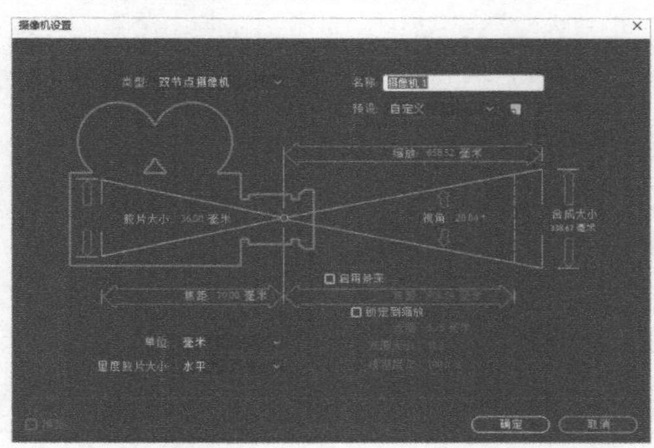

图 8-54

参数详解

- **名称**：设置摄像机的名称。
- **预设**：设置摄像机的镜头类型，包含9种常用的摄像机镜头，如15mm的广角镜头、35mm

的标准镜头和200mm的长焦镜头等。

- **单位：**设定摄像机参数的单位，包括“像素”“英寸”“毫米”3个选项。

- **量度胶片大小：**设置衡量胶片尺寸的方式，包括“水平”“垂直”“对角”3个选项。

- **缩放：**设置摄像机镜头与焦平面（也就是被拍摄对象）之间的距离。“缩放”值越大，摄像机的视野越小，即变焦设置。

- **视角：**设置摄像机的视角，可以理解为摄像机的实际拍摄范围，“焦距”“胶片大小”“缩放”3个参数共同决定了“视角”的数值。

- **胶片大小：**设置影片的曝光尺寸，该参数与“合成大小”参数值相关。

- **启用景深：**控制是否启用景深效果。

- **焦距：**设置从摄像机到图像最清晰时所在位置的距离。在默认情况下，“焦距”与“缩放”参数是锁定在一起的，它们的初始值也是一样的。

- **光圈：**设置光圈的大小。“光圈”值会影响景深效果，其值越大，景深之外的区域的模糊程度就越高。

- **光圈大小：**“焦距”与“光圈”的比值。其中，“光圈大小”与“焦距”成正比，与“光圈”成反比。“光圈大小”越小，镜头的透光性能越好；反之，透光性能越差。

- **模糊层次：**设置景深的模糊程度。值越大，景深效果越模糊。

技巧与提示

使用过三维软件（如3ds Max、Maya等）的设计师都知道，三维软件中的摄像机有目标摄像机和自由摄像机之分，但是在After Effects中只能创建一种摄像机，通过分析摄像机的参数可以发现，这种摄像机就是目标摄像机，因为它有“目标点”属性，如图8-55所示。

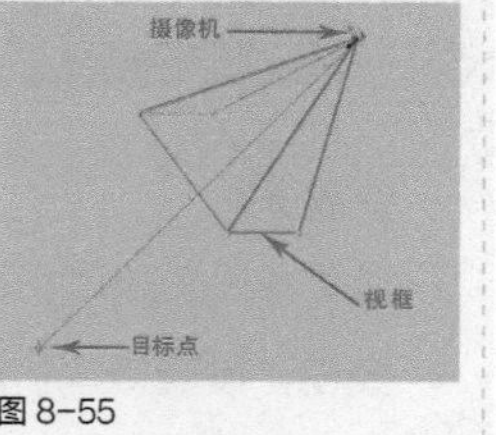

图8-55

在制作摄像机动画时，需要同时调节摄像机的位置和摄像机目标点的位置。如使用After Effects中的摄像机跟踪一辆在S形车道上行驶的汽车，如图8-56所示。如果只使用摄像机位置和摄像机目标点位置来制作关键帧动画，就很难让摄像机跟随汽车一起运动。这时就需要引入自由摄像机的概念，可以使用空对象图层和父子图层来将目标摄像机变成自由摄像机。

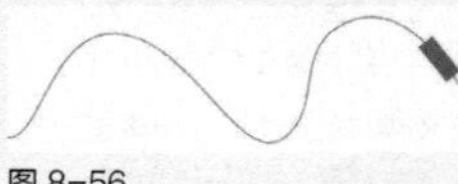
图8-56

新建一个摄像机图层和一个空对象图层，接着设置空对象图层为三维图层，并将摄像机图层设置为空对象图层的子图层，如图8-57所示，这样就创建了一台自由摄像机。此时通过调整空对象图层的“位置”和“旋转”属性，就可以控制摄像机的方向。

图8-57

8.3.3 摄像机的基本控制

◆1. 位置与目标点

对于摄像机图层，用户可以通过调节“位置”和“目标点”属性来设置摄像机的拍摄内容。在移动摄像机时，除了调节参数以及移动其坐标轴的方法外，还可以通过拖曳其图标的方法来移动。

摄像机的“目标点”主要起到定位摄像机的作用。在默认情况下，“目标点”的位置在合成的中央，可以使用调节摄像机的方法来调节目标点的位置。

技巧与提示

在使用“选取工具”移动摄像机时，摄像机的目标点也会随之发生移动；如果只想让摄像机的“位置”属性发生改变，而保持“目标点”位置不变，可以在使用“选取工具”移动摄像机的同时按住Ctrl键。

◆2. 摄像机工具组

After Effects中有3类共8种摄像机工具，可以用来调节摄像机的位移、旋转和推拉等操作，如图8-58所示。

图8-58

> 技巧与提示
>
> 只有在合成中有三维图层和三维摄像机时，摄像机移动工具才能起作用。

工具详解

- **绕光标旋转工具**：控制摄像机以鼠标单击的地方为中心进行旋转。子菜单中包含绕场景旋转工具和绕相机信息点旋转工具。该工具的快捷键为1。
- **在光标下移动工具**：控制摄像机以鼠标单击的地方为原点进行平移。子菜单中包含平移摄像机POI工具。该工具的快捷键为2。
- **向光标方向推拉镜头工具**：控制摄像机以鼠标单击的地方为目标进行推拉。子菜单中包含推拉至光标工具和推拉至摄像机POI工具。该工具的快捷键为3。

◆3. 自动定向

在二维图层中，使用图层的“自动定向”功能可以使图层在运动过程中始终保持朝向运动的路径，如图8-59所示。

图 8-59

在三维图层中，使用“自动定向”功能不仅可以使三维图层在运动过程中保持朝向运动的路径，还可以使三维图层在运动过程中始终朝向摄像机。下面讲解如何在三维图层中设置“自动定向”。选中需要进行“自动定向”设置的三维图层，然后执行“图层>变换>自动定向”菜单命令或按快捷键Ctrl+Alt+O，打开“自动方向”对话框，接着在该对话框中选择“定位于摄像机”选项，如图8-60所示，即可使三维图层在运动过程中始终朝向摄像机。

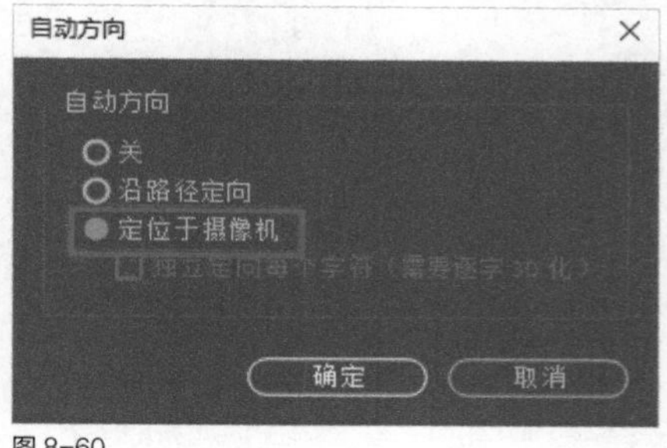

图 8-60

参数详解

- **关**：不使用“自动定向”功能。
- **沿路径定向**：设置三维图层自动朝向运动的路径。
- **定位于摄像机**：设置三维图层自动朝向摄像机或灯光的目标点，如图8-61所示。如果不选择该选项，摄像机就变成了自由摄像机。

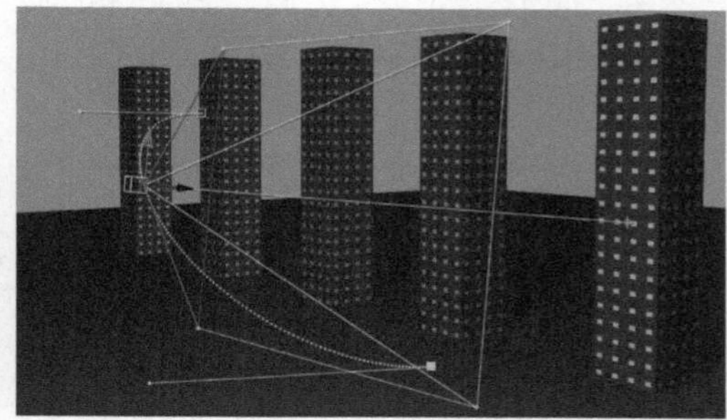

图 8-61

8.4 课后习题

8.4.1 课后习题——翻书动画

素材位置	实例文件 >CH08> 课后习题——翻书动画 >（素材）
实例位置	实例文件 >CH08> 课后习题——翻书动画 .aep
难易指数	★★★★☆
练习目标	练习三维技术的综合运用

本习题综合运用了三维图层的知识和技巧，其制作效果如图8-62所示。

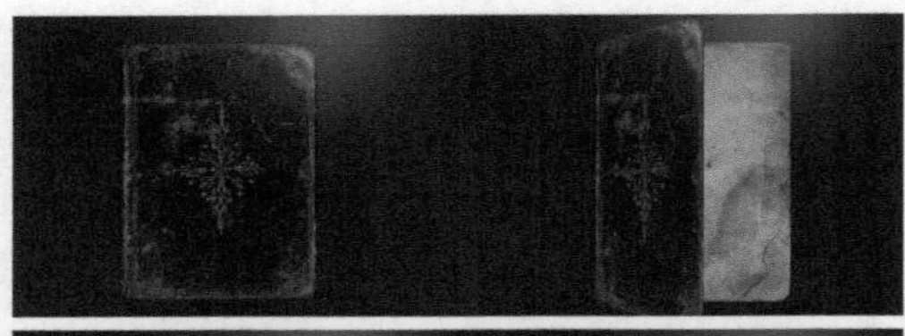

图 8-62

01 打开学习资源中的“实例文件 >CH08 > 课后习题——翻书动画 .aep”文件，然后在“项目”面板中双击“翻书动画”加载该合成。

02 将“封面”“纸张 2”“纸张 1”3 个素材依照从上到下的顺序放在“调色”图层和“木纹理”图层之间，调整它们的“位置”“缩放”“旋转”属性，使 3 个图层中上面的图层正好可以遮住下面的图层。

03 新建一个空对象图层，开启三维图层属性后在上面添加 Y 轴上从 0 度到 180 度的关键帧动画，然后将“封面”和“纸张 2”的锚点设置在它们的左边缘处，接着将它们的父对象设置为这个空对象图层。

04 新建一个摄像机，为其添加一个向左运动的关键帧动画，使书打开后还能位于镜头中央。

05 在“纸张 2”和“纸张 1”上添加“生成 >CCLight Sweep（扫光）”效果来制作书页中间的阴影，然后调整它们的颜色，使其与环境更匹配。

8.4.2 课后习题——文字动画

素材位置	实例文件 >CH08> 课后习题——文字动画 >（素材）
实例位置	实例文件 >CH08> 课后习题——文字动画 .aep
难易指数	★★☆☆☆
练习目标	练习三维摄像机的运用

本习题使用三维摄像机制作的文字动画效果如图8-63所示。

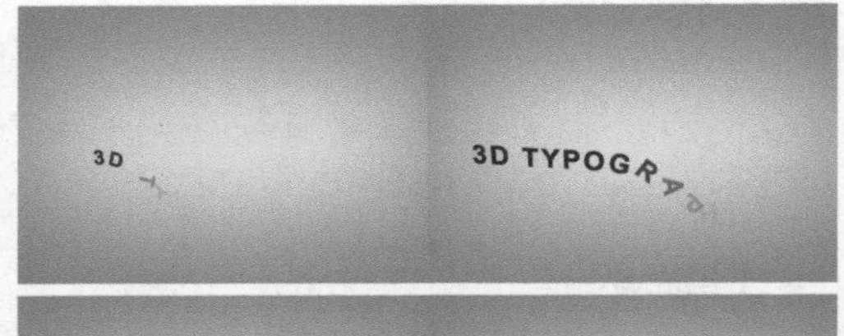

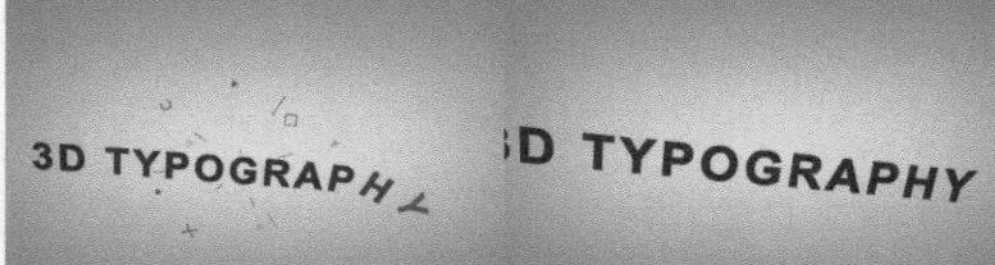

图 8-63

01 打开学习资源中的“实例文件 >CH08> 课后习题——文字动画 .aep”文件，接着在“项目”面板中双击“文字动画”加载该合成。

02 新建一个文本图层，单击图层下的 动画: 按钮，为其添加“位置”“旋转”“不透明度”3 个属性，调整其参数，然后将“范围选择器 > 高级”中的“形状”设置为平滑，接着为“范围选择器”下的“偏移”设置一个从 0% 到 100% 的动画关键帧。

03 为文本图层绘制一个遮罩，以只显示左侧“升”起来的字母，并根据需要为遮罩的“蒙版路径”设置关键帧动画。

04 开启文本图层的三维图层属性，调整其“位置”与“缩放”属性；将素材中的“小元素”放在文本图层下方，同样开启其三维图层属性，并调整其“位置”和“缩放”属性，让其位于文本的后方。

05 新建一个摄像机，调整摄像机的位置后设置摄像机的运动动画。

09

第 9 章

色彩修正

本章导读

在影片的前期拍摄中，拍摄的画面由于受到一些客观因素的影响而与真实效果相比有一定的偏差，并且有时，导演也会根据影片的情节、氛围、意境等提出要求，这就需要设计师对画面进行颜色校正和色彩的艺术化加工处理。

课堂学习目标

了解色彩的基础知识

掌握“曲线”滤镜

掌握“色阶”滤镜

掌握“色相 / 饱和度”滤镜

掌握“色光”滤镜

After Effects

9.1 色彩的基础知识

在影视制作中，不同的色彩会给我们带来不同的心理感受，也可以营造各种独特的氛围和意境。在拍摄过程中由于受到自然环境、拍摄设备及摄影师等因素的影响，拍摄的画面与真实效果之间有一定的偏差，这就需要对画面进行色彩校正，最大限度地还原色彩的本来面目。此外，导演有时候会根据影片的情节、氛围或意境提出色彩上的要求，因此设计师需要根据要求对画面色彩进行处理。本章将重点讲解色彩修正所用的3个核心滤镜和内置常用滤镜，并通过具体的案例来讲解常见的色相修正技法。

本节知识点

名称	学习目标	重要程度
色彩模式	了解 4 种常用的色彩模式	中
位深度	了解位深度的含义	中

9.1.1 课堂案例——去色保留效果

素材位置	实例文件 >CH09> 课堂案例——去色保留效果 >（素材）
实例位置	实例文件 >CH09> 课堂案例——去色保留效果 .aep
难易指数	★★☆☆☆
学习目标	掌握 HSB 色彩模式的基础概念和应用

本案例制作的效果如图9-1所示。

图 9-1

01 启动 After Effects 2021，导入学习资源中的“实例文件 >CH09 > 课堂案例——去色保留效果 .aep”文件，然后在“项目”面板中双击“雨伞”加载该合成，如图 9-2 所示。

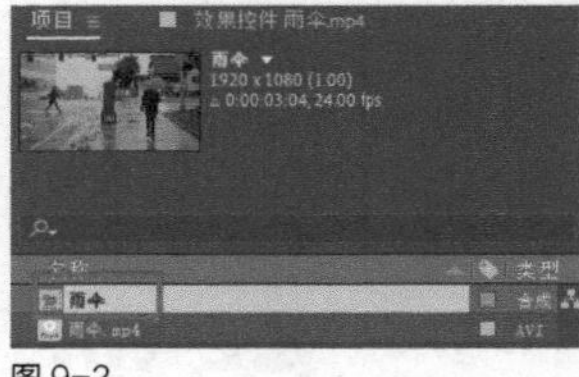

图 9-2

02 将“时间轴”面板中的“雨伞”图层复制一份，在上面的图层中使用“钢笔工具”绘制一个大致可以包括雨伞的蒙版，如图 9-3 所示。然后激活该蒙版中“蒙版路径”属性的动画关键帧，接着在整个视频的持续时间范围内调整蒙版路径，使蒙版始终可以把雨伞包括在内，如图 9-4 所示。

图 9-3

图 9-4

03 在上一步绘制蒙版的图层上执行“效果 > 颜色校正 > 色相 / 饱和度”菜单命令，并将“通道控制”设置为“红色”，然后将“通道范围”调整为图 9-5 所示的效果（和等滑块可以在被拖曳到一边的尽头后在另一边出现），接着将“红色饱和度”调整为 -100。

04 在复制的另一个“雨伞”图层上同样执行“效果 > 颜色校正 > 色相 / 饱和度”菜单命令，并将“主饱和度”设为 -100，如图 9-6 所示。

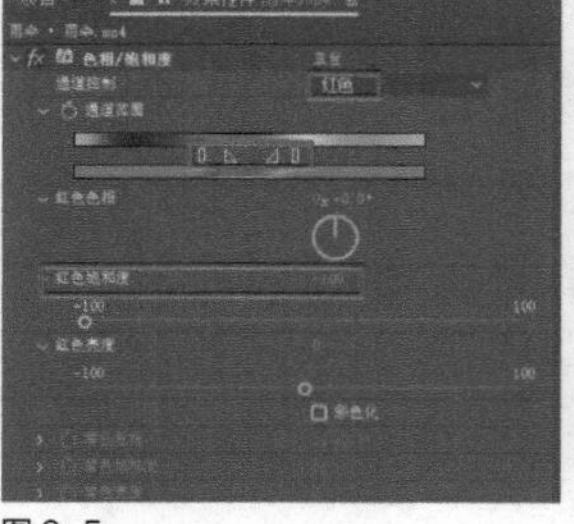

图 9-5

图 9-6

05 新建一个调整图层并将其置于顶层，执行“效果 > 颜色校正 > 曲线”菜单命令，设置“通道”为“RGB”，并调整曲线为图9-7所示的效果。

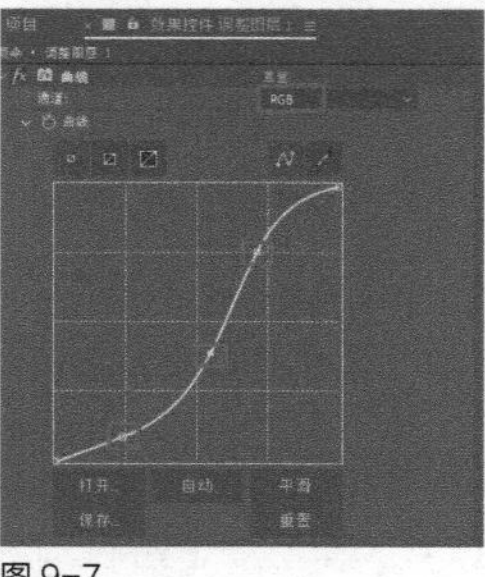

图 9-7

06 在有蒙版的那个“雨伞”图层上添加一个新的“颜色校正 > 色相 / 饱和度”效果，将“通道控制”设为“红色”，“红色饱和度”设为47，“红色亮度”设为 -45，如图 9-8 所示。

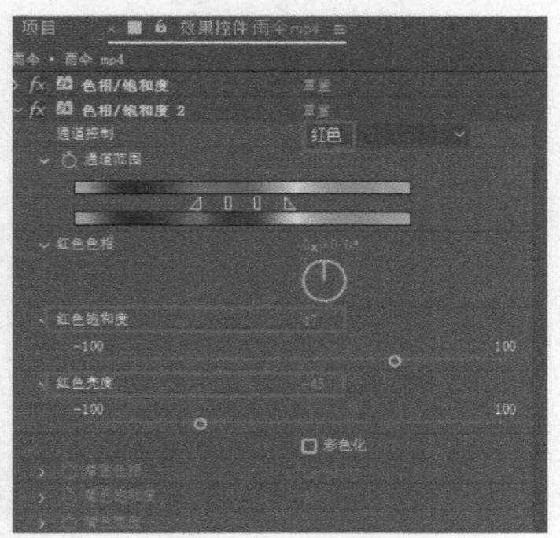

图 9-8

07 渲染并输出动画，最终效果如图 9-9 所示。

图 9-9

9.1.2 色彩模式

色彩修正是影视制作中非常重要的内容，也是后期合成中必不可少的步骤之一。在学习色彩修正之前，我们需要对色彩的基础知识有一定的了解。下面将介绍几种常用的色彩模式。

◆ 1.HSB 色彩模式

HSB色彩模式是我们在学习色彩基础知识的时候认识的第1个色彩模式。在学习色彩的时候，或者在日常生活中，我们之所以能准确说出红色、绿色，或者衣服太艳、太灰、太亮等，是因为颜色具有色相、饱和度和明度这3个基本属性特征。

色相取决于光谱成分的波长，它在拾色器中用度数来表示，0度表示红色，360度也表示红色，其中黑、白、灰属于无彩色，其不存在于色相环中，如图9-10和图9-11所示。

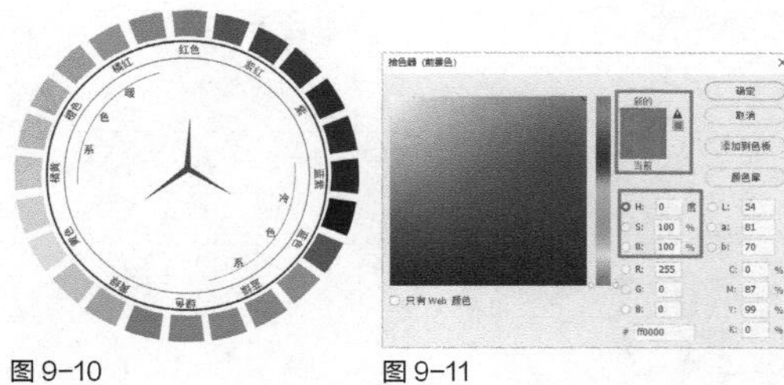

图 9-10 图 9-11

当调色的时候，如果说“这个画面偏蓝一点”，或者说“把这个模特的绿色衣服调为红色”，其实调整的都是色相。图9-12所示是同一个物体在不同色相下的对比效果。

图 9-12

饱和度也叫纯度，指的是颜色的鲜艳程度、纯净程度。饱和度越高，颜色越鲜艳；饱和度越低，颜色越偏向灰色。饱和度用百分比来表示，饱和度为0时，画面变为灰色。图9-13所示为同一画面在不同饱和度下的对比效果。

图 9-13

明度指的是物体颜色的明暗程度，用百分比来表示。物体在不同强度的照明光线下会产生明暗的差别。明度越高，颜色越明亮；明度越低，颜色越暗。图9-14所示是同一画面在不同明度下的对比效果。正是由于色相、饱和度和明度的存在，一个物体的色彩才会丰富起来。

图 9-14

◆ 2.RGB 色彩模式

RGB（红、绿、蓝）色彩模式是工业界的一种颜色标准，这个标准几乎包括人类视力所能感知的所有颜色，同时也是目前运用最广泛的色彩模式之一。在RGB色彩模式下，计算机会按照每个通道256（0~255）种灰度色阶来表示色彩的明暗，它们按照不同的比例混合，在屏幕上重现16777216（256×256×256）种颜色。

用户可以在常用的拾色器中通过数据的变化来理解色彩的计算方式。打开拾色器，当RGB数值为（255，0，0）时，表示该颜色是纯红色，如图9-15所示。

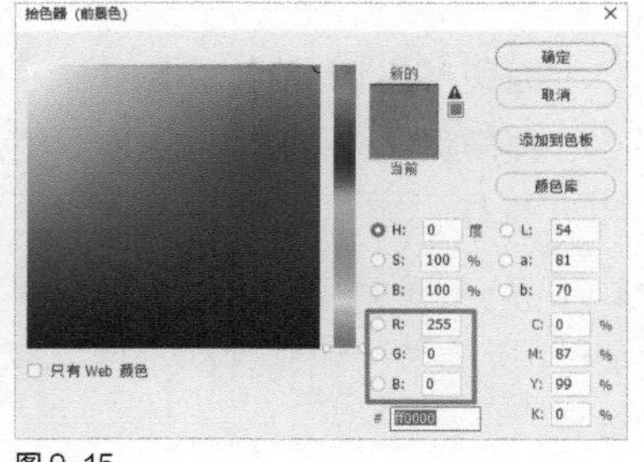

图 9-15

同样地，当RGB数值为（0，255，0）时，表示该颜色是纯绿色；当RGB数值为（0，0，255）时，表示该颜色是纯蓝色，如图9-16和图9-17所示。

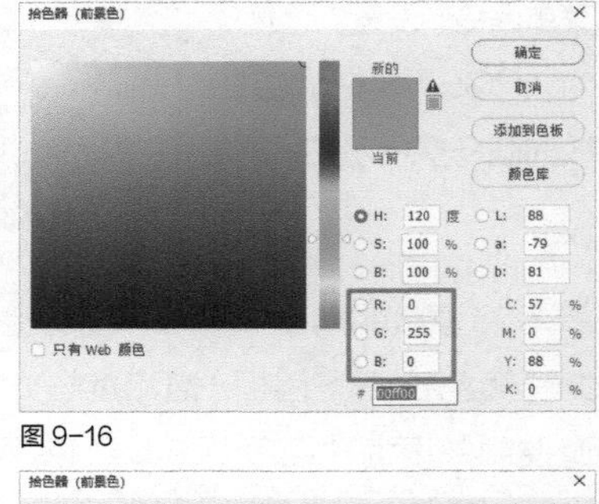

图 9-16

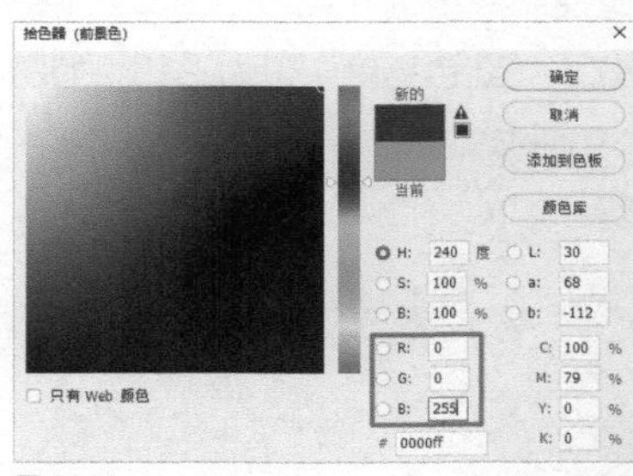

图 9-17

当RGB的3种色光混合在一起的时候，3种色光的最大值可以产生白色，而且它们混合形成的颜色一般比原来的颜色亮度值高，因此我们称这种模式为加色模式。该模式常常用于光照、视频和显示器，如图9-18所示。

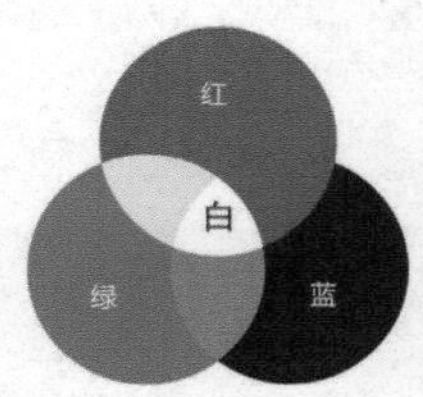

图 9-18

当RGB的3种色光的数值相等时，混合得到的是纯灰色。数值越小，灰色程度越偏向黑色，呈现出深灰色；数值越大，灰色程度越偏向白色，呈现出浅灰色，如图9-19和图9-20所示。

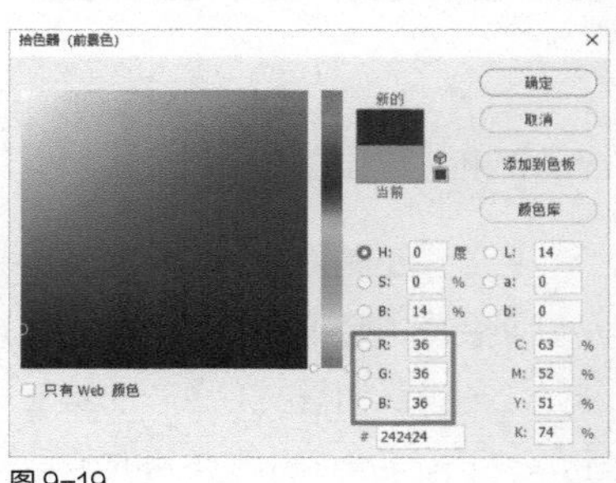

图 9-19

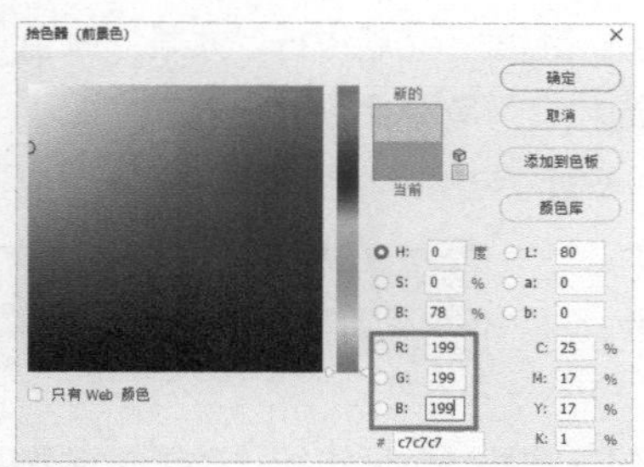

图9-20

◆ 3.CMYK 色彩模式

CMY（青色、品红色、黄色）是印刷的三原色。印刷通过油墨浓淡的不同配比来产生不同的颜色，它是按照0~100%来划分的。

用户可以打开拾色器，通过数据的变化来理解颜色值的计算方式。当CMY数值为（0，0，0）时，得到的是白色，如图9-21所示。

如果要印刷黑色，那就要求CMY的数值为（100，100，100）。在一张白纸上，青色、品红色、黄色的数值都为100%的时候，这3种颜色混合到一起后得到的就是黑色，但是此时得到的黑色并不是纯黑色，如图9-22所示。

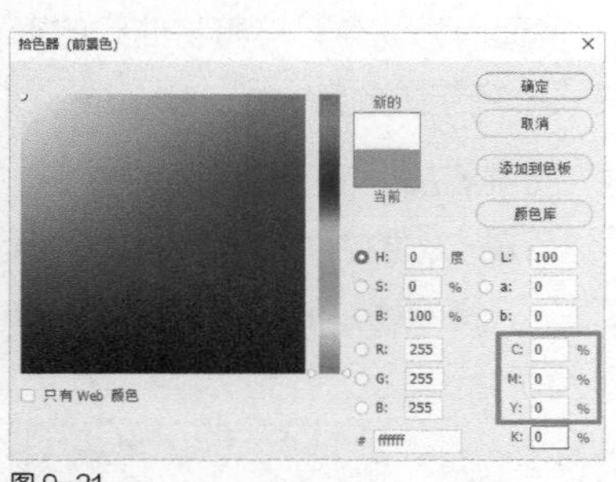

图9-21

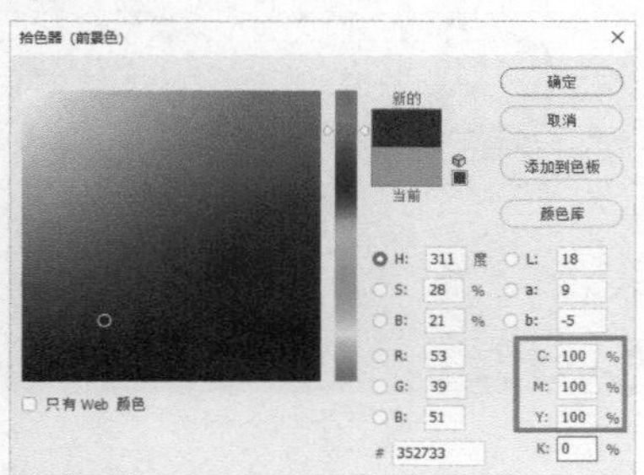

图9-22

理论上，当CMY数值均为100%时是可以调配出黑色的，但实际的印刷工艺却无法调配出非常纯正的三色油墨。为了将黑色印刷得更漂亮，于是在印刷中专门生产了一种黑色油墨，用英文“Black”来表示，简称K，所以印刷原色为四色而不是三色。

RGB的3种色光为最大值时混合可以得到白色，而CMY的3种油墨为最大值时混合得到的是黑色。由于青色、品红色和黄色3种油墨按照不同的配比混合的时候，颜色的亮度会越来越低，因此这种色彩模式称为减色模式，如图9-23所示。

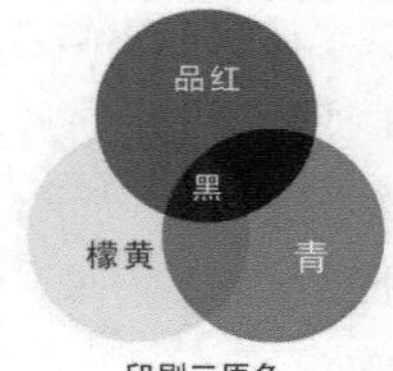

图9-23

9.1.3 位深度

位深度也被称为像素深度或者色深度，即一个像素中每个颜色通道的位数，它是显示器、数码相机和扫描仪等设备使用的专业术语。一般的图像文件都是由RGB或者RGBA通道组成的，每个通道中记录单个像素色彩信息所占用的位数就是位深度。

计算机通常用2的*n*次方来描述一个数据空间，通常情况下图像一般都用8bit，即2的8次方来进行量化，这样每个通道就是256种颜色。

在普通的RGB图像中，每个通道都用8bit来进行量化，即256×256×256，约1678万种颜色。

在制作高分辨率项目时，为了表现更加丰富的画面，通常使用16bit高位量化的图像。此时每个通道的颜色用2的16次方来进行量化，这样每个通道有高达65000种颜色信息，比8bit图像包含更多的颜色信息，所以它的色彩会更加平滑，细节也会非常丰富。

> 技巧与提示
>
> 为了保证调色的质量，建议在调色时将项目的位深度设置为32bit，32bit图像被称为HDR（高动态范围）图像，它的文件信息和色调比16bit图像丰富得多，当然这主要应用于电影级别的项目。

9.2 核心滤镜

After Effects的“颜色校正”滤镜组中提供了很多色彩修正滤镜，本节挑选了3个常用的滤镜来进行讲解，即“曲线”“色阶”“色相/饱和度”滤镜。这3个滤镜覆盖了色彩修正的绝大部分需求，掌握好它们是十分重要且必要的。

本节知识点

名称	作用	重要程度
“曲线”滤镜	一次性精确地完成图像整体或局部的对比度、色调范围及色彩的调节	高
“色阶”滤镜	通过直方图调整图像的色调范围或色彩平衡等，同时可以扩大图像的动态范围，查看和修正曝光，提高对比度等	高
“色相/饱和度”滤镜	调整图像的色调、亮度和饱和度	高

9.2.1 课堂案例——冷调转暖调

素材位置	实例文件>CH09>课堂案例——冷调转暖调>（素材）
实例位置	实例文件>CH09>课堂案例——冷调转暖调.aep
难易指数	★☆☆☆☆
学习目标	掌握色彩修正技术的综合运用

本案例的前后对比效果如图9-24所示。

图9-24

01 打开学习资源中的“实例文件>CH09>课堂案例——冷调转暖调.aep”文件，然后加载“冷调转暖调”合成，如图9-25所示。

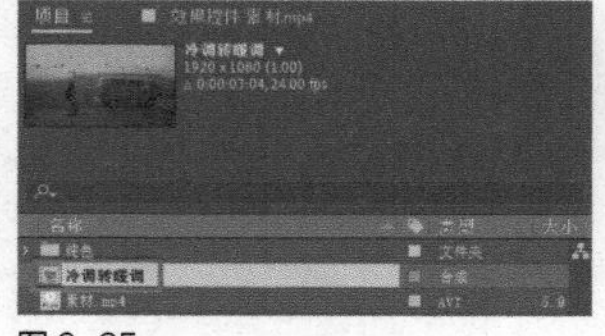

图9-25

02 选择“素材”图层，然后执行“效果>颜色校正>自然饱和度”菜单命令，接着在“效果控件”面板中设置“自然饱和度”为35.0，“饱和度”为23.0，如图9-26所示。

图9-26

03 选择“素材”图层，然后执行“效果>颜色校正>可选颜色”菜单命令，接着在“效果控件”面板中设置“细节>黄色”下的“青色”为-100.0%，“洋红色”为100.0%，“黄色”为32.0%，“黑色”为-39.0%，如图9-27所示。

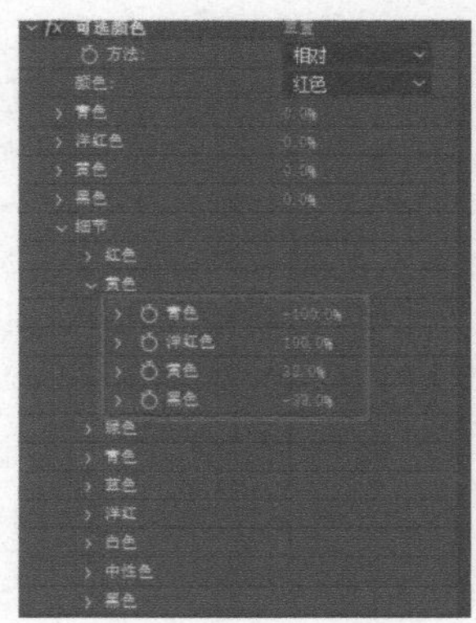

图9-27

04 选择“素材”图层，然后执行“效果>颜色校正>曲线”菜单命令，接着在“效果控件”面板中设置“通道”为红色，接着将曲线的形状调整为图9-28所示的效果。

05 为“素材”图层添加一个新的“颜色校正>曲线”效果，然后在“效果控件”面板中设置“通道”为“RGB”，接着调整曲线的形状，其效果如图9-29所示。

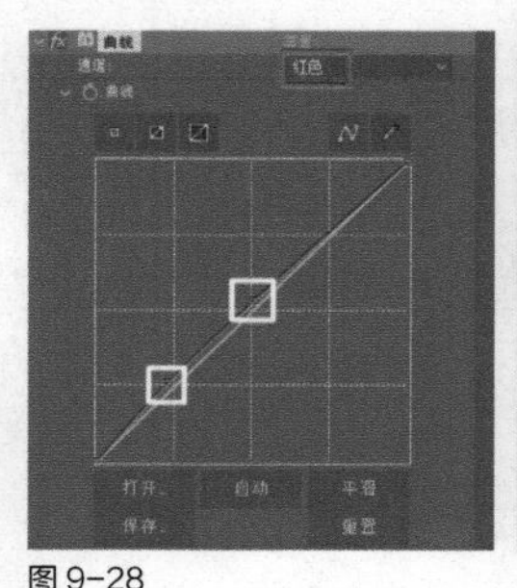

图9-28

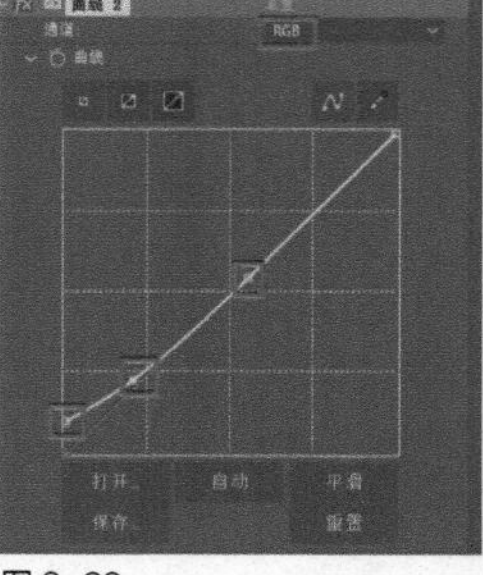

图9-29

06 渲染并输出动画，最终效果如图9-30所示。

图9-30

9.2.2 “曲线”滤镜

使用“曲线”滤镜可以在一次操作中就精确地完成图像整体或局部的对比度、色调范围及色彩的调节。在进行色彩修正时，可以获得更多的自由度，甚至可以让糟糕的镜头重新焕发光彩。如果想让整个画面明朗一些，细节表现更加丰富，暗调反差拉开，那么“曲线”滤镜是不二的选择。

执行“效果>颜色校正>曲线”菜单命令，在“效果控件”面板中展开“曲线”滤镜的属性，如图9-31所示。

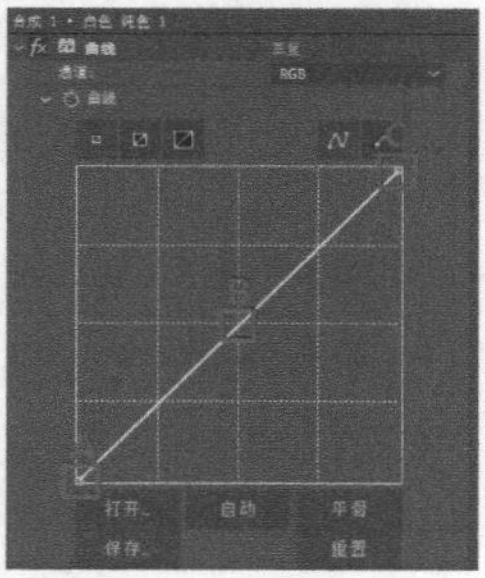

图9-31

曲线左下角的端点A代表暗调（黑场），中间的过渡点B代表中间调（灰场），右上角的端点C代表高光（白场）。曲线的水平轴表示输入色阶，垂直轴表示输出色阶。曲线初始状态的色调范围显示为45度的对角基线，因为输入色阶和输出色阶是完全相同的。

曲线往上移动是加亮，往下移动是减暗，加亮的极限是255，减暗的极限是0。“曲线”滤镜与Photoshop中的曲线命令的功能极其相似。

参数详解

- **通道**：选择需要调整的色彩通道，包括“RGB”“红色”“绿色”“蓝色”“Alpha”通道。
- **曲线**：通过调整曲线的坐标或绘制曲线来调整图像的色调。

切换：用来切换操作区域的大小。

曲线工具：使用该工具可以在曲线上添加节点，并且可以移动添加的节点；如果要删除节点，只需要将选择的节点拖曳到曲线之外即可。

铅笔工具：使用该工具可以在坐标图上任意绘制曲线。

打开：用于打开保存好的曲线，也可以打开Photoshop中的曲线文件。

自动：用于自动修改曲线，增加应用图层的对比度。

平滑：使用该工具可以将曲线变得更加平滑。

保存：将当前的色调曲线储存起来，以便以后重复利用。保存好的曲线文件可以应用在Photoshop中。

重置：用于将曲线恢复到默认的直线状态。

9.2.3 “色阶”滤镜

◆1. 关于直方图

直方图用图像的方式来展示视频的影调构成。一张8bit通道的灰度图像可以显示256个灰度级，因此灰度级可以用来表示画面的亮度层次。

对于彩色图像，可以将彩色图像的R、G、B通道分别用8bit的黑白影调层次来表示，而这3个颜色通道共同构成了亮度通道。对于带有Alpha通道的图像，可以用4个通道来表示图像的信息，也就是通常所说的“RGB+Alpha”通道。

在图9-32中，直方图表示在黑与白的256个灰度级别中，每个灰度级别在视频中有多少个像素。从图中可以直观地发现整个画面偏暗，所以在直方图中可以观察到绝大部分像素都集中在0~128个级别中，其中0表示黑色，255表示白色。

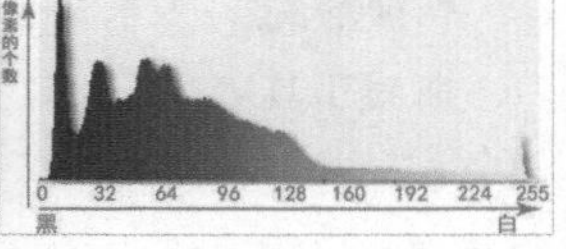

图 9-32

通过直方图，我们可以很容易地观察到视频画面的影调分布，如果一张照片中有大面积的偏暗色，那么它的直方图的左边肯定分布了很多峰状波形，如图9-33所示。

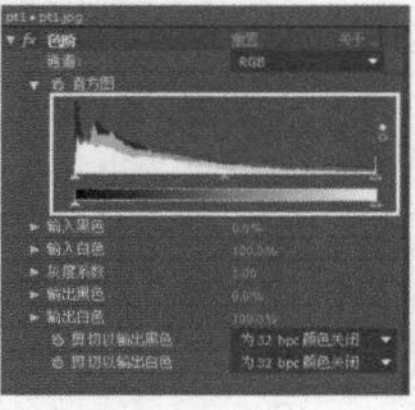

图 9-33

如果一张照片中有大面积的偏亮色，那么它的直方图的右边肯定分布了很多峰状波形，如图9-34所示。

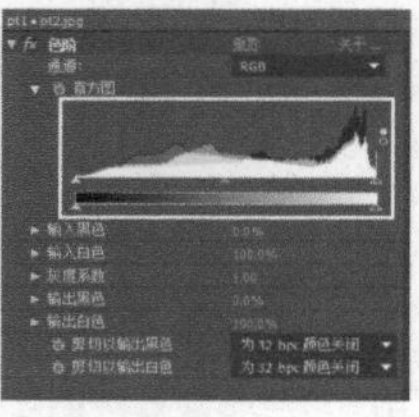

图 9-34

直方图除了可以显示图片的影调分布外，最为重要的一点是它还显示了画面上阴影和高光的位置。当使用“色阶”滤镜调整画面影调时，直方图可以用来寻找高光和阴影，以提供视觉上的线索。

除此之外，用户通过直方图还可以很方便地辨别出视频的画质。如果在直方图上发现顶部被平切了，这就表示视频的一部分高光或阴影出现了损失现象；如果直方图中间出现了缺口，这就表示对这张图片进行了多次操作，并且图片画质受到了严重损害。

2. “色阶”滤镜

“色阶”滤镜用直方图描述出整张图片的明暗信息。在“色阶”滤镜中，用户可以通过调整图像的阴影、中间调和高光的关系，来调整图像的色调范围或色彩平衡等。另外，使用“色阶”滤镜可以扩大图像的动态范围（动态范围是指相机能记录的图像的亮度范围），查看和修正曝光，提高对比度等。

执行“效果> 颜色校正>色阶”菜单命令，在“效果控件”面板中展开“色阶”滤镜的参数，如图9-35所示。

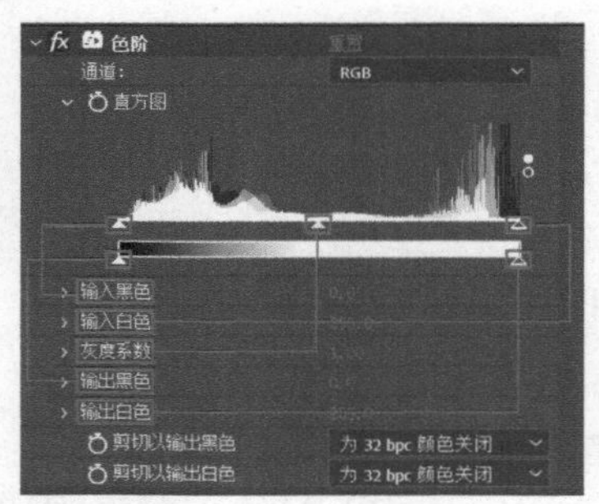

图 9-35

参数详解

- **通道**：设置滤镜要应用的通道，可以选择“RGB”“红色”“绿色”“蓝色”“Alpha”通道进行单独的色阶调整。
- **直方图**：通过直方图可以观察到各个影调的像素在图像中的分布情况。
- **输入黑色**：控制输入图像中的黑色阈值。
- **输入白色**：控制输入图像中的白色阈值。
- **灰度系数**：调节图像影调的阴影和高光的相对值。
- **输出黑色**：控制输出图像中的黑色阈值。
- **输出白色**：控制输出图像中的白色阈值。

> **技巧与提示**
>
> 如果不对“输出黑色”和“输出白色”数值进行调整，只单独调整“灰度系数”数值，当“灰度系数”滑块▲向右移动时，图像的暗调区域将逐渐增大，而高亮区域将逐渐减小，如图 9-36 所示。

图 9-36

当“灰度系数”滑块向左移动时，图像的高亮区域将逐渐增大，而暗调区域将逐渐减小，如图 9-37 所示。

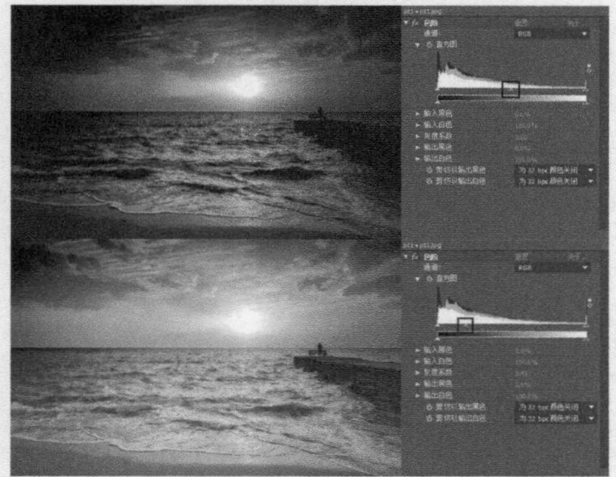

图 9-37

9.2.4 “色相 / 饱和度”滤镜

“色相/饱和度”滤镜是基于HSB颜色模式形成的，因此使用“色相/饱和度”滤镜可以调整图像的色调、亮度和饱和度。具体来说，使用“色相/饱和度”滤镜可以调整图像中单个颜色成分的色相、饱和度和亮度，它是一个功能非常强大的图像颜色调整工具。“色相/饱和度”滤镜不仅可以改变色相和饱和度，还可以改变图像的亮度。

执行“效果>颜色校正>色相/饱和度”菜单命令，在“效果控件”面板中展开“色相/饱和度”滤镜的参数，如图9-38所示。

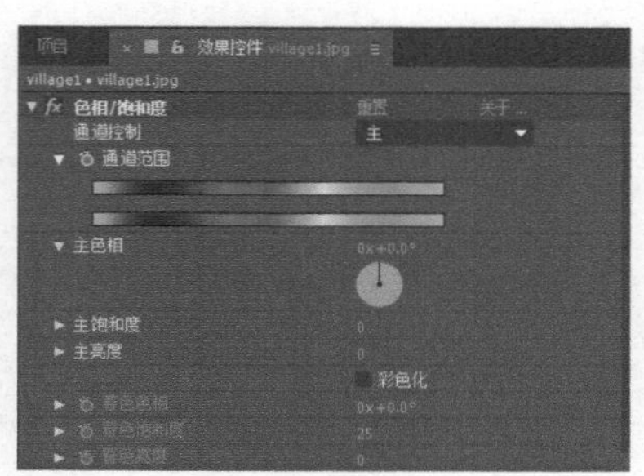

图 9-38

参数详解

- **通道控制：**控制受滤镜影响的通道，默认设置为“主”，表示影响所有通道；如果选择其他通道，通过“通道范围”选项可以查看通道受滤镜影响的范围。
- **通道范围：**显示通道受滤镜影响的范围。
- **主色相：**控制所调节颜色通道的色调。
- **主饱和度：**控制所调节颜色通道的饱和度。
- **主亮度：**控制所调节颜色通道的亮度。
- **彩色化：**控制是否将图像设置为彩色图像。选择该选项之后，将激活“着色色相”“着色饱和度”“着色亮度”参数。
- **着色色相：**将灰度图像转换为彩色图像。
- **着色饱和度：**控制彩色化图像的饱和度。
- **着色亮度：**控制彩色化图像的亮度。

技巧与提示

在“主饱和度”参数中，数值越大，饱和度越高，反之饱和度越低，其数值范围为 -100~100。

在“主亮度”参数中，数值越大，亮度越高，反之越低，其数值范围为 -100~100。

9.3 其他常用滤镜

本节将对“颜色校正”滤镜组中比较常见的滤镜进行讲解，主要包括“颜色平衡”“色光”“色调”“曝光度”等滤镜。

本节知识点

名称	作用	重要程度
“颜色平衡”滤镜	精细调整图像的高光、阴影和中间调	高
“色光”滤镜	将选择的颜色映射到素材上，还可以选择素材进行置换，甚至可以用黑白映射来抠像	中
“色调”滤镜	将画面中的暗部及亮部替换成自定义的颜色	中
“三色调”滤镜	对画面中的阴影、中间调和高光进行颜色映射，从而更换画面的色调	中
“曝光度”滤镜	修复画面的曝光度	中

9.3.1 课堂案例——电影风格的校色

素材位置	实例文件>CH09>课堂案例——电影风格的校色>(素材)
实例位置	实例文件>CH09>课堂案例——电影风格的校色.aep
难易指数	★★★☆☆
学习目标	掌握色彩修正技术的综合运用

本案例制作前后的对比效果如图9-39所示。

图 9-39

01 打开学习资源中的“实例文件>CH09>课堂案例——电影风格的校色.aep”文件，然后加载“街景”合成，如图9-40所示。

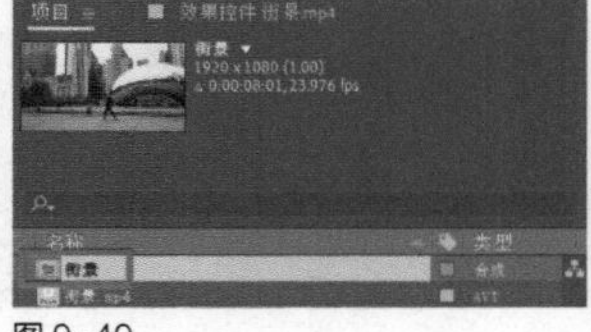
图 9-40

02 选择“街景”图层，然后执行“效果>颜色校正>色相/饱和度”菜单命令，把“通道控制”设置为“主”，并设置“主色相”为(0×-15.0°)，“主饱和度”为-42，如图9-41所示。把“通道控制”设置为“红色”，并设置“红色饱和度”为15，“红色亮度”为30，如图9-42所示。把“通道控制”设置为“黄色”，并设置“黄色饱和度”为-44，“黄色亮度”为25，如图9-43所示。把“通道控制”设置为“青色”，并设置“青色饱和度”为-46，“青色亮度”为80，如图9-44所示。

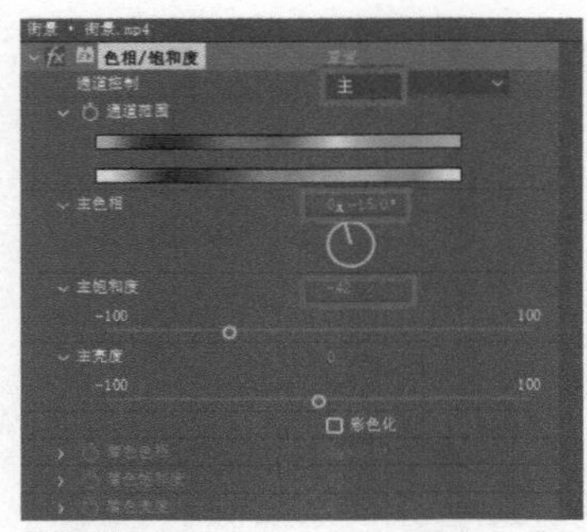
图 9-41

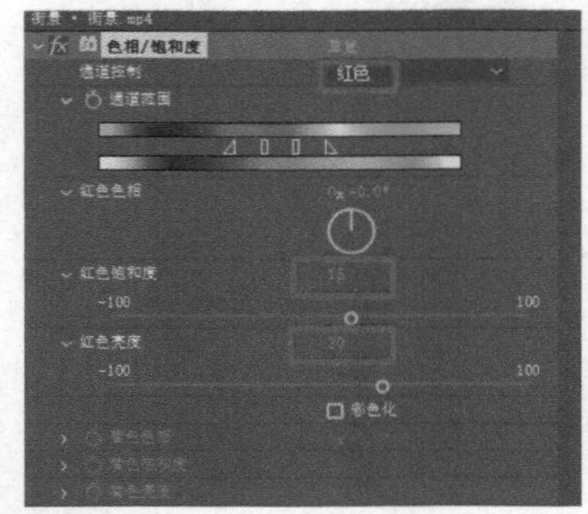
图 9-42

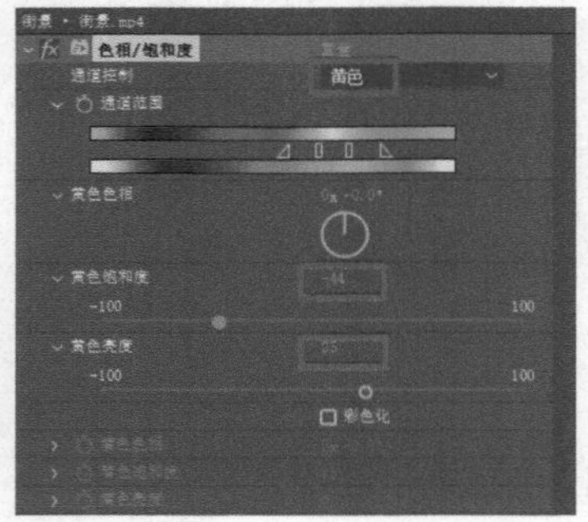
图 9-43

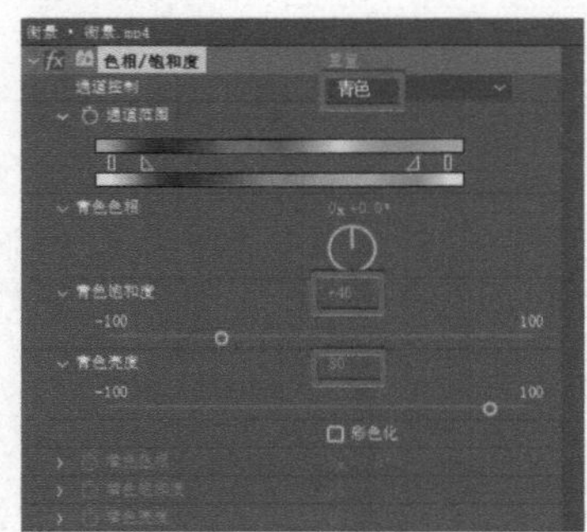
图 9-44

03 选择“街景”图层，然后执行“效果>颜色校正>自然饱和度”菜单命令，接着在“效果控件”面板中设置“自然饱和度”为100.0，如图 9-45 所示。

图 9-45

04 选择“街景”图层，然后执行“效果 > 颜色校正 > 曲线”菜单命令，设置 RGB 曲线为图 9-46 所示的效果，R 曲线为图 9-47 所示的效果，G 曲线为图 9-48 所示的效果，B 曲线为图 9-49 所示的效果。

05 选择“街景”图层，然后执行“效果 > 颜色校正 > 曲线”菜单命令，设置 RGB 曲线为图 9-50 所示的效果，R 曲线为图 9-51 所示的效果，G 曲线为图 9-52 所示的效果，B 曲线为图 9-53 所示的效果。

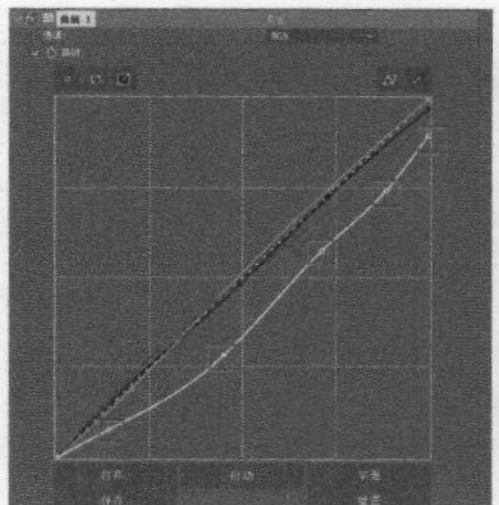

图 9-46

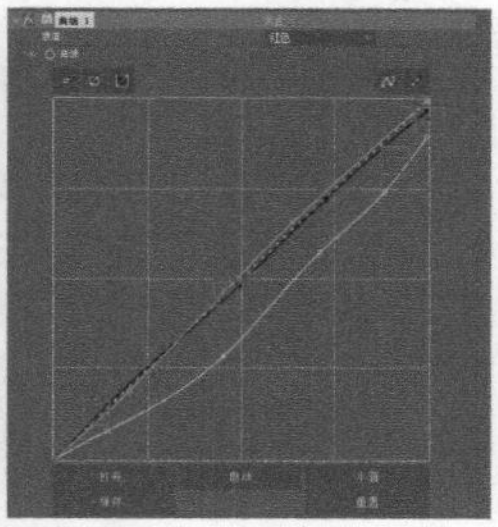

图 9-47

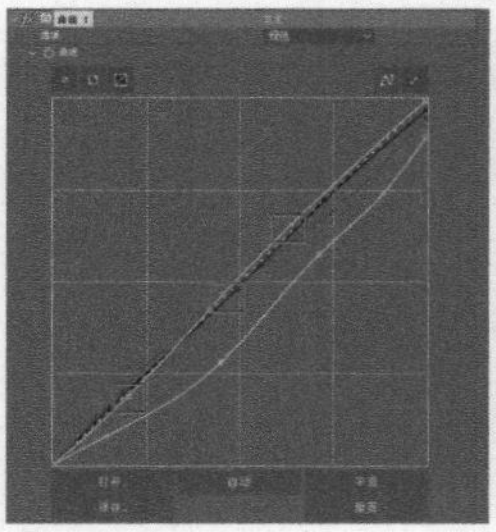

图 9-48

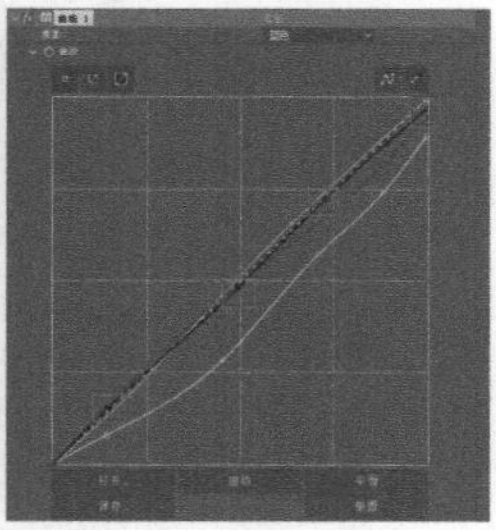

图 9-49

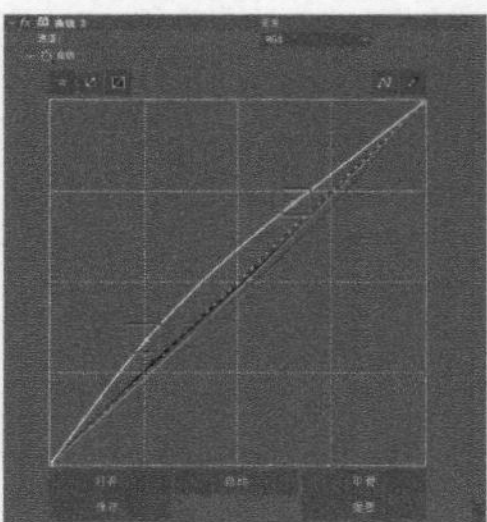

图 9-50

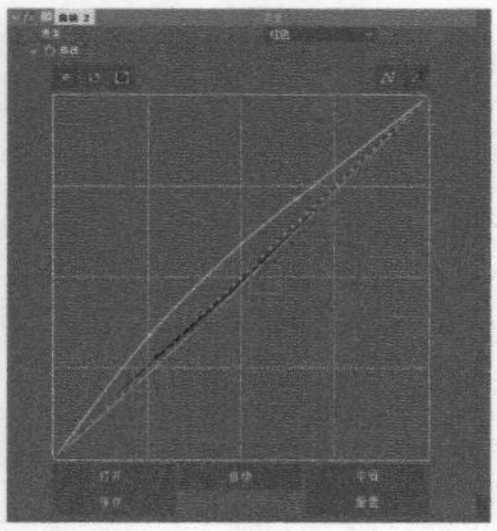

图 9-51

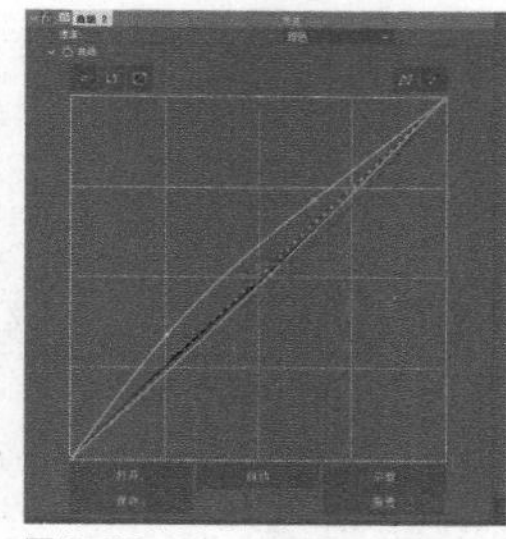

图 9-52

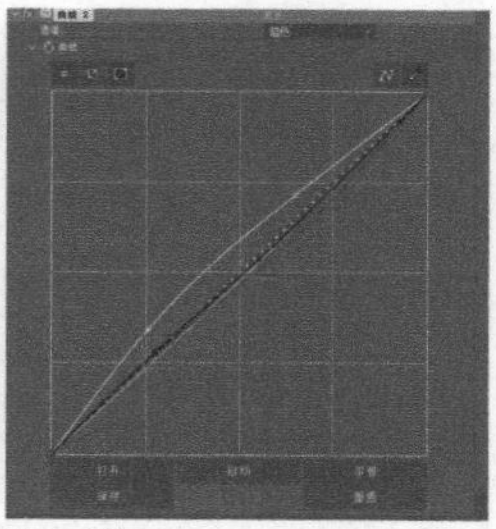

图 9-53

06 选择“街景”图层，然后执行“效果 > 颜色校正 > 自然饱和度”菜单命令，接着在“效果控件”面板中设置“自然饱和度”为 25.0，“饱和度”为 15.0，如图 9-54 所示。最终效果如图 9-55 所示。

图 9-54

图 9-55

9.3.2 “颜色平衡”滤镜

“颜色平衡”滤镜主要依靠控制红、绿、蓝在高光、阴影和中间调之间的比重来控制图像的色彩，非常适用于精细调整图像的高光、阴影和中间调，如图9-56所示。

图 9-56

执行“效果>颜色校正>颜色平衡”菜单命令，在“效果控件”面板中展开“颜色平衡”滤镜的参数，如图9-57所示。

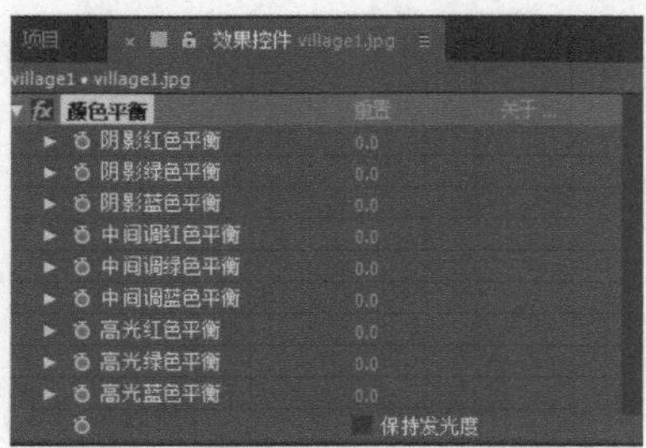

图 9-57

参数详解

- **阴影红色/绿色/蓝色平衡**：在暗部通道中调整颜色的范围。
- **中间调红色/绿色/蓝色平衡**：在中间调通道中调整颜色的范围。
- **高光红色/绿色/蓝色平衡**：在高光通道中调整颜色的范围。
- **保持发光度**：保留图像颜色的平均亮度。

9.3.3 “色光”滤镜

“色光”滤镜与Photoshop里的渐变映射的原理基本一样，可以根据画面的不同灰度将选择的颜色映射到素材上，还可以对选择的素材进行置换，甚至可以用黑白映射来抠像，如图9-58所示。

图 9-58

执行“效果>颜色校正>色光”菜单命令，在“效果控件”面板中展开“色光”滤镜的参数，如图9-59所示。

参数详解

- **输入相位**：设置色光的特性和产生色光的图层。

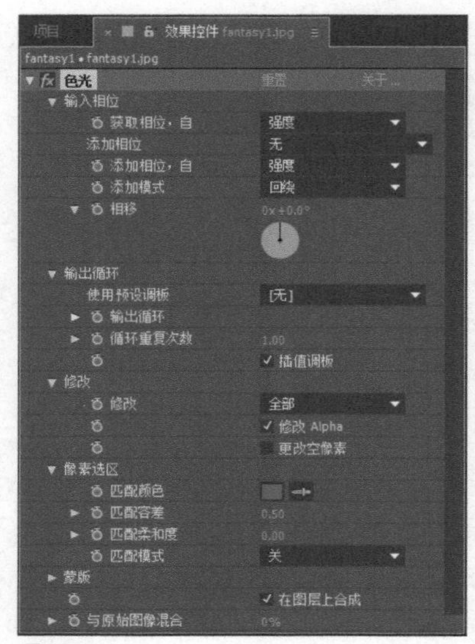

图 9-59

获取相位，自：指定采用图像的哪一种元素来产生色光。

添加相位：指定在合成图像中产生色光的图层。

添加相位，自：指定用哪一个通道来添加色彩。

添加模式：指定色光的添加模式。

相移：对色光的相位进行偏移。

- **输出循环**：设置色光的样式。通过“输出循环”色轮可以调节色彩区域的颜色变化。

使用预设调板：用于从系统自带的30多种色光效果中选择一种样式。

循环重复次数：控制色光颜色的循环次数。数值越大，杂点越多，如果将其设置为0，将不起作用。

插值调板：如果取消勾选该选项，系统将以256色在色轮上产生色光。

- **修改**：在其下拉列表中可以指定一种影响当前图层色彩的通道。
- **像素选区**：指定色光在当前图层上影响像素的范围。

匹配颜色：指定匹配色光的颜色。

匹配容差：指定匹配像素的容差。

匹配柔和度：指定选择像素的柔化区域，使受影响的区域与未受影响的区域产生柔化的过渡效果。

匹配模式：设置颜色匹配的模式。如果选择“关”模式，系统将忽略像素匹配而影响整个图像。

- **蒙版**：指定一个蒙版层，并且可以为其指定蒙版模式。
- **与原始图像混合**：设置当前效果图层与原始图像的融合程度。

9.3.4 “色调”滤镜

“色调”滤镜可以将画面中的暗部及亮部替换成自定义的颜色，如图9-60所示。

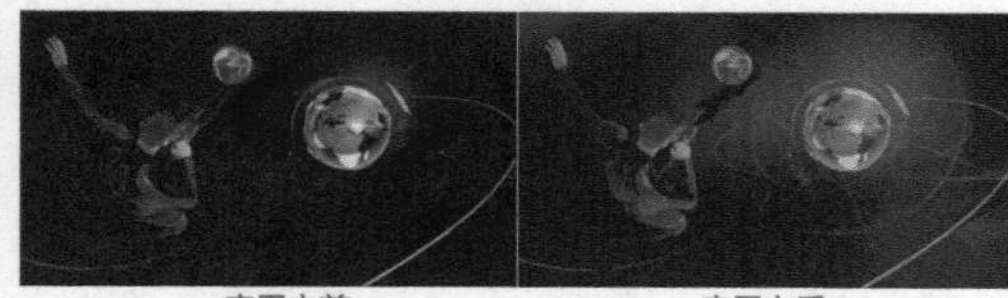

图 9-60

执行“效果>颜色校正>色调”菜单命令，在“效果控件”面板中展开“色调”滤镜的参数，如图9-61所示。

图 9-61

参数详解

- **将黑色映射到**：用于将图像中的黑色替换成指定的颜色。
- **将白色映射到**：用于将图像中的白色替换成指定的颜色。
- **着色数量**：设置染色的作用程度，0%表示完全不起作用，100%表示完全作用于画面。

9.3.5 “曝光度”滤镜

对于那些曝光不足和较暗的镜头，用户可以使用“曝光度”滤镜来修正颜色。“曝光度”滤镜主要用于修复画面的曝光度，其参数如图9-62所示。

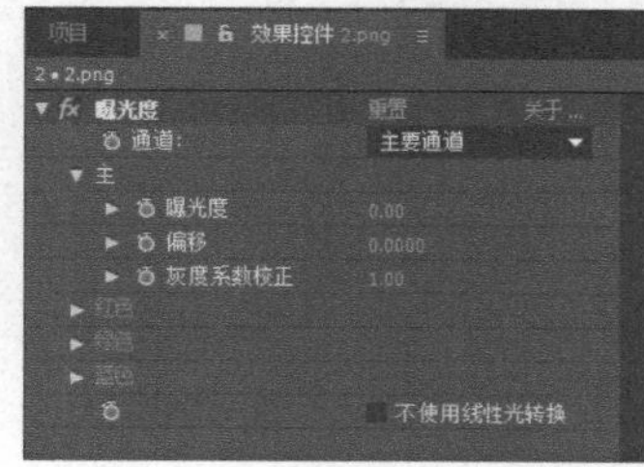

图 9-62

参数详解

- **通道**：指定通道的类型，包括“主要通道”和“单个通道”两种类型。“主要通道”选项用来一次性调整整体通道，“单个通道”选项用来对RGB通道中的各个通道进行单独调整。
- **主**：“主”选项下方和“红色”“绿色”“蓝色”选项下方一样，也有“曝光度”“偏移”“灰度系数校正”3个子选项，其中“主”选项下的子选项可以调整整体通道，而其他选项下的子选项是用来单独调整相应通道的。

曝光度：控制图像的整体曝光度。

偏移：设置图像整体色彩的偏移程度。

灰度系数校正：设置图像整体的灰度值。

- **红色/绿色/蓝色**：分别用来调整RGB通道的“曝光度”“偏移”“灰度系数校正”的数值。只有设置“通道”为“单个通道”时，这些参数才会被激活。

9.4 课后习题

9.4.1 课后习题——季节更换

素材位置	实例文件>CH09>课后习题——季节更换>（素材）
实例位置	实例文件>CH09>课后习题——季节更换.aep
难易指数	★★☆☆☆
练习目标	练习“色相/饱和度”滤镜的运用

本习题制作的效果如图9-63所示。

图 9-63

01 打开学习资源中的“实例文件 >CH09 > 课后习题——季节更换 .aep”文件，然后加载“森林”合成。将“森林”图层复制两份并置于底层，将这两个图层放入一个新的预合成，接着在这个合成里使用遮罩将树的部分和其他部分分开，观察独显顶层的“森林”图层效果。

02 分别对这两个图层使用“色相 / 饱和度”等滤镜进行调色，观察它们分别独显时的效果。

03 回到“森林”合成，为“森林”图层添加“过渡 >CC Image Wipe（图像擦除）”效果，并为其 Completion（完成度）设置一个从 0% 到 100% 的关键帧动画。

9.4.2 课后习题——夜视仪效果

素材位置	实例文件 >CH09> 课后习题——夜视仪效果 >（素材）
实例位置	实例文件 >CH09> 课后习题——夜视仪效果 .aep
难易指数	★★★☆☆
练习目标	练习“色相 / 饱和度”和“曲线”滤镜的综合运用

本习题调色前后的对比效果如图9-64所示。

图 9-64

01 打开学习资源中的“实例文件 >CH09 > 课后习题——夜视仪效果 .aep”文件，然后加载“房屋”合成。接着新建一个黑色的纯色图层并将其置于顶层，使用“椭圆工具”在上面绘制一个遮罩。

02 为“房屋”图层添加“颜色校正 > 色相 / 饱和度”效果，勾选“彩色化”，接着调整其他参数。

03 继续为其添加“曲线”“光学补偿”“添加颗粒”效果，其中“添加颗粒”的“查看模式”应设为“最终输出”，调整 3 个效果的参数。

04 继续为其添加“百叶窗”效果来模拟扫描线，并调整参数，观察其局部效果。

05 为其添加“发光”效果来模拟遇到强光源时的过曝效果，并调整参数。

第 10 章

抠像技术

本章导读

抠像是影视拍摄制作中的常用技术，抠像的好坏一方面取决于前期拍摄的源素材，另一方面取决于后期合成制作中的抠像技术。本章将详细介绍抠像滤镜组、遮罩滤镜组、Keylight 滤镜的用法及常规技巧。

课堂学习目标

了解抠像技术的基本原理

掌握抠像滤镜组中滤镜的用法

掌握遮罩滤镜组中滤镜的用法

掌握“Keylight（1.2）”滤镜的基本抠像方法

掌握“Keylight（1.2）”滤镜的高级抠像方法

After Effects

10.1 常用抠像滤镜组

本节知识点

名称	作用	重要程度
“颜色差值键”滤镜	将图像分成 A、B 两个不同起点的蒙版来创建透明度信息	高
“差值遮罩”滤镜	创建前景的 Alpha 通道	高
“提取”滤镜	将指定的亮度范围内的像素抠出，使其变成透明像素	中
“溢出抑制”滤镜	消除抠像后图像中残留的颜色痕迹或图像边缘溢出的抠出颜色	中

10.1.1 课堂案例——使用颜色差值键进行绿幕抠像

素材位置	实例文件 >CH10> 课堂案例——使用颜色差值键进行绿幕抠像 >（素材）
实例位置	实例文件 >CH10> 课堂案例——使用颜色差值键进行绿幕抠像 .aep
难易指数	★★★☆☆
学习目标	掌握“颜色差值键”滤镜的用法

本案例制作前后的对比效果如图10-1所示。

图 10-1

01 打开学习资源中的“实例文件 >CH10 > 课堂案例——使用颜色差值键进行绿幕抠像 .aep”文件，然后加载“使用颜色差值键进行绿幕抠像”合成，如图 10-2 所示。

图 10-2

02 选择“人物”图层，然后执行“效果 > 抠像 > 颜色差值键”菜单命令，接着在“效果控件”面板中单击“主色”属性后面的工具，最后在“合成”面板中拾取背景色，如图 10-3 所示。

图 10-3

03 设置“视图”为“已校正遮罩部分 A”，“颜色匹配准确度”为“更准确”，“黑色区域的 A 部分”为 3，“白色区域的 A 部分”为 220，如图 10-4 所示。

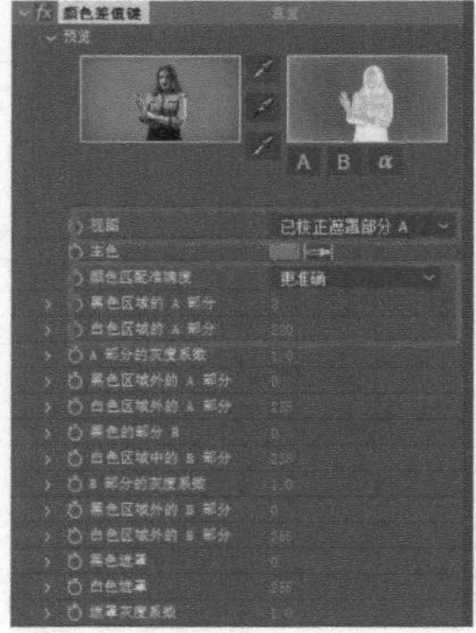
图 10-4

04 设置“视图”为“已校正遮罩部分 B”，“黑色的部分 B”为 56，“白色区域中的 B 部分”为 243，“白色区域外的 B 部分”为 165，如图 10-5 所示。

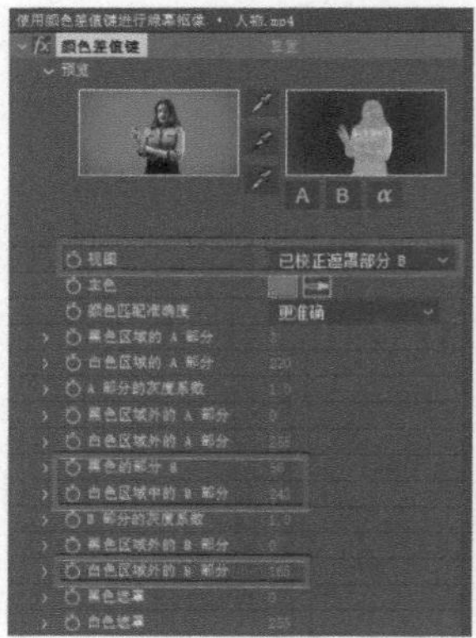
图 10-5

05 设置“视图”为“已校正遮罩”，“黑色遮罩”为 67，“白色遮罩”为 131，如图 10-6 所示。最后将“视图”改为“最终输出”。

图 10-6

06 选择“人物”图层，然后执行“效果 > 抠像 >Key Cleaner（抠像清洁器）”菜单命令，并将“其他边缘半径”设置为 3.0，如图 10-7 所示。

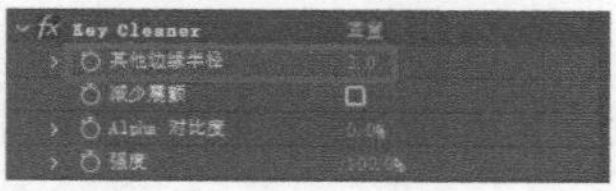

图 10-7

07 选择“人物”图层，然后执行“效果 > 抠像 >Advanced Spill Suppressor（高级溢出抑制器）”菜单命令，保持默认参数，如图 10-8 所示。

图 10-8

08 选择“人物”图层，然后执行“效果 > 遮罩 > 简单阻塞工具”菜单命令，将“阻塞遮罩”设置为 0.80，如图 10-9 所示。

图 10-9

09 选择“人物”图层，然后执行“效果 > 颜色校正 > 曲线”菜单命令，将 RGB 通道的曲线调整为图 10-10 所示的效果，R 通道调整为图 10-11 所示的效果，G 通道调整为图 10-12 所示的效果，B 通道调整为图 10-13 所示的效果。

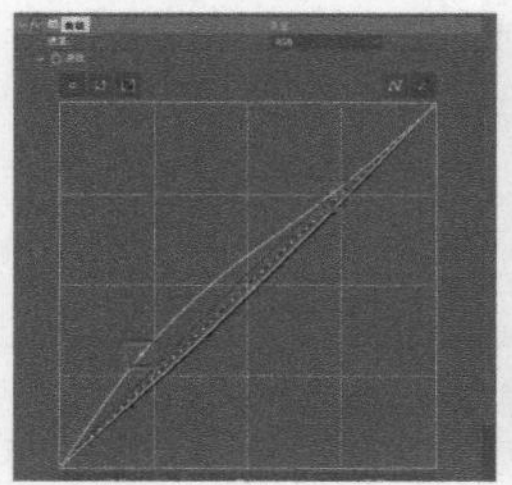

图 10-10

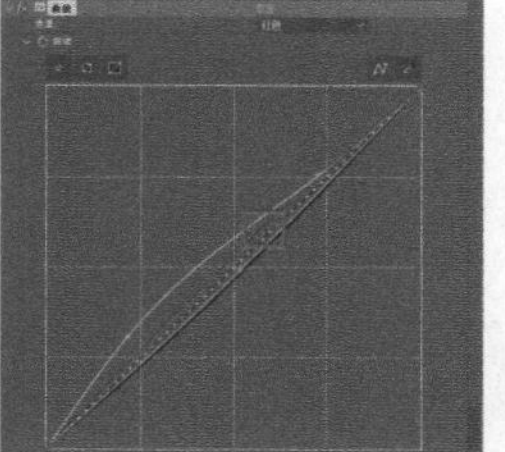

图 10-11

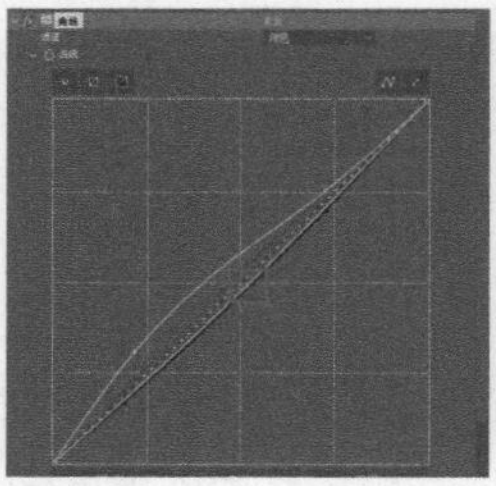

图 10-12

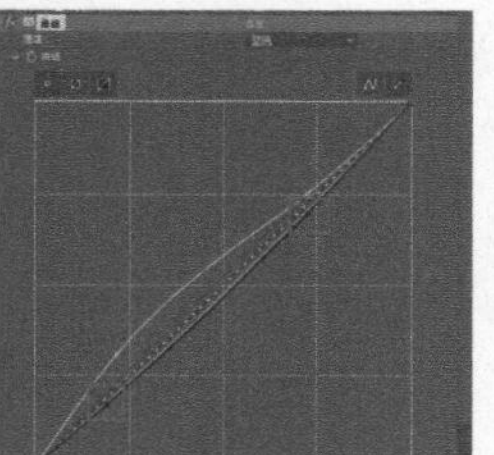

图 10-13

10 渲染并输出动画，最终效果如图 10-14 所示。

图 10-14

10.1.2 抠像技术简介

“抠像”一词是从早期电视制作中得来的，英文名称为Key，意思是吸取画面中的某一种颜色，将其从画面中去除，从而留下主体，形成两层画面的叠加合成。例如，把一个人物抠出来之后和一段爆炸素材合成到一起，那将是非常有视觉冲击力的镜头，而这些特技镜头效果在荧屏中常常能见到。

一般情况下，人们在拍摄需要抠像的画面时，都使用蓝色或绿色的幕布作为载体，这是因为蓝色和绿色在人体中的含量是较少的。此外，蓝色和绿色也是三原色（RGB）中的两个主要色，其颜色纯正，方便后期处理。

镜头抠像是影视特效制作中最常用的技术之一，在电影电视中的应用极为普遍，国内的很多电视节目、电视广告一直在使用这类技术，如图10-15所示。

图 10-15

在After Effects中，其抠像功能正日益完善和强大。一般情况下，用户可以从抠像和遮罩滤镜组着手进行抠像。此外，有些镜头的抠像也需要蒙版、图层混合模式、跟踪遮罩和画笔等工具来辅助配合。

总体来说，抠像的好坏取决于两个方面，一方面是前期拍摄的源素材，另一方面是后期合成制作中的抠像技术。针对不同的镜头，其抠像的方法和结果也不尽相同。

在After Effects中，抠像是通过定义图像中特定范围内的颜色值或亮度值来获取透明通道的，当这些特定的值被“抠出”时，所有具有相同颜色或亮度的像素都将变成透明状态。图像被抠出来后，用户就可以将其运用到特定的背景中，以获得镜头所需的视觉效果，如图10-16所示。

图10-16

在After Effects 中，抠像滤镜都集中在“效果>抠像”和“效果>过时”的子菜单中，如图10-17所示。

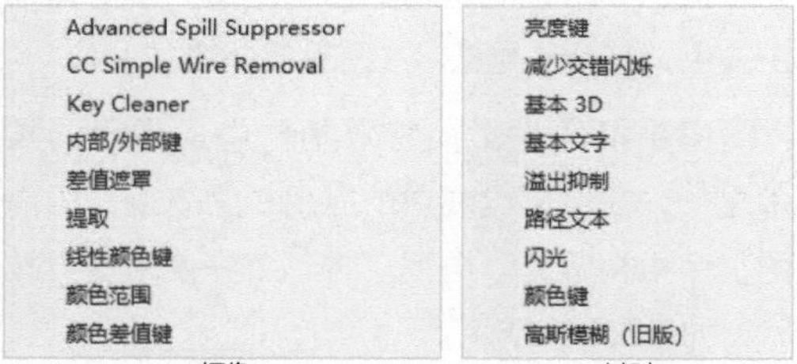

抠像

亮度键
减少交错闪烁
基本 3D
基本文字
溢出抑制
路径文本
闪光
颜色键
高斯模糊（旧版）

过时

图10-17

10.1.3 “颜色差值键”滤镜

“颜色差值键”滤镜可以将图像分成A、B两个不同起点的蒙版来创建透明度信息。蒙版B基于指定抠出的颜色来创建透明度信息，蒙版A的透明度信息则来自图像中那些只含有单一颜色的区域，结合蒙版A、B就创建出了Alpha蒙版。通过这种方法，利用“颜色差值键”滤镜可以创建出很精确的透明度信息。这种滤镜尤其适用于抠取具有透明和半透明区域的图像，如烟、雾和阴影等，如图10-18所示。

图10-18

执行“效果>抠像>颜色差值键”菜单命令，在“效果控件”面板中展开“颜色差值键”滤镜的参数，如图10-19所示。

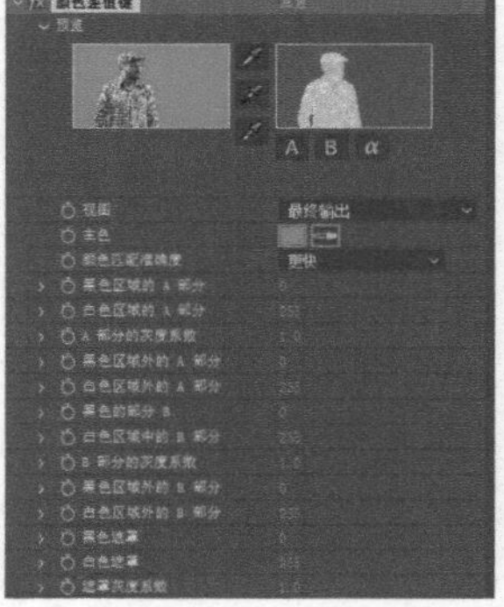

图10-19

参数详解

- **视图：** 共有9种视图查看模式，如图10-20所示。

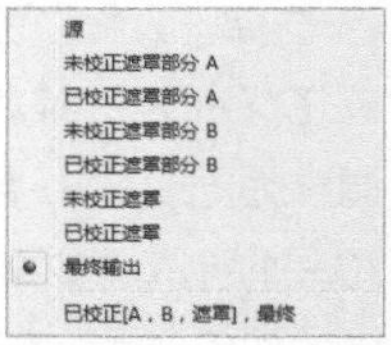

源
未校正遮罩部分 A
已校正遮罩部分 A
未校正遮罩部分 B
已校正遮罩部分 B
未校正遮罩
已校正遮罩
最终输出
已校正[A，B，遮罩]，最终

图10-20

源： 显示原始的素材。

未校正遮罩部分A： 显示没有修正的图像的遮罩A。

已校正遮罩部分A： 显示已经修正的图像的遮罩A。

未校正遮罩部分B： 显示没有修正的图像的遮罩B。

已校正遮罩部分B： 显示已经修正的图像的遮罩B。

未校正遮罩： 显示没有修正的图像的遮罩。

已校正遮罩： 显示已经修正的图像的遮罩。

最终输出： 显示最终输出的结果。

已校正[A，B，遮罩]，最终： 同时显示遮罩A、遮罩B、已经修正的遮罩和最终输出的结果。

- **主色：** 设置采样拍摄的动态素材幕布的颜色。
- **颜色匹配准确度：** 设置颜色匹配的精度，

包含“更快”和“更准确”两个选项。

- **黑色区域的A部分：**控制A通道的透明区域。
- **白色区域的A部分：**控制A通道的不透明区域。
- **A部分的灰度系数：**用来影响图像的灰度范围。
- **黑色区域外的A部分：**控制A通道的透明区域的不透明度。
- **白色区域外的A部分：**控制A通道的不透明区域的不透明度。
- **黑色的部分B：**控制B通道的透明区域。
- **白色区域中的B部分：**控制B通道的不透明区域。
- **B部分的灰度系数：**用来影响图像的灰度范围。
- **黑色区域外的B部分：**控制B通道的透明区域的不透明度。
- **白色区域外的B部分：**控制B通道的不透明区域的不透明度。
- **黑色遮罩：**控制Alpha通道的透明区域。
- **白色遮罩：**控制Alpha通道的不透明区域。
- **遮罩灰度系数：**用来影响Alpha通道的灰度范围。

> 技巧与提示
>
> 该滤镜在实际操作中的应用非常简单，在指定抠出的颜色后，将“视图”模式切换为“已校正遮罩”后，修改“黑色遮罩”“白色遮罩”“遮罩灰度系数”参数，最后将“视图”模式切换为“最终输出”即可。

10.1.4 “差值遮罩”滤镜

“差值遮罩”滤镜的基本思想是先把前景物体和背景一起拍摄下来，然后保持机位不变，去掉前景物体，单独拍摄背景。将拍摄的两个画面相比较，在理想状态下，背景部分是完全相同的，而前景出现的部分则是不同的，这些不同的部分就是需要创建的Alpha通道，如图10-21所示。

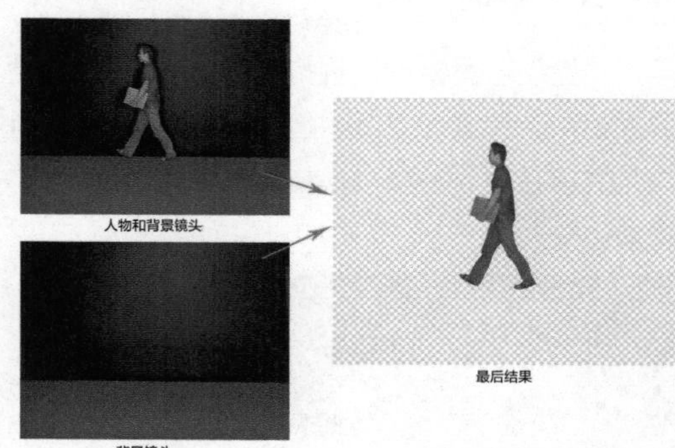

图 10-21

执行“效果>抠像>差值遮罩”菜单命令，在“效果控件”面板中展开“差值遮罩”滤镜的参数，如图10-22所示。

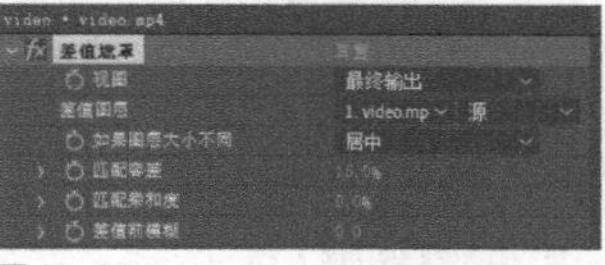

图 10-22

参数详解

- **差值图层：**选择用于对比的差异图层，可用于抠出运动幅度不大的背景。
- **如果图层大小不同：**当对比图层的尺寸不同时，该选项用于对图层进行相应处理，包括“居中”和“伸缩以合适”两个选项。
- **匹配容差：**用于指定匹配像素的容差。
- **匹配柔和度：**指定选择像素的柔化区域，使受影响的区域与未受影响的区域产生柔化的过渡效果。
- **差值前模糊：**用于模糊比较相似的像素，从而清除合成图像中的杂点（这里的模糊只是计算机在进行比较运算的时候进行模糊，而最终输出的结果并不会产生模糊效果）。

> 技巧与提示
>
> 在没有条件进行蓝屏幕抠像时，就可以采用这种手段。但是即使机位完全固定，两次实际拍摄的效果也不会是完全相同的，光线的微妙变化、胶片的颗粒及视频的噪波等都会使再次拍摄到的背景有所不同，所以这样得到的通道通常都很不干净。

10.1.5 “提取”滤镜

“提取”滤镜可以将指定的亮度范围内的像素抠出，使其变成透明像素。该滤镜适用于白色或黑色背景的素材，或前景和背景的亮度反差比较大的镜头，如图10-23所示。

图 10-23

执行“效果>过时>提取”菜单命令，在“效果控件”面板中展开“提取”滤镜的参数，如图10-24所示。

参数详解

- **通道：**用于选择抠取颜色的通道，包括“明亮度”“红色”“绿色”“蓝色”“Alpha” 5 个通道。
- **黑场：**用于设置黑色点的透明范围，小于黑色点的颜色将变为透明。
- **白场：**用于设置白色点的透明范围，大于白色点的颜色将变为透明。
- **黑色柔和度：**用于调节暗色区域的柔和度。
- **白色柔和度：**用于调节亮色区域的柔和度。
- **反转：**用于反转透明区域。

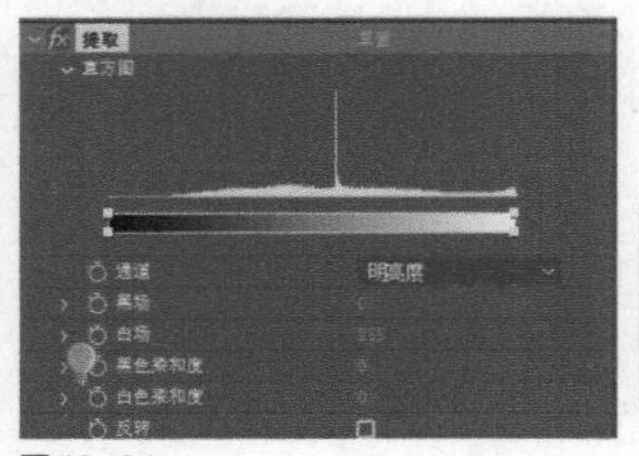

图 10-24

> 技巧与提示
>
> “提取”滤镜还可以用来消除人物的阴影。

10.1.6 “溢出抑制”滤镜

通常情况下，抠像之后的图像都会有残留的抠出颜色的痕迹，而“溢出抑制”滤镜就可以消除这些残留的颜色痕迹，此外还可以消除图像边缘溢出的抠出颜色。

执行“效果>过时>溢出抑制”菜单命令，在“效果控件”面板中展开“溢出抑制”滤镜的参数，如图10-25所示。

图 10-25

参数详解

- **要抑制的颜色：**用来清除图像残留的颜色。
- **抑制：**用来设置抑制颜色的强度。

> 技巧与提示
>
> 这些溢出的抠出颜色常常是背景的反射造成的，如果使用“溢出抑制”滤镜还不能得到满意的结果，可以使用“色相 / 饱和度”滤镜来降低饱和度，从而弱化抠出的颜色。

10.2 遮罩滤镜组

抠像是一门综合技术，除了包括抠像滤镜组本身的使用方法外，还包括抠像后图像边缘的处理技术、与背景合成时的色彩匹配技术等。本节将介绍图像边缘的处理技术，使用的是遮罩滤镜组中的滤镜。

本节知识点

名称	作用	重要程度
“遮罩阻塞工具”滤镜	处理图像的边缘	高
“调整实边遮罩”滤镜	处理图像的边缘或控制抠出图像的Alpha噪波干净纯度	高
“简单阻塞工具”滤镜	处理较为简单或精度要求比较低的图像边缘	高

10.2.1 课堂案例——使用提取滤镜进行无绿幕抠像

素材位置	实例文件 >CH10> 课堂案例——使用提取滤镜进行无绿幕抠像 >（素材）
实例位置	实例文件 >CH10> 课堂案例——使用提取滤镜进行无绿幕抠像 .aep
难易指数	★★☆☆☆
学习目标	使用“调整实边遮罩”滤镜提升抠像质量

本案例制作前后的对比效果如图10-26所示。

图 10-26

01 打开学习资源中的“实例文件 > CH10 > 课堂案例——使用提取滤镜进行无绿幕抠像.aep”文件，然后在“项目”面板中双击“使用提取滤镜进行无绿幕抠像”加载该合成，如图 10-27 所示。

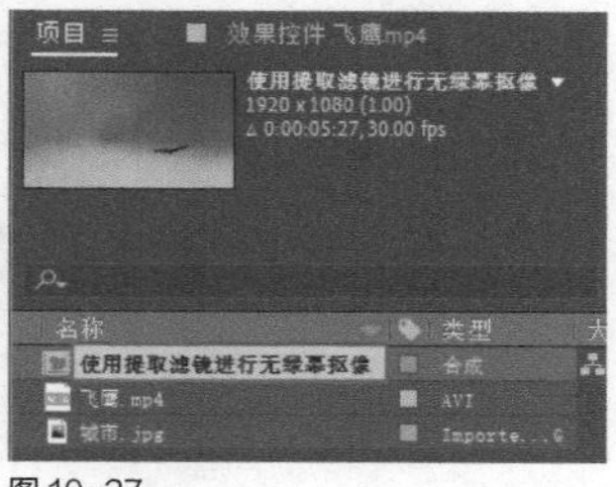

图 10-27

02 选择“飞鹰”图层，将其“缩放”调整为（60.0%，60.0%），如图 10-28 所示。

图 10-28

03 选择“飞鹰”图层，然后执行“效果 > 抠像 > 提取”菜单命令，接着在“效果控件”面板中设置“白场”为 94，如图 10-29 所示。

04 选择“飞鹰”图层，然后执行“效果 > 遮罩 > 调整实边遮罩”菜单命令，接着在“效果控件”面板中设置“羽化”为 0.0，“减少震颤”为 0%，如图 10-30 所示。

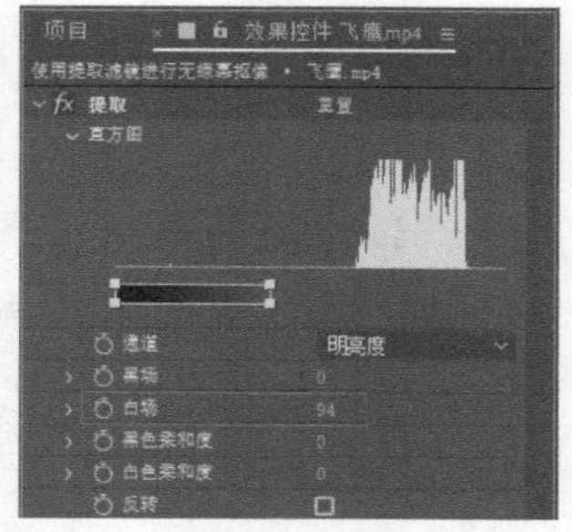

图 10-29

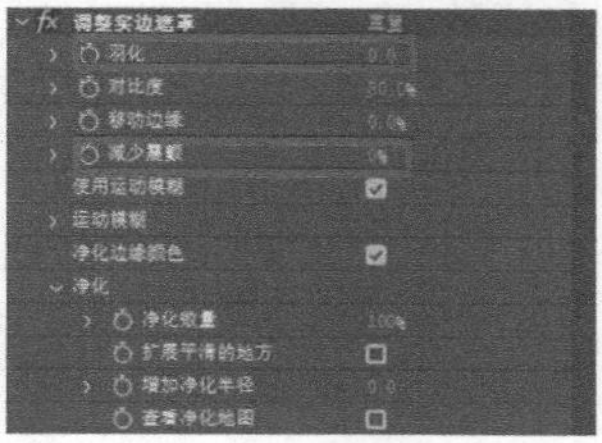

图 10-30

05 选择“飞鹰”图层，然后执行“效果 > 颜色校正 > 色调”菜单命令，接着在“效果控件”面板中设置“将黑色映射到”为（21，43，54），如图 10-31 所示。

图 10-31

06 新建一个纯色图层并置于顶层，在上面绘制图 10-32 所示的遮罩。

07 将“飞鹰”图层的轨道遮罩设置为“Alpha 反转”，如图 10-33 所示。

图 10-32

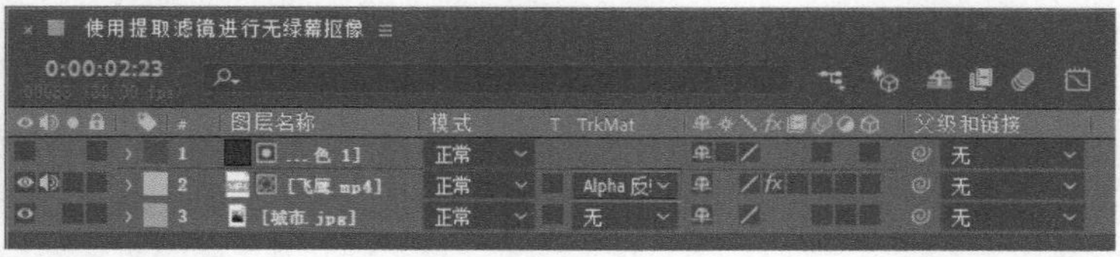

图 10-33

08 渲染并输出动画，最终效果如图 10-34 所示。

图 10-34

10.2.2 “遮罩阻塞工具”滤镜

“遮罩阻塞工具”滤镜是一个功能非常强大的图像边缘处理工具，如图10-35所示。

边缘未做处理的镜头　　边缘处理后的镜头

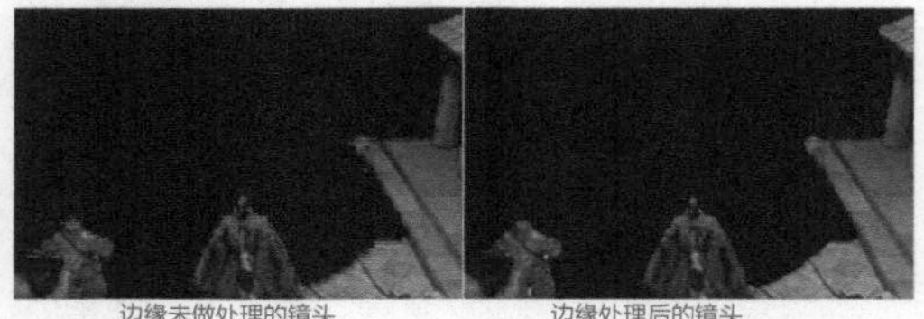

图10-35

执行“效果>遮罩>遮罩阻塞工具”菜单命令，在“效果控件”面板中展开“遮罩阻塞工具”滤镜的参数，如图10-36所示。

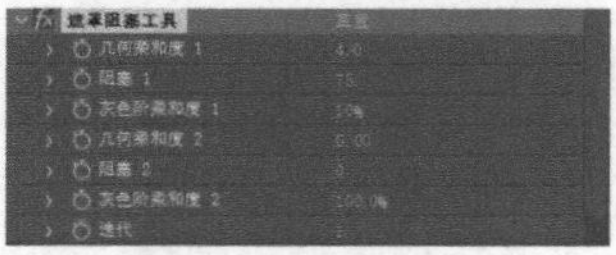

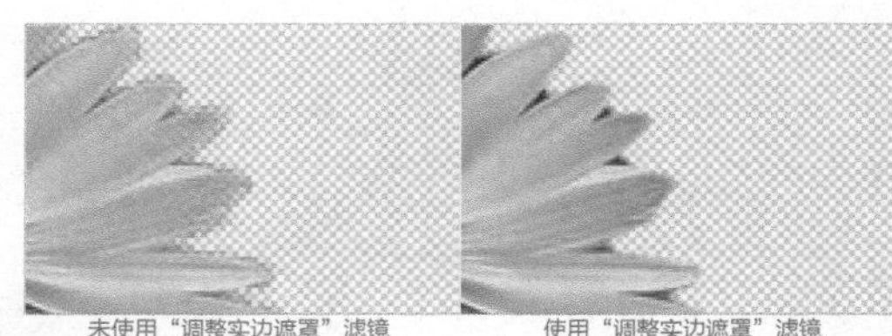

图10-36

参数详解

- **几何柔和度1:** 用来调整图像边缘的一级光滑度。
- **阻塞1:** 用来设置图像边缘的一级“扩充”或“收缩”。
- **灰色阶柔和度1:** 用来调整图像边缘的一级光滑度。
- **几何柔和度2:** 用来调整图像边缘的二级光滑度。
- **阻塞2:** 用来设置图像边缘的二级“扩充”或“收缩”。
- **灰色阶柔和度2:** 用来调整图像边缘的二级光滑度。
- **迭代:** 用来控制图像边缘“收缩”的强度。

10.2.3 “调整实边遮罩”滤镜

“调整实边遮罩”滤镜不仅可以用来处理图像的边缘，还可以用来控制抠出图像的Alpha噪波干净纯度，如图10-37所示。

未使用“调整实边遮罩”滤镜　　使用“调整实边遮罩”滤镜

图10-37

执行“效果>遮罩>调整实边遮罩”菜单命令，在“效果控件”面板中展开“调整实边遮罩”滤镜的参数，如图10-38所示。

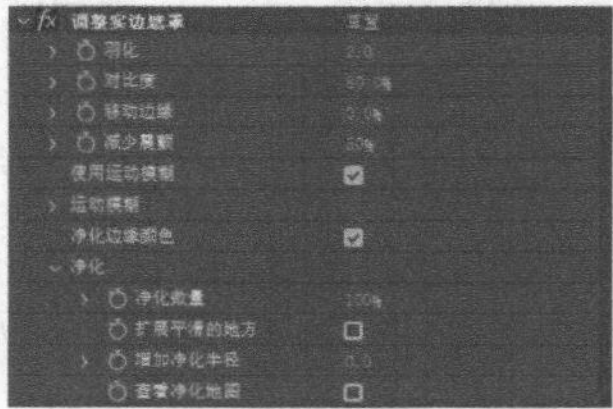

图10-38

参数详解

- **羽化:** 用来设置图像边缘的光滑程度。
- **对比度:** 用来调整图像边缘的羽化过渡。
- **减少震颤:** 用来设置运动图像上的噪波。
- **使用运动模糊:** 对于带有运动模糊效果的图像来说，该选项很有用处。
- **净化边缘颜色:** 用来处理图像边缘的颜色。

10.2.4 “简单阻塞工具”滤镜

“简单阻塞工具”滤镜属于边缘控制组中最为简单的一款滤镜，不太适用于处理较为复杂或精度要求比较高的图像边缘。

执行“效果>遮罩>简单阻塞工具”菜单命令，在“效果控件”面板中展开“简单阻塞工具”滤镜的参数，如图10-39所示。

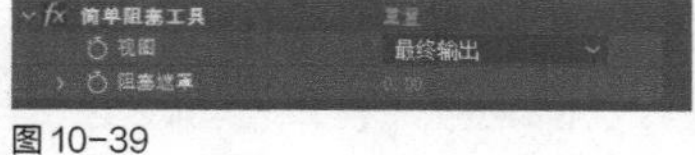

图10-39

参数详解

- **视图:** 用来设置图像的查看方式。
- **阻塞遮罩:** 用来设置图像边缘的“扩充”或“收缩”。

10.3 “Keylight（1.2）”滤镜

Keylight是一个屡获殊荣并且经过产品验证的蓝绿屏幕抠像插件，它是曾经获得学院奖的抠像工具之一。多年以来，Keylight不断进行改进和升级，其目的就是使抠像能够更快捷、简单。

使用Keylight可以轻松地抠取带有阴影、半透明或毛发的素材，并且利用它的Spill Suppression（溢出抑制）功能，还可以清除抠像蒙版边缘的溢出颜色，这样可以使前景和背景更加自然地融合在一起。

Keylight能够无缝集成到一些合成和编辑系统中，包括Autodesk媒体和娱乐系统、Avid DS、Digital Fusion、Nuke、Shake和Final Cut Pro。当然，它也可以无缝集成到After Effects中，如图10-40所示。

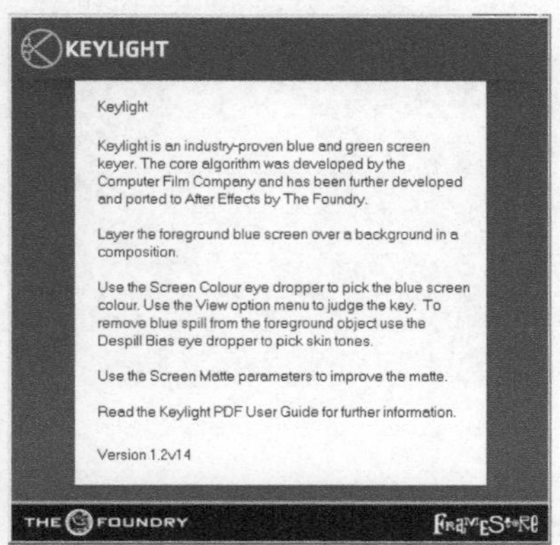

图 10-40

本节知识点

名称	学习目标	重要程度
基本抠像	了解如何进行基本抠图	高
高级抠像	了解如何进行高级抠图	高

10.3.1 课堂案例——虚拟演播室

素材位置	实例文件 >CH10> 课堂案例——虚拟演播室 >（素材）
实例位置	实例文件 >CH10> 课堂案例——虚拟演播室 .aep
难易指数	★★★☆☆
学习目标	掌握抠像技术的综合运用

本案例主要讲解镜头的蓝屏抠像、图像边缘处理和场景色调匹配等抠像技术的应用，制作前后的对比效果如图10-41所示。

图 10-41

01 打开学习资源中的“实例文件 >CH10 > 课堂案例——虚拟演播室 .aep”文件，然后在“项目”面板中双击“虚拟演播室”加载该合成，如图 10-42 所示。

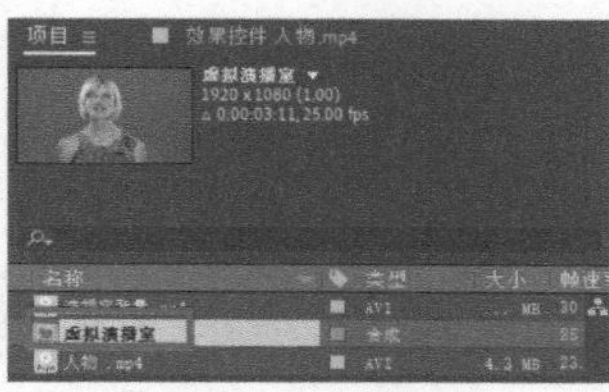
图 10-42

02 选择“人物”图层，将其“位置”调整为（1323.6，540.0），如图 10-43 所示，然后在该图层上绘制图 10-44 所示的遮罩。

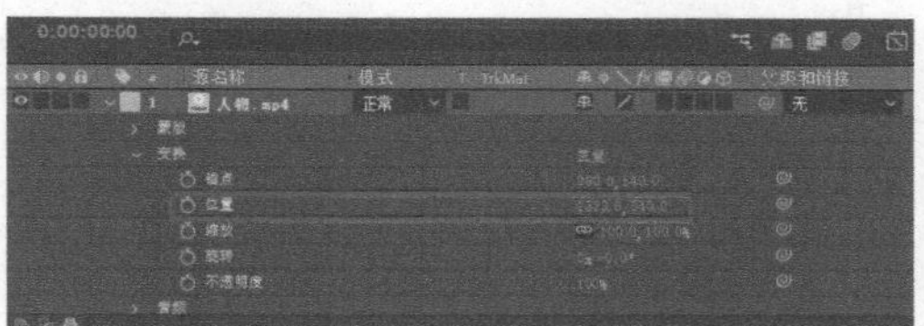
图 10-43

图 10-44

03 选择“人物”图层，执行“效果 > 抠像 > Keylight（1.2）”菜单命令，单击 Screen Colour（屏幕色）属性后面的工具，然后在“合成”面板中吸取背景色，如图 10-45 所示。

图10-45

04 设置 View（视图）为 Combined Matte（混合蒙版），在“合成”面板中可以看到人物部分有残留的灰色，说明抠出的图像带有透明信息，如图 10-46 所示。为了保证抠出的图像正确，需要将人物区域调整为白色，将背景调整为黑色。

图10-46

05 设置 Screen Balance（屏幕平衡）为 5.0，然后在 Screen Matte（屏幕蒙版）属性组中设置 Clip Black（剪切黑色）为 5.0，Clip White（剪切白色）为 71.0，Screen Shrink/Grow（屏幕收缩 / 扩张）为 -0.5，Screen Softness（屏幕柔化）为0.2，如图 10-47 所示，接着将 View（视图）方式改回 Final Result（最终结果）。

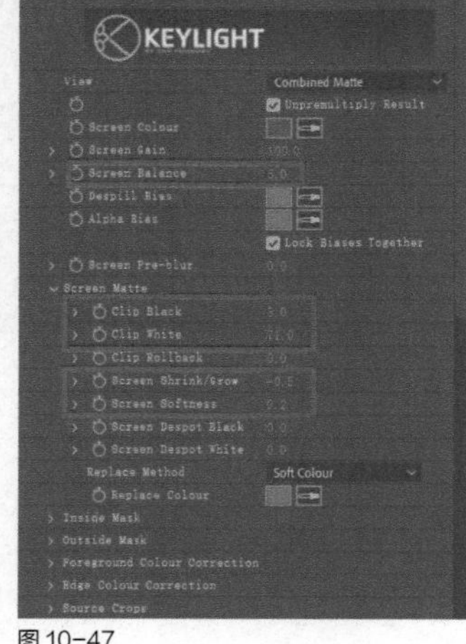

图10-47

06 选择“人物”图层，执行“效果 > 抠像 > Advanced Spill Suppressor（高级溢出抑制）”菜单命令，将“方法”改为“极致”，如图10-48所示。

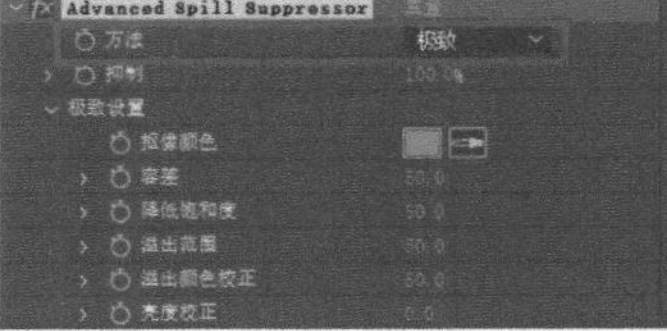

图10-48

07 选择“人物”图层，执行“效果 > 颜色校正 > 曲线”菜单命令，将“RGB”通道的曲线修改为图 10-49 所示的效果。

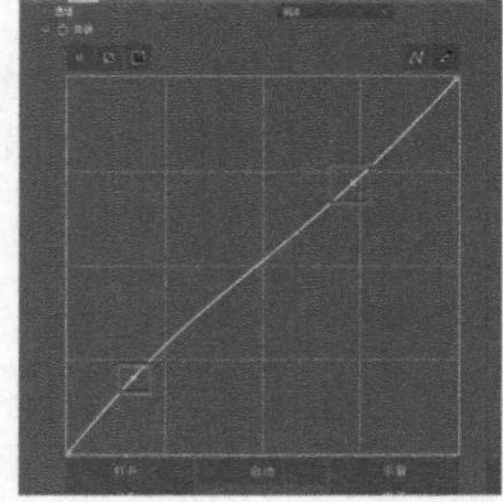

图10-49

08 渲染并输出动画，最终效果如图 10-50 所示。

图10-50

10.3.2 基本抠像

基本抠像的工作流程一般是先设置Screen Colour（屏幕色）参数，然后设置要抠出的颜色。如果蒙版的边缘有抠出颜色的溢出，此时就需要调节Despill Bias（反溢出偏差）参数，为前景选择一个合适的表面颜色；如果前景颜色被抠出或背景颜色没有被完全抠出，这时就需要适当调节Screen Matte（屏幕蒙版）属性组中的Clip Black（剪切黑色）和Clip White（剪切白色）参数。

执行“效果>抠像> Keylight（1.2）”菜单命令，在“效果控件”面板中展开“Keylight（1.2）”滤镜的参数，如图10-51所示。

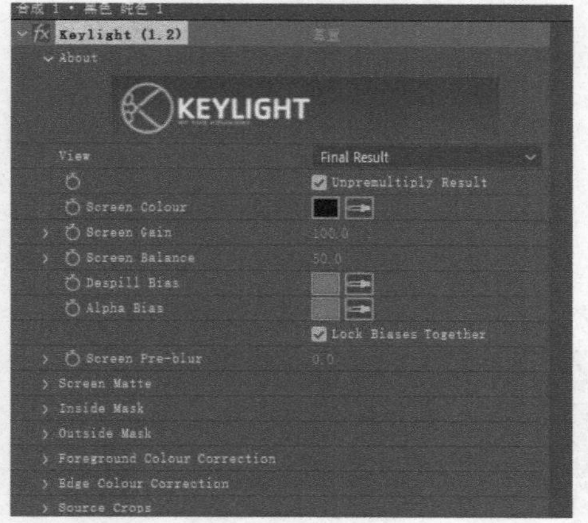

图 10-51

◆1.View（视图）

View（视图）用来设置查看最终效果的方式，其下拉列表中提供了11种查看方式，如图10-52所示。下面将介绍View（视图）下拉列表中的几个常用选项。

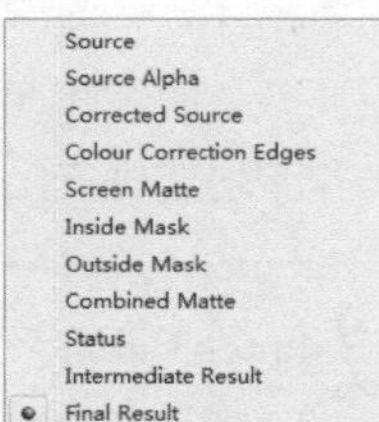

图 10-52

> **技巧与提示**
>
> 在设置 Screen Colour（屏幕色）时，不能将 View（视图）设置为 Final Result（最终结果），因为在进行第 1 次取色时，被选择抠出的颜色大部分都被消除了。

参数详解

- **Screen Matte（屏幕蒙版）：**在设置Clip Black（剪切黑色）和Clip White（剪切白色）时，可以将View（视图）方式设置为Screen Matte（屏幕蒙版），这样可以将屏幕中本来应该是完全透明的地方调整为黑色，将完全不透明的地方调整为白色，将半透明的地方调整为合适的灰色，如图10-53所示。

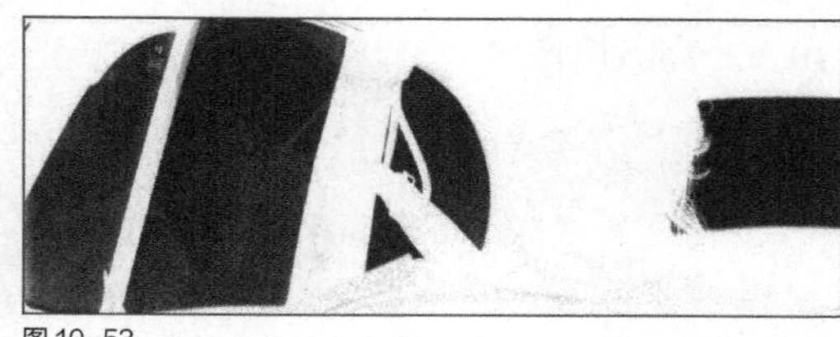
图 10-53

- **Status（状态）：**用于对蒙版效果进行夸张、放大渲染，这样很小的问题在屏幕上也将被放大显示出来，如图10-54所示。

图 10-54

> **技巧与提示**
>
> Status（状态）视图中显示了黑、白、灰 3 种颜色，黑色区域在最终效果中处于完全透明状态，也就是颜色被完全抠出的区域，这个区域就可以使用其他背景来代替；白色区域在最终效果中显示为前景画面，这个区域的颜色将完全保留下来；灰色区域表示颜色没有被完全抠出，显示的是前景和背景叠加的效果，在画面前景的边缘需要保留灰色像素来达到一种完美的前景边缘过渡与处理效果。

- **Final Result（最终结果）：**显示当前抠像的最终效果。

> **技巧与提示**
>
> 一般情况下，Despill Bias（反溢出偏差）参数和 Alpha Bias（Alpha 偏差）参数是关联的，不管调节其中哪一个参数，另一个参数都会跟着发生相应的改变。

◆2.Screen Colour（屏幕色）

Screen Colour（屏幕色）用来设置需要被抠出的屏幕色，可以使用该选项后面的“吸管工具”在“合成”面板中吸取相应的屏幕色，这样就会自动创建一个Screen Matte（屏幕蒙版），并且这个蒙版会自动抑制蒙版边缘溢出的抠出颜色。

10.3.3 高级抠像

◆1.Screen Colour（屏幕色）

无论是基本抠像还是高级抠像，Screen Colour（屏幕色）都是必须设置的一个参数。使用“Keylight（1.2）”滤镜进行抠像的第1步，就是使用Screen Colour（屏幕色）后面的“吸管工具”在屏幕上对抠出的颜色进行取样，取样的范围包括主要色调（如蓝色和绿色）与颜色饱和度。

一旦指定了Screen Colour（屏幕色），“Keylight（1.2）”滤镜就会在整个画面中分析所有的像素，并且比较这些像素的颜色和取样的颜色在色调和饱和度上的差异，然后根据比较的结果来设定画面的透明区域，并相应地对前景画面的边缘颜色进行修改。

技巧与提示

这里介绍一下图像像素与Screen Colour（屏幕色）的关系。

背景像素：如果图像中像素的色相与Screen Colour（屏幕色）的色相类似，并且饱和度与设置的抠出颜色的饱和度一致或更高，那么这些像素就会被认为是图像的背景像素，因此将会被全部抠出，变成完全透明的效果，如图10-55所示。

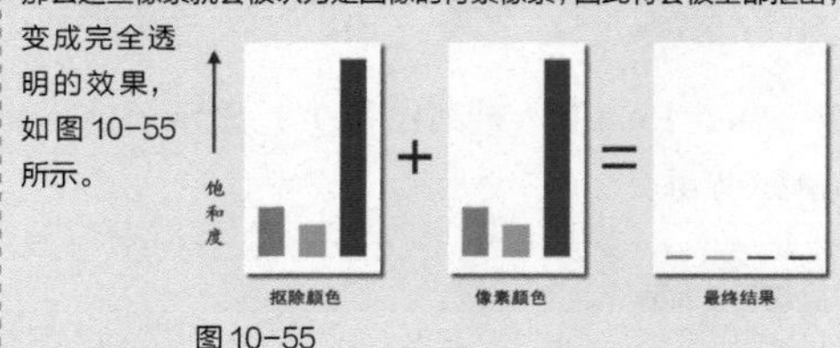

图10-55

边界像素：如果图像中像素的色相与Screen Colour（屏幕色）的色相类似，但是它的饱和度低于屏幕色的饱和度，那么这些像素就会被认为是前景的边界像素，这样像素颜色就会减去屏幕色的加权值，从而使这些像素变成半透明效果，并且会对它的溢出颜色进行适当的抑制，如图10-56所示。

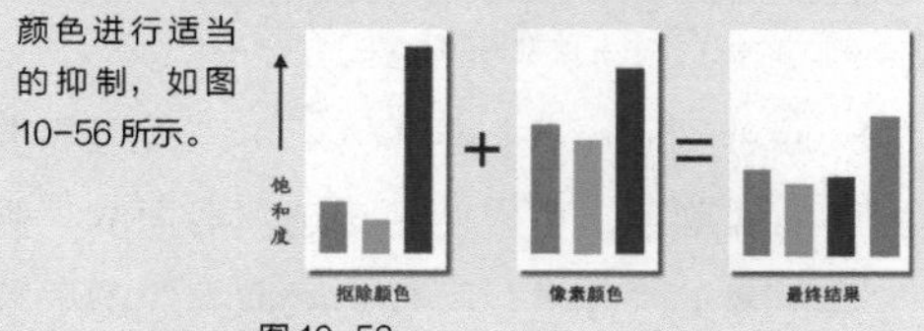

图10-56

前景像素：如果图像中像素的色相与Screen Colour（屏幕色）的色相不一致，例如在图10-57中，像素的色相为绿色，Screen Colour（屏幕色）的色相为蓝色，这样“Keylight（1.2）”滤镜经过比较后就会将绿色作为前景颜色，因此绿色将完全被保留下来。

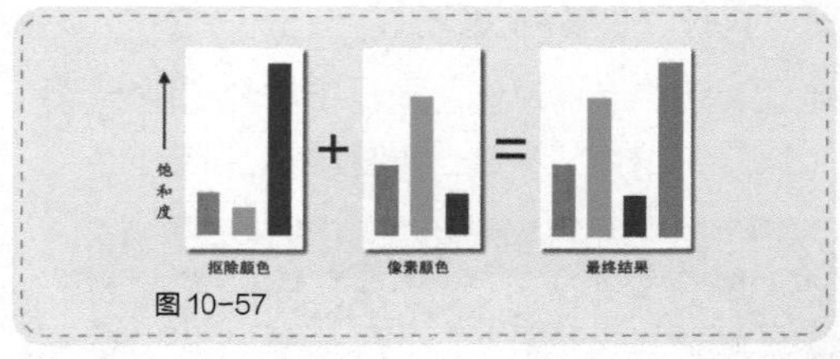

图10-57

◆2.Screen Gain（屏幕增益）

Screen Gain（屏幕增益）参数主要用来设置Screen Colour（屏幕色）被抠出的程度，其值越大，被抠出的颜色就越多，如图10-58所示。

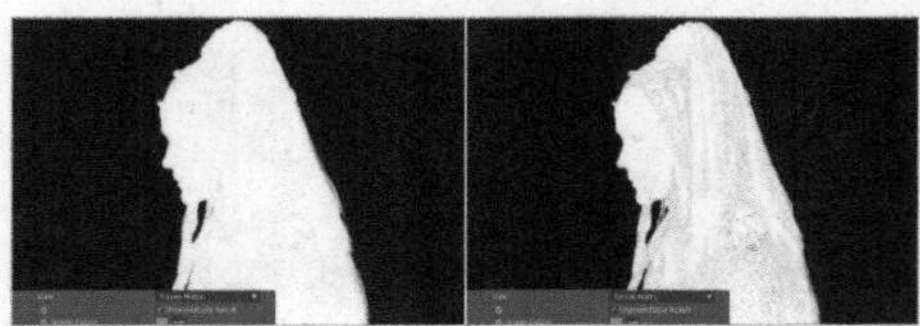

图10-58

技巧与提示

在调节Screen Gain（屏幕增益）参数时，其数值不能太小，也不能太大。一般情况下，使用Clip Black（剪切黑色）和Clip White（剪切白色）两个参数来优化Screen Matte（屏幕蒙版）的效果比使用Screen Gain（屏幕增益）的效果要好。

◆3.Screen Balance（屏幕平衡）

通过在RGB颜色值中对主要颜色的饱和度与其他两个颜色的饱和度的加权平均值进行比较，所得出的结果就是Screen Balance（屏幕平衡）的参数值。例如，Screen Balance（屏幕平衡）为100%时，Screen Colour（屏幕色）的饱和度占绝对优势，而其他两种颜色的饱和度几乎为0。

技巧与提示

素材不同，需要设置的Screen Balance（屏幕平衡）的参数值也有所差异。一般情况下，蓝屏素材设置为95%左右，绿屏素材设置为5%左右即可。

◆4.Screen Pre-blur（屏幕预模糊）

Screen Pre-blur（屏幕预模糊）参数可以在对素材进行蒙版操作前，首先对画面进行轻微的模糊处理，这种预模糊的处理方式可以减弱画面的噪点效果。

◆ 5.Screen Matte（屏幕蒙版）

Screen Matte（屏幕蒙版）属性组主要用来微调蒙版效果，这样可以更加精确地控制前景和背景的界线。展开Screen Matte（屏幕蒙版）属性组，如图10-59所示。

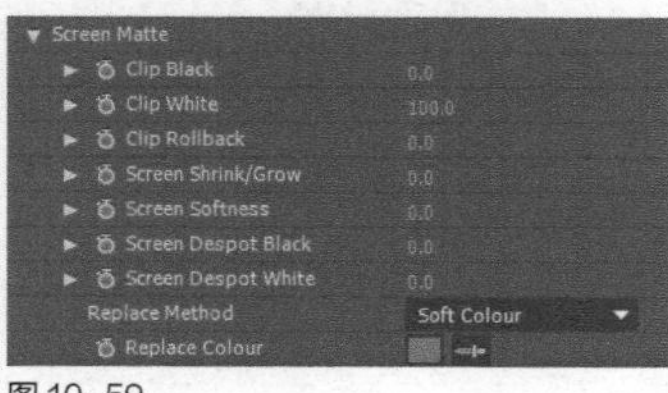

图 10-59

参数详解

- **Clip Black（剪切黑色）：**设置蒙版中黑色像素的起点值。如果背景像素的区域出现了前景像素，这时就可以适当增大Clip Black（剪切黑色）的数值，以抠出所有的背景像素，如图10-60所示。

- **Clip White（剪切白色）：**设置蒙版中白色像素的起点值。如果前景像素的区域出现了背景像素，这时就可以适当降低Clip White（剪切白色）的数值，以达到满意的效果，如图10-61所示。

- **Clip Rollback（剪切削减）：**在调节Clip Black（剪切黑色）和Clip White（剪切白色）参数时，有时会对前景的边缘像素产生破坏，如图10-62（左）所示。这时就可以适当调整Clip Rollback（剪切削减）的数值，对前景的边缘像素进行一定程度的补偿，如图10-62（右）所示。

- **Screen Shrink/Grow（屏幕收缩/扩张）：**用来收缩或扩大蒙版的范围。

- **Screen Softness（屏幕柔化）：**对整个蒙版进行模糊处理。注意，该参数只影响蒙版的模糊程度，不会影响前景和背景。

- **Screen Despot Black（屏幕独占黑色）：**让黑点与周围像素进行加权运算。增大其值可以消除白色区域内的黑点，如图10-63所示。

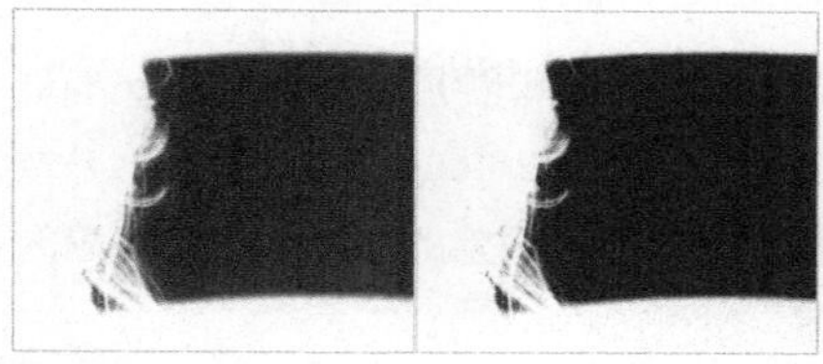
图 10-60

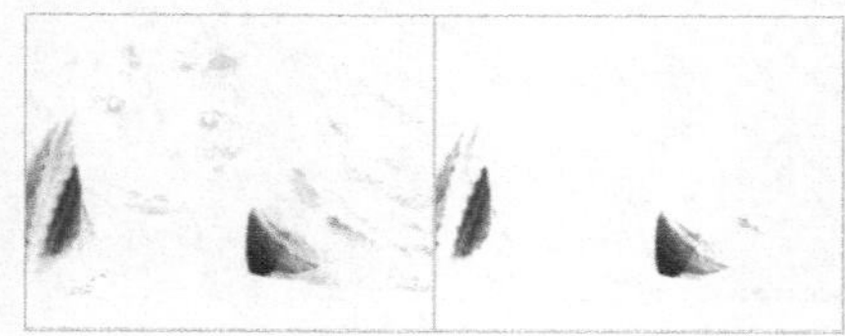
图 10-61

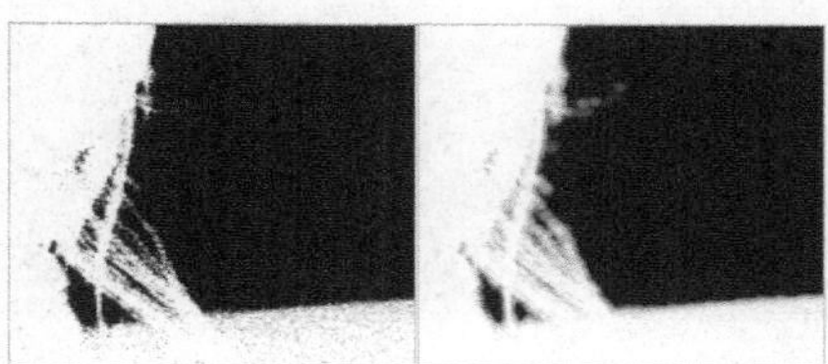
图 10-62

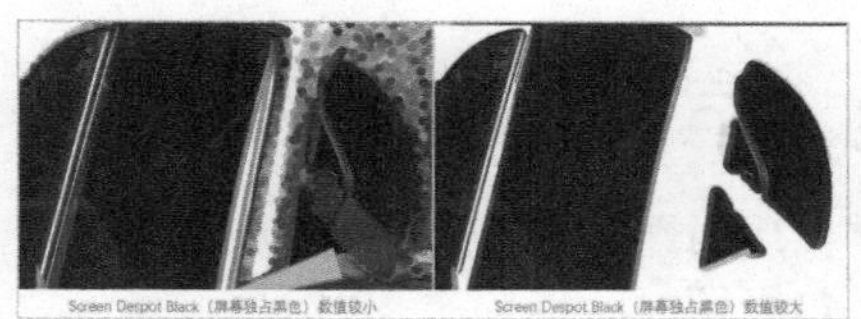

图 10-63

- **Screen Despot White（屏幕独占白色）：**让白点与周围像素进行加权运算。增大其值可以消除黑色区域内的白点，如图10-64所示。

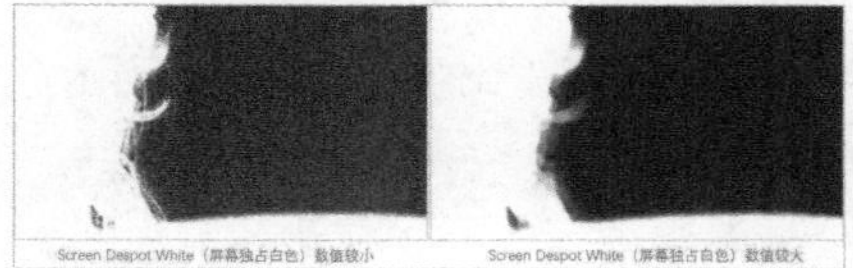

图 10-64

- **Replace Colour（替换颜色）：**根据设置的颜色来对Alpha通道的溢出区域进行补救。

- **Replace Method（替换方式）：**设置替换Alpha通道溢出区域颜色的方式，共有以下4种。

None（无）：不进行任何处理。

Source（源）：使用原始素材的像素进行相应的补救。

Hard Colour（硬度色）：对任何增加的Alpha通道区域直接使用Replace Colour（替换

颜色）进行补救，如图10-65所示。

Soft Colour（柔和色）： 对增加的Alpha通道区域进行Replace Colour（替换颜色）补救时，并根据原始素材像素的亮度来进行相应的柔化处理，如图10-66所示。

图 10-65

图 10-66

10.4 课后习题

10.4.1 课后习题——使用颜色范围滤镜进行抠像

素材位置	实例文件 >CH10> 课后习题——使用颜色范围滤镜进行抠像 >（素材）
实例位置	实例文件 >CH10> 课后习题——使用颜色范围滤镜进行抠像 .aep
难易指数	★★☆☆☆
练习目标	练习“颜色范围”滤镜的用法

本习题制作的前后对比效果如图10-67所示。

图 10-67

01 打开学习资源中的“实例文件 >CH10 > 课后习题——使用颜色范围滤镜进行抠像 .aep”文件，然后为“人物”图层添加“抠像 > 颜色范围”效果，并调整其参数。

02 为“人物”图层添加“抠像 >Advanced Spill Suppressor（高级溢出抑制器）”和“遮罩 > 简单阻塞工具”效果，分别调整它们的参数，以优化抠像边缘。

03 调整“人物”图层的颜色，使其与背景更加匹配。

10.4.2 课后习题——计算机屏幕替换

素材位置	实例文件 >CH10> 课后习题——计算机屏幕替换 >（素材）
实例位置	实例文件 >CH10> 课后习题——计算机屏幕替换 .aep
难易指数	★★★☆☆
练习目标	练习“Keylight（1.2）”滤镜的高级用法

本习题制作的前后对比效果如图10-68所示。

图 10-68

01 打开学习资源中的“实例文件 >CH10 > 课后习题——计算机屏幕替换 .aep”文件，然后为“电脑屏幕”图层添加“抠像 >Keylight(1.2)”效果，调整其参数。

02 继续为“电脑屏幕”图层添加“抠像 > Advanced Spill Suppressor（高级溢出抑制器）”效果，调整其参数。

03 将“电脑屏幕”图层复制两份，分别命名为“蒙版”和“反光”并置于顶层。然后将“蒙版”图层中 Keylight（1.2）下的 Screen Shrink/Grow（屏幕收缩 / 扩展）设置为 0，并执行“效果 > 通道 > 反转”菜单命令，将“通道”设置为 Alpha。

04 选择“反光”图层，将 Keylight（1.2）下的 Screen Gain（屏幕增益）调小，并将 Screen Shrink/Grow（屏幕收缩 / 扩展）调小，Screen Softness(屏幕柔和度)设置为 0，然后将“反光”图层的轨道遮罩设置为“Alpha”。

05 将“反光”图层的混合模式设为“相加”，观察开启和关闭“反光”图层的对比效果。

第 11 章

常用内置滤镜

本章导读

本章主要介绍 After Effects 中的一些常用内置滤镜，包括“生成”滤镜组、“风格化”滤镜组、“模糊和锐化”滤镜组、“透视”滤镜组及“过渡”滤镜组。

课堂学习目标

掌握“生成”滤镜组中滤镜的用法

掌握“风格化”滤镜组中滤镜的用法

掌握“模糊和锐化”滤镜组中滤镜的用法

掌握“透视”滤镜组中滤镜的用法

掌握“过渡”滤镜组中滤镜的用法

After Effects

11.1 “生成”滤镜组

本节主要讲解“生成”滤镜组中的“梯度渐变”滤镜和“四色渐变”滤镜。

本节知识点

名称	作用	重要程度
“梯度渐变”滤镜	创建色彩过渡的效果	高
“四色渐变”滤镜	模拟霓虹灯、流光溢彩等迷幻效果	高

11.1.1 课堂案例——炫彩视频背景

素材位置	无
实例位置	实例文件 >CH11> 课堂案例——炫彩视频背景 .aep
难易指数	★★☆☆☆
学习目标	掌握“梯度渐变”滤镜的用法

本案例制作的视频背景效果如图11-1所示。

图 11-1

01 启动 After Effects 2021，新建一个合成，设置“合成名称”为“炫彩视频背景”，“预设”为 HDTV 1080 25，“持续时间”为 5 秒，然后单击“确定”按钮，如图 11-2 所示。

02 新建一个纯色图层，然后设置“名称”为背景，执行“效果 > 杂色和颗粒 > 分形杂色”菜单命令，接着在该效果的“变换”下，取消勾选“统一缩放”，并设置“缩放高度”为 2000.0，如图 11-3 所示。

03 为上一步中的“分形杂色”效果设置关键帧动画。在第 0 帧处设置“演化”为（0×+0.0°）并激活关键帧记录器，然后在第 4 秒 24 帧处设置“演化”为（1×+0.0°），如图 11-4 所示。

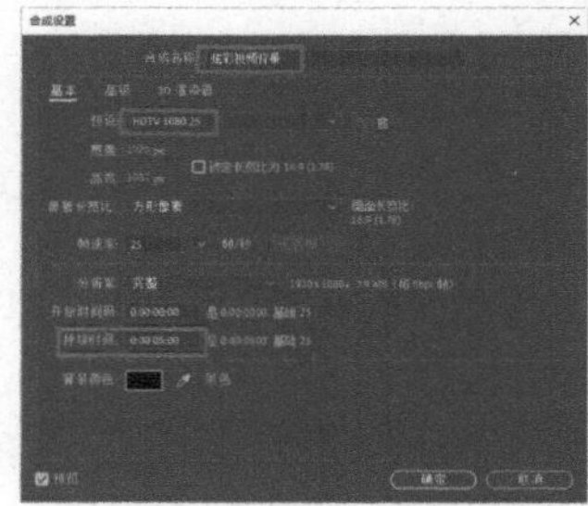

图 11-2

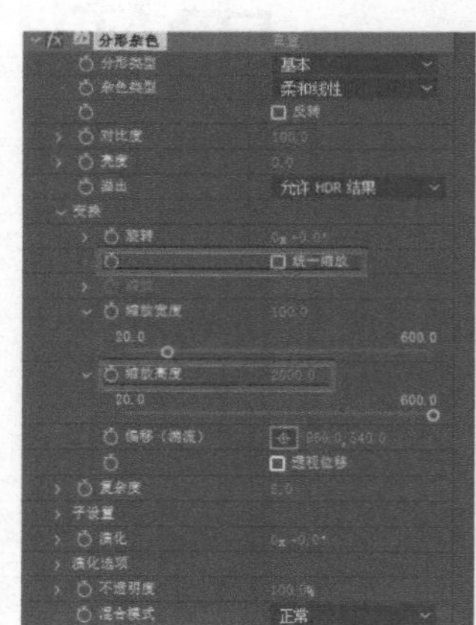

图 11-3

图 11-4

04 选择“背景”图层，然后执行“效果 > 扭曲 > 极坐标”菜单命令，接着在“效果控件”面板中设置“插值”为 100.0%、“转换类型”为“矩形到极线”，如图 11-5 所示。

图 11-5

05 选择“背景”图层，然后执行“效果 > 模糊和锐化 >CC Vector Blur（矢量模糊）”菜单命令，接着在“效果控件”面板中设置 Amount（数量）为 89.0、Map Softness（贴图柔和度）为 30.0，如图 11-6 所示。

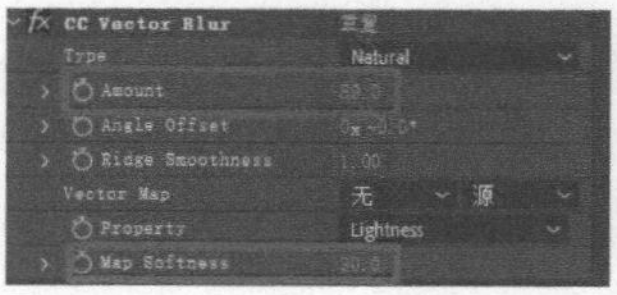

图 11-6

06 新建一个纯色图层，设置“名称”为“上色”，并将其置于顶层。然后执行“效果 > 生成 > 梯度渐变”菜单命令，接着在“效果控件”面板中设置“渐变起点”为(962.0, 544.0)、“起始颜色”为(106, 218, 255)、“渐变终点”为(0.0, 540.0)、“结束颜色”为(0, 85, 200)、“渐变形状”为“径向渐变”，如图 11-7 所示。

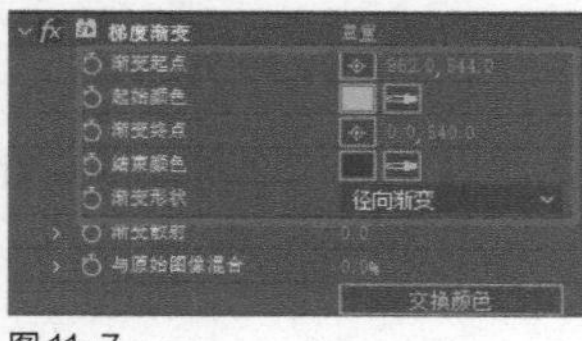
图 11-7

07 将“上色”图层的混合模式设置为“差值”，如图 11-8 所示，效果如图 11-9 所示。

图 11-8

图 11-9

11.1.2 “梯度渐变”滤镜

“梯度渐变”滤镜可以用来创建色彩过渡的效果，其应用频率非常高。执行“效果>生成>梯度渐变”菜单命令，然后在“效果控件”面板中展开“梯度渐变”滤镜的参数，如图11-10所示。

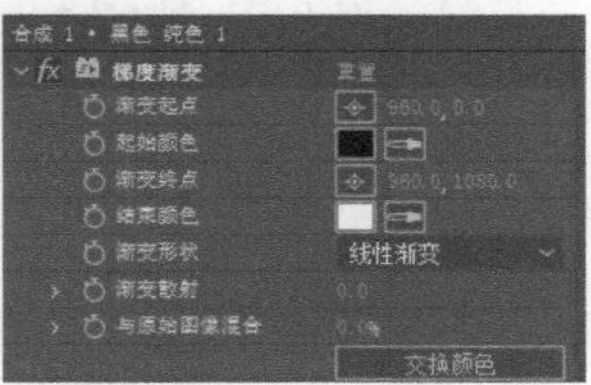
图 11-10

参数详解

- **渐变起点**：用来设置渐变的起点位置。
- **起始颜色**：用来设置渐变开始位置的颜色。
- **渐变终点**：用来设置渐变的终点位置。
- **结束颜色**：用来设置渐变终点位置的颜色。
- **渐变形状**：用来设置渐变的类型，有两种类型，如图11-11所示。

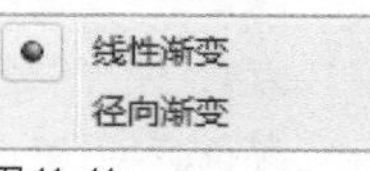

图 11-11

线性渐变：沿着一根轴线（水平或垂直）改变颜色，颜色从起点到终点进行顺序渐变。

径向渐变：颜色从起点到终点、从内到外进行圆形渐变。

- **渐变散射**：用来设置渐变颜色的颗粒效果（或扩展效果）。
- **与原始图像混合**：用来设置与源图像融合的百分比。
- **交换颜色**：使“渐变起点”和“渐变终点”的颜色交换。

11.1.3 “四色渐变”滤镜

“四色渐变”滤镜在一定程度上弥补了“梯度渐变”滤镜在颜色控制方面的不足。使用该滤镜可以模拟霓虹灯、流光溢彩等迷幻效果。选择要添加效果的图层，执行“效果>生成>四色渐变”菜单命令，然后在“效果控件”面板中展开“四色渐变”滤镜的参数，如图11-12所示。

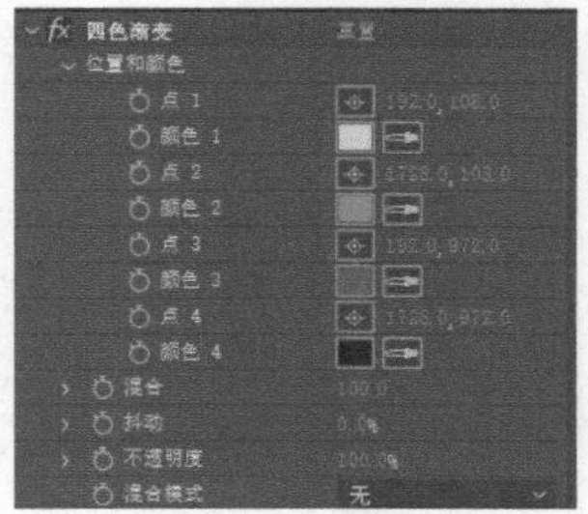
图 11-12

参数详解

- **位置和颜色**：用于设置4种颜色和这4种颜色的位置。

点1：设置颜色1的位置。

颜色1：设置点1处的颜色。

点2：设置颜色2的位置。

颜色2：设置点2处的颜色。

点3：设置颜色3的位置。

颜色3：设置点3处的颜色。

点4：设置颜色4的位置。

颜色4：设置点4处的颜色。

- **混合**：设置4种颜色之间的融合度。
- **抖动**：设置颜色的颗粒效果（或扩展效果）。
- **不透明度**：设置四色渐变的不透明度。
- **混合模式**：设置四色渐变与源图层的图层混合模式。

11.2 “风格化”滤镜组

本节主要讲解“风格化”滤镜组下的“发光”滤镜。

本节知识点

名称	作用	重要程度
“发光”滤镜	使图像中的文字、Logo 和带有 Alpha 通道的图像产生发光的效果	高

11.2.1 课堂案例——光线辉光效果

素材位置	实例文件 >CH11> 课堂案例——光线辉光效果 >（素材）
实例位置	实例文件 >CH11> 课堂案例——光线辉光效果 .aep
难易指数	★★☆☆☆
学习目标	掌握“发光”滤镜的用法

本案例制作的光线辉光效果如图11-13所示。

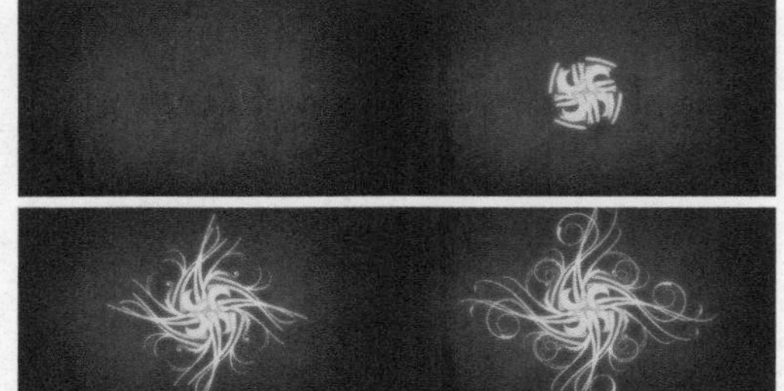

图 11-13

01 打开学习资源中的“实例文件 >CH11 > 课堂案例——光线辉光效果 .aep”文件，然后加载“光线辉光效果”合成，如图 11-14 所示。

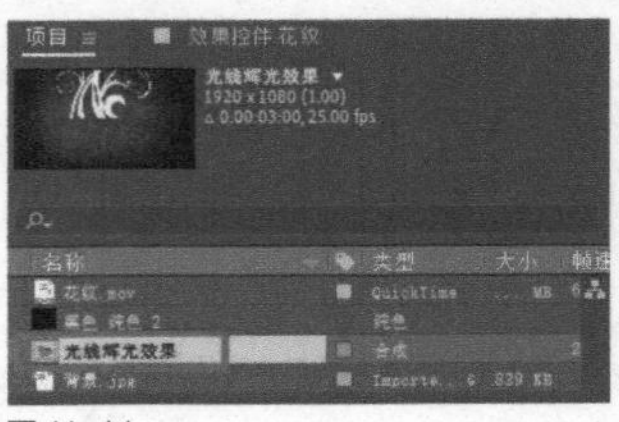

图 11-14

02 选择“花纹”图层，设置其“位置”为（960.1，534.0）、“缩放”为（51.0%，51.0%）、“旋转”为（0×+90.0°），如图 11-15 所示。

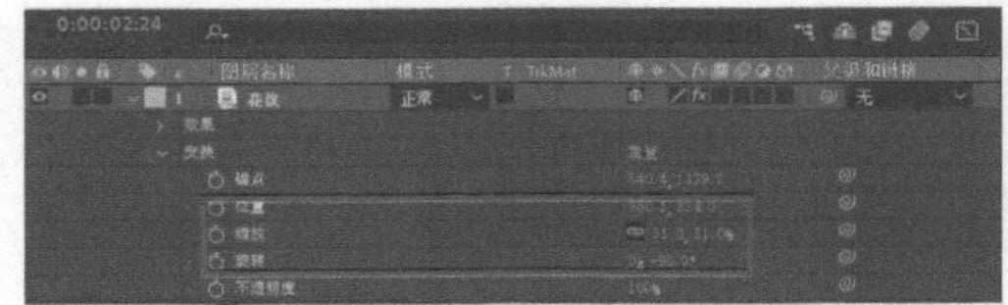

图 11-15

03 选择“花纹”图层，然后执行“效果 > 生成 > 填充”菜单命令，接着在“效果控件”面板中设置“颜色”为（204，150，33），如图 11-16 所示。

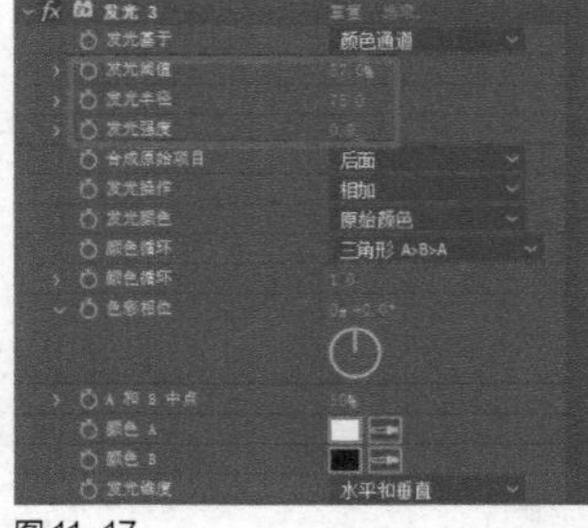

图 11-16

04 选择“花纹”图层，然后执行“效果 > 风格化 > 发光”菜单命令，接着在“效果控件”面板中设置“发光阈值”为 57.0%、“发光半径”为 75.0、“发光强度”为 0.9，如图 11-17 所示。

图 11-17

05 选择“花纹”图层，按快捷键 Ctrl+D 将其复制 3 份，并将这 3 份图层的“旋转”分别设置为（0×+180.0°）、（0×−90.0°）和（0×+0.0°），如图 11-18 所示，最终效果如图 11-19 所示。

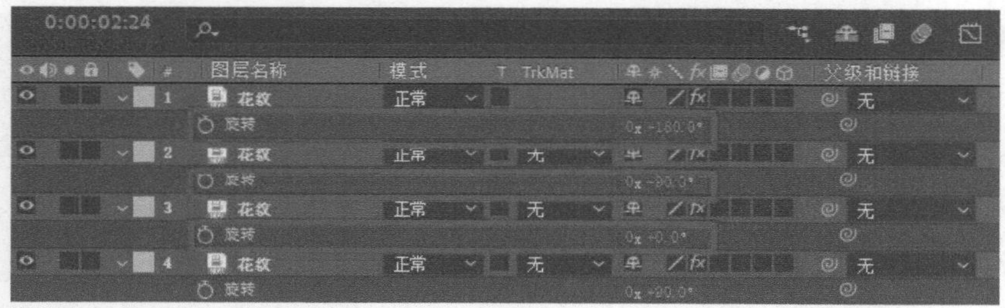

图 11-18

图 11-19

11.2.2 “发光”滤镜

“发光”滤镜经常用于图像中的文字、Logo和带有Alpha通道的图像，使其产生发光的效果。选择要添加效果的图层，然后执行“效果 > 风格化 > 发光”菜单命令，接着在“效果控件”面板中展开“发光”滤镜的参数，如图11-20所示。

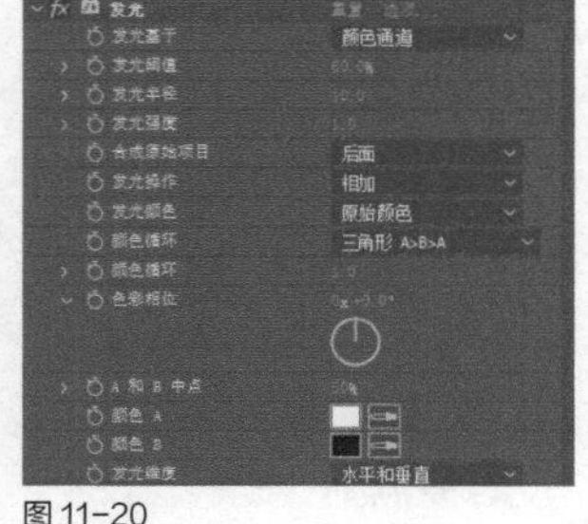

图 11-20

参数详解

- **发光基于：**设置光晕基于的通道，有两种类型，如图11-21所示。

Alpha 通道
颜色通道

图 11-21

Alpha通道：基于Alpha通道的信息产生光晕。

颜色通道：基于颜色通道的信息产生光晕。

- **发光阈值：**设置光晕的容差值。
- **发光半径：**设置光晕的半径大小。
- **发光强度：**设置光晕发光的强度值。
- **合成原始项目：**设置源图层与光晕合成的位置顺序，有3种类型，如图11-22所示。

图 11-22

顶端：源图层颜色信息在光晕的上面。

后面：源图层颜色信息在光晕的后面。

无：将光晕从源图层中分离开来。

- **发光操作：**设置发光的模式，类似于层模式的选择。
- **发光颜色：**设置光晕颜色的控制方式，有3种类型，如图11-23所示。

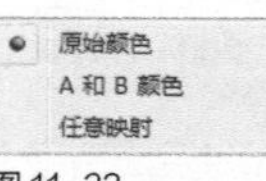

图 11-23

原始颜色：光晕的颜色信息来源于图像自身的颜色。

A和B颜色：光晕的颜色信息来源于自定义的A和B的颜色。

任意映射：光晕的颜色信息来源于任意图像。

- **颜色循环：**“发光颜色”为“A和B颜色”时，控制A和B两种颜色间过渡曲线的形状。
- **颜色循环：**设置光晕颜色循环的次数。
- **色彩相位：**设置光晕的色彩相位。
- **A和B中点：**设置颜色A和B的中点百分比。
- **颜色A：**设置颜色A的颜色。
- **颜色B：**设置颜色B的颜色。
- **发光维度：**设置光晕作用的方向。

11.3 “模糊和锐化”滤镜组

模糊是滤镜合成工作中最常用的效果之一，它可以模拟画面的视觉中心、营造虚实结合的效果，这样即使是平面素材，经过模糊处理，也能给人以对比和空间感，使人获得更好的视觉感受。

另外，用户可以适当使用模糊效果来提升画面的质量（在三维建筑动画的后期合成中，模糊可谓是“必杀技”），很多相对粗糙的画面，经过模糊处理后都可以变得赏心悦目。

本节主要介绍“模糊和锐化”滤镜组中的“快速方框模糊”“摄像机镜头模糊”“径向模糊”滤镜。

本节知识点

名称	作用	重要程度
“快速方框模糊”滤镜	模糊和柔化图像，去除画面中的杂点	高
“摄像机镜头模糊”滤镜	模拟画面的景深效果	高
“径向模糊”滤镜	围绕自定义的一个点产生模糊效果，常用于模拟镜头的推拉和旋转效果	高

11.3.1 课堂案例——镜头视觉中心

素材位置	实例文件 >CH11> 课堂案例——镜头视觉中心 >（素材）
实例位置	实例文件 >CH11> 课堂案例——镜头视觉中心 .aep
难易指数	★★☆☆☆
学习目标	掌握“摄像机镜头模糊”滤镜的用法

完成镜头视觉中心处理后的效果如图11-24所示。

图 11-24

01 打开学习资源中的“实例文件 >CH11 > 课堂案例——镜头视觉中心 .aep”文件，然后加载“镜头视觉中心”合成，如图 11-25 所示。

图 11-25

02 新建一个纯色图层，将其命名为“模糊图”并置于底层，然后在第 0 帧处绘制图 11-26 所示的遮罩，并激活“蒙版路径”的关键帧记录器，在第 14 帧处将蒙版路径修改为图 11-27 所示的效果。

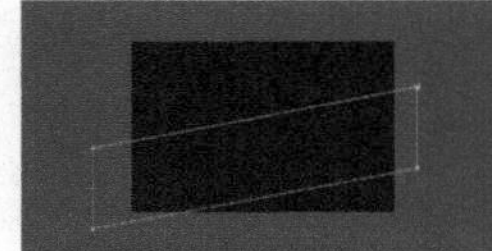

图 11-26

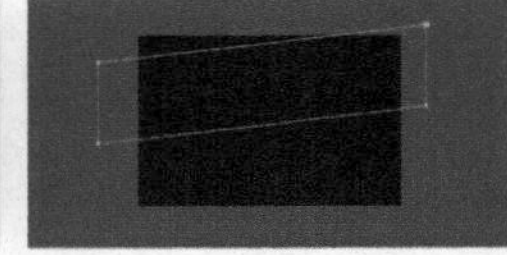

图 11-27

03 选择“叶子”图层，然后执行“效果 > 模糊和锐化 > 摄像机镜头模糊”菜单命令，接着在“效果控件”面板中设置“模糊半径”为 17.0；展开“模糊图”属性组，设置“图层”为“2. 模糊图”和“蒙版”，“声道”为 Alpha，勾选“反转模糊图”选项，最后勾选“重复边缘像素”选项，如图 11-28 所示。

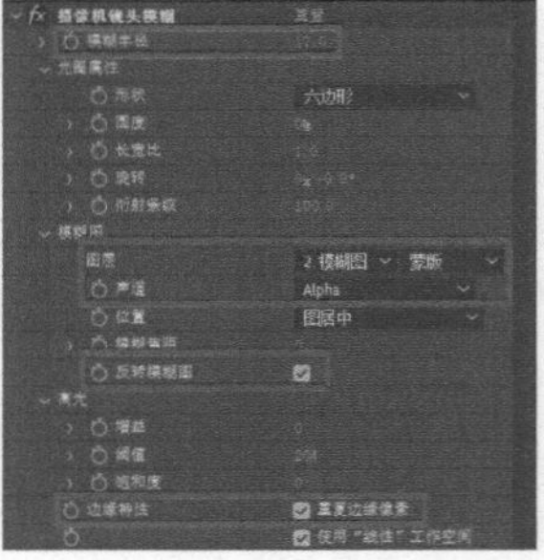

图 11-28

04 选择“叶子”图层，在第 0 帧处设置其“缩放”为（100.0%，100.0%）并开启关键帧记录器，在第 14 帧处设置“缩放”为（101.0%，101.0%），如图 11-29 所示，完成本案例的制作。

图 11-29

11.3.2 "快速方框模糊"滤镜

"快速方框模糊"滤镜可以用来模糊和柔化图像，去除画面中的杂点，其参数如图11-30所示。

图 11-30

参数详解

- **模糊半径**：设置画面的模糊程度。
- **迭代**：设置将模糊效果连续应用到图像中的次数。
- **模糊方向**：设置图像模糊的方向，有3个选项，如图11-31所示。

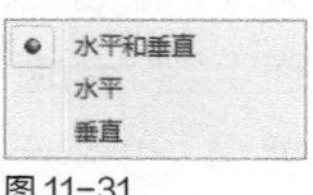

图 11-31

水平和垂直：图像在水平和垂直方向上都产生模糊。

水平：图像在水平方向上产生模糊。

垂直：图像在垂直方向上产生模糊。

- **重复边缘像素**：主要用来设置图像边缘的模糊效果。

11.3.3 "摄像机镜头模糊"滤镜

"摄像机镜头模糊"滤镜可以用来模拟不在摄像机聚焦平面内的物体的模糊效果（即用来模拟画面的景深效果），其模糊的效果取决于"光圈属性"和"模糊图"的设置。

执行"效果>模糊和锐化>摄像机镜头模糊"菜单命令，在"效果控件"面板中展开滤镜的参数，如图11-32所示。

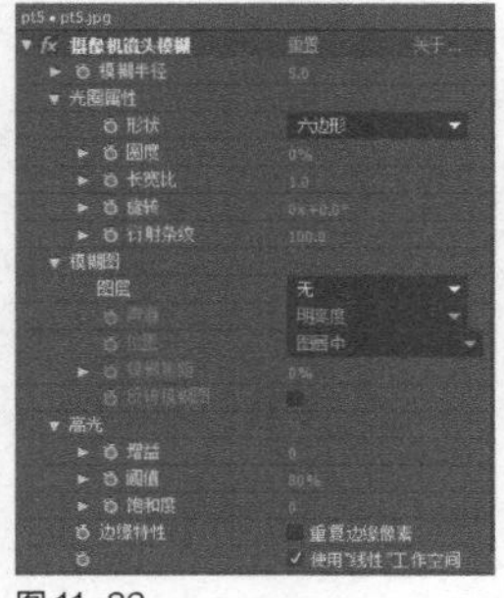

图 11-32

参数详解

- **模糊半径**：设置镜头模糊的半径大小。
- **光圈属性**：设置摄像机镜头的属性。

形状：用来控制摄像机镜头的形状，共有"三角形""正方形""五边形""六边形""七边形""八边形""九边形""十边形"8种类型，如图11-33所示。

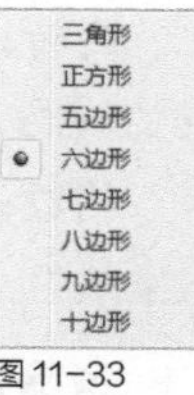

图 11-33

圆度：用来设置镜头的圆滑度。

长宽比：用来设置镜头的画面比率。

- **模糊图**：用来读取模糊图像的相关信息。

图层：指定设置镜头模糊的参考图层。

声道：指定模糊图像的图层通道。

位置：指定模糊图像的位置。

模糊焦距：指定模糊图像焦点的距离。

反转模糊图：用来反转图像的焦点。

- **高光**：用来设置镜头的高光属性。

增益：用来设置图像的增益值。

阈值：用来设定图像多亮的部分会被当作高光来处理。

饱和度：用来设置图像的饱和度。

11.3.4 "径向模糊"滤镜

"径向模糊"滤镜围绕自定义的一个点产生模糊效果，常用来模拟镜头的推拉和旋转效果。在图层高质量开关打开的情况下，用户可以指定抗锯齿的程度，在草图质量下没有抗锯齿作用。

执行"效果>模糊和锐化>径向模糊"菜单命令，在"效果控件"面板中展开滤镜的参数，如图11-34所示。

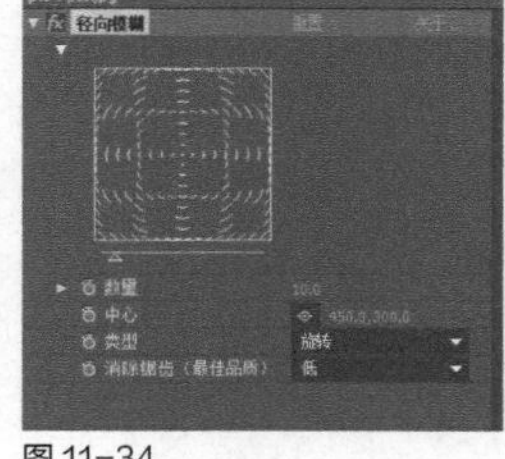

图 11-34

参数详解

- **数量**：设置径向模糊的强度。
- **中心**：设置径向模糊的中心位置。
- **类型**：设置径向模糊的样式，共有两种样式，如图11-35所示。

图 11-35

旋转：围绕自定义的位置点，模拟镜头旋转的效果。

缩放：围绕自定义的位置点，模拟镜头推拉的效果。

- **消除锯齿（最佳品质）**：设置图像的质量，共有两种质量可供选择，如图11-36所示。

图 11-36

低：设置图像的质量为草图级别（低级别）。

高：设置图像的质量为高质量。

11.4 “透视”滤镜组

本节主要讲解“透视”滤镜组中的“斜面Alpha”“投影”“径向投影”滤镜。

本节知识点

名称	作用	重要程度
“斜面Alpha”滤镜	通过二维的 Alpha（通道）使图像产生分界，形成假三维的倒角效果	高
“投影”/“径向投影”滤镜	“投影”滤镜是由图像的 Alpha（通道）所产生的图像阴影的形状所决定的；“径向投影”滤镜则通过自定义光源点所在的位置并照射图像产生阴影效果	高

11.4.1 课堂案例——画面阴影效果的制作

素材位置	实例文件 >CH11> 课堂案例——画面阴影效果的制作 >（素材）
实例位置	实例文件 >CH11> 课堂案例——画面阴影效果的制作 .aep
难易指数	★★☆☆☆
学习目标	掌握“径向投影”滤镜的用法

本案例的画面阴影效果的前后对比情况如图11-37所示。

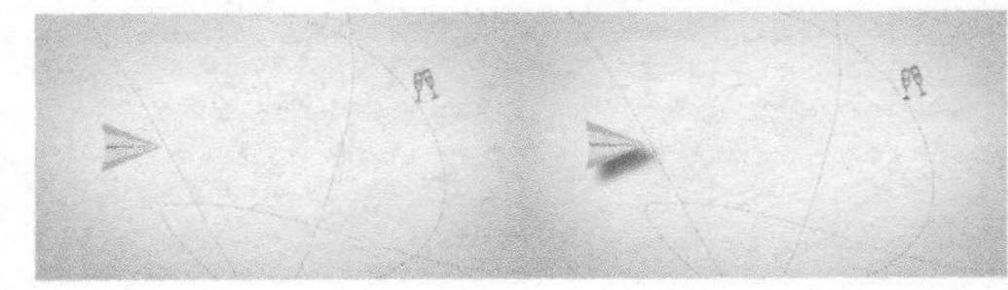
图 11-37

01 打开学习资源中的“实例文件 >CH11 > 课堂案例——画面阴影效果的制作.aep”文件，然后加载“画面阴影”合成，如图 11-38 所示。

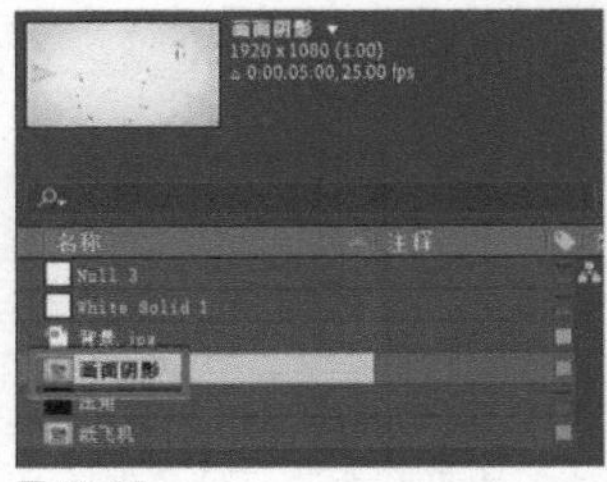
图 11-38

02 选择“纸飞机”图层，然后执行“效果 > 透视 > 投影”菜单命令，接着在第 0 帧处的“效果控件”面板中设置“距离”为 8.0、“柔和度”为 5.0，并分别激活关键帧记录器，如图 11-39 所示。

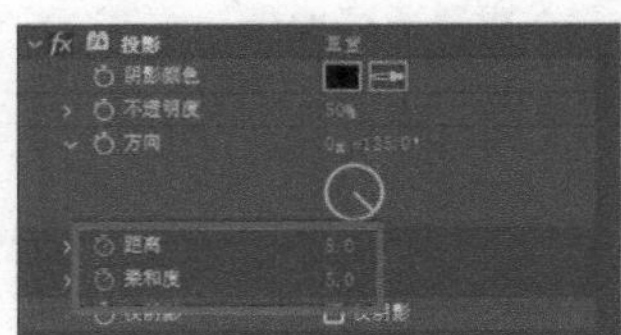
图 11-39

03 在第 2 秒 13 帧处设置“距离”为 126.0、“柔和度”为 185.0，在第 4 秒 24 帧处设置“距离”为 8.0、“柔和度”为 5.0，如图 11-40 所示，最终效果如图 11-41 所示。

图 11-40

图 11-41

11.4.2 “斜面 Alpha”滤镜

“斜面Alpha”滤镜通过二维的Alpha（通道）使图像产生分界，形成假三维的效果。执行“效果>透视>斜面Alpha”菜单命令，然后在“效果控件”面板中展开滤镜的参数，如图11-42所示。

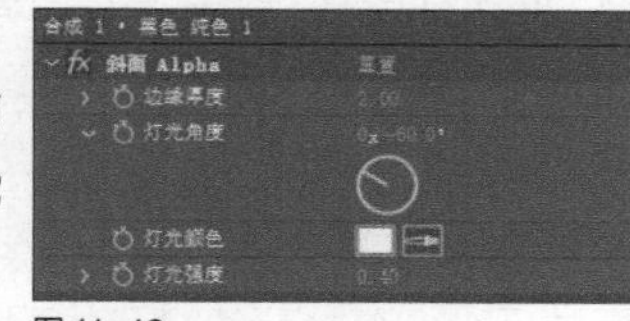

图 11-42

参数详解

- **边缘厚度：**用来设置图像边缘的厚度效果。
- **灯光角度：**用来设置灯光照射的角度。
- **灯光颜色：**用来设置灯光照射的颜色。
- **灯光强度：**用来设置灯光照射的强度。

> **技巧与提示**
>
> 在日常合成工作中，“斜面 Alpha”滤镜的使用频率非常高，相关参数调节也是可实时预览的。适当有效地使用该滤镜，能让画面中的视觉主体元素更加突出。

11.4.3 “投影”/“径向投影”滤镜

“投影”与“径向投影”滤镜的区别在于，“投影”滤镜所产生的图像阴影的形状是由图像的Alpha（通道）所决定的，而“径向投影”滤镜则通过自定义光源点所在的位置并照射图像产生阴影效果。分别执行“效果>透视>投影”和“效果>透视>径向投影”菜单命令，然后在“效果控件”面板中分别展开两种滤镜的参数，如图11-43所示。

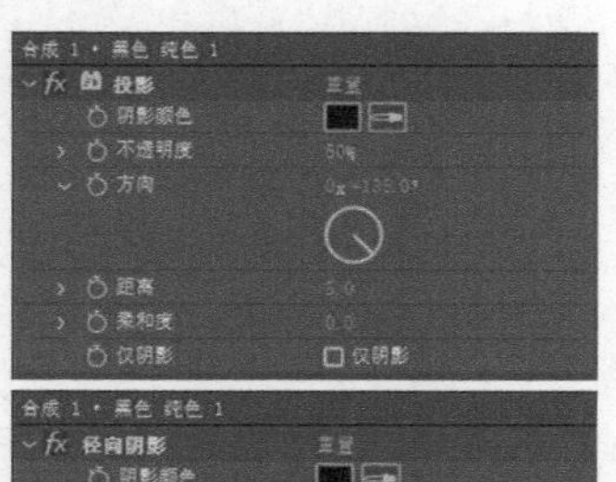

图 11-43

参数详解

两者共有的参数如下。

- **阴影颜色：**设置图像投影的颜色效果。
- **不透明度：**设置图像投影的透明度效果。
- **柔和度：**设置图像投影的柔化效果。
- **仅阴影：**设置单独显示图像的投影效果。

两者不同的参数如下。

- **方向：**设置图像的投影方向。
- **光源：**设置自定义灯光的位置。
- **距离：**设置图像投影到图像的距离。
- **渲染：**设置图像阴影的渲染方式。
- **颜色影响：**可以调节有色投影的影响范围。
- **调整图层大小：**用于确定在添加阴影效果时是否考虑当前层的尺寸。

11.5 “过渡”滤镜组

在转场组中，我们主要讲解“过渡”滤镜组中的“卡片擦除”“线性擦除”“百叶窗”滤镜。使用这些滤镜可以完成图层或图层间的一些常见的转场效果的制作。

本节知识点

名称	作用	重要程度
“卡片擦除”滤镜	模拟卡片的翻转并通过擦除切换到另一个画面	高
“线性擦除”滤镜	以线性的方式从某个方向形成擦除效果	高
“百叶窗”滤镜	通过分割的方式对图像进行擦除，如同生活中的百叶窗闭合一样	高

11.5.1 课堂案例——烟雾字特效

素材位置	实例文件 >CH11> 课堂案例——烟雾字特效 >（素材）
实例位置	实例文件 >CH11> 课堂案例——烟雾字特效 .aep
难易指数	★★☆☆☆
学习目标	掌握多个滤镜的综合应用

本案例综合应用了“发光”“线性擦除”等多个滤镜，帮助读者巩固本章所学技术，其动画效果如图11-44所示。

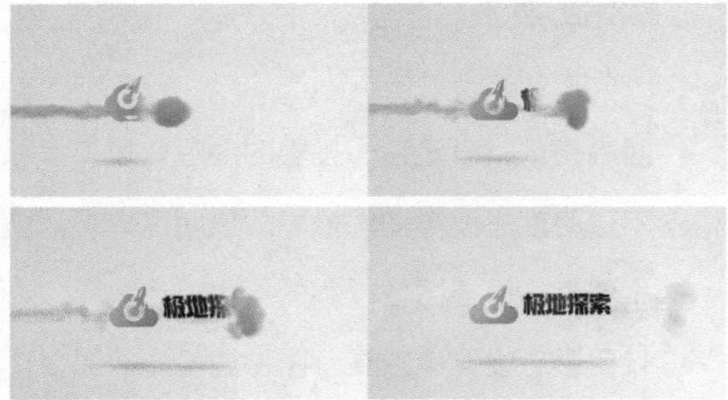

图 11-44

01 打开学习资源中的“实例文件 >CH11> 课堂案例——烟雾字特效 .aep”文件，然后加载“烟雾字特效”合成，如图 11-45 所示。

图 11-45

02 选择“Logo”图层，然后执行“效果 > 扭曲 > 置换图”菜单命令，接着在“效果控件”面板中设置“置换图层”为“5. 烟雾”，“用于水平置换”为 Alpha，“最大水平置换”为 15.0，“用于垂直置换”为 Alpha，“最大垂直置换”为 15.0，如图 11-46 所示。

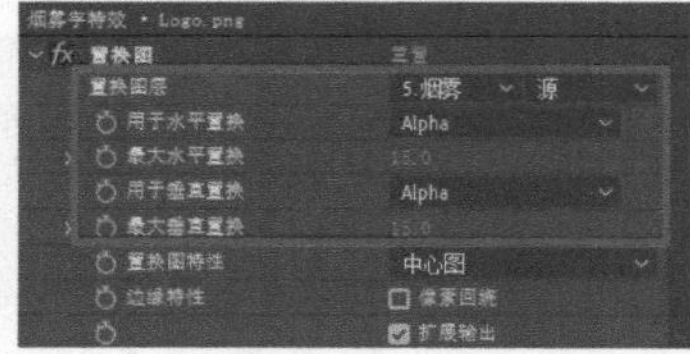

图 11-46

03 选择“Logo”图层，然后执行“效果 > 过渡 > 线性擦除”菜单命令，接着在“效果控件”面板中设置“擦除角度”为（0×-90.0°），“羽化”为 57.0，如图 11-47 所示。

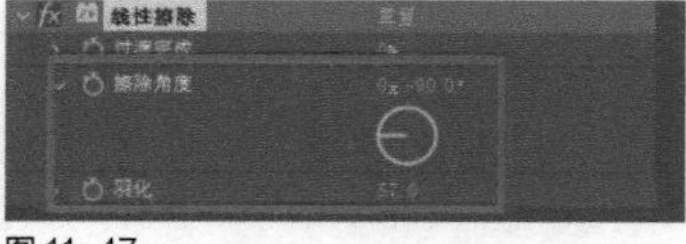

图 11-47

04 为上一步中的“线性擦除”效果设置动画关键帧。在第 1 秒 2 帧处设置“过渡完成”为 100.0%，并激活关键帧记录器，在第 1 秒 11 帧处设置“过渡完成”为 0%，如图 11-48 所示。

图 11-48

05 选择“Logo”图层，按快捷键 Ctrl+D 将其复制一份，将复制的图层置于“Logo”图层下方，并命名为“阴影”，然后对其执行“效果 > 生成 > 填充”菜单命令，接着在“效果控件”面板中设置“颜色”为黑色，如图 11-49 所示。

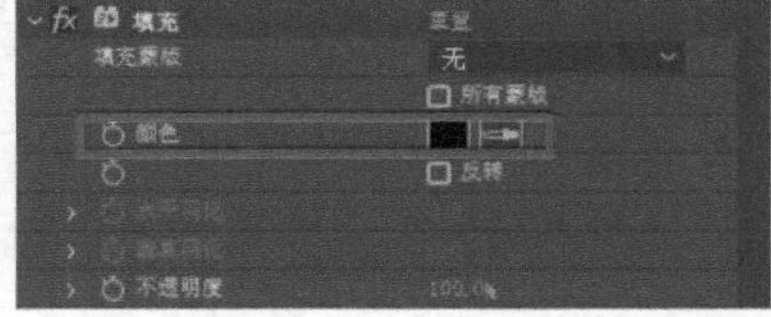

图 11-49

06 选择“阴影”图层，然后执行“效果 > 模糊和锐化 > 快速方框模糊”菜单命令，接着在“效果控件”面板中设置“模糊半径”为 50.0，如图 11-50 所示。

图 11-50

07 选择“阴影”图层，设置其“缩放”为（139.0%，-20.0%）、“不透明度”为 35%，如图 11-51 所示。

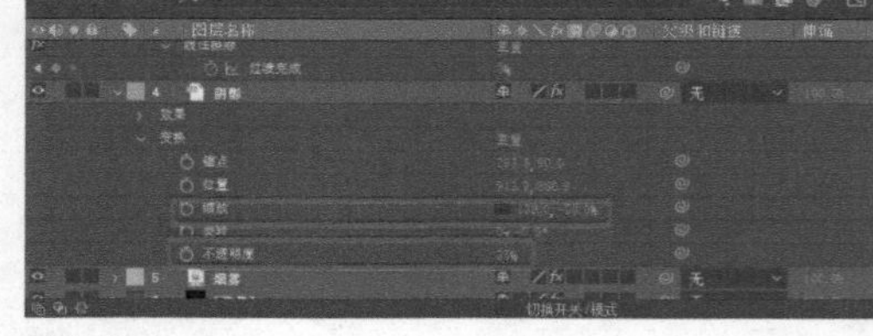

图 11-51

08 渲染并输出动画，最终效果如图 11-52 所示。

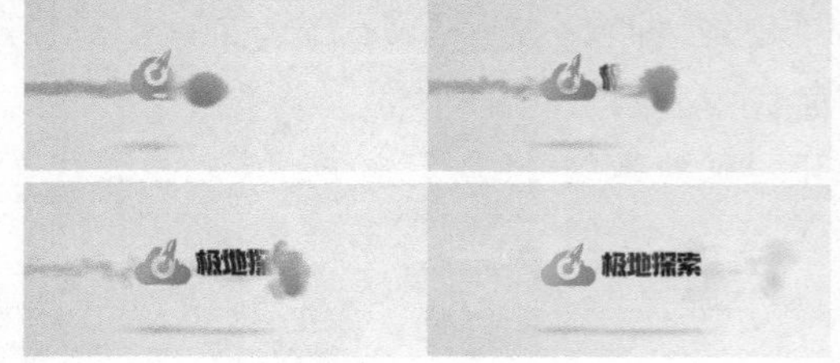

图 11-52

11.5.2 “卡片擦除”滤镜

“卡片擦除”滤镜可以模拟卡片的翻转并通过擦除切换到另一个画面。执行“效果>过渡>卡片擦除”菜单命令，然后在“效果控件”面板中展开滤镜的参数，如图11-53所示。

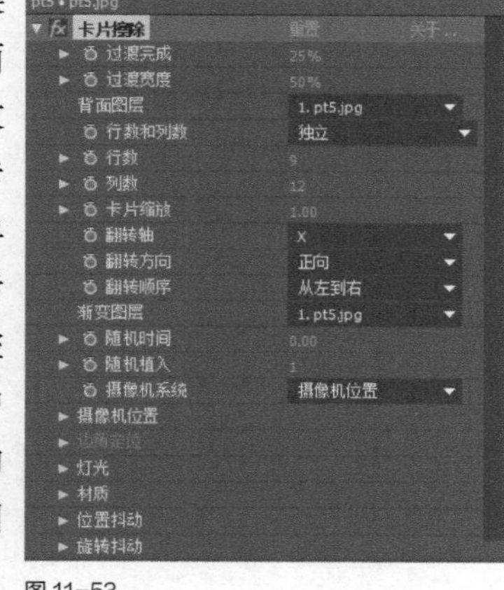

图 11-53

参数详解

- **过渡完成：**控制转场完成的百分比。值为0时，完全显示当前层画面；值为100%时，完全显示切换层画面。
- **过渡宽度：**控制卡片擦拭的宽度。
- **背面图层：**在下拉列表中设置一个与当前层进行切换的背景。
- **行数和列数：**在“独立”方式下，“行数”和“列数”参数是相互独立的；在“列数受行数限制”方式下，“列数”参数由“行数”参数控制。
- **行/列数：**设置卡片行/列的值，在“列数受行数限制”方式下无效。
- **卡片缩放：**控制卡片的大小。
- **翻转轴：**设置卡片翻转的坐标轴向。X和Y分别控制卡片在X轴或Y轴翻转，“随机”设置在X轴和Y轴上无序翻转。
- **翻转方向：**设置卡片翻转的方向。“正向”设置卡片正向翻转，“反向”设置卡片反向翻转，“随机”设置卡片随机翻转。
- **翻转顺序：**设置卡片翻转的顺序。
- **随机时间：**对卡片进行随机定时设置，使所有卡片的翻转时间产生一定偏差，而不是同时翻转。
- **随机植入：**设置卡片切换时的随机值，不同的随机值将产生不同的效果。
- **摄像机系统：**控制用于滤镜的摄像机系统。选择“摄像机位置”后，可以通过下方的“摄像机位置”参数控制摄像机观察效果；选择“边角定位”后，将由“边角定位”参数控制摄像机效果；选择“合成摄像机”，则通过合成图像中的摄像机控制其效果。
- **位置抖动：**用于对卡片的位置进行抖动设置，使卡片产生颤动的效果。
- **旋转抖动：**用于对卡片的旋转进行抖动设置。

11.5.3 “线性擦除”滤镜

“线性擦除”滤镜以线性的方式从某个方向形成擦除效果，以达到转场的目的。执行“效果>过渡>线性擦除”菜单命令，然后在“效果控件”面板中展开该滤镜的参数，如图11-54所示。

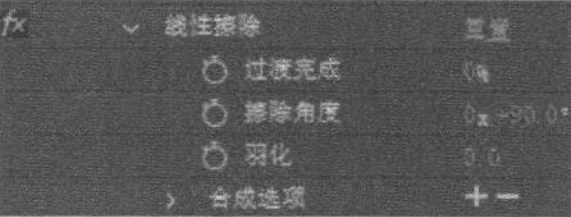

图 11-54

参数详解

- **过渡完成：**控制转场完成的百分比。
- **擦除角度：**设置转场擦除的角度。
- **羽化：**控制擦除边缘的羽化效果。

11.5.4 “百叶窗”滤镜

“百叶窗”滤镜通过分割的方式对图像进行擦除，以达到转场的目的，擦除方式类似于生活中百叶窗闭合的方式。执行“效果 > 过渡 > 百叶窗”菜单命令，然后在“效果控件”面板中展开该滤镜的参数，如图 11-55 所示。

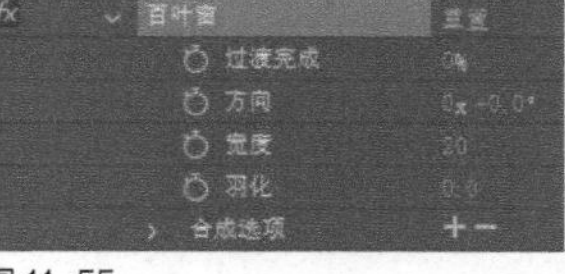

图 11-55

参数详解

- **过渡完成：**控制转场完成的百分比。
- **方向：**控制擦拭的方向。
- **宽度：**设置分割的宽度。
- **羽化：**控制分割边缘的羽化效果。

11.6 课后习题

11.6.1 课后习题——数字粒子流

素材位置	无
实例位置	实例文件 >CH11> 课后习题——数字粒子流 .aep
难易指数	★★★☆☆
练习目标	练习“粒子动力场”的应用方法

本习题制作的数字粒子流效果如图11-56所示。

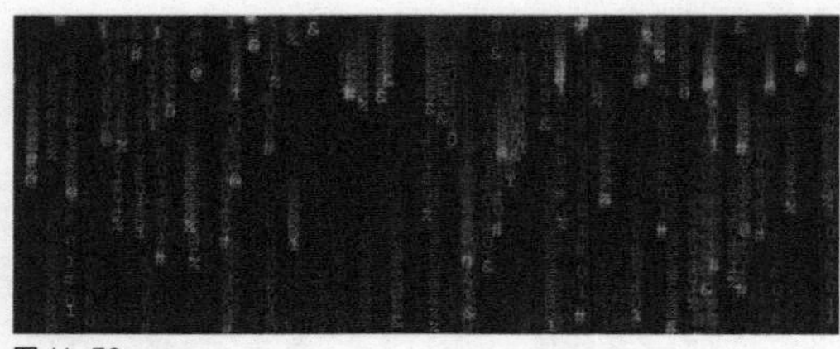

图 11-56

01 打开学习资源中的“实例文件 >CH11 > 课后习题——数字粒子流 .aep”文件，然后加载“数字粒子流”合成。接着新建一个长宽均为100px、持续时间为 6 帧的合成，并将其命名为“粒子”，这个合成将作为粒子发射源。在这 6 帧里，要使每帧都显示一个随意的数字或符号。

02 将“粒子”合成拖曳到“数字粒子流”合成所在的“时间轴”面板，并将其置于底部，关闭其显示开关。然后选择“粒子发射”图层，为其添加“Trapcode>Particular(粒子)”效果，接着在 Particle（粒子）属性组下设置 Particle Type（粒子类型）为 Textured Polygon Colorize（纯色纹理多边形），在 Texture 属性组下设置 Layer（图层）为“4. 粒子（即上一步中的“粒子”合成）”，Time Sampling（时间采样）为 Random-Still Frame（随机 - 静帧），继续调整 Particular（粒子）的其他参数，使符号可以从上面缓缓落下。

03 在 Aux System（辅助系统）属性组中，设置 Emit（发射）为 Continuously（持续地），Type（类型）为 Textured Polygon Colorize（纯色纹理多边形），在 Texture 属性组下设置 Layer（图层）为“4. 粒子”，Time Sampling（时间采样）为 Split Cilp-Loop（分裂 - 循环），继续调整其他参数，使每个符号路径上有很多“拖尾”的效果。

11.6.2 课后习题——卡片翻转转场特技

素材位置	实例文件 >CH11> 课后习题——卡片翻转转场特技 >（素材）
实例位置	实例文件 >CH11> 课后习题——卡片翻转转场特技 .aep
难易指数	★★☆☆☆
练习目标	练习“卡片擦除”滤镜的用法

本习题制作的卡片翻转转场特技效果如图11-57所示。

图 11-57

01 打开学习资源中的“实例文件 >CH11 > 课后习题——卡片翻转转场特技 .aep”文件，然后加载“卡片翻转转场特技”合成，在“时间轴”面板中向后拖曳“卡通 2”，使其跟“卡通 1”有一定的重叠部分，接着裁去这一重叠部分。

02 选择“卡通 1”图层，执行“效果 > 过渡 > 卡片擦除”菜单命令，将“过渡完成”适当调大一些，以观察其效果，将“背面图层”设置为“卡通 2”，然后调整其他参数。

03 为“卡片擦除”效果的“过渡完成”设置一个从 0% 到 100% 的关键帧动画。

12

第 12 章

插件光效滤镜

本章导读

本章主要介绍插件滤镜中的视觉光效系列，包括Light Factory（灯光工厂）、Optical Flares（光学耀斑）、Shine（扫光）、Starglow（星光闪耀）以及3D Stroke（3D 描边）滤镜。读者可使用这些滤镜为作品添加各种酷炫的光效，使作品画面更加丰富。

课堂学习目标

了解光效的作用

掌握 Light Factory（灯光工厂）滤镜的用法

掌握 Optical Flares（光学耀斑）滤镜的用法

掌握 Shine（扫光）滤镜的用法

掌握 Starglow（星光闪耀）滤镜的用法

掌握 3D Stroke（3D 描边）滤镜的用法

After Effects

12.1 灯光工厂

Light Factory（灯光工厂）滤镜是一款非常强大的灯光特效制作滤镜，各种常见的镜头耀斑、眩光、晕光、日光、舞台光和线条光等都可以使用Light Factory（灯光工厂）滤镜来制作，其商业应用效果如图12-1所示。

图 12-1

Light Factory（灯光工厂）滤镜也是一款非常经典的灯光插件，曾一度被认为是After Effects内置插件Lens Flare（镜头光晕）滤镜的加强版，如图12-2所示。

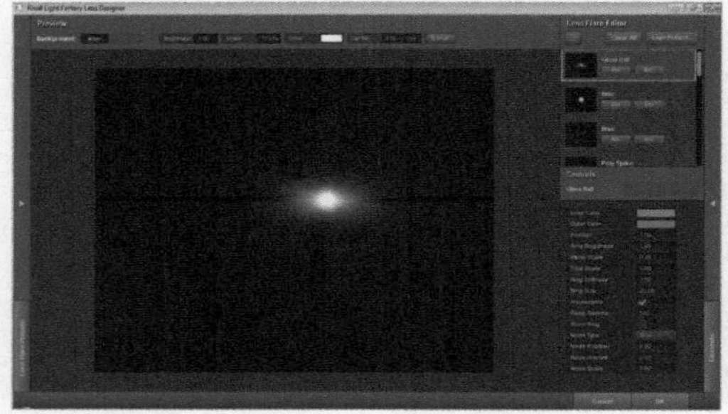

图 12-2

本节知识点

名称	学习目标	重要程度
Light Factory（灯光工厂）滤镜详解	了解 Light Factory（灯光工厂）滤镜的详细参数及界面	高

12.1.1 课堂案例——软饮产品表现

素材位置	实例文件 >CH12> 课堂案例——软饮产品表现 >（素材）
实例位置	实例文件 >CH12> 课堂案例——软饮产品表现 .aep
难易指数	★★☆☆☆
学习目标	掌握 Light Factory（灯光工厂）滤镜的使用方法

本案例制作前后的对比效果如图12-3所示。

图 12-3

01 打开学习资源中的“实例文件 >CH12 > 课堂案例——软饮产品表现 .aep”文件，然后加载“软饮产品表现”合成，如图 12-4 所示。

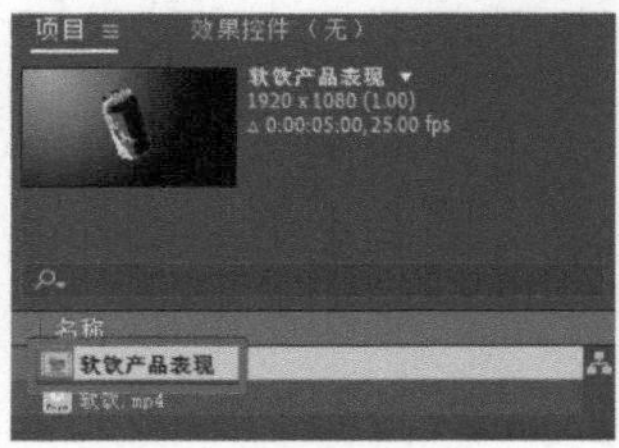

图 12-4

02 新建一个调整图层，然后执行“效果 >RG VFX>Knoll Light Factory（灯光工厂）”菜单命令，接着在“效果控件”面板中单击滤镜名称后面的“Designer”蓝色字样，如图 12-5 所示。

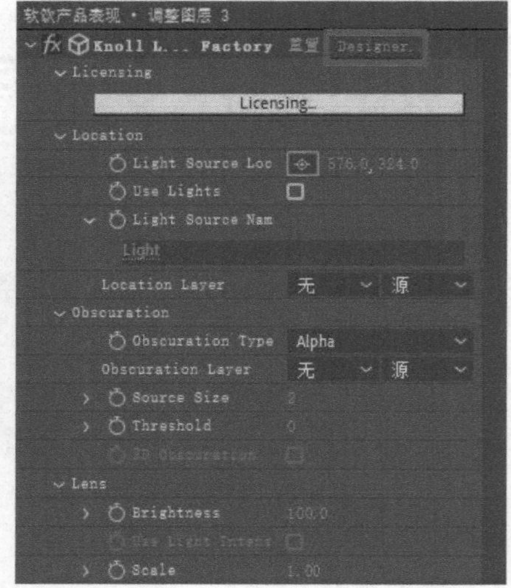

图 12-5

03 在打开的 Knoll Light Factory Lens Designer（镜头光效元素设计）对话框中选择“Lens Flare Presets（镜头光晕预设）>Classic Action&Sci Fi(28)（经典动作和科幻）>Digital Preset（数码预设）”效果，如图 12-6 所示。

04 在 Lens Flare Editor（镜头光晕编辑）面板中找到 Random Fan（随机扇形）、Disc（碟形）、Star Caustic（星形焦散）和 Polygon Spread（多边形散布），单击 Hide（隐藏）按钮将它们隐藏起来，如图 12-7 所示。

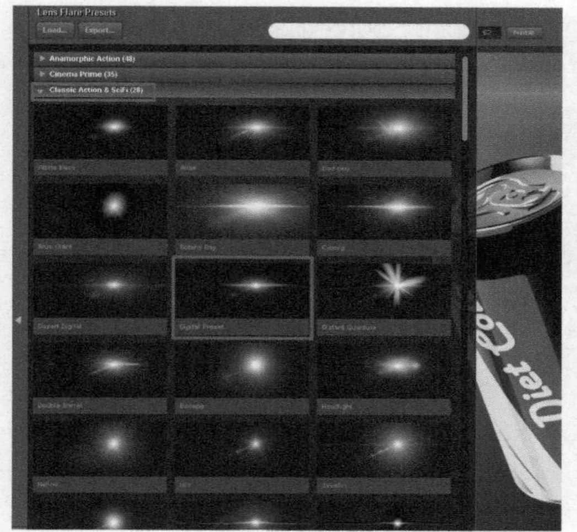
图 12-6

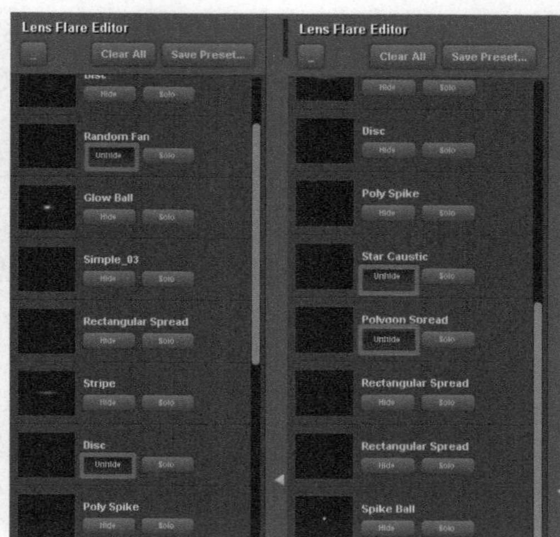
图 12-7

05 设置 Light Source Location（光源位置）属性的动画关键帧。在第 0 帧处设置 Light Source Location（光源位置）为（965.0，210.8）并激活关键帧记录器；在第 1 秒 15 帧处设置 Light Source Location（光源位置）为（997.0，200.8）；在第 3 秒处设置其为（1024.3，243.9），然后选中这些关键帧，使用快捷键 F9 将它们的插值变为贝塞尔曲线，如图 12-8 所示。

图 12-8

06 新建一个调整图层，然后执行“效果 >RG VFX>Knoll Light Factory（灯光工厂）”菜单命令，接着打开 Knoll Light Factory Lens Designer（镜头光效元素设计）对话框，选择“Lens Flare Presets（镜头光晕预设）>Natural Light（自然灯光）>Smudge Lens（污迹镜头）”效果，如图 12-9 所示。

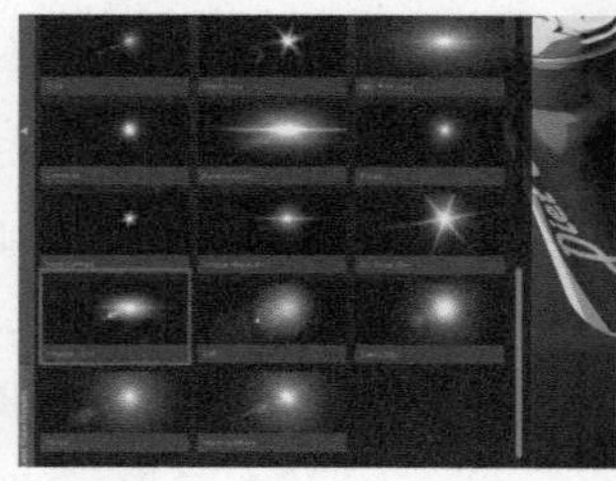
图 12-9

07 在“效果控件”面板中，展开 Lens（镜头）属性组，并设置 Brightness（亮度）为 85.0、Scale（大小）为 1.50，如图 12-10 所示。

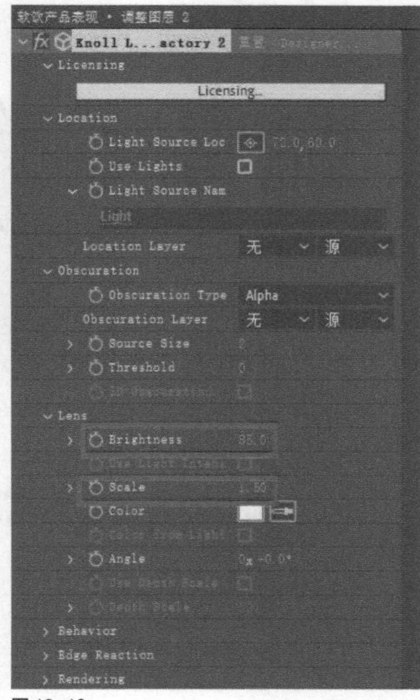
图 12-10

08 将上一步中图层的混合模式设置为“屏幕”，然后设置 Light Source Location（光源位置）的动画关键帧。在第 0 帧处设置 Light Source Location（光源位置）为

（72.0，60.0）并激活其关键帧记录器，在第 3 秒处设置 Light Source Location（光源位置）为（-214.0，-76.0），如图 12-11 所示。最终效果如图 12-12 所示。

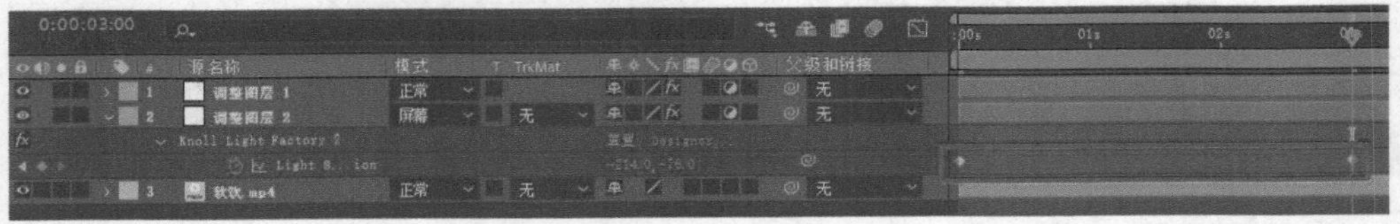

图 12-11

图 12-12

12.1.2 Light Factory（灯光工厂）滤镜详解

执行“效果> RG VFX> Knoll Light Factory（灯光工厂）”菜单命令，在“效果控件”面板中展开“Knoll Light Factory（灯光工厂）”滤镜的参数，如图12-13所示。

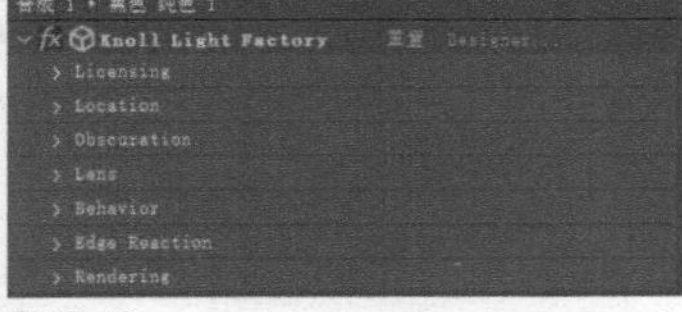

图 12-13

参数详解

- Licensing（**许可**）：用来注册插件。
- Location（**位置**）：用来设置灯光的位置。

Light Source Location（**光源位置**）：用来设置灯光的位置。

Use Lights（**使用灯光**）：选择该选项后，将会启用合成中的灯光进行照射或发光。

Light Source Naming（**灯光的名称**）：指定合成中参与照射的灯光，如图12-14所示。

图 12-14

Location Layer（**发光层**）：指定某一个图层发光。

- Obscuration（**屏蔽设置**）：如果光源是从某个物体后面发射出来的，该选项会很有用。

Obscuration Type（**屏蔽类型**）：在下拉列表中可以选择不同的屏蔽类型。

Obscuration Layer（**屏蔽层**）：指定屏蔽的图层。

Source Size（**光源大小**）：设置光源的大小变化。

Threshold（**容差**）：设置光源的容差值。值越小，光的颜色越接近于屏蔽层的颜色；值越大，光的颜色越接近于光自身初始的颜色。

- Lens（**镜头**）：设置镜头的相关属性。

Brightness（**亮度**）：设置灯光的亮度值。

Use Light Intensity（**灯光强度**）：使用合成中灯光的强度来控制灯光的亮度。

Scale（**大小**）：设置光源的大小变化。

Color（**颜色**）：设置光源的颜色。

Angle（**角度**）：设置灯光照射的角度。

- Behavior（**行为**）：设置灯光的闪烁方式。
- Edge Reaction（**边缘控制**）：设置灯光边缘的属性。

- **Rendering（渲染）**：用来设置是否将合成背景透明化。

单击Options（选项）蓝色字样进入Knoll Light Factory Lens Designer（镜头光效元素设计）对话框，如图12-15所示。

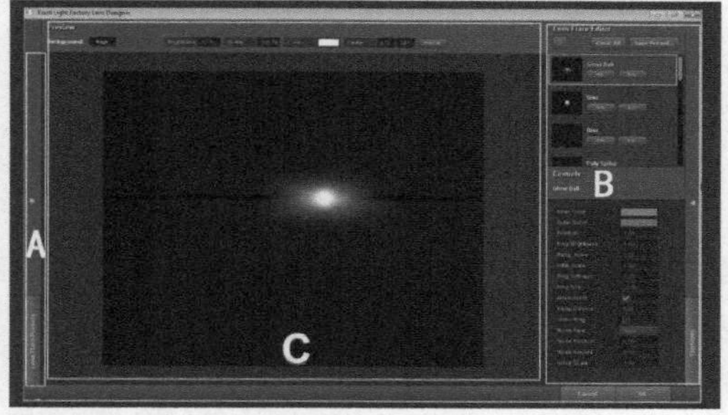

图 12-15

简洁可视化的工作界面，分工明确的预设区、元素区及强大的参数控制功能，完美支持三维摄像机和灯光控制，并提供了超过100个精美的预设，这些都是Light Factory（灯光工厂）插件主要的亮点。图12-16所示是Lens Flare Presets（镜头光晕预设）面板（也就是图12-15中标示的A部分），在这里用户可以选择系统预设的镜头光晕。

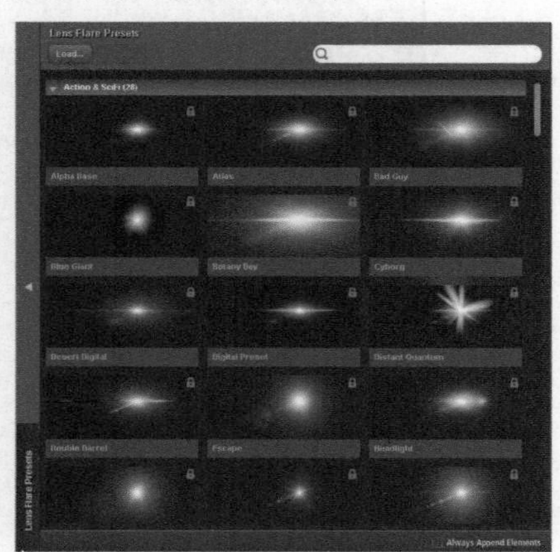

图 12-16

图12-17所示是Lens Flare Editor（镜头光晕编辑）区域（也就是图12-15中标示的B部分），在这里用户可以对选择好的灯光进行自定义设置，包括添加、删除、隐藏及设置大小、颜色、角度和长度等。

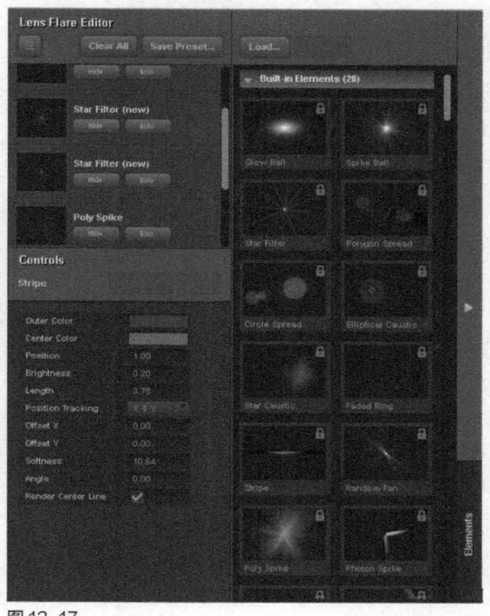

图 12-17

图12-18所示是Preview（预览）区域（也就是图12-15中标示的C部分），在这里用户可以观看自定义设置完成后的灯光效果。

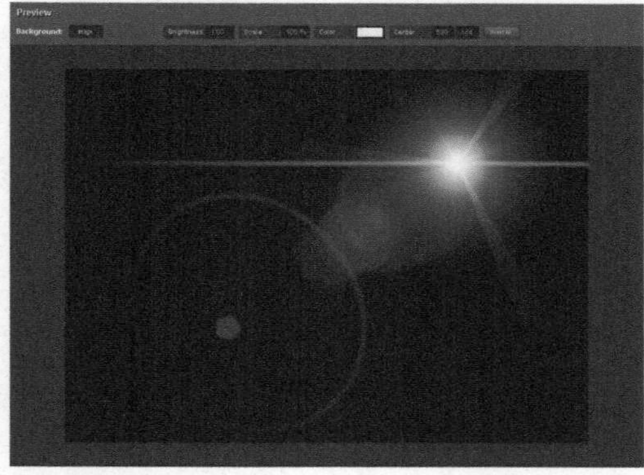

图 12-18

12.2 光学耀斑

Optical Flares（光学耀斑）是Video Copilot开发的一款镜头光晕插件。Optical Flares（光学耀斑）滤镜在控制性能、界面友好度及呈现效果等方面都非常出彩，其应用案例效果如图12-19所示。

图 12-19

本节知识点

名称	学习目标	重要程度
Optical Flares（光学耀斑）滤镜详解	了解 Optical Flares（光学耀斑）滤镜的详细参数及界面	高

12.2.1 课堂案例——光闪特效

素材位置	实例文件 >CH12> 课堂案例——光闪特效 >（素材）
实例位置	实例文件 >CH12> 课堂案例——光闪特效 .aep
难易指数	★★☆☆☆
学习目标	掌握各光效滤镜的综合运用

本案例主要讲解如何利用Optical Flares（光学耀斑）滤镜完成光闪特技的制作，案例效果如图12-20所示。

图 12-20

01 打开学习资源中的“实例文件 >CH12> 课堂案例——光闪特效 .aep”文件，然后加载“光闪”合成，如图 12-21 所示。

图 12-21

02 新建一个名为“光效”的黑色纯色图层，然后将其置于顶层，并设置混合模式为“屏幕”，如图 12-22 所示。

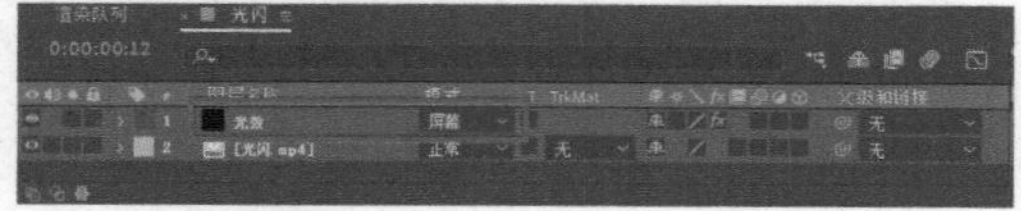

图 12-22

03 选择“光效”图层，然后执行“效果 >Video Copilot > Optical Flares（光学耀斑）”菜单命令，接着单击 Options（选项）按钮，如图 12-23 所示。

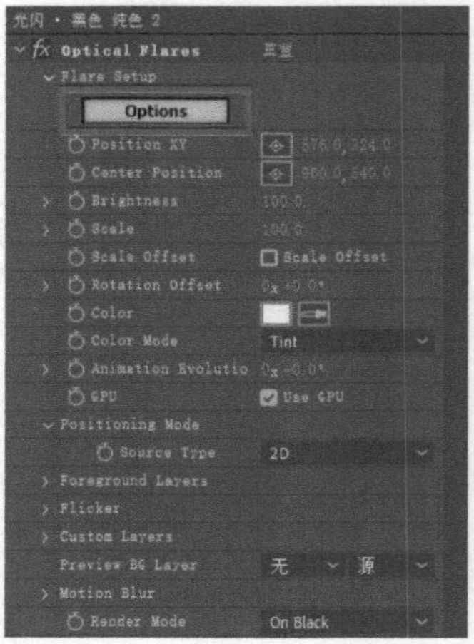

图 12-23

04 在打开的对话框中选择 Browser（浏览器）面板中的 Preset Browser（浏览光效预设）选项卡，然后双击 Network Presets（52）文件夹，如图 12-24 所示，接着选择 flange（凸起边缘）效果，如图 12-25 所示。

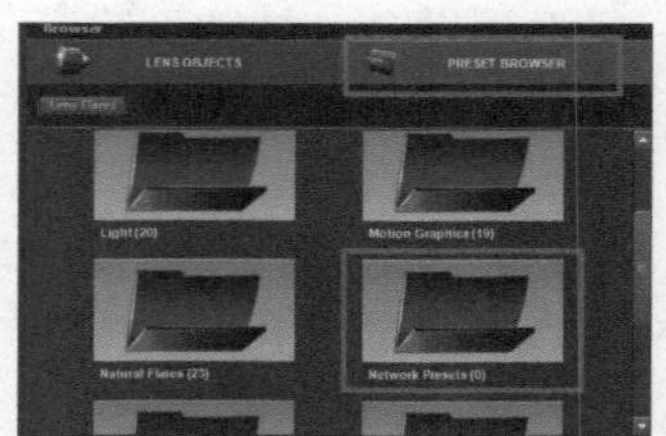

图 12-24

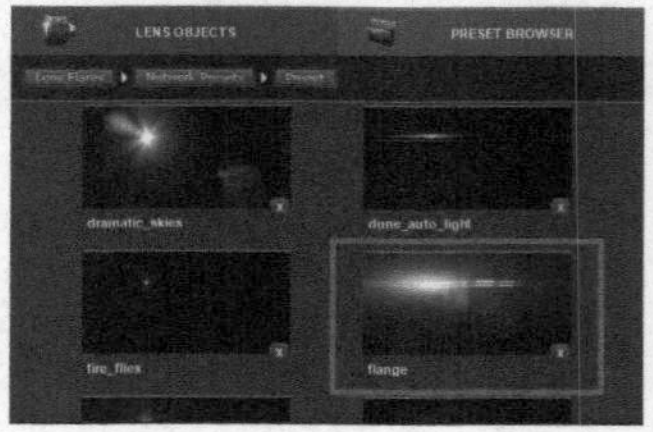

图 12-25

05 在 Stack（元素库）面板中，设置 Glow（光晕）元素的亮度为 7.0，Iris（虹光）的亮度为 150.0，Lens Orbs（镜头球状光）的亮度为 60.0，如图 12-26 所示。预览效果如图 12-27 所示。

图 12-26

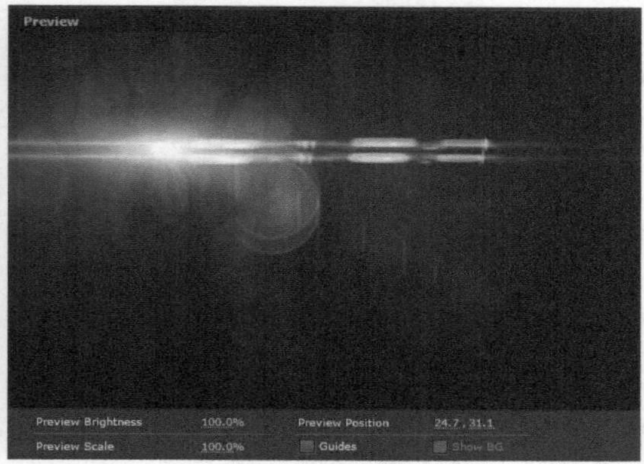
图 12-27

06 设置 Optical Flares（光学耀斑）滤镜的 Brightness（亮度）、Scale（缩放）、Position XY（XY 位置）和 Center Position（中心位置）属性的动画关键帧。在第 4 帧处设置 Brightness（亮度）为 0.0 并激活关键帧；在第 7 帧处设置 Position XY（XY 位置）为（844.0，1122.0）、Center Position（中心位置）为（1456.0，1126.0），并激活这两个属性的关键帧；在第 11 帧处设置 Brightness（亮度）为 100.0；在第 1 秒 6 帧处设置为 Scale（缩放）为 150.0 并激活其关键帧；在第 1 秒 11 帧处设置 Position XY（XY 位置）为（1006.0，232.0），Center Position（中心位置）为（2188.0，924.0），Scale（缩放）为 0.0，如图 12-28 所示。

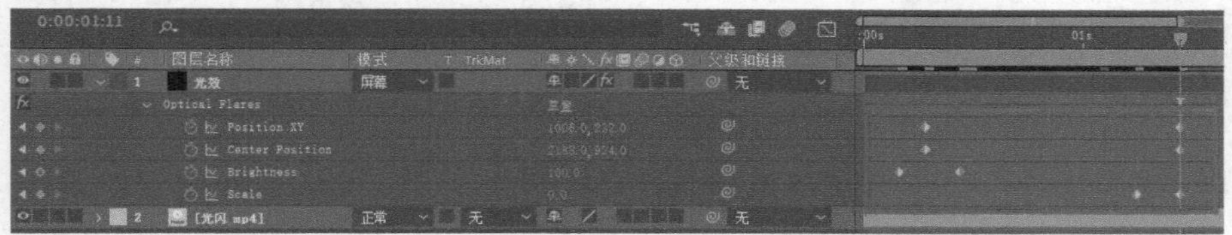
图 12-28

07 设置 Optical Flares（光学耀斑）滤镜中的 Color（颜色）为（255，0，0），如图 12-29 所示。

08 设置 Optical Flares（光学耀斑）滤镜中的 Flicker（闪烁器）下的 Speed（速度）为 100.0，Amount（数量）为 50.0，如图 12-30 所示。

09 渲染并输出动画，最终效果如图 12-31 所示。

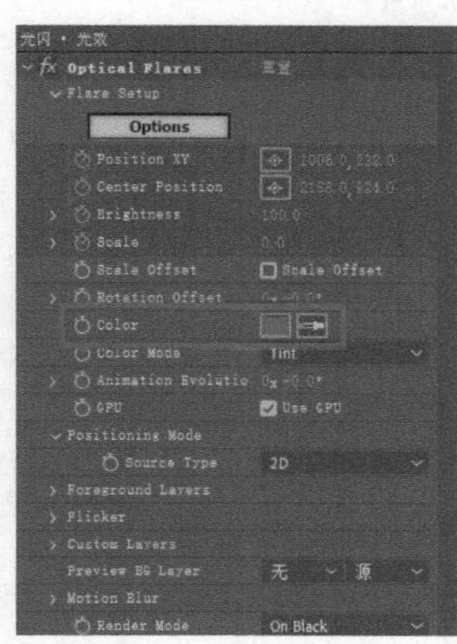
图 12-29

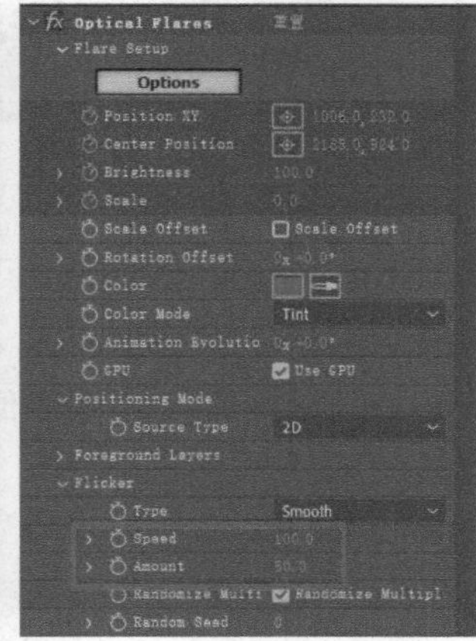
图 12-30

图 12-31

12.2.2 Optical Flares（光学耀斑）滤镜详解

执行“效果>Video Copilot>Optical Flares（光学耀斑）”菜单命令，在启动滤镜的过程中，会先加载版本信息，如图12-32所示。

图 12-32

在“效果控件”面板中展开Optical Flares（光学耀斑）滤镜的参数，如图12-33所示。

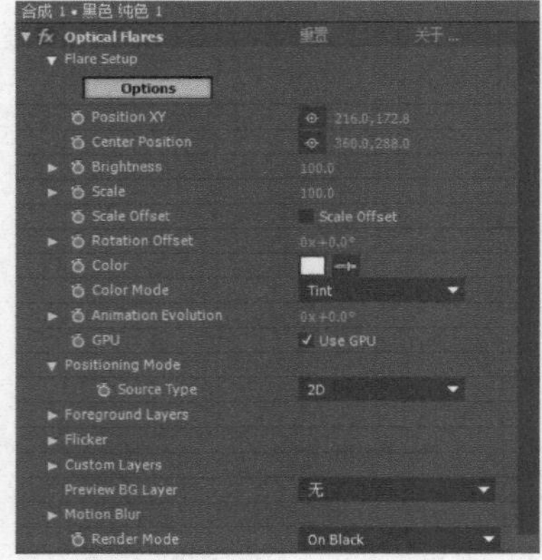

图 12-33

参数详解

- **Position XY（XY位置）**：设置灯光在X、Y轴上的位置。
- **Center Position（中心位置）**：设置光的中心位置。
- **Brightness（亮度）**：设置光效的亮度。
- **Scale（缩放）**：设置光效的缩放程度。
- **Rotation Offset（旋转偏移）**：设置光效的自身旋转偏移程度。
- **Color（颜色）**：对光进行染色控制。
- **Color Mode（颜色模式）**：设置染色的颜色模式。
- **Animation Evolution（动画演变）**：设置光效自身的动画演变。
- **Positioning Mode（位移模式）**：设置光效的位置状态。
- **Foreground Layers（前景层）**：设置前景图层，具体参数如图12-34所示。

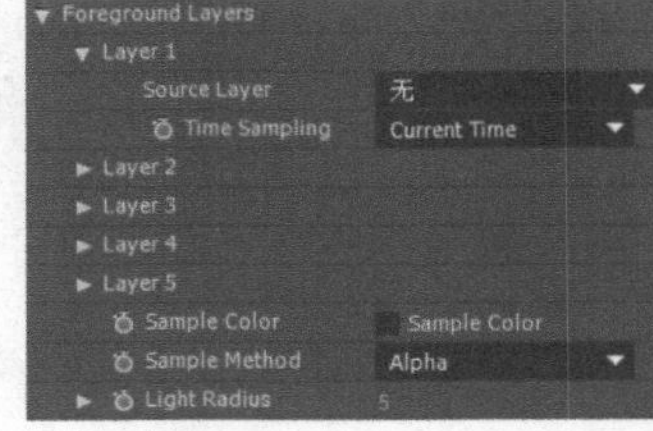

图 12-34

- **Flicker（闪烁器）**：设置光效闪烁效果，具体参数如图12-35所示。

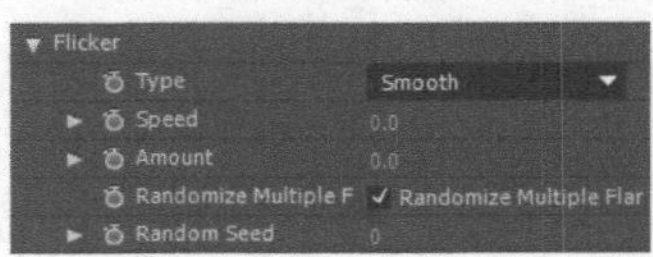

图 12-35

- **Motion Blur（运动模糊）**：设置运动模糊效果。
- **Render Mode（渲染模式）**：设置光效的渲染叠加模式。

单击Options（选项）按钮，用户可以选择和自定义光效，如图12-36所示。Optical Flares（光学耀斑）滤镜的属性控制面板主要包括4大板块，分别是Preview（预览）、Stack（元素库）、Editor（属性编辑）和Browser（浏览器）。

图 12-36

在Preview（预览）面板中，可以预览光效的最终效果，如图12-37所示。

在Stack（元素库）面板中，可以设置每个光效元素的亮度、缩放、显示和隐藏属性，如图12-38所示。

在 Editor（属性编辑）面板中，可以更加精细地调整和控制每个光效元素的属性，如图 12-39 所示。

Browser（浏览器）面板中有LENS OBJECTS（镜头对象）和PRESET BROWSER（浏览光效预设）两部分。在LENS OBJECTS（镜头对象）选项卡中，可以添加单一光效元素，如图12-40所示。

在PRESET BROWSER（浏览光效预设）选项卡中，可以选择系统中预设的Lens Flares（镜头光晕），如图12-41所示。

图 12-37

图 12-38

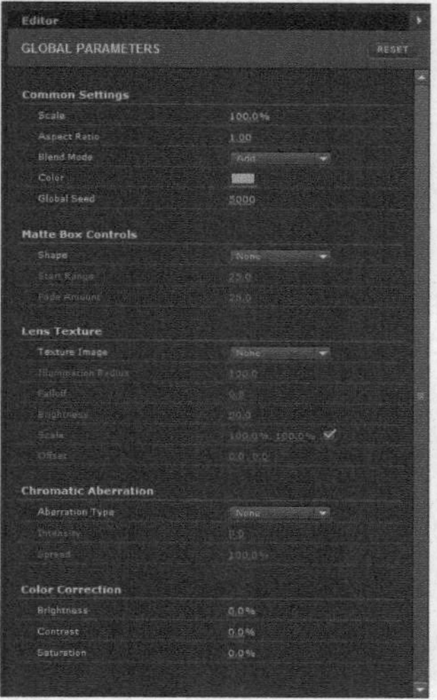
图 12-39

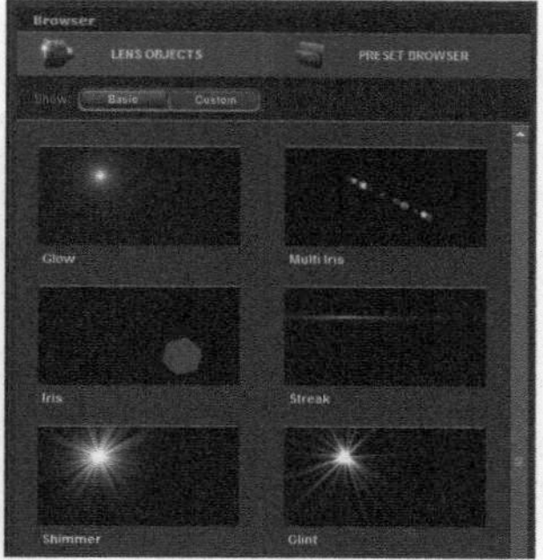

图 12-40

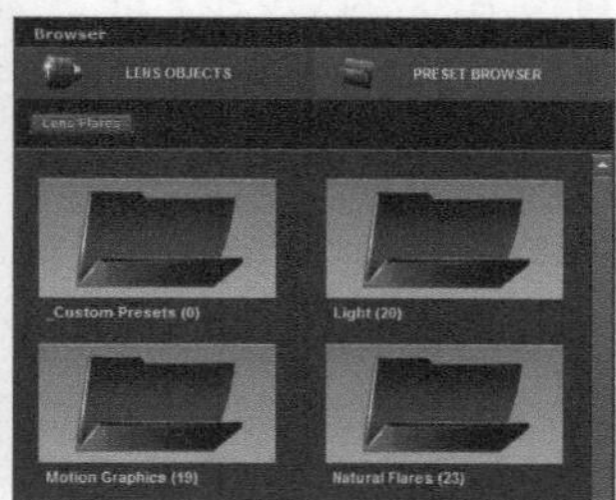

图 12-41

12.3 Trapcode 系列

本节知识点

名称	作用	重要程度
Starglow（星光闪耀）滤镜	星光特效插件，根据源图像的高光部分制作星光闪耀效果	高
3D Stroke（3D 描边）滤镜	将图层中的一个或多个遮罩转换为线条或光线，并制作动画效果	高

12.3.1 课堂案例——飞舞光线

素材位置	无
实例位置	实例文件 >CH12> 课堂案例——飞舞光线 .aep
难易指数	★★★☆☆
学习目标	掌握 3D Stroke（3D 描边）滤镜的使用方法

本案例的动画效果如图12-42所示。

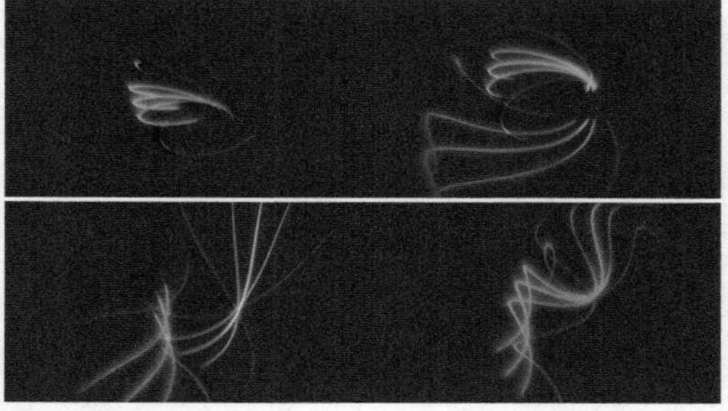
图 12-42

01 打开学习资源中的“实例文件 >CH12 > 课堂案例——飞舞光线 .aep”文件，然后加载“飞舞光线”合成，如图 12-43 所示。

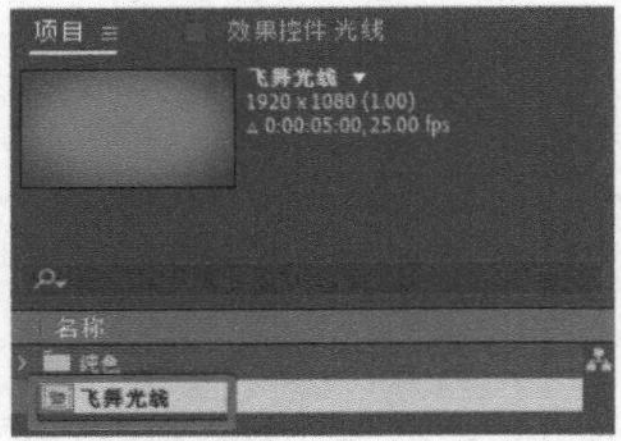
图 12-43

02 使用“钢笔工具”在“光线”图层上绘制一个蒙版，如图 12-44 所示。

图 12-44

03 选择“光线”图层，然后执行“效果 > Trapcode>3D Stroke（3D 描边）”菜单命令，接着在“效果控件”面板中设置 Set Color（设置颜色）为 Over Path（沿路径），Color Ramp（颜色渐变）为图 12-45 所示的效果，左侧颜色为（0，168，255），右侧颜色为（0，255，255）。最后设置 Thickness（厚度）为 3.0，在 Thickness Over Path（沿路径厚度）中选取图 12-46 所示的预设。

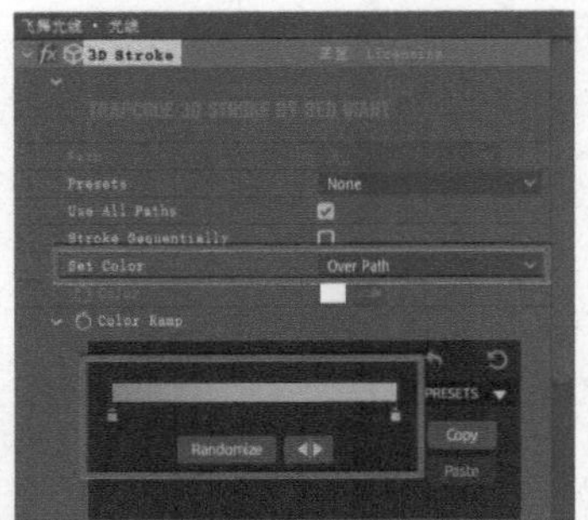
图 12-45

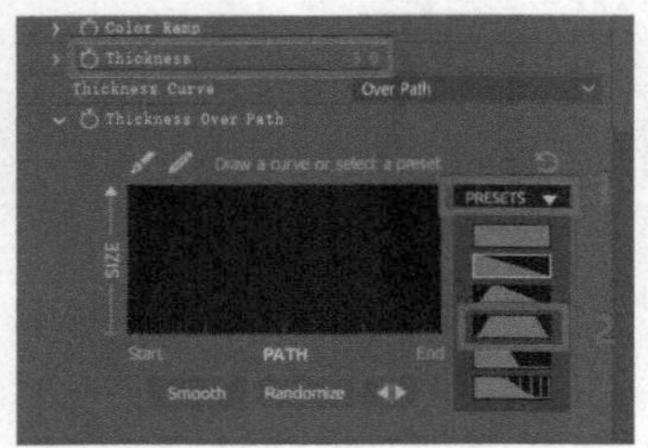
图 12-46

04 设置 Feather（羽化）为 100，然后设置线条的动画关键帧。在第 0 帧处设置 End（终点）为 0.0，在第 1 秒 13 帧处设置其为 100.0；在第 22 帧处设置 Start（起点）为 0.0，在第 2 秒 10 帧处设置其为 100.0，如图 12-47 所示。

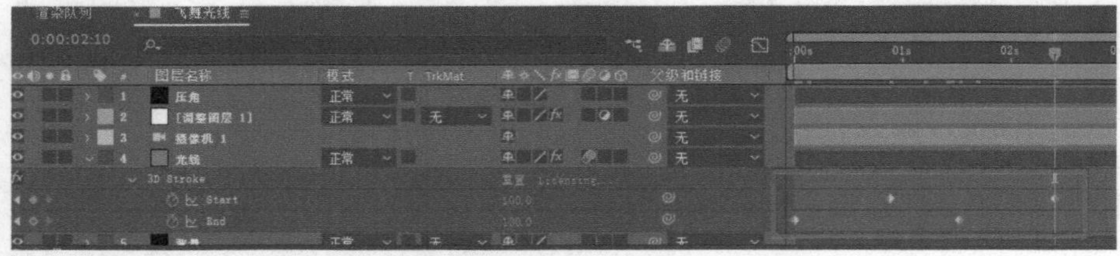
图 12-47

05 展开 Transform（变换）属性组，然后设置 Bend（弯曲）为 4.0，勾选 Bend Around Center（围绕中心弯曲）选项，如图 12-48 所示。

06 展开 Repeater（重复）属性组，然后勾选 Enable（激活）选项，接着设置 Opacity（不透明度）为 34.8，Factor（因子）为 2.0，X Displace（X 置换）为 4.0，Y Displace（Y 置换）为 -4.0，Z Displace（Z 置换）为 30.0，Y Rotation（Y 旋转）为（0×+8.0°），Z Rotation（Z 旋转）为（0×+4.0°），如图 12-49 所示。

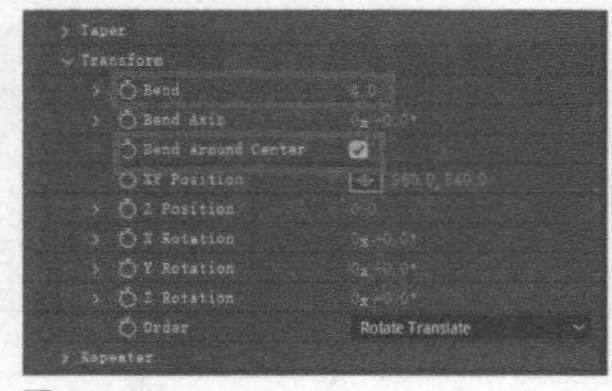
图 12-48

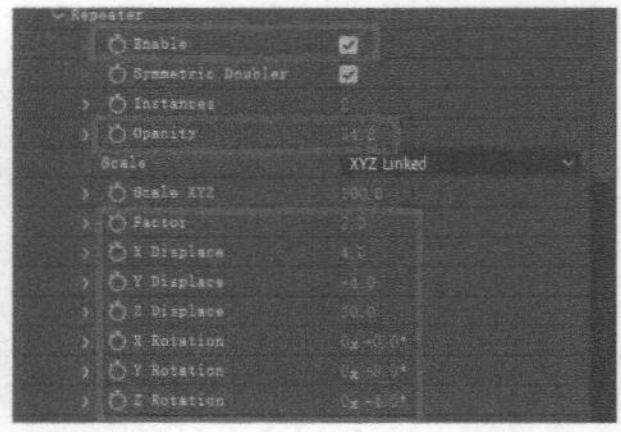
图 12-49

07 将“光线”图层复制两份并置于原图层上方，将混合模式设为“相加”。然后将其中第 1 个图层上的蒙版修改为图 12-50 所示的效果。接着选中上面的所有关键帧，将其整体向后拖曳，使第 1 个关键帧位于第 1 秒处，如图 12-51 所示。最后将 3D Stroke（3D 描边）效果中的 Color Ramp（颜色渐变）设置为图 12-52 所示的预设，并设置 Transform（变换）属性组下的 Bend（弯曲）为 4.0，Bend Axis（弯曲轴）为（0×+42.0°），如图 12-53 所示。

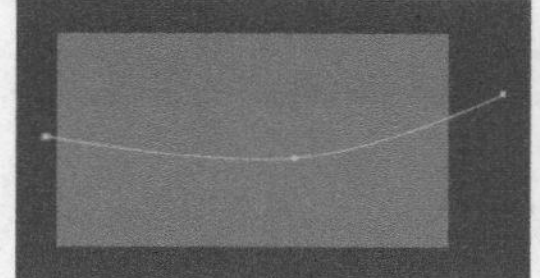
图 12-50

图 12-51

图 12-52

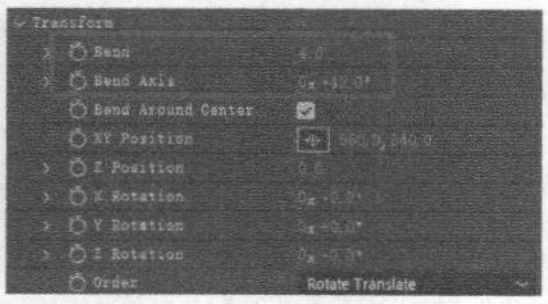

图 12-53

08 将刚才复制的第 2 个图层上的蒙版修改为图 12-54 所示的效果。然后选中上面的所有关键帧，将其整体向后拖曳，使第 1 个关键帧位于第 2 秒处，如图 12-55 所示。接着将 3D Stroke（3D 描边）效果中的 Color Ramp（颜色渐变）设置为图 12-56 所示的预设，并设置 Transform（变换）属性组下的 Bend（弯曲）为 6.5，Bend Axis（弯曲轴）为（0×+44.0°），如图 12-57 所示。

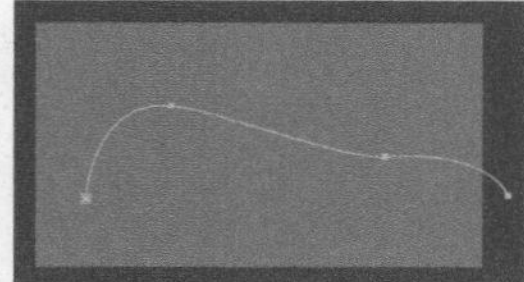
图 12-54

图 12-55

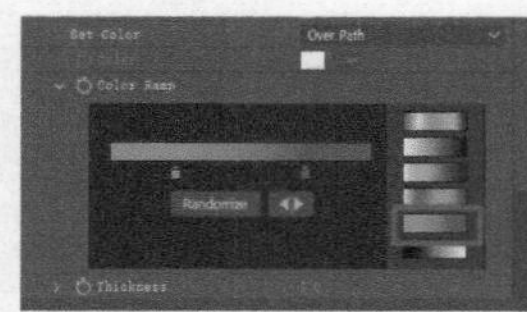

图 12-56

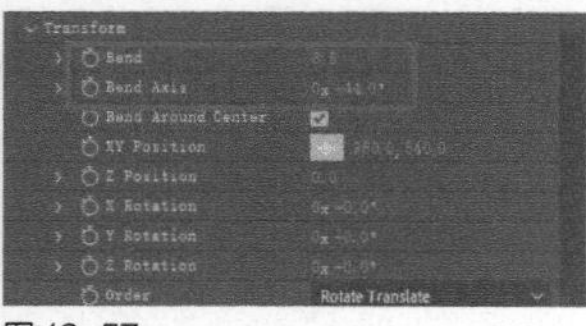

图 12-57

09 渲染并输出动画，最终效果如图 12-58 所示。

图 12-58

12.3.2 Starglow（星光闪耀）滤镜

Starglow（星光闪耀）滤镜是Trapcode公司为After Effects提供的星光特效插件，是一个根据源图像的高光部分建立星光闪耀效果的特效滤镜，类似于在实际拍摄时使用漫射镜头得到的星光耀斑，其应用效果如图12-59所示。

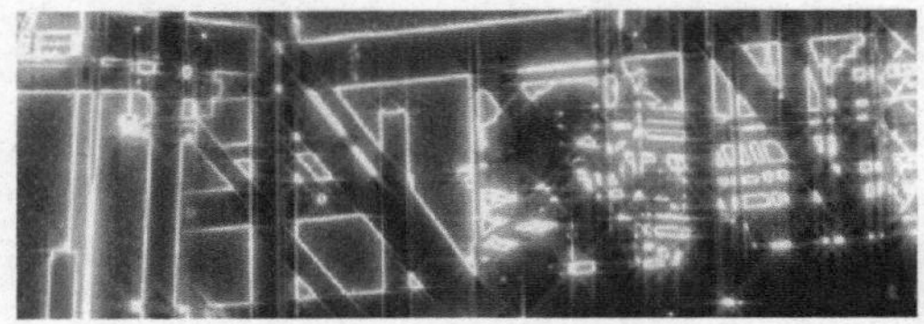

图 12-59

执行“效果>Trapcode> Starglow（星光闪耀）”菜单命令，在“效果控件”面板中展开Starglow（星光闪耀）滤镜的参数，如图12-60所示。

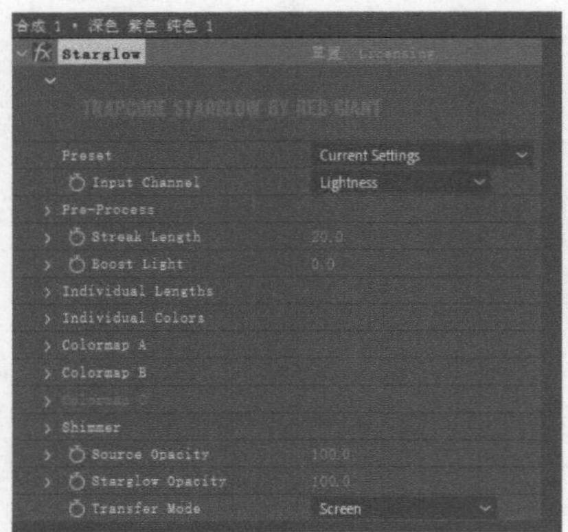

图 12-60

参数详解

- **Preset（预设）**：该滤镜预设了29种不同的星光闪耀特效，将其按照类型可以划分为4组。

第1组是Red（红色）、Green（绿色）、Blue（蓝色），这组效果是最简单的星光特效，并且仅使用一种颜色贴图，其效果如图12-61所示。

图 12-61

第2组是一组白色星光特效，它们的星形是不同的，其效果如图12-62所示。

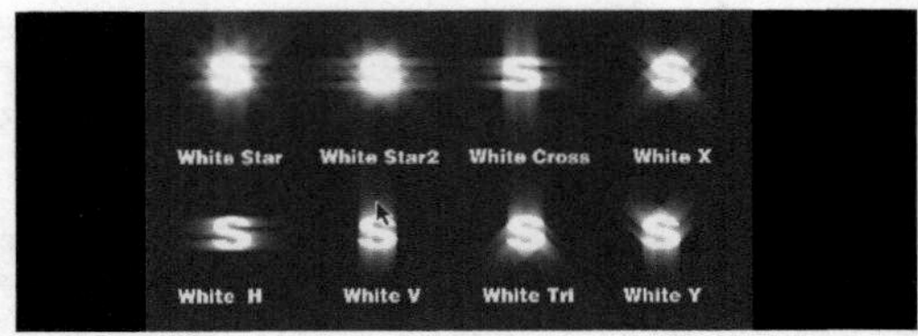

图 12-62

第3组是一组五彩星光特效，具有不同的星形，其效果如图12-63所示。

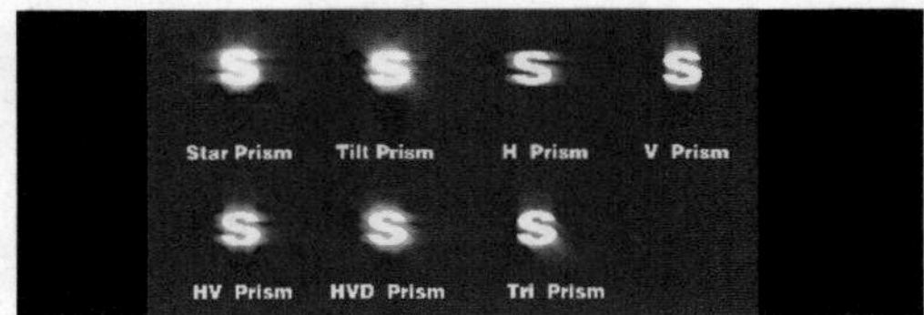

图 12-63

第4组是不同色调的星光特效，有暖色调和冷色调及其他一些色调，其效果如图12-64所示。

图 12-64

- **Input Channel（输入通道）**：用于选择特效基于的通道，它包括Lightness（明度）、Luminance（亮度）、Red（红色）、Green（绿色）、Blue（蓝色）、Alpha等通道类型。

- **Pre-Process（预处理）**：在对源素材应用Starglow（星光闪耀）滤镜之前对素材进行处理，它包括如下参数，如图12-65所示。

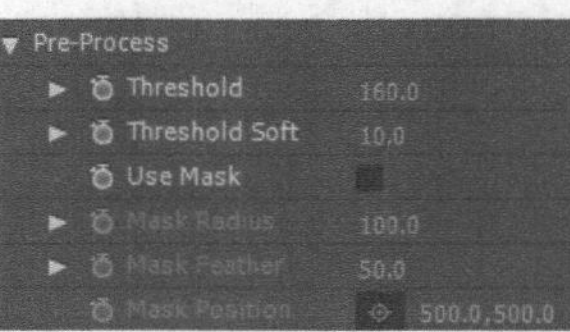

图 12-65

Threshold（阈值）：用来定义产生星光特效的最小亮度值。值越小，画面上产生的星光闪耀特效就越多；值越大，产生星光闪耀特效的区域的亮度要求就越高。

Threshold Soft（区域柔化）：用来柔和高亮和低亮区域之间的边缘。

Use Mask（使用遮罩）：选择这个选项，可以使用一个内置的圆形遮罩。

Mask Radius（遮罩半径）：用来设置遮罩的半径。

Mask Feather（遮罩羽化）：用来设置遮罩的边缘羽化效果。

Mask Position（遮罩位置）：用来设置遮罩的具体位置。

- **Streak Length（光线长度）**：用来调整整个星光的散射长度。

- **Boost Light（星光亮度）**：调整星光的强度（亮度）。

- **Individual Lengths（单独光线长度）**：调整每个方向的Glow（光晕）大小，如图12-66和图12-67所示。

图 12-66

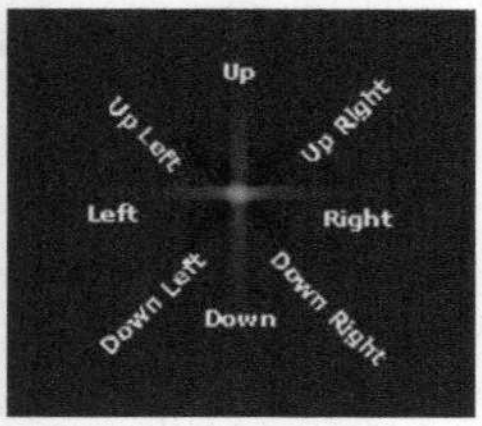

图 12-67

- **Individual Colors（单独光线颜色）**：用来设置每个方向的颜色贴图，最多有A、B、C 3种颜色贴图可供选择，如图12-68所示。

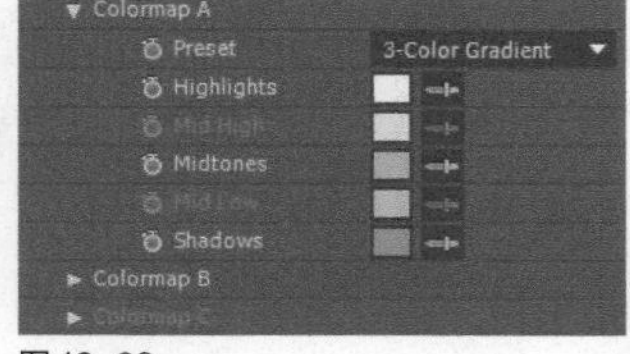

图 12-68

- **Shimmer（微光）**：用来控制星光效果的细节部分，其参数如图12-69所示。

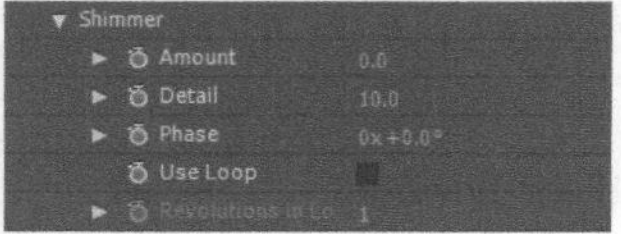

图 12-69

Amount（数量）：设置微光的数量。

Detail（细节）：设置微光的细节。

Phase（位置）：设置微光的当前相位，给这个参数加上关键帧，就可以得到一个具有动画效果的微光。

Use Loop（使用循环）：选择这个选项，可以使微光产生一个无缝的循环。

Revolutions in Loop（循环旋转）：在循环情况下，设置相位旋转的总体数目。

- **Source Opacity（源素材不透明度）**：用来设置源素材的不透明度。

- **Starglow Opacity（星光特效不透明度）**：用来设置星光特效的不透明度。

- **Transfer Mode（叠加模式）**：用来设置星光闪耀特效和源素材的画面叠加模式。

> **技巧与提示**
>
> Starglow（星光闪耀）滤镜的基本功能就是依据图像的高光部分建立一个星光闪耀特效，该特效包含 8 个方向（上、下、左、右，以及 4 个对角线），每个方向都可以单独调整强度和颜色贴图，一次最多可以使用 3 种不同的颜色贴图。

12.3.3 3D Stroke（3D 描边）滤镜

使用3D Stroke（3D描边）滤镜可以将图层中的一个或多个路径转换为线条或光线，在三维空间中可以自由地移动或旋转这些光线，并且可以为这些光线制作各种动画效果，效果如图12-70所示。

图 12-70

执行“效果>Trapcode>3D Stroke（3D描边）”菜单命令，在“效果控件”面板中展开3D Stroke（3D描边）滤镜的参数，如图12-71所示。

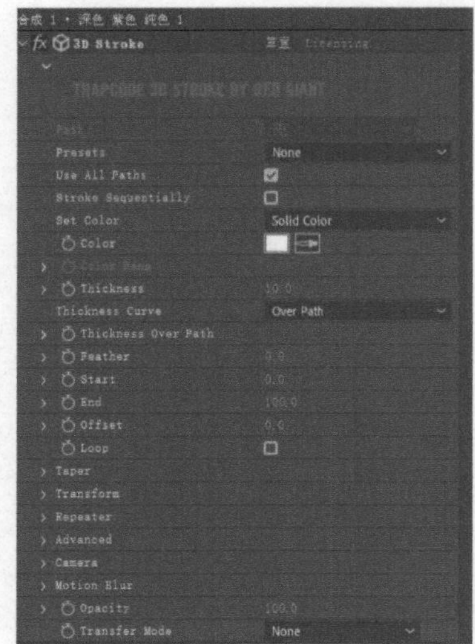

图12-71

参数详解

- **Path（路径）**：指定绘制的路径作为描边路径。
- **Presets（预设）**：使用滤镜内置的描边效果。
- **Use All Paths（使用所有路径）**：将所有绘制的路径作为描边路径。
- **Stroke Sequentially（描边顺序）**：让所有的路径按照顺序进行描边。
- **Color（颜色）**：设置描边路径的颜色。
- **Thickness（厚度）**：设置描边路径的厚度。
- **Feather（羽化）**：设置描边路径边缘的羽化程度。
- **Start（开始）**：设置描边路径的起始点。
- **End（结束）**：设置描边路径的结束点。
- **Offset（偏移）**：设置描边路径的偏移值。
- **Loop（循环）**：控制描边路径是否循环连续。
- **Taper（锥化）**：设置描边路径两端的锥化效果，如图12-72所示。

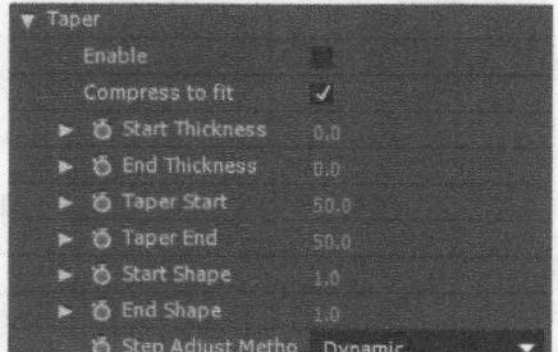

图12-72

Enable（开启）：选择该选项后，可以启用锥化设置。

Start Thickness（开始的厚度）：用来设置描边开始部分的厚度。

End Thickness（结束的厚度）：用来设置描边结束部分的厚度。

Taper Start（锥化开始）：用来设置描边锥化开始的位置。

Taper End（锥化结束）：用来设置描边锥化结束的位置。

Step Adjust Method（调整方式）：用来设置锥化效果的调整方式，有两种方式可供选择，一是None（无），即不做调整；二是Dynamic（动态），即做动态调整。

- **Transform（变换）**：设置描边路径的位置、旋转和弯曲等属性，如图12-73所示。

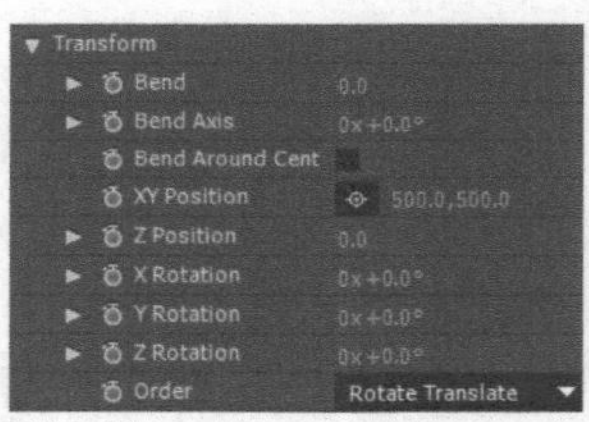

图12-73

Bend（弯曲）：控制描边路径弯曲的程度。

Bend Axis（弯曲角度）：控制描边路径弯曲的角度。

Bend Around Center（围绕中心弯曲）：控制是否弯曲到环绕的中心位置。

XY/Z Position（XY/Z的位置）：设置描边路径的位置。

X/Y/Z Rotation（X/Y/Z旋转）：设置描边路径的旋转效果。

Order（顺序）：设置描边路径位移和旋转的顺序，有两种方式可供选择。一是Rotate Translate（旋转 位移），即先旋转后位移；二是Translate Rotate（位移 旋转），即先位移后旋转。

- **Repeater（重复）**：设置描边路径的重复偏移量，通过该属性组中的参数可以将一条路径有规律地复制出来，如图12-74所示。

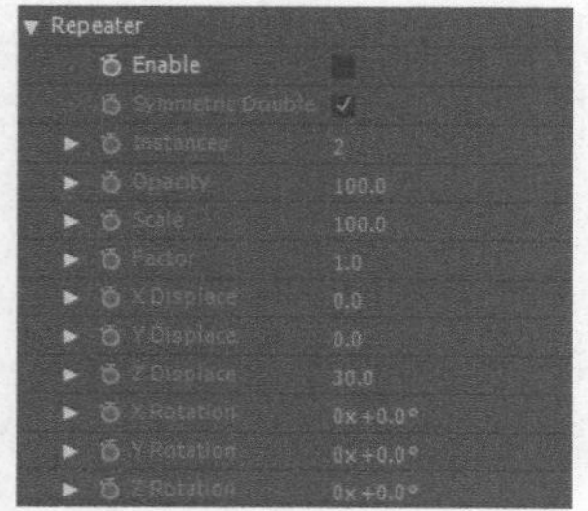

图 12-74

Enable（**开启**）：勾选后可以开启描边路径的重复。

Symmetric Doubler（**对称复制**）：设置描边路径是否要对称复制。

Instances（**重复**）：设置描边路径的数量。

Opacity（**不透明度**）：设置描边路径的不透明度。

Scale（**缩放**）：设置描边路径的缩放效果。

Factor（**因数**）：设置描边路径的伸展因数。

X/Y/Z Displace（**X/Y/Z偏移**）：分别用来设置在X、Y和Z轴的偏移效果。

X/Y/Z Rotate（**X/Y/Z旋转**）：分别用来设置在X、Y和Z轴的旋转效果。

- Advanced（**高级**）：用来设置描边路径的高级属性，如图12-75所示。

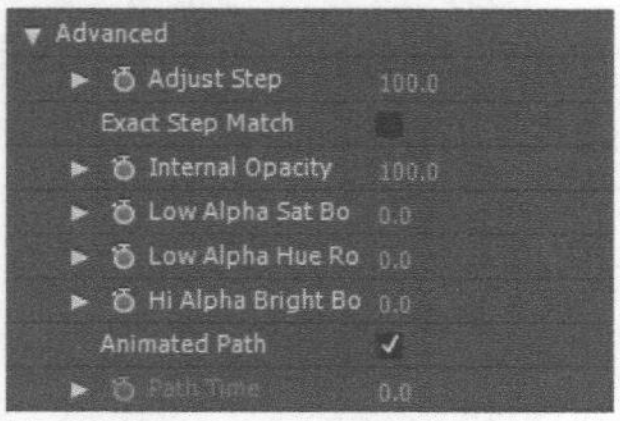

Advanced
Adjust Step 100.0
Exact Step Match
Internal Opacity 100.0
Low Alpha Sat Bo 0.0
Low Alpha Hue Ro 0.0
Hi Alpha Bright Bo 0.0
Animated Path
Path Time 0.0

图 12-75

Adjust Step（**调节步幅**）：用来调节步幅。其数值越大，描边路径上的线条显示为圆点且间距越大，如图12-76所示。

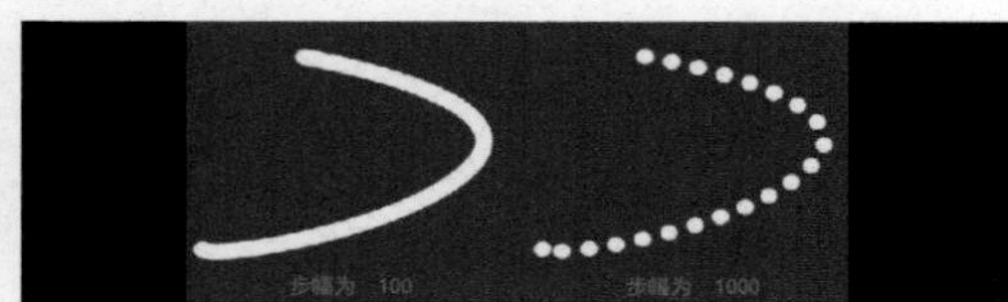

图 12-76

Exact Step Match（**精确匹配**）：用来设置是否精确匹配步幅。

Internal Opacity（**内部的不透明度**）：用来设置描边路径的线条内部的不透明度。

Low Alpha Sat Boot（**Alpha饱和度**）：用来设置描边路径的线条的Alpha饱和度。

Low Alpha Hue Rotation（**Alpha色调旋转**）：设置描边路径的线条的Alpha色调旋转效果。

Hi Alpha Bright Boost（**Alpha亮度**）：用来设置描边路径的线条的Alpha亮度。

Animated Path（**路径动画**）：若绘制的路径在蒙版路径属性上有关键帧动画，那么在勾选这个选项后，路径动画才能显示。

Path Time（**路径时间**）：在Animated Path（路径动画）选项未勾选时，用来设置路径应该静止在关键帧动画中的哪一秒。

- Camera（**摄像机**）：设置摄像机的观察视角或使用合成中的摄像机，如图12-77所示。

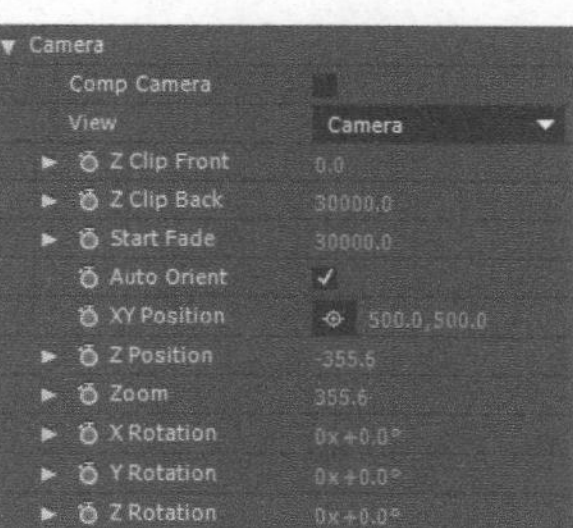

图 12-77

Comp Camera（**合成中的摄像机**）：用来设置是否使用合成中的摄像机。

View（**视图**）：用来选择视图的显示状态。

Z Clip Front/Back（**前/后面的剪切平面**）：用来设置摄像机在Z轴深度的剪切平面。两个平面以外的部分会被剪切掉而不再显示。

Start Fade（**淡出**）：设置剪切平面的淡出。

Auto Orient（**自动定位**）：控制是否开启摄像机的自动定位。

XY Position（**XY位置**）：设置摄像机的X、Y轴的位置。

Zoom（**缩放**）：设置摄像机的推拉。

X/Y/Z Rotation（**X/Y/Z旋转**）：分别用来设置摄像机在X、Y和Z轴的旋转效果。

- Motion Blur（**运动模糊**）：设置运动模糊效

果，可以单独进行设置，也可以继承当前合成的运动模糊参数，如图12-78所示。

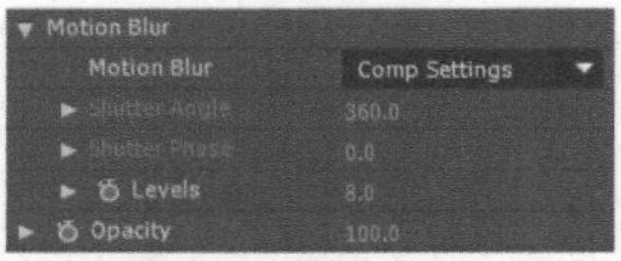

图12-78

Motion Blur（运动模糊）：设置运动模糊是否开启或是否使用合成中的运动模糊设置。

Shutter Angle（快门的角度）：设置快门的角度。

Shutter Phase（快门的相位）：设置快门的相位。

Levels（平衡）：设置快门的平衡。

- **Opacity（不透明度）：**设置描边路径的不透明度。
- **Transfer Mode（叠加模式）：**设置描边路径与当前图层的叠加模式。

12.4 课后习题

12.4.1 课后习题——炫彩星光

素材位置	实例文件 >CH12> 课后习题——炫彩星光 >（素材）
实例位置	实例文件 >CH12> 课后习题——炫彩星光 .aep
难易指数	★★☆☆☆
练习目标	练习 Starglow（星光闪耀）滤镜的使用方法

本习题的前后对比效果如图12-79所示。

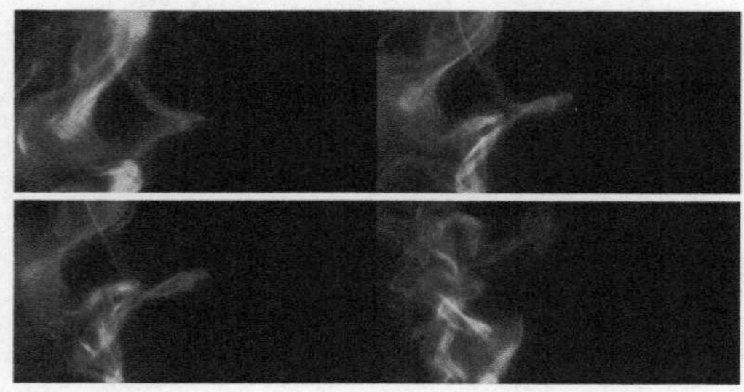

图12-79

01 打开学习资源中的“实例文件 >CH12 > 课后习题——炫彩星光 .aep”文件，然后加载“炫彩星光”合成。

02 选择“星空”图层，为其添加“Trapcode > Starglow（星光闪耀）”效果，然后展开 Pre-Process（预处理）属性组，调整其参数，以控制原素材的哪一部分会被添加星光效果。

03 展开 Individual Colors（单独光线颜色）属性组，把其中的参数设置为 Colormap A（颜色贴图 A）。然后展开 Colormap A（颜色贴图 A）属性组，把预设设置为 Harvest。

04 修改图层的 Transfer Mode（叠加模式）。

12.4.2 课后习题——模拟日照

素材位置	实例文件 >CH12> 课后习题——模拟日照 >（素材）
实例位置	实例文件 >CH12> 课后习题——模拟日照 .aep
难易指数	★★☆☆☆
练习目标	练习 Optical Flare（光学耀斑）滤镜的使用方法

本习题的前后对比效果如图12-80所示。

图12-80

01 打开学习资源中的“实例文件 >CH12 > 课后习题——模拟日照 .aep”文件，然后加载“模拟日照”合成。

02 在调整图层上添加“Videocopilot>Optical Flares（光学耀斑）”效果，单击 Options（选项）进入该滤镜的设置界面。在 Preset（预设）中找到一个大致符合素材的阳光预设，并调整其参数。

03 根据素材中摄像机的移动，为 Position XY（XY 位置）和 Center Position（中心位置）设置关键帧动画，使阳光能匹配画面的运动。然后调整 Flicker（闪烁器）属性组下的参数，以模拟大气影响导致的光线忽明忽暗的效果。

第 13 章 综合案例实训

本章导读

使用 After Effects 可以制作出很多漂亮的特效，结合其他一些三维软件，还可以制作出更高级的影视特效。在前面的章节中，读者系统学习了 After Effects 的各项功能，本章将继续深入应用这些技术，并通过商业案例制作，让读者学习并掌握如何在电视栏目包装中制作动画和特效。

课堂学习目标

掌握导视系统的后期制作方法

掌握电视频道 ID 演绎动画的制作方法

掌握教育频道包装的制作方法

After Effects

13.1 导视系统后期制作

素材位置	实例文件 >CH13> 导视系统后期制作 >（素材）
实例位置	实例文件 >CH13> 导视系统后期制作 .aep
难易指数	★★★★☆
学习目标	掌握图层混合模式、Optical Flares（光学耀斑）滤镜的高级应用

本案例主要介绍为镜头添加各种光效，包括CC Light Sweep（扫光）和Optical Flares（光学耀斑），以增加片头的时尚感和绚丽感，效果如图13-1所示。

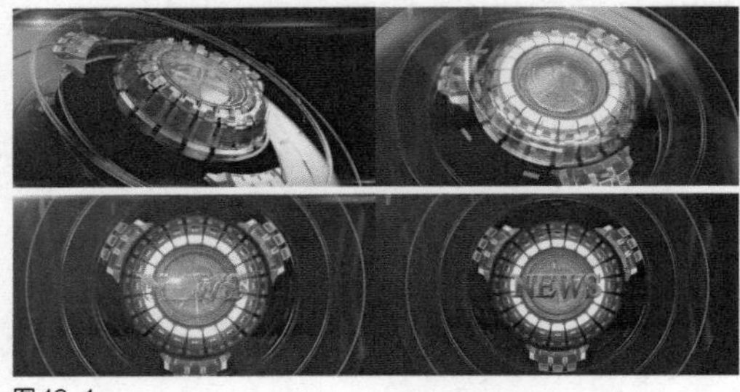

图 13-1

13.1.1 创建合成

01 启动 After Effects 2021，新建合成，然后设置“合成名称”为“导视系统后期制作”、“宽度”为 1920 px、“高度”为 1080 px、“像素长宽比”为“方形像素”、“帧速率”为 30 帧 / 秒、“持续时间”为 10 秒，接着单击“确定”按钮，如图 13-2 所示。

02 导入学习资源中的“实例文件 >CH13> 导视系统后期制作 >（素材）>Main3.mp4”文件，接着将其添加到“时间轴”面板中，如图 13-3 所示。

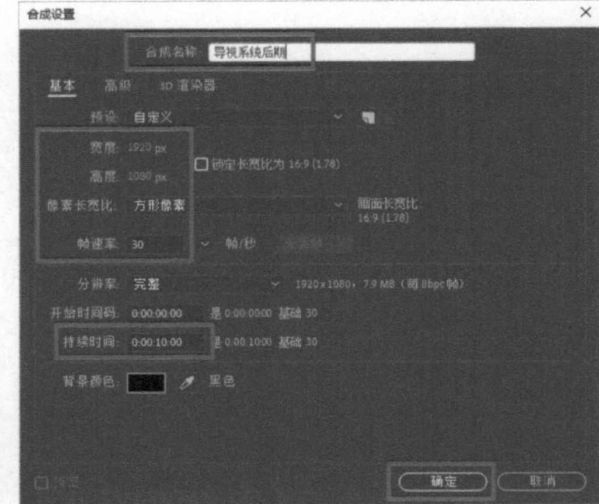

图 13-2

图 13-3

13.1.2 添加扫光特效

01 导入“实例文件 >CH13> 导视系统后期制作 >（素材）> 标题 .mp4、标题 _Alpha.mp4”文件，然后将其添加到“时间轴”面板中，让“标题 _Alpha.mp4”文件位于“标题 .mp4”上方，并将“标题 .mp4”的轨道遮罩设为“亮度”，如图 13-4 所示。

图 13-4

02 选择“标题”和“标题 _Alpha”两个图层，执行“图层 > 预合成”菜单命令，将新合成命名为“标题”，并单击“确定”按钮，然后在“时间轴”面板中拖曳合成，使其开始时间位于第 5 秒 18 帧处，如图 13-5 所示。

图 13-5

03 为“标题”图层执行“效果 > 颜色校正 > 色调”菜单命令，并在“效果控件”面板中设置“将黑色映射到”为（48，0，255），“将白色映射到”为（191，241，255），如图 13-6 所示。然后为其执行“效

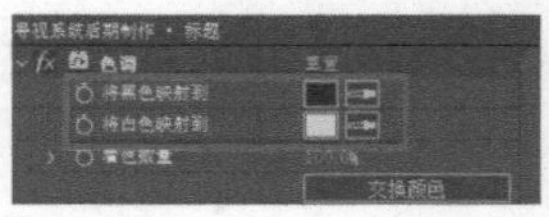

图 13-6

果 > 颜色校正 > 曲线”菜单命令，并在“效果控件”面板中将 RGB 曲线设置为图 13-7 所示的效果。接着为其执行“效果 > 颜色校正 > 色相 / 饱和度”菜单命令，并在“效果控件”面板中设置“主色调”为（0×-15.0°），“主饱和度”为 -25，如图 13-8 所示。

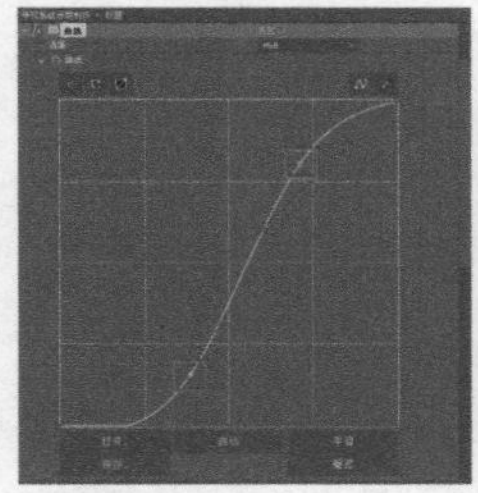
图 13-7

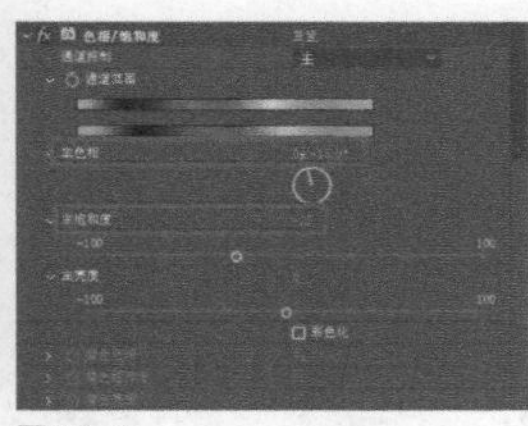
图 13-8

04 新建一个摄像机，将“类型”设为“单节点摄像机”，“预设”设为 35 毫米，如图 13-9 所示。

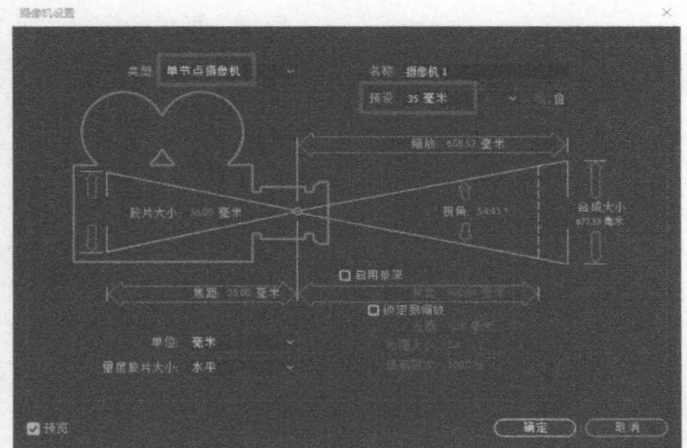
图 13-9

05 将摄像机的“X 轴旋转”设置为（0×-90.0°），然后为其“位置”属性设置动画关键帧。在第 5 秒 18 帧处设置“位置”为（0.0，-299.0，0.0）并激活关键帧记录器，在第 6 秒 18 帧处设置其为（0.0，-512.0，0.0），在第 7 秒 21 帧处设置其为（0.0，-555.0，0.0），在第 9 秒 29 帧处设置其为（0.0，-566.0，-0.0）。接着选中所有关键帧，单击鼠标右键，执行“关键帧插值 > 临时插值 > 自动贝塞尔曲线”命令，如图 13-10 所示。

06 开启“标题”图层的三维图层选项，并将“位置”设为（0.0，0.0，-23.5），“X 轴旋转”设为（0×-90.0°），“缩放”设为 35%，如图 13-11 所示。

图 13-10

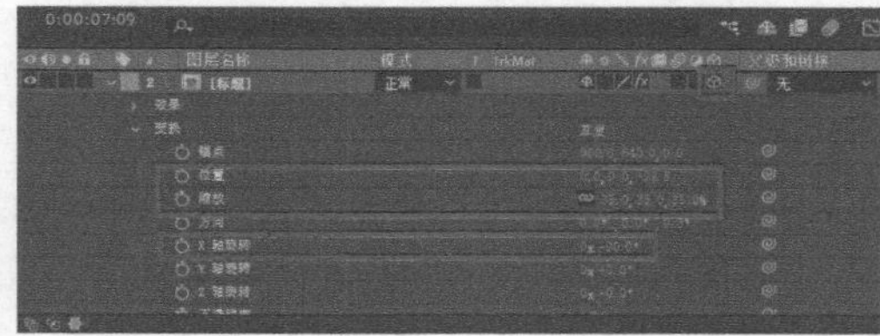
图 13-11

07 用鼠标右键单击“标题”图层，执行“图层样式 > 斜面和浮雕”命令，然后在“斜面和浮雕”的属性中设置“深度”为 250.0%，“角度”为（0×+150.0°），“阴影不透明度”为 50%，如图 13-12 所示。

08 选择“标题”图层，然后执行“效果 > 生成 > CC Light Sweep（扫光）”菜单命令，然后在“效果控件”面板中设置 Direction（方向）为（0×+30.0°），Width（宽度）为 30.0，Sweep Intensity（扫光强度）为 50.0，如图 13-13 所示。

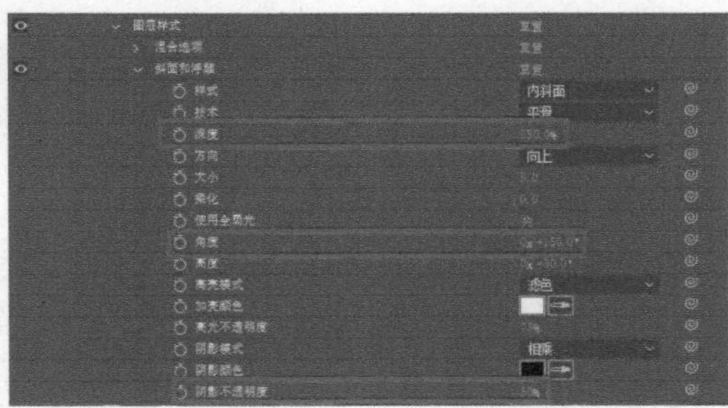
图 13-12

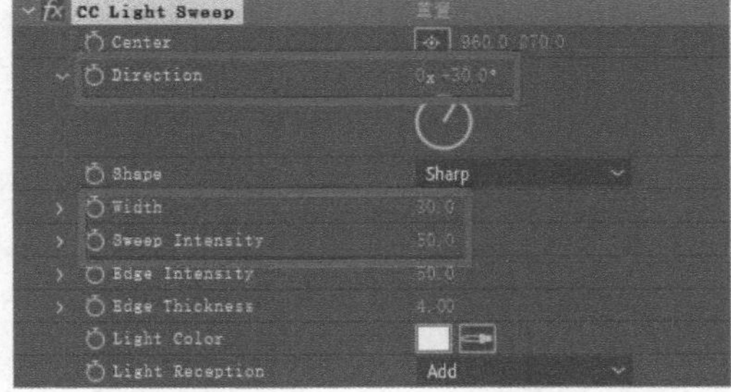

图 13-13

09 设置 CC Light Sweep（扫光）滤镜中 Center（中心）属性的动画关键帧。在第 6 秒 9 帧处设置 Center（中心）为（792.9，481.2）并激活关键帧记录器，在第 6 秒 25 帧处设置 Center（中心）为（1189.6，462.4），如图 13-14 所示。

图 13-14

13.1.3 优化场景

01 选择“Main3”图层，为其执行“效果 > 颜色校正 > 色相 / 饱和度”菜单命令，并在“效果控件”面板中，将“通道控制”设为“红色”，然后将“红色色相”设为（0 × +15.0°），“红色饱和度”设为 20，如图 13-15 所示。接着为其执行“效果 > 颜色校正 > 曲线”菜单命令，并在“效果控件”面板中设置 RGB 通道的曲线为图 13-16 所示的效果，设置 R 通道的曲线为图 13-17 所示的效果，设置 B 通道的曲线为图 13-18 所示的效果。

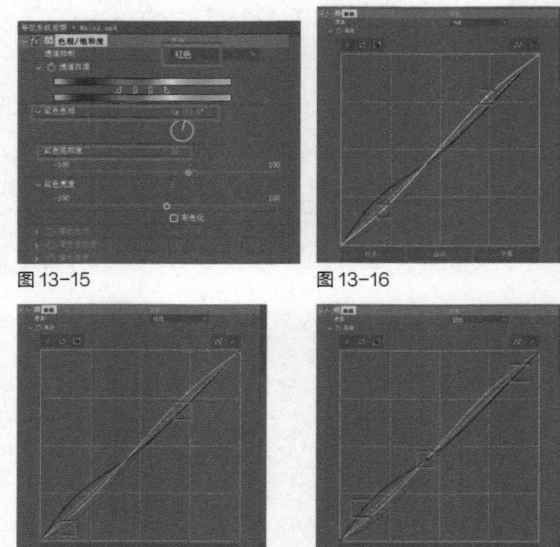

图 13-15　图 13-16

图 13-17　图 13-18

02 选择“Main3”图层，删除上面的所有效果，然后按快捷键 Ctrl+D 将其复制一份，并将新图层命名为“光线”。选择“光线”图层，在第 5 秒 17 帧处，按快捷键 Alt+]（中括号）改变它的出点，如图 13-19 所示。

图 13-19

03 选择“光线”图层，为其执行“效果 > 抠像 > 提取”菜单命令，并在“效果控件”面板中，将“黑场”设为 228，“黑色柔和度”设为 43，如图 13-20 所示。然后为其执行“效果 > 模糊和锐化 >CC Radial Fast Blur（快速放射模糊）”菜单命令，并在“效果控件”面板中设置 Center（中心）为（688.6，927.0），Zoom（缩放）为 Brightest（最亮），如图 13-21 所示。

04 为 CC Radial Fast Blur（快速放射模糊）效果设置动画关键帧。在第 11 帧处，设置 Amount（数量）为 25.0；在第 17 帧处，设置 Amount（数量）为 95.0，如图 13-22 所示。

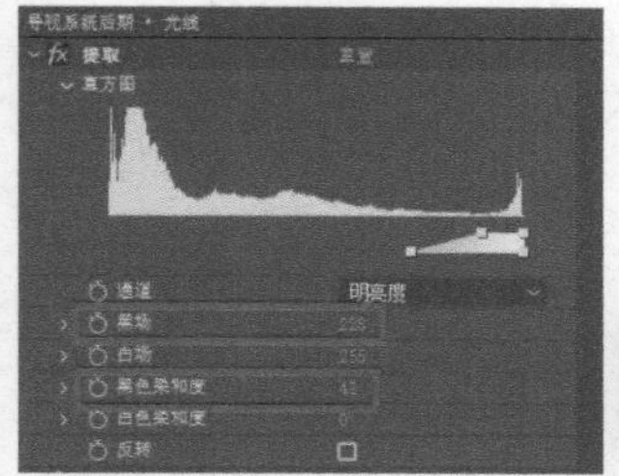

图 13-20

图 13-21

图 13-22

05 将“光线”图层的“不透明度”设为 35%，并将其混合模式设为“屏幕”，如图 13-23 所示。

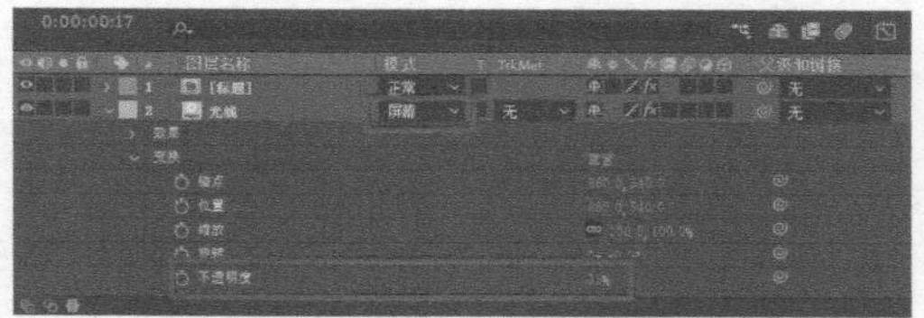

图 13-23

06 新建一个黑色的纯色图层，将其命名为“压角”并置于顶层，然后在“工具”面板中双击“椭圆工具”，创建一个正好符合图层大小的椭圆遮罩，接着将蒙版的模式设为“相减”，“蒙版羽化”设为(300.0,300.0)，最后将图层的“不透明度”设为 25%，如图 13-24 所示。

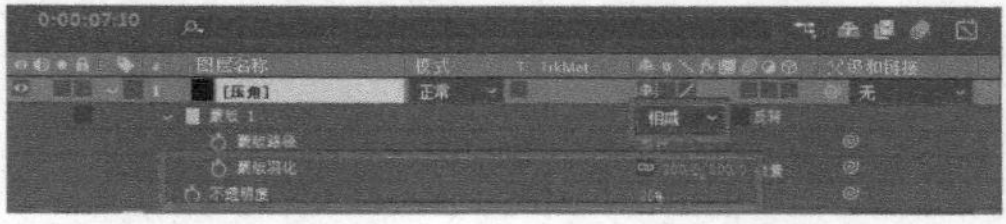

图 13-24

07 导入“实例文件 >CH13> 导视系统后期制作 >（素材）>Comp 1.mov”，接着将其添加到“时间轴”面板中并置于底层，之后向右拖曳，使其入点位于第 6 秒 13 帧处，如图 13-25 所示。

图 13-25

08 新建一个调整图层，将其命名为“置换”，并置于“压角”图层下方，然后执行“效果 > 扭曲 > 置换图”菜单命令，在“效果控件”面板中设置“置换图层”为“7.Comp 1”，“用于水平置换”为“明亮度”，如图 13-26 所示。

图 13-26

09 设置“最大水平置换”属性的动画关键帧。在第 6 秒 13 帧处，设置“最大水平置换”为 0.0，并激活动画关键帧记录器；在第 6 秒 16 帧处，设置其为 6.0；在第 6 秒 20 帧处，设置其为 3.0；在第 6 秒 22 帧处，设置其为 10.0；在第 6 秒 26 帧处，设置其为 0.0；在第 6 秒 29 帧处，设置其为 5.0；在第 7 秒 2 帧处，设置其为 4.0；在第 7 秒 11 帧处，设置其为 25.0；在第 8 秒 7 帧处，设置其为 0.0。然后将最后一个关键帧的临时插值设为贝塞尔曲线，如图 13-27 所示。

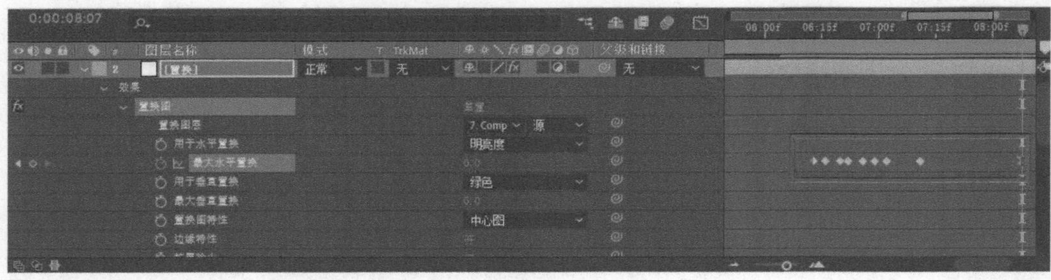

图 13-27

⑩ 将上一步中的“置换图”效果复制一份，并将复制的效果的“用于水平置换”修改为“绿色”，然后修改其关键帧属性。在第 6 秒 16 帧处，设置“最大水平置换”为 -6.0；在第 6 秒 20 帧处，设置其为 -3.0；在第 6 秒 22 帧处，设置其为 -10.0；在第 6 秒 26 帧处，设置其为 0.0；在第 6 秒 29 帧处，设置其为 -5.0；在第 7 秒 2 帧处，设置其为 -4.0；在第 7 秒 11 帧处，设置其为 -25.0，如图 13-28 所示。

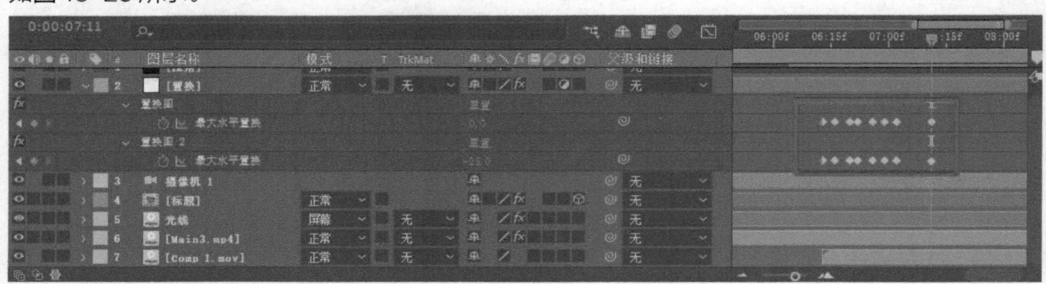

图 13-28

13.1.4 添加光效

01 新建一个纯色图层，将其命名为“OP_ 上”，在第 5 秒 17 帧处按快捷键 Alt+]（中括号）设置其出点。然后执行“效果 >Video Copilot>Optical Flares”菜单命令，单击 Options（选项）进入其设置界面，在 Browser（浏览器）面板中选择 PRESET BROWSER（浏览光效预设）选项卡，并在 Motion Graphics（运动图形）文件夹中找到并单击 Dirty Anamorphic 预设，如图 13-29 所示。

图 13-29

02 在 Stack（元素库）面板中单击 Glow（辉光）元素的 Hide（隐藏）按钮将其隐藏起来，如图 13-30 所示，隐藏前后的对比效果如图 13-31 所示。然后单击右上角的 OK 按钮回到 After Effects 2021 的工作界面。

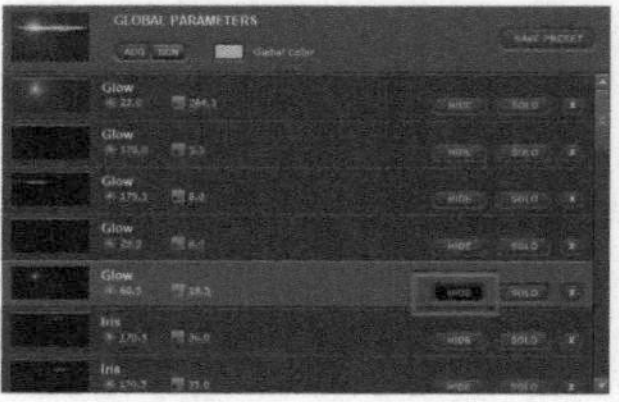

图 13-30

图 13-31

03 设置 Optical Flares（光线耀斑）效果的参数。将 Center Position（中心位置）设为（1076.0，766.0），Scale（缩放）设为 125.0；将 Flicker（闪烁器）属性组下的 Speed（速度）设为 50.0，Amount（数量）设为 30.0；将 Render Mode（渲染模式）设为 On Transparent（在透明层上），如图 13-32 所示。

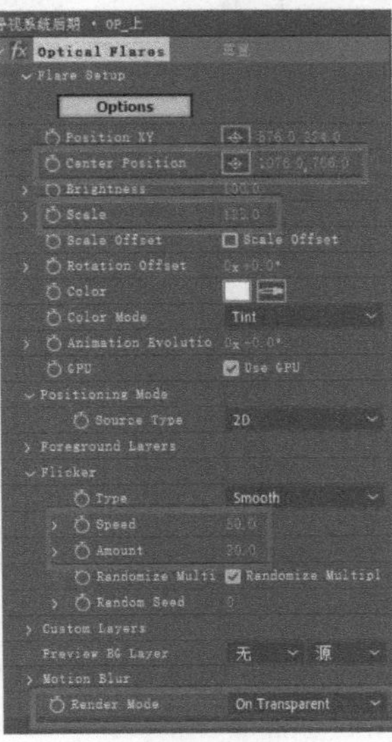

图 13-32

04 设置 Optical Flares（光线耀斑）效果的动画关键帧。在第 0 帧处，设置其 Position XY（XY 位置）为（152.0，120.0），Brightness（亮度）为 50.0，分别激活关键帧记录器；在第 18 帧处，设置其 Brightness（亮度）为 100.0；在第 5 秒 17 帧处，设置其 Position XY（XY 位置）为（-26.0，-76.0），如图 13-33 所示。

05 按快捷键 Ctrl+D 将“OP_上”图层复制一份，并将新图层命名为“OP_下”。然后在“效果控件”面板中单击 Optical Flares（光线耀斑）下的 Options（选项）按钮进入其设置界面，在 Stack（元素库）面板中单击 Glow（辉光）的 Hide（隐藏）按钮，同样隐藏掉所有的 Lens Orbs（镜头球状光）元素，如图 13-34 所示。隐藏前后的对比效果如图 13-35 所示。接着单击右上角的 OK 按钮返回到 After Effects 2021 的工作界面。

图 13-33

图 13-34

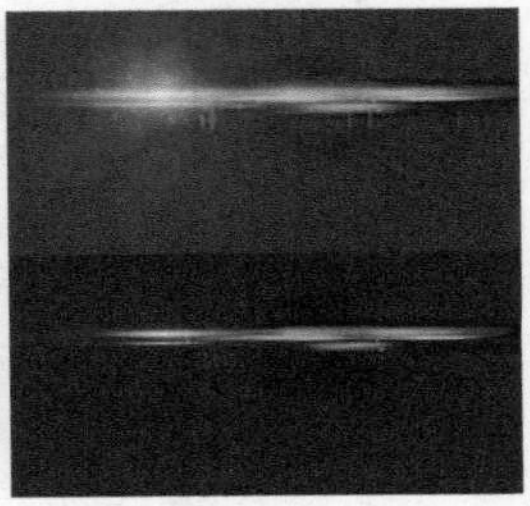

图 13-35

06 设置该 Optical Flares（光线耀斑）效果的参数。将 Scale（缩放）设为 100.0，然后设置其动画关键帧。在第 0 帧处，设置其 Position XY（XY 位置）为（1868.0，1002.0），Brightness（亮度）为 50.0，分别激活关键帧记录器；在第 18 帧处，设置其 Brightness（亮度）为 65.0；在第 5 秒 17 帧处，设置其 Position XY（XY 位置）为（1964.0，1156.0），如图 13-36 所示。

07 按快捷键 Ctrl+D 将“OP_上”图层复制一份，并将新图层命名为“OP_后”，然后在“时间轴”面板中拖曳，使其入点位于第 5 秒 17 帧处，如图 13-37 所示。

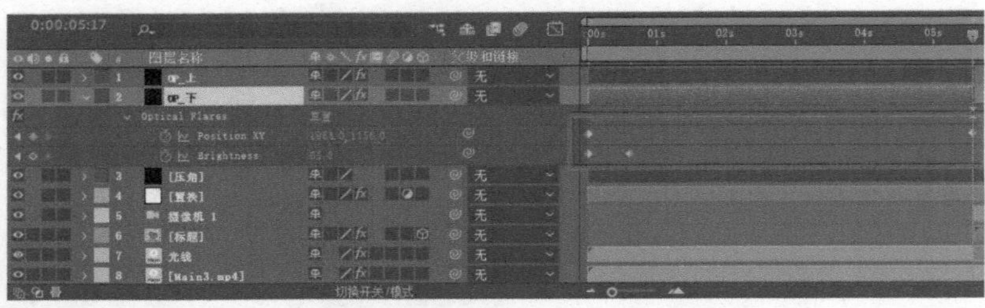

图 13-36

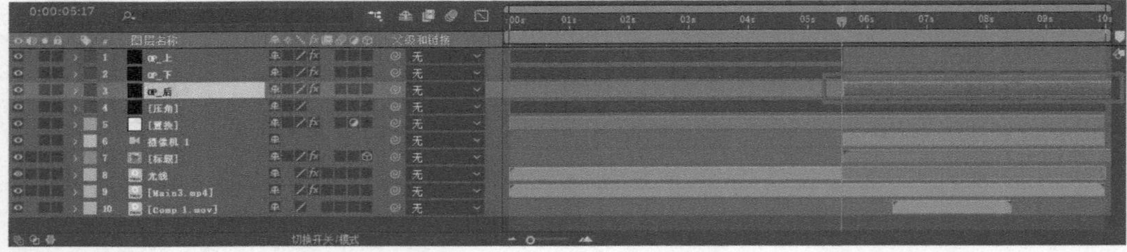

图 13-37

08 删除“OP_ 后”图层中 Optical Flares（光线耀斑）效果的 Brightness（亮度）的关键帧，并将Brightness（亮度）设置为100.0，然后设置其动画关键帧。在第5秒18帧处设置其Position XY（XY位置）为（-24.0，96.0），Scale（缩放）为 300.0，分别激活关键帧记录器；在第 5 秒 29 帧处，设置 Scale（缩放）为 125.0；在第 6 秒 22 帧处，设置 Position XY（XY 位置）为（-50.0，-12.0）；在第 9 秒 29 帧处，设置 Position XY（XY 位置）为（-112.0，-58.0），如图 13-38 所示。

图 13-38

09 新建一个纯色图层，将其命名为“OP_ 标题”，在第 5 秒 18 帧处按快捷键 Alt+[（中括号）使其入点位于图 13-39 所示的位置。

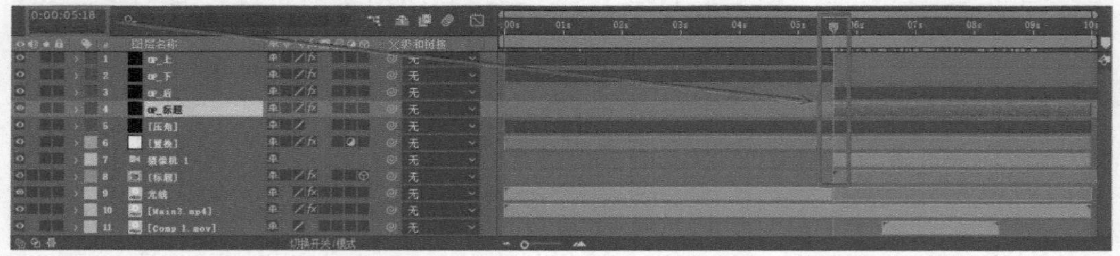

图 13-39

10 对上一步的图层执行“效果 >Video Copilot>Optical Flares（光学耀斑）”菜单命令，单击 Options（选项）进入其设置界面，然后在 Browser（浏览器）面板中选择 PREST BROWSER（预设浏览器）选项卡，在 Pro Presents2（预设 2）文件夹中找到并单击 Russian 预设，如图 13-40 所示。

⑪ 在 Stack（元素库）面板中找到图 13-41 所示的 Glow（辉光）元素，然后将其亮度设为 25.0，设置前后的对比效果如图 13-42 所示。接着单击右上角的 OK 按钮返回 After Effects 2021 的工作界面。

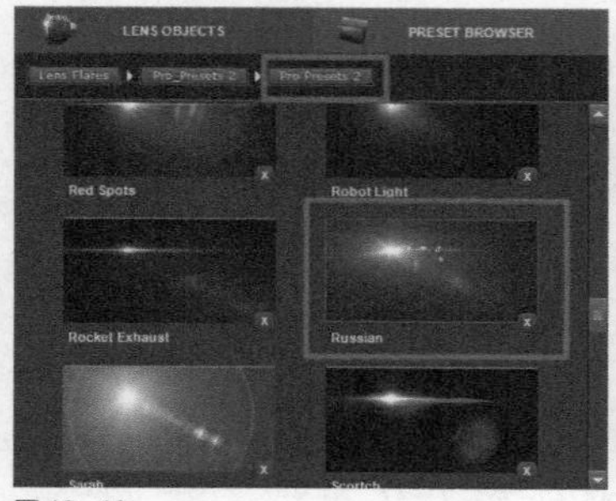

图 13-40

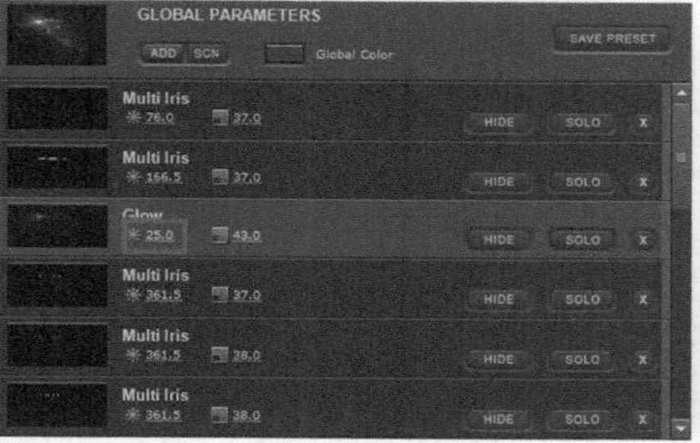

图 13-41

图 13-42

⑫ 设置“OP_ 标题”图层中 Optical Flares（光线耀斑）效果的参数。将 Center Position（中心位置）设为（1002.0，708.0），Scale（缩放）设为 55.0，Render Mode（渲染模式）设为 On Transparent（在透明层上），如图 13-43 所示。

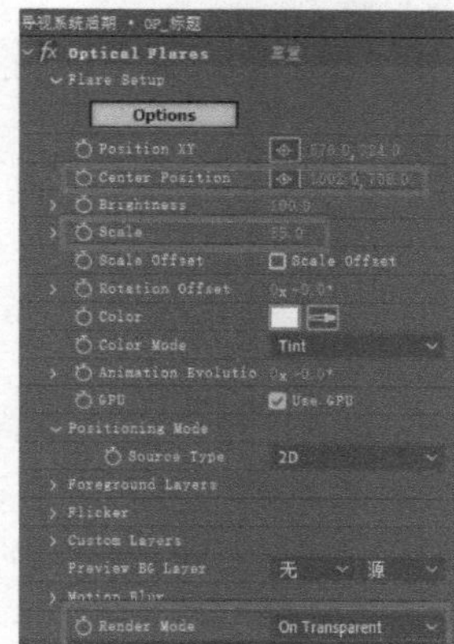

图 13-43

⑬ 设置Optical Flares（光线耀斑）效果的动画关键帧。在第6秒9帧处，设置其Position XY（XY位置）为（612.0，504.0），Brightness（亮度）为0.0，分别激活关键帧记录器；在第6秒12帧处，设置其Brightness（亮度）为100.0；在第6秒22帧处，设置其Brightness（亮度）为100.0；在第6秒25帧处，设置其Brightness（亮度）为0.0，Position XY（XY位置）为（1242.0，522.0），如图13-44所示。

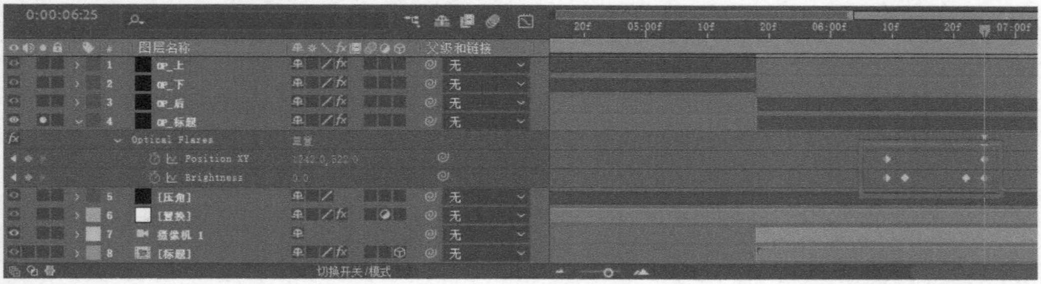

图 13-44

⑭ 将“OP_ 标题”图层的混合模式设为“屏幕”，如图 13-45 所示。

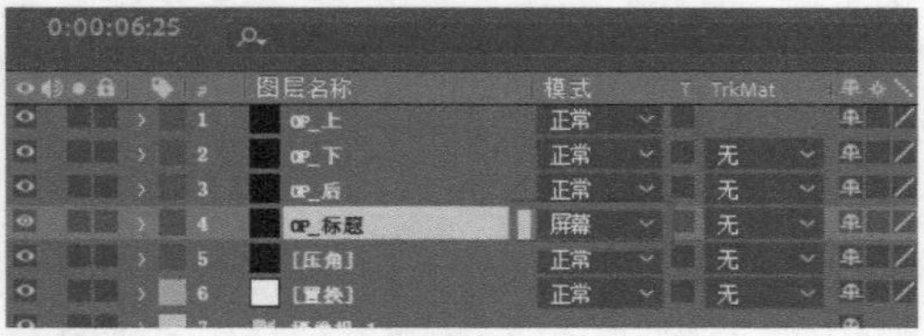

图 13-45

⑮ 渲染并输出动画，最终效果如图 13-46 所示。

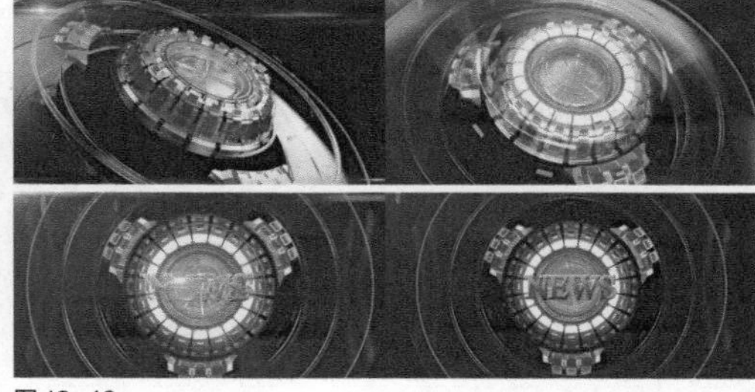

图 13-46

13.2 电视频道 ID 演绎

素材位置	实例文件 >CH13> 电视频道 ID 演绎 >（素材）
实例位置	实例文件 >CH13> 电视频道 ID 演绎 .aep
难易指数	★★★★☆
学习目标	掌握使用形状图层制作运动图形的技术的应用

本案例的电视频道ID演绎的后期合成效果如图13-47所示。

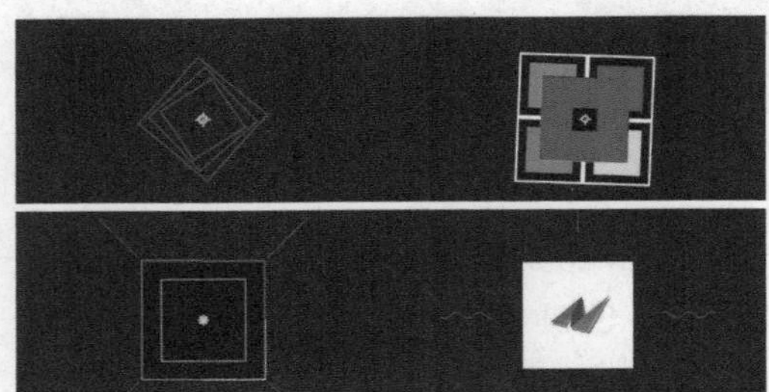

图 13-47

13.2.1 制作第 1 部分

01 新建一个合成，然后设置"合成名称"为"电视频道 ID 演绎"，"预设"为 HDTV 1080 25，"持续时间"为 7 秒，然后单击"确定"按钮，如图 13-48 所示。

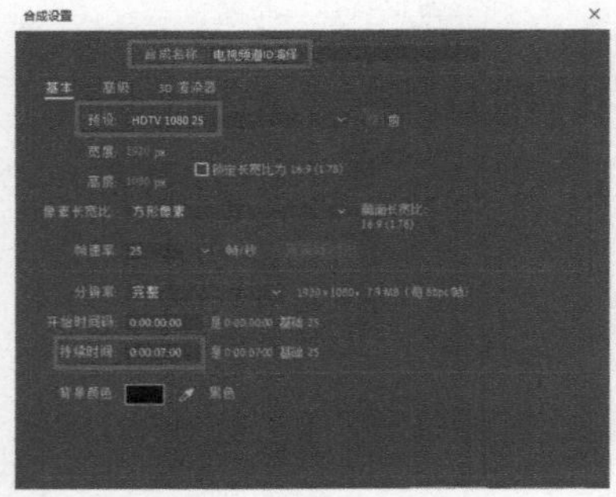

图 13-48

02 新建一个空对象，在第 0 帧处设置其"旋转"为（0×+90.0°），并激活关键帧记录器；然后在第 1 秒处设置其"旋转"为（0×+0.0°），并选中后一个关键帧，按快捷键 Shift+F9 将其变为"缓入"，如图 13-49 所示。

图 13-49

03 在"工具"面板中单击"矩形工具"，将"填充"设为无，"描边"设置为（191，191，191），"描边宽度"设置为 4 像素，如图 13-50 所示。

图 13-50

04 在未选中任何图层的前提下，在"合成"面板中绘制一个矩形，并将其命名为"方块 1"，将出点设置在第 14 帧处，然后将该图层"内容 > 矩形 1> 变换：矩形 1"属性组下的"位置"设为（0.0，0.0），如图 13-51 所示。接着选中该形状图层，在"对齐"面板中单击"水平对齐"和"垂直对齐"，如图 13-52 所示。

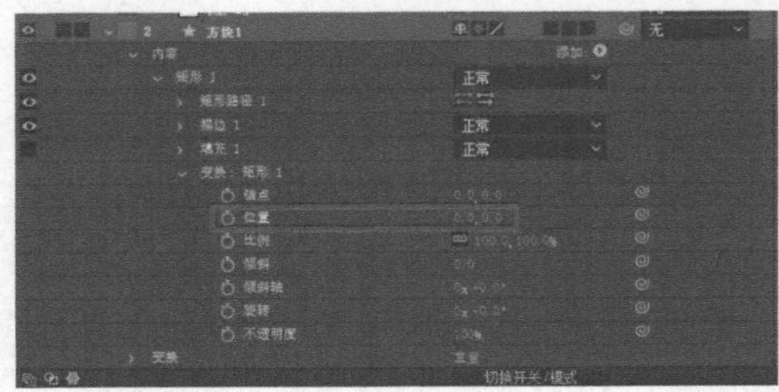

图 13-51

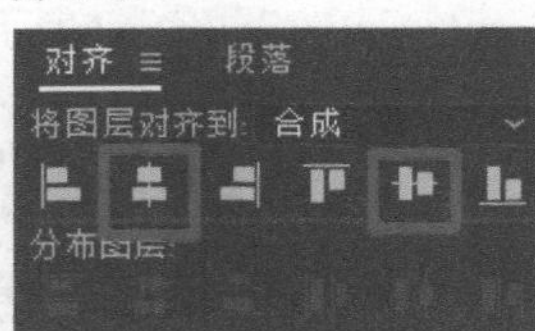

图 13-52

05 为"方块 1"图层设置动画关键帧。在第 0 帧处设置其"内容 > 矩形 1> 矩形路径 1"属性组下的"大小"为（1.0，1.0），并激活关键帧记录器；在第 11 帧处，设置其为（396.0，396.0），并按快捷键 Shift+F9 将这个关键帧设置为"缓入"；在第 0 帧处，设置该图层的父对象为"1. 空 1"，如图 13-53 所示。

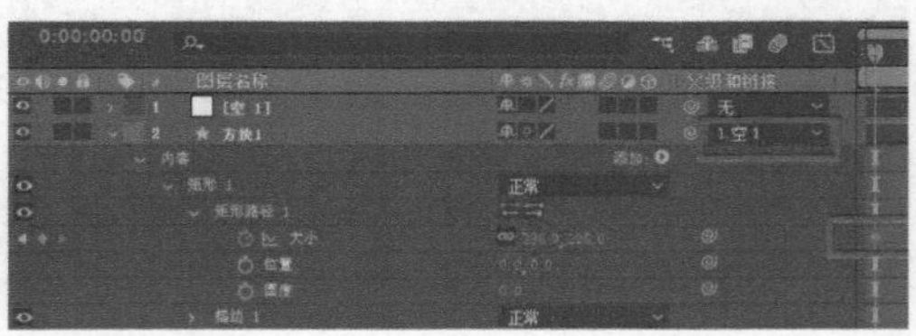

图 13-53

06 将“方块 1”图层复制一份，并将新图层置于底部，设置其入点为第 4 帧处，出点为第 1 秒 4 帧处，如图 13-54 所示。

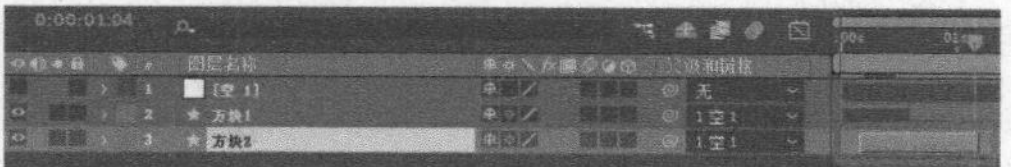

图 13-54

07 设置“方块 2”图层“内容 > 矩形 1> 描边 1”属性组下的“颜色”为白色，然后取消“内容 > 矩形 1> 填充 1”属性组的隐藏开关，并将“填充 1”下的“颜色”设为白色，如图 13-55 所示。

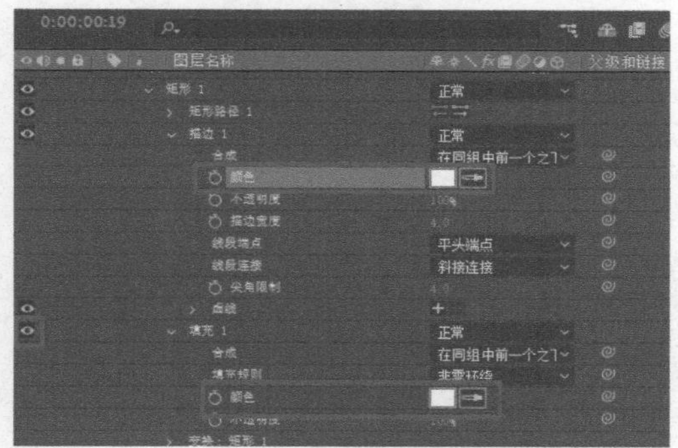

图 13-55

08 选中“方块 2”图层上的两个关键帧，将它们向后拖曳，使第 1 个关键帧位于第 4 帧处，如图 13-56 所示。

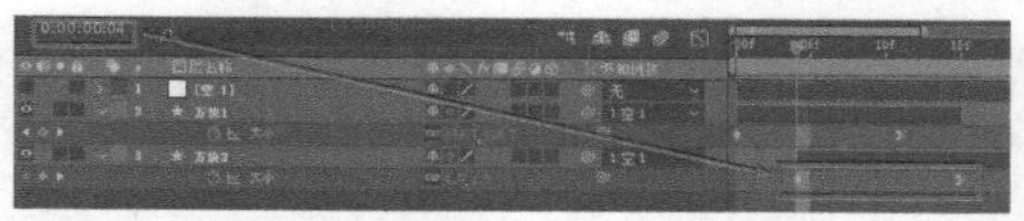

图 13-56

09 在“工具”面板中单击“矩形工具”，将“填充”设为（24，25，26），“描边”设为无，如图 13-57 所示。

图 13-57

10 绘制一个矩形并将其命名为“小方块 1”，将第 9 帧处设置为其入点，第 1 秒 5 帧处设置为其出点，然后将时间指针调到第 0 帧处，并将“小方块 1”的父对象设置为“1. 空 1”，如图 13-58 所示。

11 将“小方块 1”图层的“内容 > 矩形 1> 变换，矩形 1”属性组下的“位置”设为(-100.0，-100.0)，然后为其“内容 > 矩形 1> 矩形路径 1”属性组下的“大小”设置动画关键帧。在第 9 帧处，设置“大小”为（1.0，1.0），并激活关键帧记录器；在第 20 帧处，设置“大小”为（200.0，200.0）。接着选择后一个关键帧，按快捷键 Shift+F9 将这个关键帧设置为“缓入”，如图 13-59 所示。

图 13-58

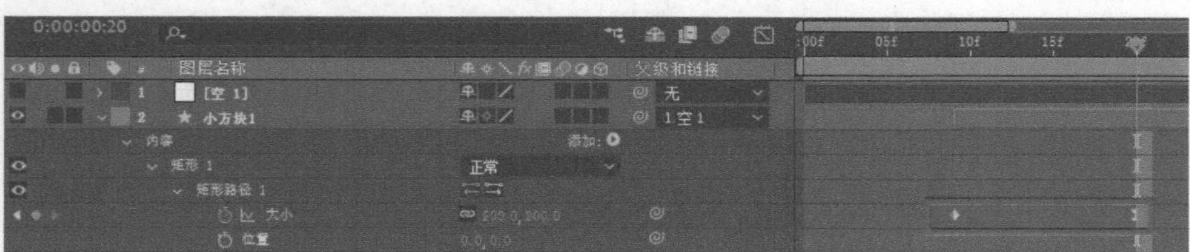

图 13-59

12 按快捷键 Ctrl+D 将“小方块 1”复制 3 份，并分别修改它们“内容 > 矩形 1> 变换：矩形 1”属性组下的“位置”属性。将“小方块 2”的“位置”修改为(100.0，-100.0)，“小方块 3”的“位置”修改为(100.0，100.0)，“小方块 4”的“位置”修改为(-100.0，100.0)，修改后的画面效果如图 13-60 所示。

图 13-60

13 按快捷键 Ctrl+D 将“小方块 1”复制一份，将其置于所有小方块图层的上方，然后在第 12 帧处设置其入点，其出点则设置为第 6 秒 24 帧处，接着选中该图层上所有的关键帧并将其向后拖曳，使第 1 个关键帧位于第 12 帧处，如图13-61所示。

图 13-61

14 展开上一步中复制的“小方块 5”图层的“内容 > 矩形 1> 填充 1”属性组，并将“颜色”修改为（0，169，236），如图 13-62 所示。

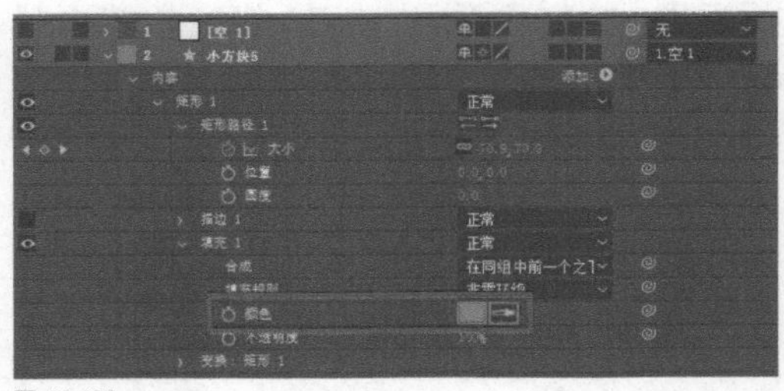

图 13-62

15 按照步骤 13，将“小方块 2”“小方块 3”“小方块 4”各复制一份，复制出“小方块 6”“小方块 7”“小方块 8”3 个图层，如图 13-63 所示。然后按照步骤 14，将新复制出来的 3 个图层的“颜色”依次修改为（228，0，123）、（5，175，101）、（249，245，0），效果如图 13-64 所示。

图 13-63

图 13-64

16 选中“小方块 5”~“小方块 8”4 个图层，然后按快捷键 U 显示它们的“大小”属性的关键帧。在第 1 秒 4 帧处为它们添加一个关键帧，将“大小”设置为（200.0, 200.0）；在第 2 秒处，设置“大小”为（80.0, 80.0），接着按快捷键 Shift+F9 将该关键帧设置为“缓入”，如图 13-65 所示。

图 13-65

13.2.2 制作第 2 部分

01 按快捷键 Ctrl+D 将“方块 2”图层复制一份，并将其置于所有小方块图层的上方，然后设置其入点在第 14 帧处，出点在第 1 秒 5 帧处。接着按快捷键 U 显示它的关键帧，并拖曳关键帧，使第 1 个关键帧位于第 14 帧处，第 2 个关键帧位于第 1 秒 6 帧处，如图 13-66 所示。

图 13-66

02 设置上一步中复制出来的“方块 3”图层的“内容 > 矩形 1> 填充 1”属性组下的“颜色”为（230，16，72），然后取消“内容 > 矩形 1> 描边 1”属性组的显示开关，如图 13-67 所示。

03 按快捷键 Ctrl+D 将“方块 3”图层复制一份，设置其入点在第 10 帧处，出点在第 19 帧处。然后按快捷键 U 显示它的关键帧，在第 12 帧处修改“大小”为（144.0，144.0），在第 1 秒 2 帧处修改其“大小”为（1.0，1.0），如图 13-68 所示。

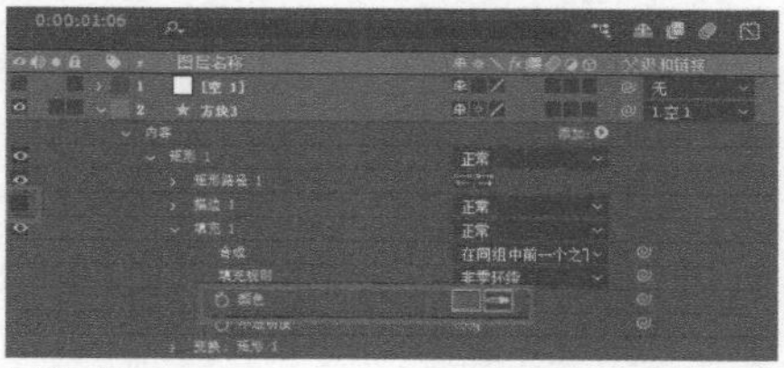

图 13-67

图 13-68

04 设置上一步中复制出来的“方块 4”图层的“内容 > 矩形 1> 填充 1”属性组下的“颜色”为（24，25，26），如图 13-69 所示。

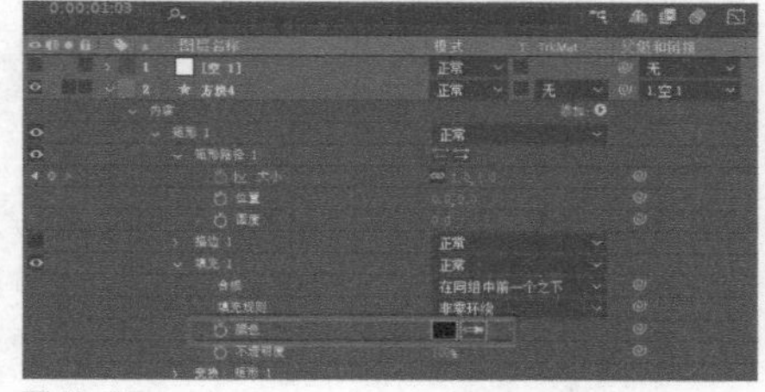

图 13-69

05 按快捷键 Ctrl+D 将“方块 4”图层复制一份，设置其入点在第 17 帧处，出点在第 1 秒 12 帧处。然后按快捷键 U 显示它的关键帧，拖曳其关键帧，使第 1 个关键帧位于第 17 帧处，删除第 2 个关键帧，并让最后一个关键帧位于第 1 秒 6 帧处，接着修改该关键帧的“大小”数值为（400.0，400.0），如图 13-70 所示。

图 13-70

06 按快捷键 Ctrl+D 将“方块 5”图层复制一份，设置新图层的入点为第 20 帧处，出点为第 1 秒 12 帧处。然后按快捷键 U 显示它的关键帧，拖曳其关键帧，使第 1 个关键帧位于第 20 帧处，第 2 个关键帧位于第 1 秒 13 帧处，如图 13-71 所示。

图 13-71

07 设置上一步中复制出来的“方块 6”图层的“内容 > 矩形 1> 变换：矩形 1”属性组下的“不透明度”的动画关键帧。在第 1 秒 5 帧处设置“不透明度”为 100%，并激活关键帧记录器；在第 1 秒 13 帧处设置“不透明度”为 0，然后按快捷键 Shift+F9 将该关键帧设为“缓入”，如图 13-72 所示。

图 13-72

08 展开“方块 6”图层的“内容 > 矩形 1”属性组，打开“描边 1”的显示开关，并取消“填充 1”的显示开关，如图 13-73 所示。

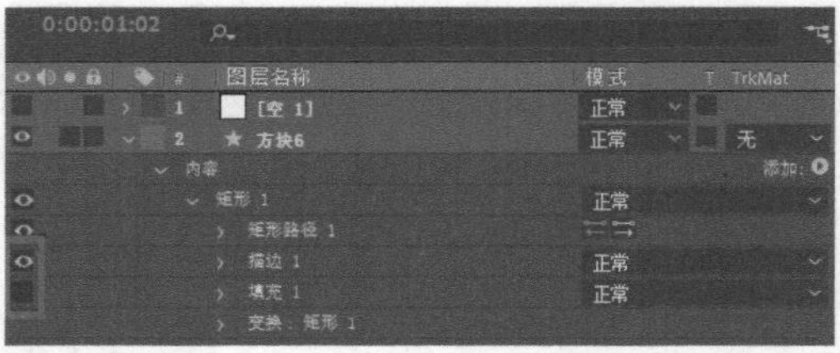

图 13-73

09 按快捷键 Ctrl+D 将“方块 5”图层复制一份，并将复制出来的“方块 7”置于所有方块图层的上方，然后设置其入点在第 1 秒处，出点在第 6 秒 24 帧处。接着按快捷键 U 显示它的关键帧，拖曳其关键帧，使第 1 个关键帧位于第 1 秒处，第 2 个关键帧位于第 1 秒 18 帧处，如图 13-74 所示。

图 13-74

10 设置“方块 7”图层的“内容 > 矩形 1> 填充 1”属性组下的“颜色”为白色，如图 13-75 所示。

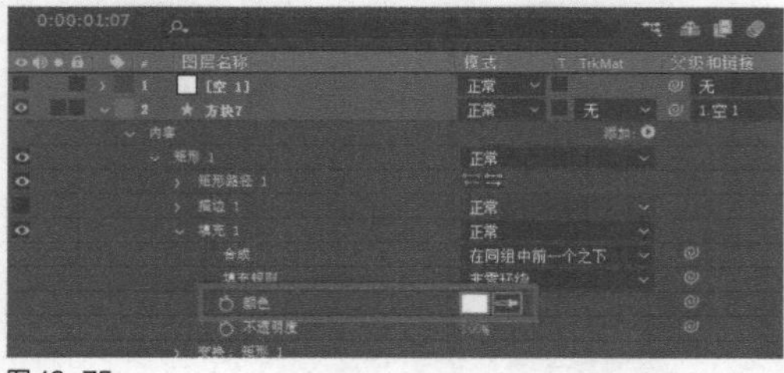

图 13-75

11 分别执行“视图 > 显示标尺”“视图 > 显示参考线”“视图 > 对齐到参考线”菜单命令，如图 13-76 所示。

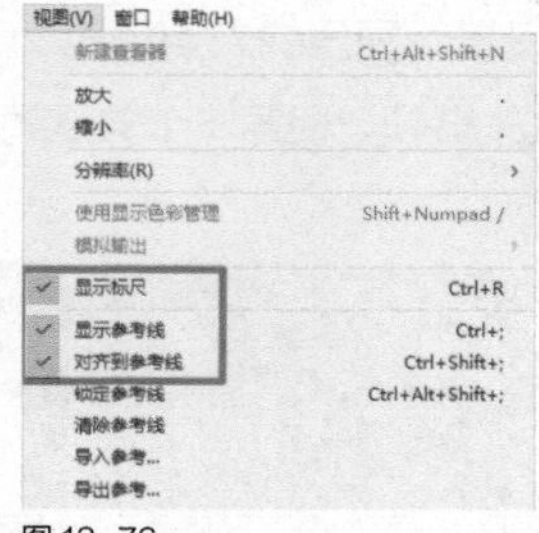

图 13-76

12 在“合成”面板中的水平和垂直方向上各绘制两条参考线，水平方向上的两条线分别位于 100 和 540 的位置上，垂直方向上的两条线分别位于 520 和 960 的位置上，如图 13-77 所示。

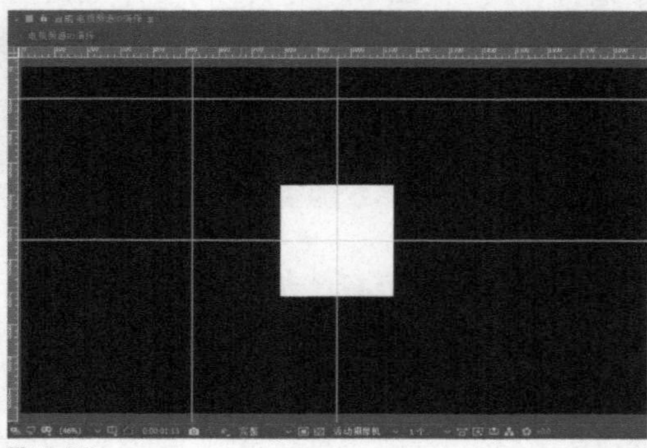

图 13-77

13 在“工具”面板中单击“钢笔工具”，然后将“填充”设为无，“描边”设为（249，245，0），“描边宽度”设为 1 像素，如图 13-78 所示。

图 13-78

14 使用“钢笔工具”绘制一条线段，然后调整线段的两个端点，使其正好位于刚才绘制的参考线左上和右下的交叉点上，如图 13-79 所示。接着将该形状图层命名为“线条 1”并置于所有方块图层的上方。

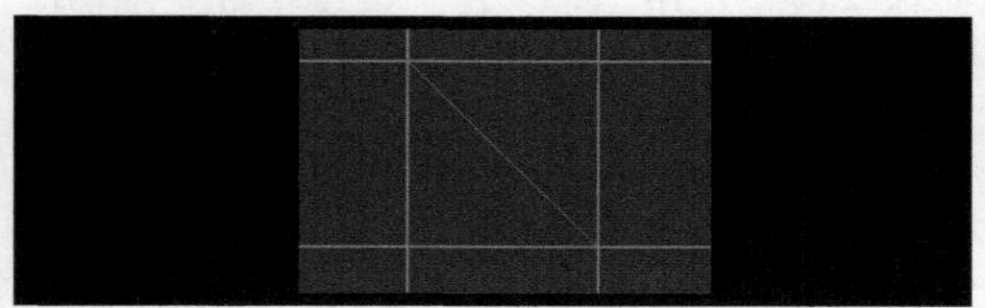

图 13-79

15 展开“线条 1”图层的属性，单击“内容”右侧的“添加”按钮，并在弹出的下拉菜单中依次选择“中继器”和“修剪路径”，如图 13-80 所示。

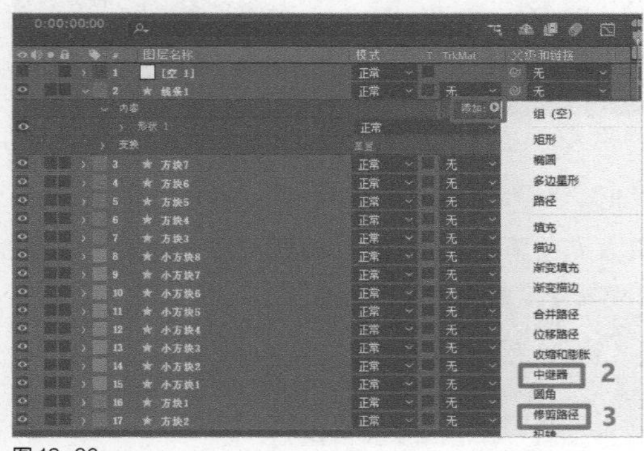

图 13-80

16 将上一步中添加的“中继器1”属性拖曳到“修剪路径1”上方，然后展开“中继器1”属性，设置“副本”为4.0，“变换：中继器1”属性组下的“位置”为（0.0，0.0），“旋转”为（0×+90.0°），如图13-81所示，效果如图13-82所示。

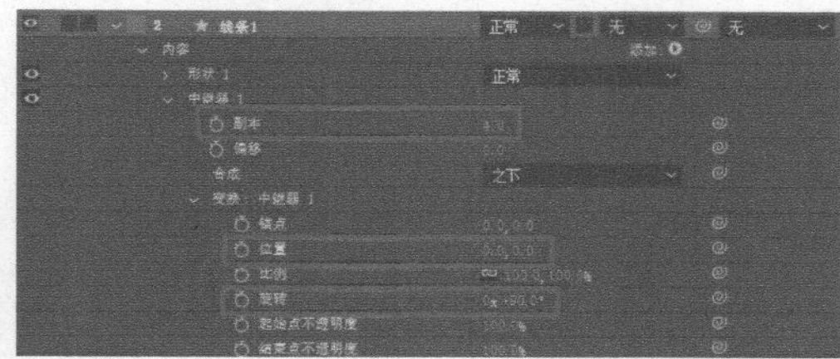

图 13-81

图 13-82

17 设置步骤 15 中添加的“修剪路径”的动画关键帧。在第 24 帧处，设置“修剪路径 1”下的“结束”为 47.0% 并激活关键帧记录器，在第 1 秒 6 帧处设置其为 100.0%，并按快捷键 Shift+F9 将该关键帧设为“缓入”；在第 1 秒 3 帧处设置“开始”为 47.0% 并激活关键帧记录器，在第 1 秒 10 帧处设置其为 100.0%，并按快捷键 Shift+F9 将该关键帧设为“缓入”，如图 13-83 所示。

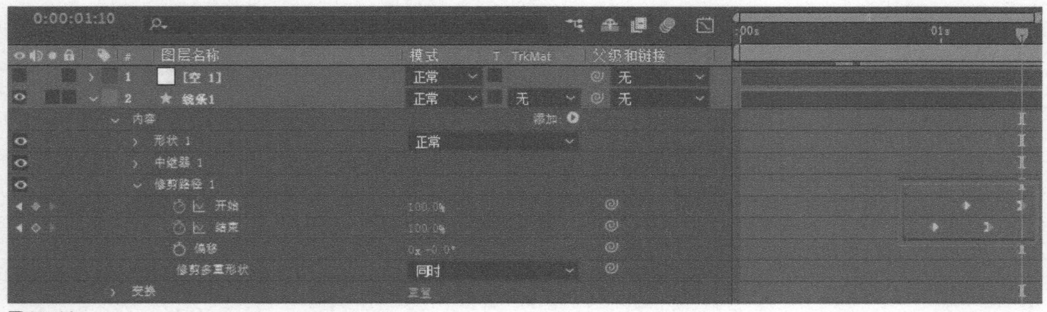

图 13-83

18 按快捷键 Ctrl+D 将“线条 1”图层复制一份，然后按快捷键 U 显示它的关键帧，选中所有的关键帧并拖曳，使第 1 个关键帧位于第 1 秒 9 帧处，如图 13-84 所示。

图 13-84

19 将“线条2”图层的“内容>形状1>描边1”属性组下的“颜色”设为白色，然后将“内容>形状1>变换：形状1”属性组下的“旋转”设为（0×+45.0°），如图13-85所示。

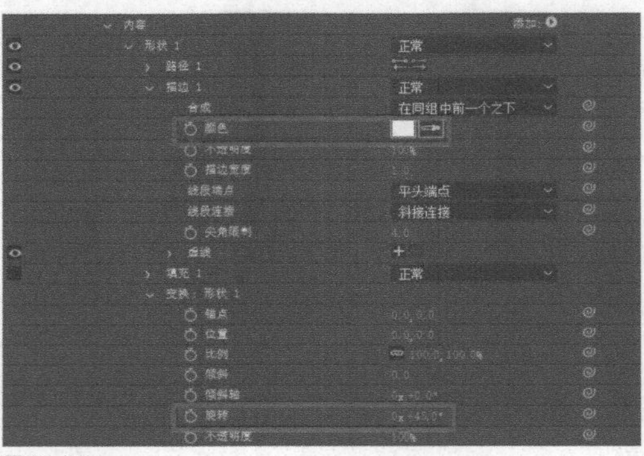

图 13-85

20 选择“线条2”图层，执行“效果>扭曲>波形变形”菜单命令，在“效果控件”面板中设置“波形速度”为0.2，如图13-86所示，画面效果如图13-87所示。

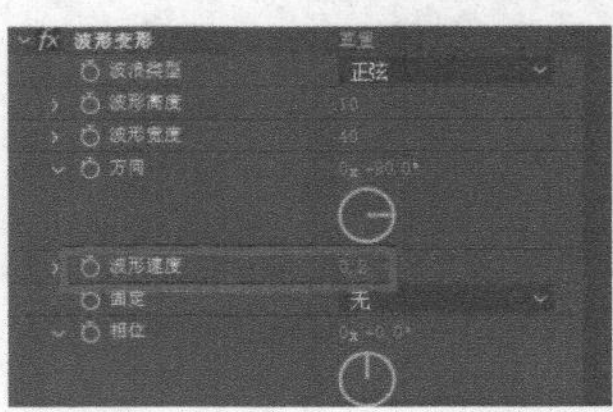

图 13-86

图 13-87

21 导入学习资源中的“实例文件>CH13>电视频道 ID 演绎>（素材）>LOGO.png”文件，然后将其添加到“时间轴”面板中，并置于顶层，设置其入点在第 1 秒 2 帧处，如图 13-88 所示。

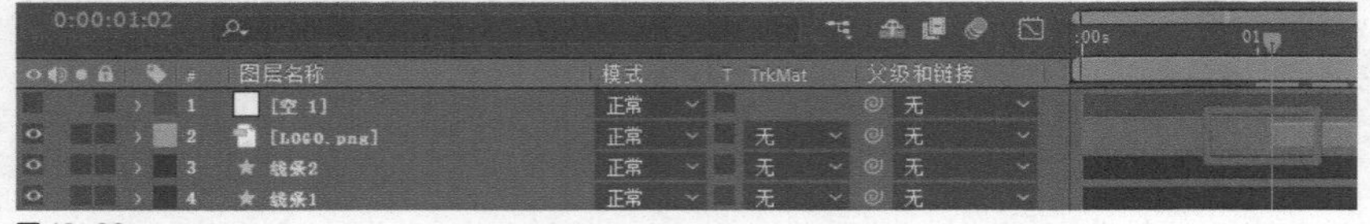

图 13-88

22 为“LOGO”图层设置动画关键帧。在第1秒2帧处设置其“缩放”为（1.0%，1.0%），激活关键帧记录器，并按快捷键Ctrl+Shift+F9将该关键帧设为“缓出”，设置“旋转”为（0×+45.0°）；在第1秒21帧处设置“缩放”为（175.0%，175.0%），“旋转”为（0×+0.0°），最后选中这两个关键帧并按快捷键Shift+F9将它们设为“缓入”，如图13-89所示。

23 选择“LOGO”图层，执行“效果>透视>投影”菜单命令，然后在“效果控件”面板中设置“距离”为10.0，如图 13-90 所示。

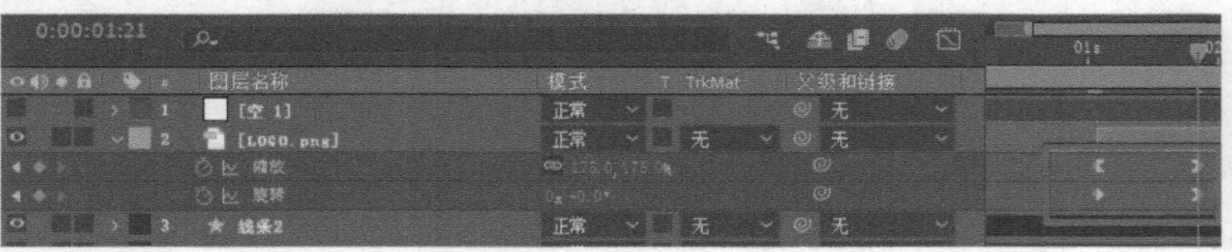

图 13-89

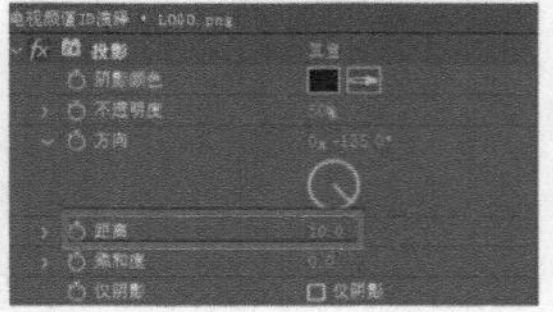

图 13-90

13.2.3 优化画面

01 新建一个调整图层，设置“名称”为“重影”，出点在第 17 帧处，并将其置于“LOGO”图层之下，如图 13-91 所示。

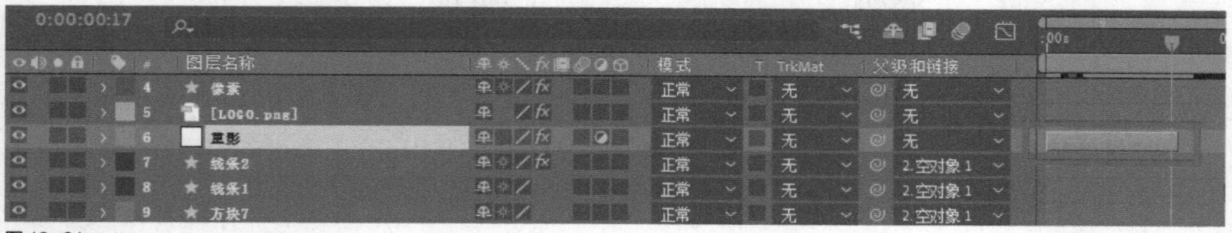

图 13-91

02 选择“重影”图层，执行“效果 > 时间 >CC Force Motion Blur（强制运动模糊）”菜单命令，在“效果控件”面板中设置 Shutter Angle（快门角度）为 800；在第 0 帧处设置 Motion Blur Samples（运动模糊采样）为 3，并激活关键帧记录器，然后在第 17 帧处设置其为 1，如图 13-92 所示。画面效果如图 13-93 所示。

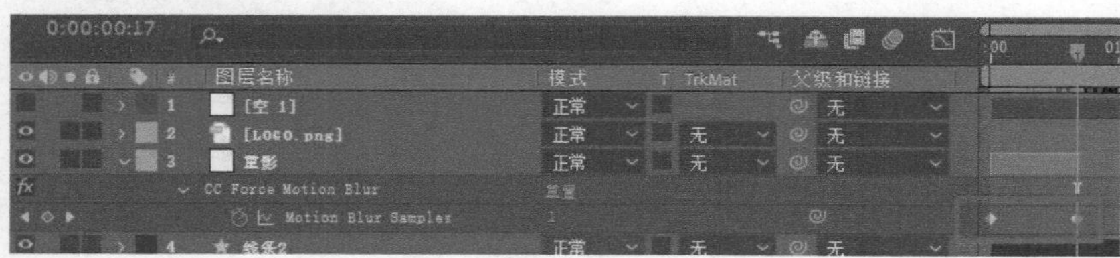

图 13-92

图 13-93

03 在“工具”面板中单击“矩形工具”，将“填充”设为（176，176，176），“描边”设为无，如图13-94所示。

图 13-94

04 绘制出一个矩形，将其命名为“像素”，并置于顶层，然后设置其入点为第2秒16帧，出点为第2秒18帧。接着展开其“内容>矩形1>矩形路径1”属性组，将“大小”设置为（600.0，600.0）；展开其“内容>矩形1>变换：矩形1”属性组，将“位置”设为（0.0，0.0），如图13-95所示。

05 选择“像素”图层，然后执行“效果 > 过渡 > 百叶窗”菜单命令，接着在“效果控件”面板中设置“过渡完成”为 91%，最后将该效果复制一份，在复制出来的效果中，将“方向”改为（0 × +90.0°），如图 13-96 所示。

图 13-95

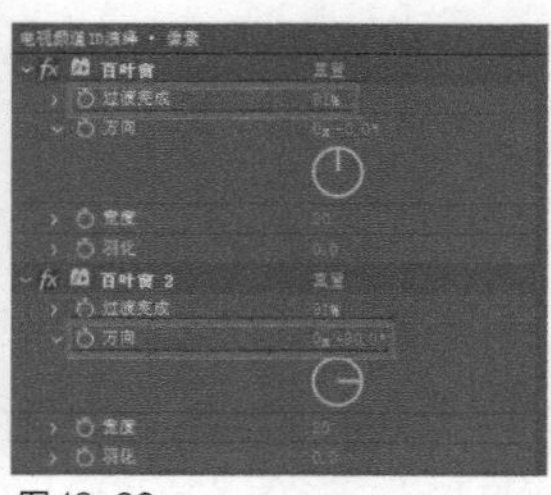

图 13-96

06 按快捷键 Ctrl+D 将“像素”图层复制一份，并将其命名为“撕裂”，然后打开该图层的“调整图层”开关，如图 13-97 所示。

07 选择“撕裂”图层，然后执行“效果 > 过渡 > 卡片擦除”菜单命令，接着在“效果控件”面板中设置“过渡完成”为 100%，“过渡宽度”为 100%，“行数”为 343，“列数”为 59，“位置抖动”属性组下的“X 抖动量”为 1.79，“X 抖动速度”为 7.00，如图 13-98 所示。

08 选择“撕裂”图层，然后执行“效果 > 扭曲 > 变换”菜单命令，接着设置其动画关键帧。在第 2 秒 16 帧处，设置其“变换”效果中的“位置”为（960.0，540.0）并激活关键帧记录器；在第 2 秒 17 帧处设置为（970.0，540.0）；在第 2 秒 18 帧处设置为（950.0，540.0）；在第 2 秒 19 帧处设置为（960.0，540.0），如图 13-99 所示。

09 新建一个调整图层，将其命名为“杂色”并置于顶层，然后执行“效果 > 杂色和颗粒 > 杂色”菜单命令，接着在“效果控件”面板中设置“杂色数量”为 5.0%，并取消勾选“使用杂色”，如图 13-100 所示。完成后渲染并输出动画。

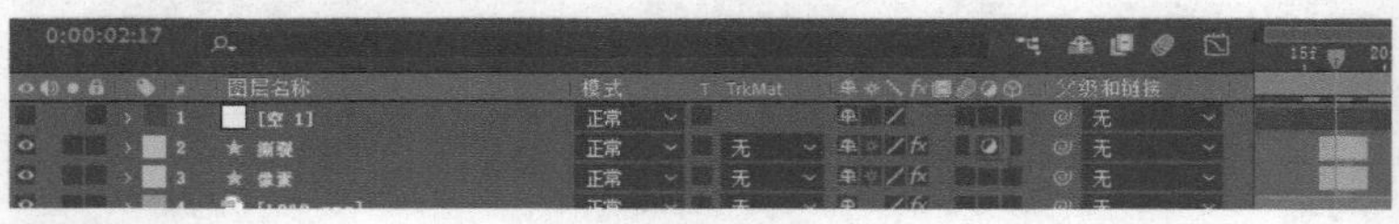

图 13-97

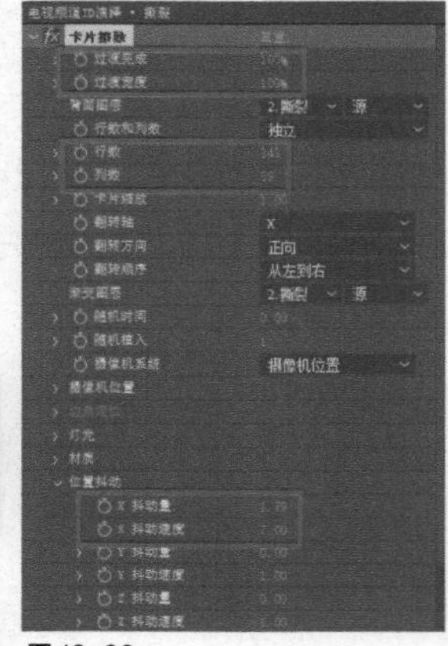

图 13-98

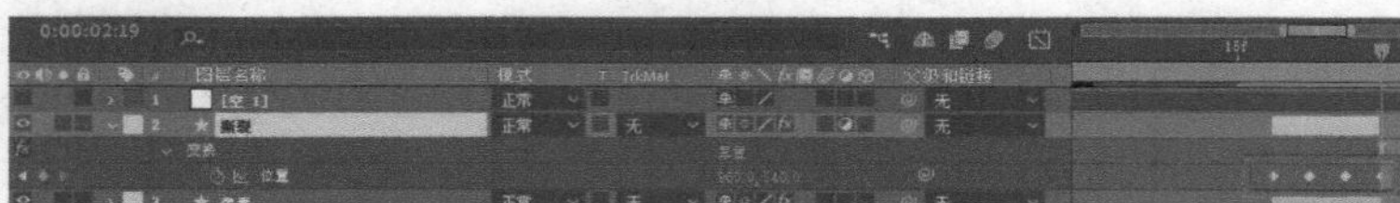

图 13-99

图 13-100

13.3 教育频道包装

素材位置	实例文件 >CH13> 教育频道包装 >（素材）
实例位置	实例文件 >CH13> 教育频道包装 .aep
难易指数	★★★★☆
学习目标	常规视频包装制作的基本方法和流程

本案例中教育频道包装的后期合成效果如图13-101所示。

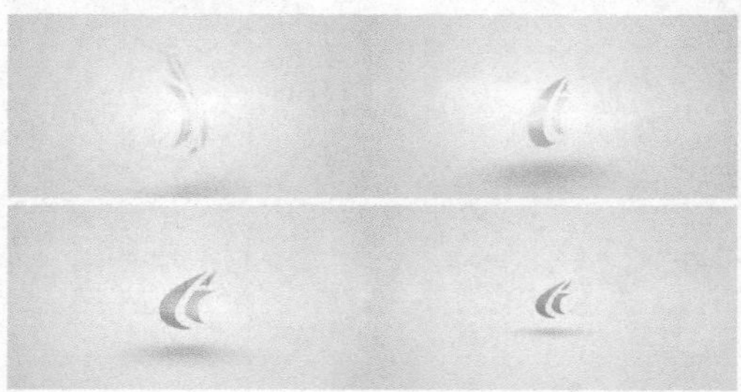

图 13-101

13.3.1 制作图形元素

01 新建一个合成，然后设置“合成名称”为教育频道包装，“预设”为HDTV 1080 29.97，“持续时间”为7秒，接着单击“确定”按钮，如图13-102所示。

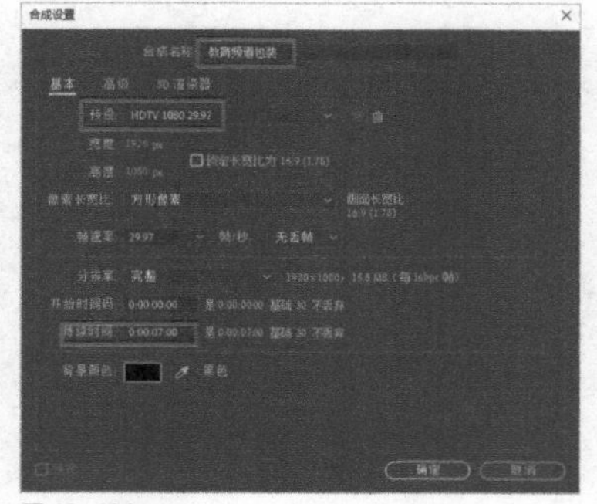

图 13-102

02 按住Alt键，单击“项目”面板下方的颜色深度调整按钮，将该项目的颜色深度调为16bpc，如图13-103所示。

图 13-103

03 导入学习资源中的“实例文件>CH13>教育频道包装>（素材）>Logo.ai、Chrome.psd”文件，然后将其添加到“时间轴”面板中，并将“Chrome”图层置于顶层，如图13-104所示。

图 13-104

04 设置“Logo”图层的“缩放”为（250.0%，250.0%），并开启其“连续栅格化”开关，如图13-105所示。

图 13-105

05 选择“Logo”图层，执行“效果>生成>勾画”菜单命令，然后在“效果控件”面板中设置“片段”属性组下的“片段”为1；设置“正在渲染”属性组下的“混合模式”为“透明”，“颜色”为白色，“宽度”为5.00，如图13-106所示。

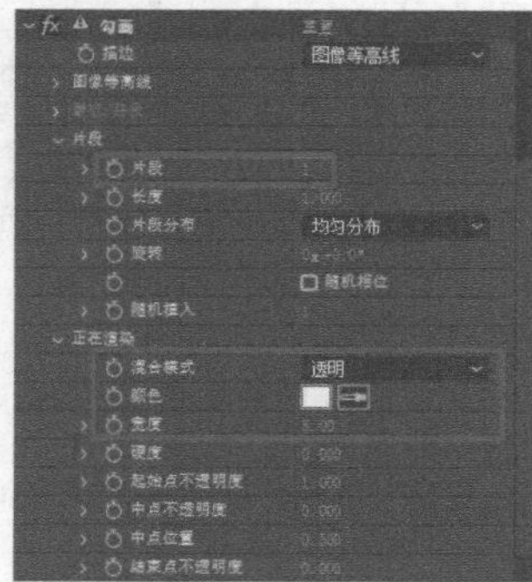

图 13-106

06 为上一步中添加的“勾画”效果设置动画关键帧。在第0帧处，设置“片段”属性组下的“长度”为0并激活其关键帧，接着按快捷键F9将该关键帧的临时插值设为“贝塞 尔曲线”，“旋转”设为（0×+0.0°）并激活其关键帧，“正在渲染” 属性组下的“结束点不透明度”设为0，并激活其关键帧；在第24帧处，设置“片段”属性组下的“长度”为1，“旋 转”为（0×+150.0°），“正在渲染”属性组下的 “结束点不透明度”为1。最后按快捷键F9，将该时刻“长度” 和“旋转”的两个关键帧的临时插值设为“贝塞尔曲线”，如图13-107所示。

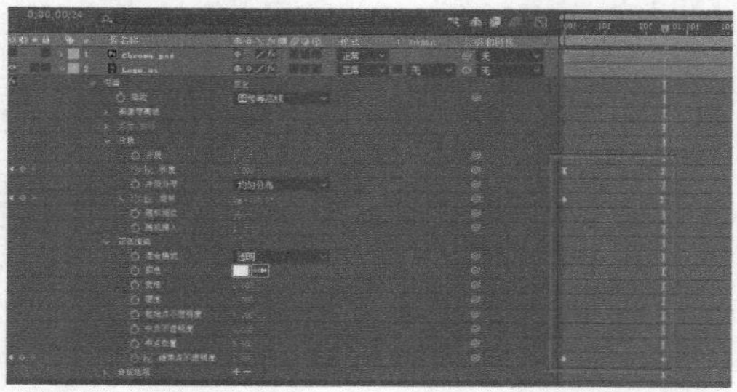

图 13-107

07 为“Chrome”图层执行“效果>风格化>CC RepeTile（重复拼贴）”菜单命令，然后在“效果控件”面板中设置Expand Down（扩展下部）为300，Expand Up（扩展上部）为300，如图13-108所示。

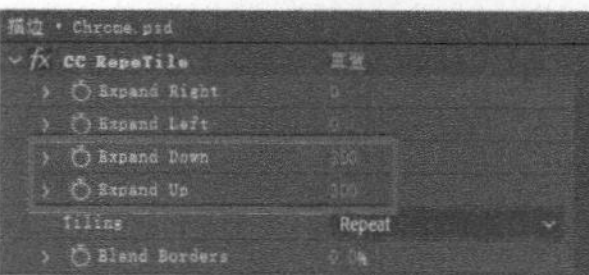

图 13-108

08 继续为“Chrome”图层执行“效果>杂色和颗粒>分形杂色”菜单命令，在“效果控件”面板中设置“亮度”为43.0，“变换”属性组下的“缩放”为365.0，“复杂度”为2.1，“混合模式”为“相乘”，如图13-109所示。

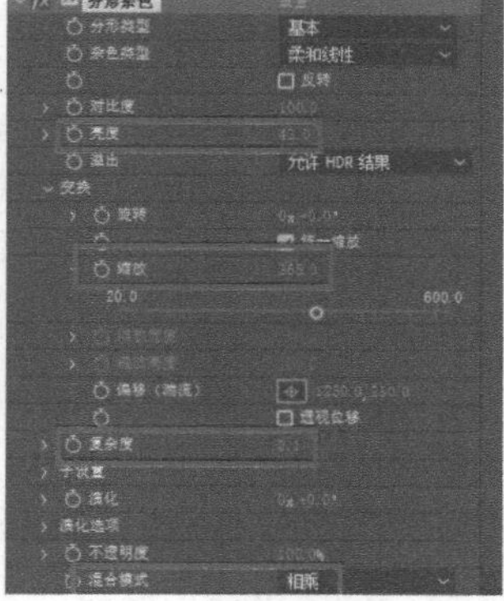

图 13-109

09 为上一步中的“分形杂色”效果添加动画关键帧。在第0帧处设置其“演化”为（0×-114.0°）并激活关键帧记录器，在第1秒27帧处设置其为（0×+0.0°），并按快捷键F9将该关键帧的临时插值设为“贝塞尔曲线”，如图13-110所示。

10 设置“Chrome”图层的“缩放”为（90.0%，90.0%），然后在第18帧处，设置其“位置”为（960.0，540.0）并激活关键帧记录器；接着在第3秒14帧处设置其“位置”为（960.0，600.0），并按快捷键F9将该关键帧的临时插值设为“贝塞尔曲线”。最后将该图层的混合模式设为“模板亮度”，如图13-111所示。

图 13-110

图 13-111

11 按快捷键Ctrl+D将“Logo”图层复制两份，分别命名为“Logo_蒙版”和“Logo2”，然后删除这两个图层上的“勾画”效果，并隐藏这两个图层，如图13-112所示。

图 13-112

12 选中“Chrome”和“Logo”两个图层，执行“图层>预合成”菜单命令，并在弹出的对话框中将新合成命名为“描边”，如图13-113所示。

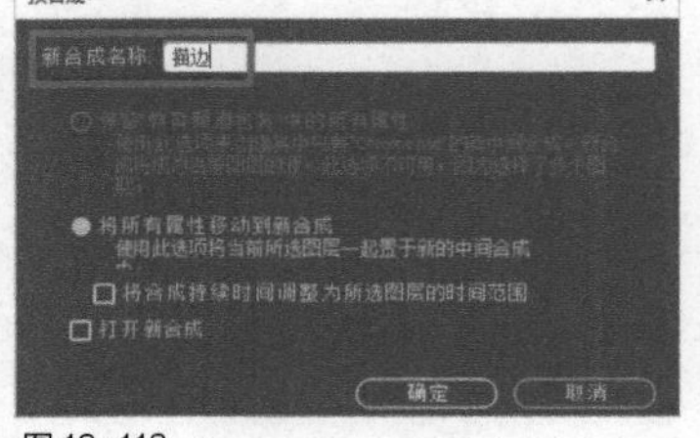

图 13-113

13 将“Logo_蒙版”图层置于“描边”图层上方，然后设置“描边”图层的轨道遮罩为“Alpha”，如图13-114所示。

图 13-114

14 选中“Logo_蒙版”和“描边”两个图层，执行“图层>预合成”菜单命令，并在弹出的对话框中将新合成命名为“Logo”，如图13-115所示。

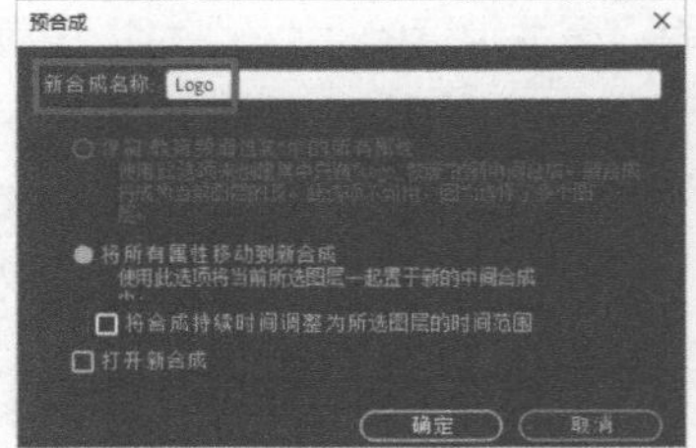

图 13-115

13.3.2 制作图形三维效果

01 开启“Logo”图层的“3D图层”和“运动模糊”开关，然后按快捷键Ctrl+D将该图层复制4份，如图13-116所示。

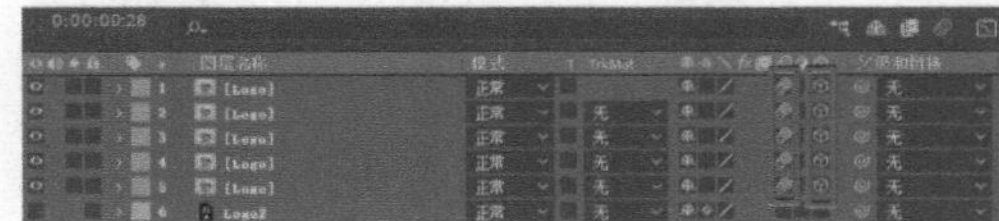

图 13-116

02 自上至下，将5个“Logo”图层的“位置”分别设置为（960.0，540.0，0.0）、（960.0，540.0，6.0）、（960.0，540.0，12.0）、（960.0，540.0，18.0）、（960.0，540.0，24.0），如图13-117所示。

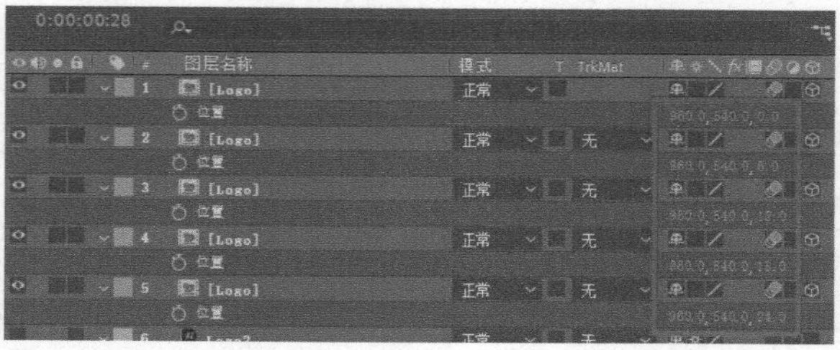

图 13-117

03 设置1、2、4、5号这4个“Logo”图层的动画关键帧。在第0帧处，设置1号“Logo”图层的“Y轴旋转”为（0×-48.5°），设置2号“Logo”图层的“Y轴旋转”为（0×-23.5°），设置4号“Logo”图层的“Y轴旋转”为（0×+23.5°），设置5号“Logo”图层的“Y轴旋转”为（0×+48.5°），分别激活其关键帧记录器；在第1秒1帧处，设置这4个图层的“Y轴旋转”为（0×+0°）；然后选中所有关键帧，按快捷键F9将它们的临时插值设为贝塞尔曲线，如图13-118所示。此时画面效果如图13-119所示。

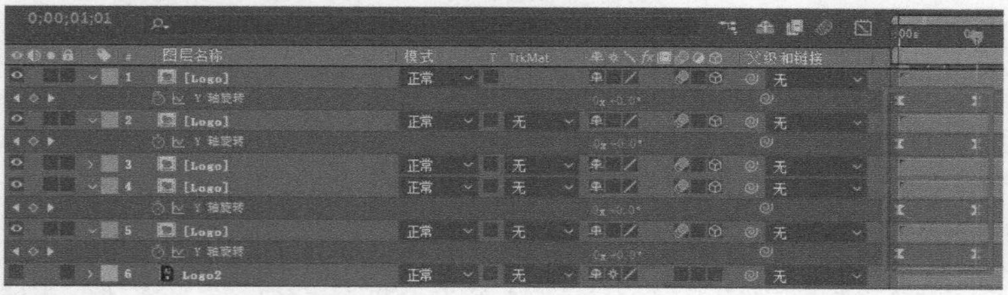

图 13-118

图 13-119

04 选择1号“Logo”图层，执行“效果>透视>斜面Alpha”菜单命令，并在“效果控件”面板中设置“边缘厚度”为1.25，如图13-120所示。

图 13-120

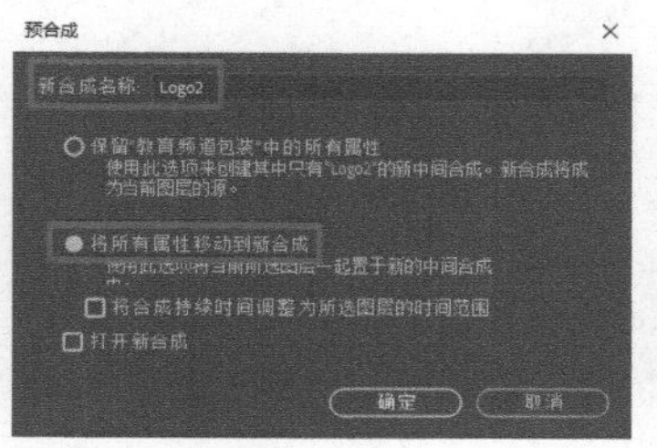

图 13-122

05 选择3号“Logo”图层，执行“效果>透视>斜面Alpha”菜单命令，并在“效果控件”面板中设置“亮度”为-50，并勾选“使用旧版（支持HDR）”选项，如图13-121所示，然后把该效果复制一份到4号“Logo”图层上。

图 13-121

06 打开“Logo2”图层的显示开关，将其置于顶层，然后选择该图层，执行“图层>预合成”菜单命令，并在弹出的对话框中将新合成命名为“Logo2”，选择“将所有属性移动到新合成”选项，如图13-122所示。

07 选择“Logo2”图层，执行“效果>颜色校正>色调”菜单命令，并在“效果控件”面板中设置“将白色映射到”为（13621，13621，13621），如图13-123所示。

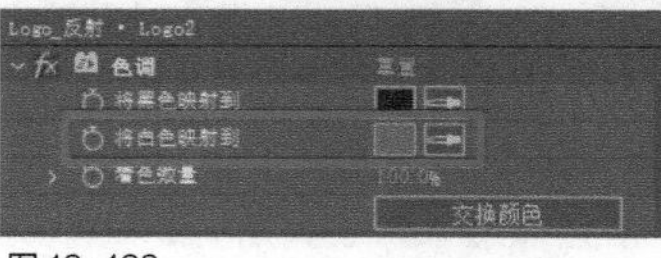

图 13-123

08 导入学习资源中的“素材文件>CH13>教育频道包装>（素材）>蒙版.mp4”文件，将其添加到“时间轴”面板中，并置于“Logo2”图层上方，然后将“Logo2”图层的轨道遮罩设为“亮度”，如图13-124所示。

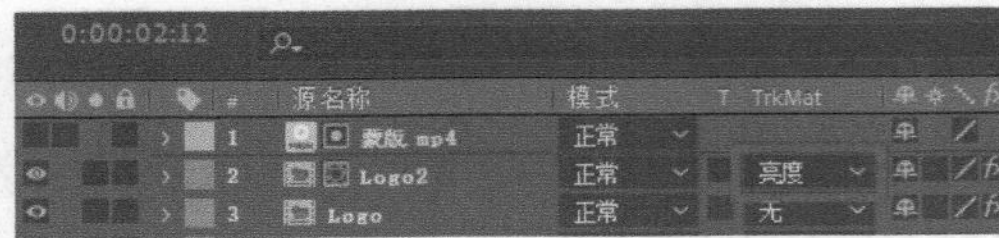
图13-124

09 为“Logo2”图层设置动画关键帧。在第0帧处设置其“不透明度”为0%并激活关键帧记录器，在第9帧处设置其为100%，如图13-125所示。

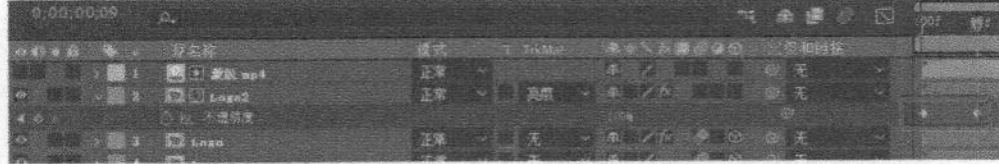
图13-125

10 选择“Logo2”和“蒙版”两个图层，执行“图层>预合成”菜单命令，并在弹出的对话框中将新合成命名为“Logo_反射”，如图13-126所示。然后把“Logo_反射”图层的“3D图层”和“运动模糊”开关打开，如图13-127所示。

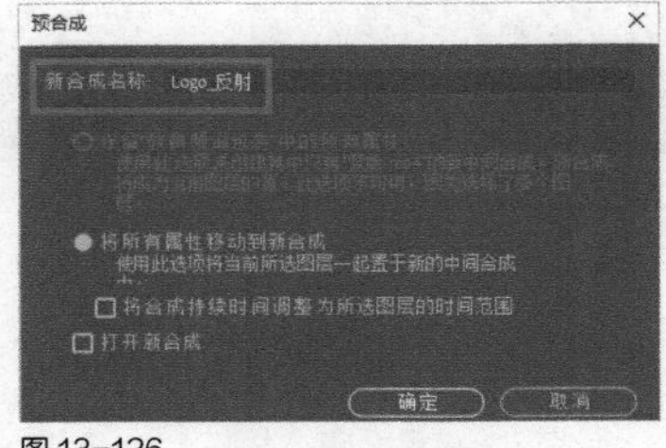

图13-126

图13-127

11 双击“Logo_反射”图层进入该预合成，按快捷键Ctrl+D将“蒙版”图层复制一份，然后打开新图层的“显示”和“保留基础透明度”开关，接着将其混合模式设为“相加”，如图13-128所示。

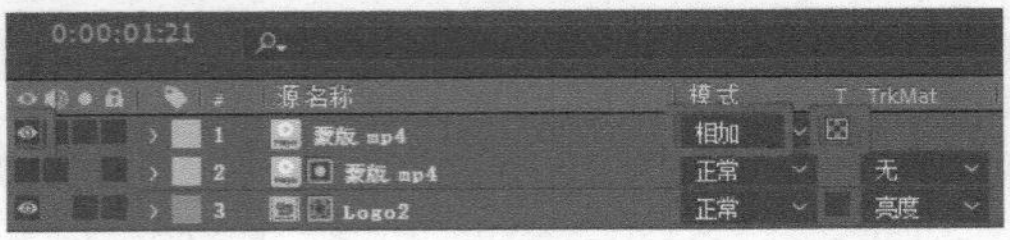

图13-128

12 新建一个黑色的纯色图层并置于顶层，将其命名为“蒙版_Logo2”，并设置其入点为第9帧处，然后使用“椭圆工具”在其中心处绘制一个图13-129所示的遮罩。

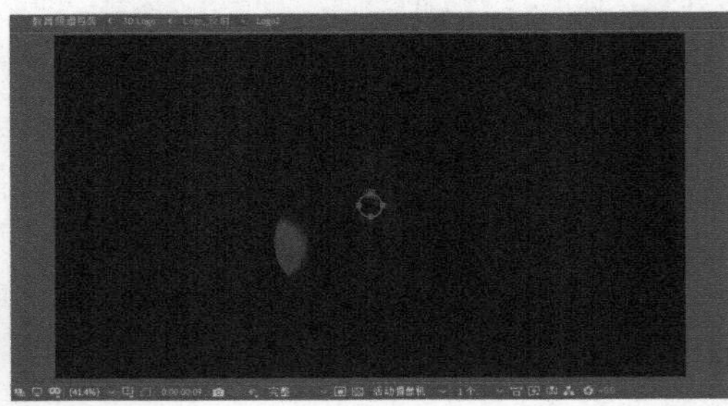
图13-129

13 设置上一步中遮罩的“蒙版羽化”为（250.0，250.0）像素，然后设置该遮罩的“蒙版扩展”属性的动画关键帧。在第9帧处设置其蒙版扩展为0.0像素并激活关键帧记录器，在第1秒6帧处设置其“蒙版扩展”为406.0像素，在第3秒17帧处设置其“蒙版扩展”为1500.0像素，如图13-130所示。

图13-130

14 将“Logo2”图层复制一份，并置于“蒙版_Logo2”图层下方，删除新“Logo2”图层上的效果，并把其轨道遮罩设为“Alpha”，然后关闭“蒙版_Logo2”图层的显示开关，如图13-131所示。

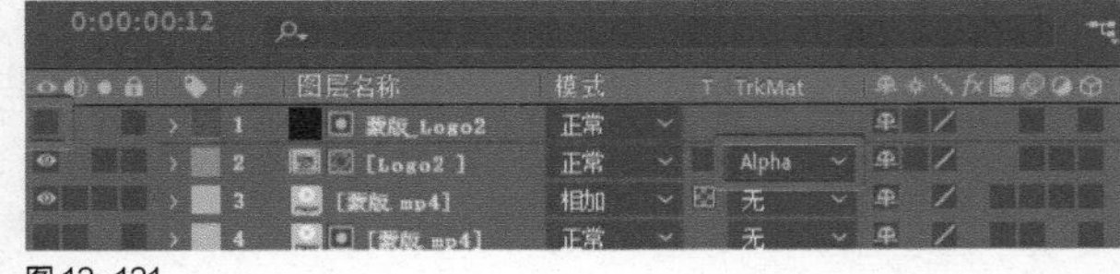

图13-131

⑮ 新建一个黑色的纯色图层并置于顶层，将其命名为“反射网格”，执行“效果>生成>网格”菜单命令，并在“效果控件”面板中设置“锚点”为（300.0，300.0）、“大小依据”为“宽度滑块”、“宽度”为195.0、“边界”为20.0，然后勾选“反转网格”，如图13-132所示，此时画面效果如图13-133所示。

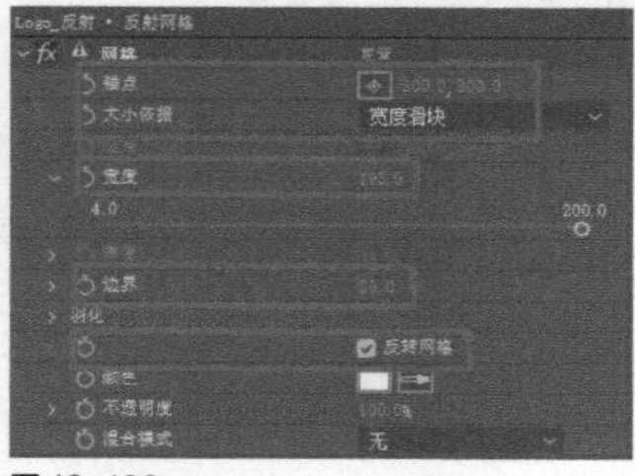

图13-132

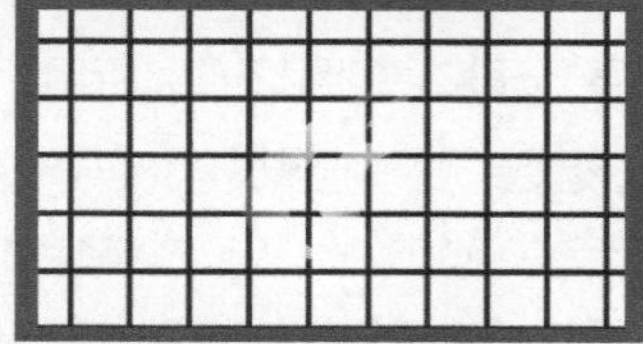

图13-133

⑯ 选择“反射网格”图层，执行“效果>模糊和锐化>快速方框模糊”菜单命令，并在“效果控件”面板中设置“模糊半径”为5.0，如图13-134所示。

图13-134

⑰ 设置“反射网格”图层的“缩放”为（120.0%，120.0%），“旋转”为（0×-4.0°），“不透明度”为20%，如图13-135所示。

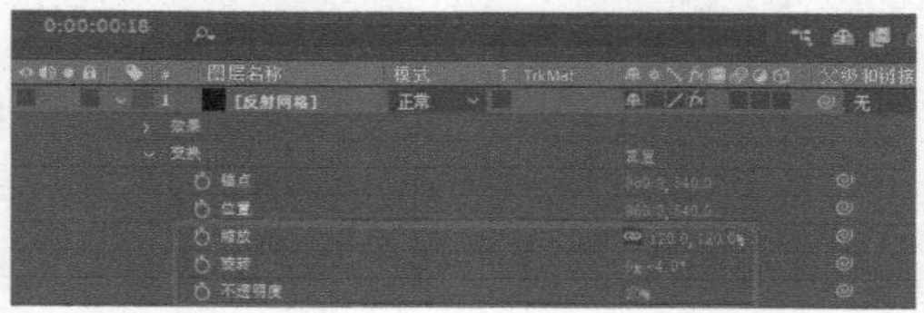

图13-135

⑱ 设置“反射网格”图层的“位置”属性的动画关键帧。在第18帧处设置“位置”为（480，540）并激活关键帧记录器；在第2秒2帧处设置“位置”为（960，540）；在第4秒处设置“位置”为（1000，540）。进入图表编辑器，选择刚才设置的“位置”属性，单击图标编辑器中的“单独尺寸”来单独编辑X位置的关键帧曲线。选中所有的3个关键帧，单击将它们变为自动贝塞尔曲线，然后调整每个关键帧上的手柄，将关键帧曲线调整至图13-136所示的效果。

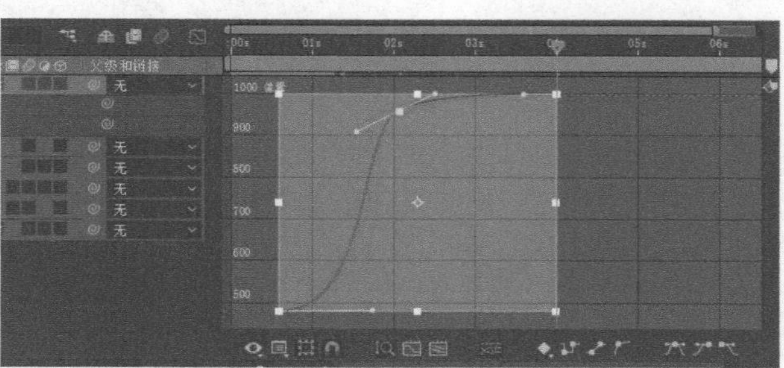

图13-136

⑲ 新建一个纯色图层并置于顶层，将其命名为“蒙版_反射网格”，执行“效果>生成>梯度渐变”菜单命令，然后在“效果控件”面板中设置“渐变起点”为（958.1，294.7），“渐变终点”为（958.1，694.1），如图13-137所示。

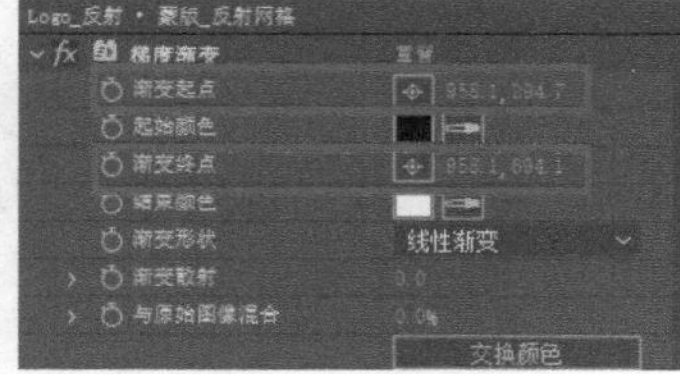

图13-137

⑳ 将“反射网格”图层的混合模式设为“相加”，打开其“保留基础透明度”开关，并把轨道遮罩设为“亮度反转”，如图13-138所示，此时画面效果如图13-139所示。

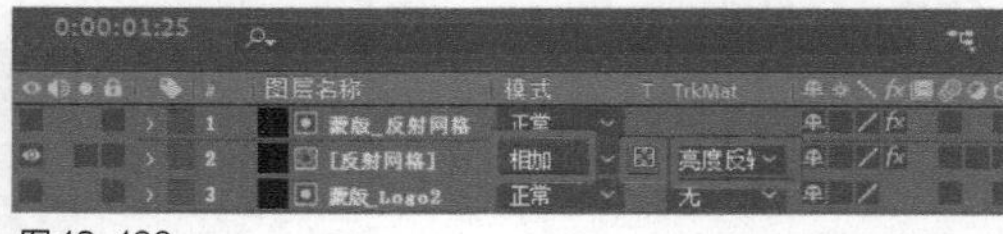

图13-138

图 13-139

21 回到“教育频道包装”合成，选中里面所有的图层，执行“图层>预合成”菜单命令，并在弹出的对话框中将新合成命名为“3D Logo”，如图13-140所示。

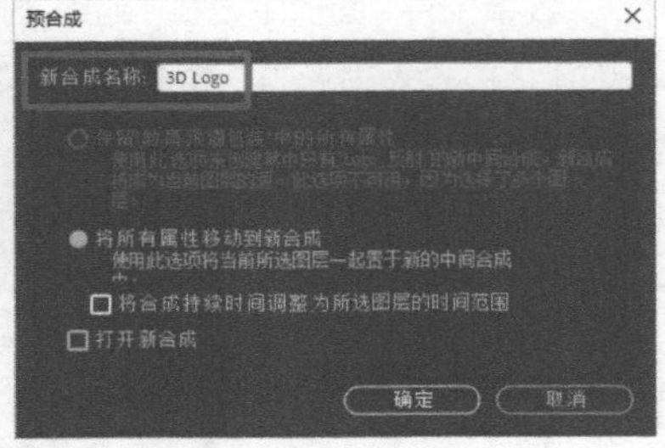

图 13-140

13.3.3 构建场景

01 开启“3D Logo”图层的“折叠变换”和“3D图层”开关，如图13-141所示。

02 设置“3D Logo”图层的动画关键帧。在第0帧处设置其“Y轴旋转”为（0×-86.0°）并激活关键帧记录器，在第1秒12帧处设置其“Y轴旋转”为（0×+0.0°）；在第1秒1帧处设置其“位置”为（960.0，540.0，0.0），在第1秒27帧处设置其“位置”为（960.0，540.0，835.0）。然后选中所有关键帧，按快捷键F9将其临时插值设为贝塞尔曲线，如图13-142所示。

图 13-141

图 13-142

03 新建一个纯色图层，将其命名为“背景”，并置于底层，为其执行“效果>生成>梯度渐变”菜单命令，并在“效果控件”面板中设置“渐变起点”为（938.0, 536.0），“起始颜色”为（31483, 31483, 31483），“渐变终点”为（1954.0, 1118.0），“结束颜色”为（26343, 26343, 26343），“渐变形状”为“径向渐变”，“渐变散射”为195.8，如图13-143所示。

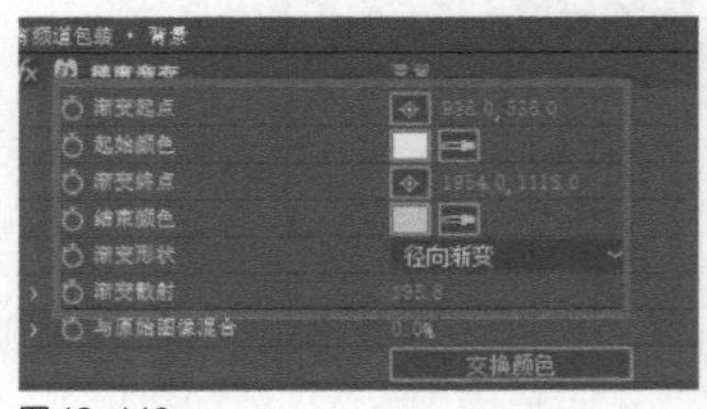

图 13-143

04 从“3D Logo”预合成中复制一个“Logo_反射”图层到“教育频道包装”合成中，然后从“3D Logo>Logo”中复制一个“描边”图层到“教育频道包装”合成中，如图13-144所示。

图 13-144

05 选中上一步中复制的两个图层，执行“图层>预合成”菜单命令，并在弹出的对话框中将新合成命名为“阴影”，如图13-145所示。

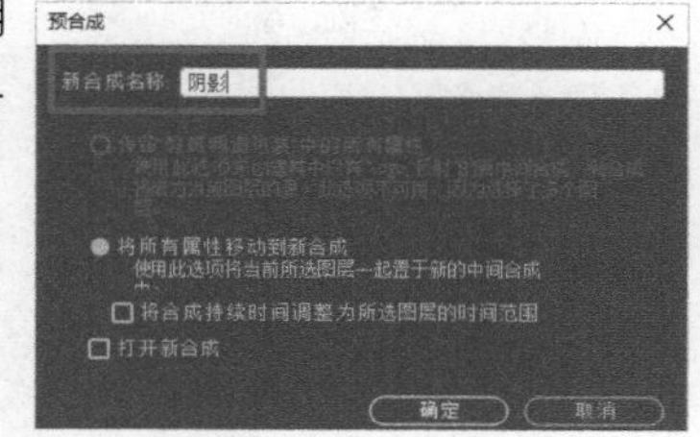

图 13-145

06 开启“阴影”图层的“3D图层”开关，设置其“缩放”为(100.0%，45.0%，100.0%)，“方向”为(90.0°，0.0°，0.0°)，如图13-146所示。

图 13-146

07 设置“阴影”图层的动画关键帧。在第1秒1帧处，设置其“位置”为(960.0，1080.0，0.0)并激活关键帧记录器；在第1秒27帧处，设置其“位置”为(960.0，1080.0，835.0)。然后选中所有关键帧，按快捷键F9将其临时插值设为“贝塞尔曲线”，如图13-147所示。

图 13-147

08 选择“阴影”图层，为其执行“效果>生成>填充”菜单命令，并在“效果控件”面板中设置“颜色”为黑色；然后为其执行“效果>模糊和锐化>快速方框模糊”菜单命令，并在“效果控件”面板中设置“模糊半径”为300.0，如图13-148所示。此时画面效果如图13-149所示。

09 新建一个摄像机，“类型”设为“双节点摄像机”，“胶片大小”设为36.00毫米，“视角”设为112.00°，如图13-150所示。

10 设置摄像机的动画关键帧。在第0帧处，设置其“位置”为(-99.9，936.5，-96.0)并激活关键帧记录器；在第1秒12帧处，设置其“位置”为(960.0，540.0，-1100.0)，然后选择这两个关键帧，并按快捷键F9将其临时插值设为“贝塞尔曲线”，如图13-151所示。

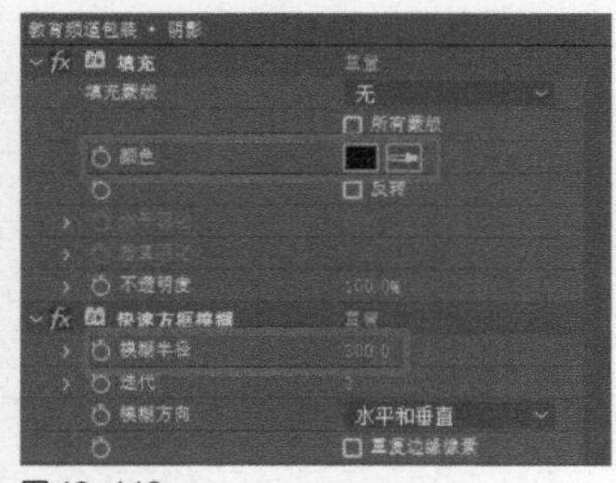

图 13-148

图 13-149

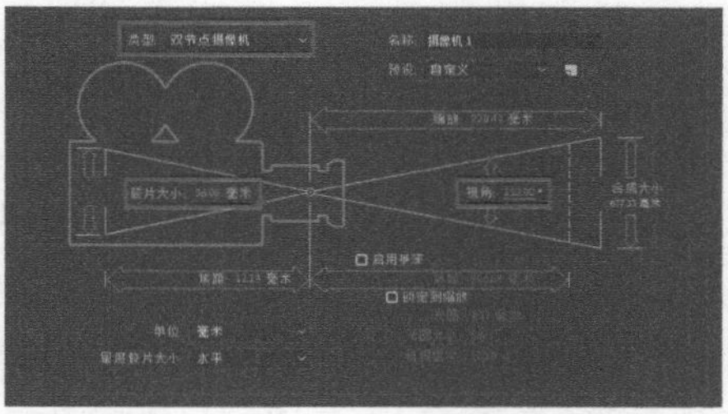

图 13-150

图 13-151

13.3.4 制作光效

01 将“阴影”图层和“3D Logo”预合成里面的所有图层的“材质选项”属性组下的“接受灯光”设为“关”，如图13-152所示。

图 13-152

02 新建一个灯光，设置其“名称”为“Light1”，“颜色”为（24272，26732，31740），如图13-153所示。

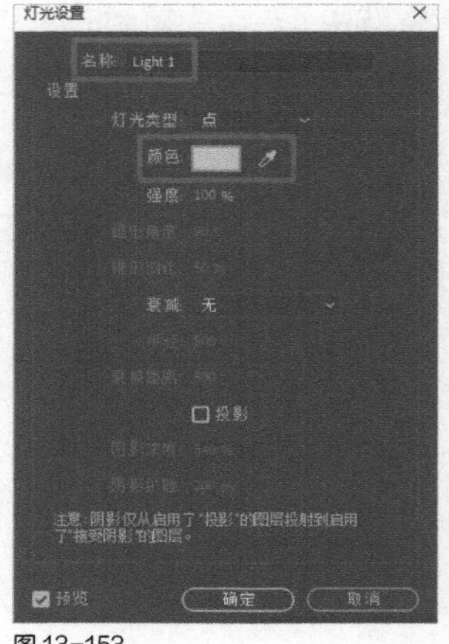

图 13-153

03 在第 0 帧处设置“Light1”的父对象为“3D Logo”图层。设置“Light1”的动画关键帧。在第 0 帧处，设置其“位置”为(960.0，540.0，0.0)并激活关键帧记录器；在第 29 帧处，设置其“位置”为(750.0，400.0，0.0)；在第 2 秒 17 帧处，设置其“位置”为(250.0，540.0，0.0)。然后选中后两个关键帧，按快捷键 F9 将其临时插值设为贝塞尔曲线，如图 13-154 所示。

图 13-154

04 在第1秒2帧处设置“Light1”图层的“灯光选项”属性组下的“强度”为100%，并激活关键帧记录器，在第1秒8帧处设置其为75%，如图13-155所示。

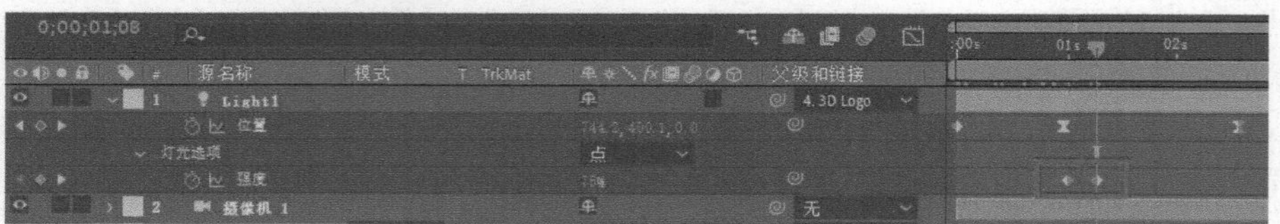

图 13-155

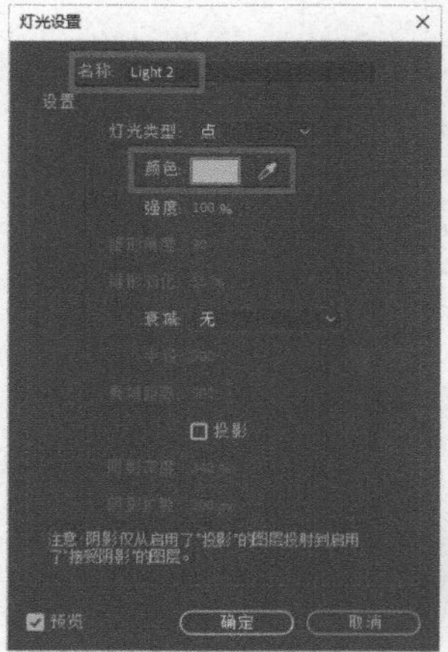

图 13-156

05 新建一个灯光，设置其“名称”为“Light2”，“颜色”为（32768，24378，13493），如图13-156所示。

06 在第0帧处设置“Light2”的父对象为“3D Logo”图层。设置“Light2”的动画关键帧。在第0帧处，设置其“位置”为（960.0，540.0，0.0）并激活关键帧记录器；在第29帧处，设置其“位置”为（1170.0，680.0，0.0）；在第2秒17帧处，设置其“位置”为（1950.0，540.0，-150.0）。然后选中后两个关键帧，按快捷键F9将其临时插值设为贝塞尔曲线，如图13-157所示。

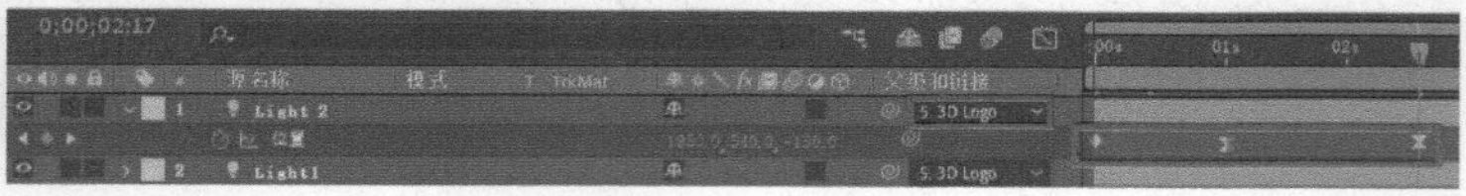

图 13-157

07 新建一个纯色图层，将其命名为“Flares”并置于顶层，然后执行“效果>Video Copilot>Optical Flares”菜单命令，单击Options（选项）进入其设置界面，接着在Browser（浏览器）面板选择PREST BROWSER（预设浏览器）选项卡，在Pro Presets2（预设2）文件夹中找到并单击Glamour预设，如图13-158所示。最后单击右上角的OK按钮返回After Effects 2021的工作界面。

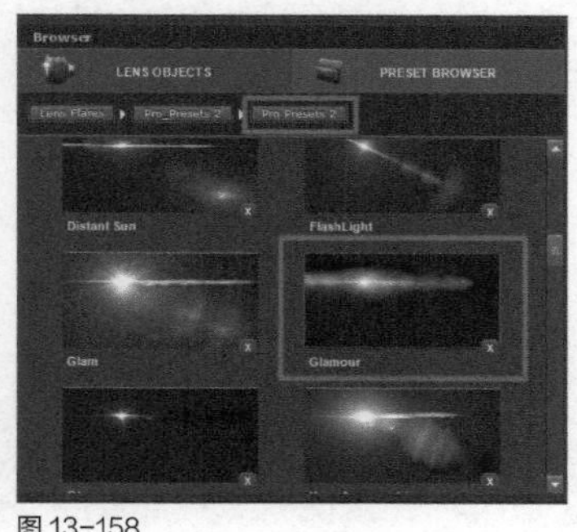

图 13-158

08 设置Optical Flares（光学耀斑）下的Center Position（中心位置）为（1500.0，540.0），Scale（缩放）为125.0，Positioning Mode（位置模式）属性组下的Source Type（光源类型）为Track Lights（追踪灯光），如图13-159所示。

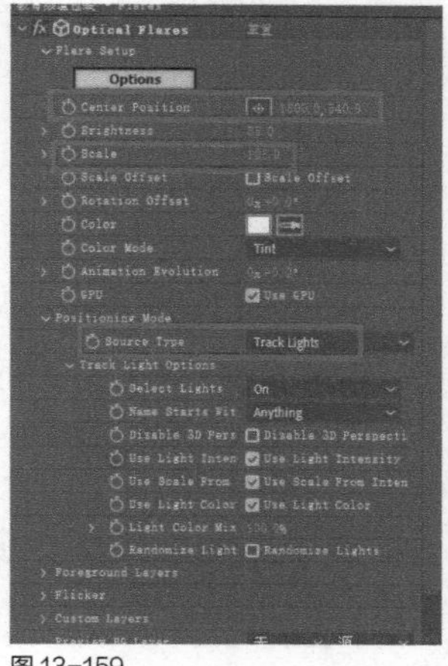

图 13-159

09 设置Optical Flares（光学耀斑）的动画关键帧。在第18帧处设置Brightness（亮度）为65.0并激活关键帧记录器，在第1秒处设置其为85.0，在第1秒24帧处设置其为0.0，如图13-160所示。

图 13-160

10 将“Flares”图层的混合模式设为“屏幕”，如图13-161所示。

11 导入学习资源中的“素材文件>CH13>教育频道包装>（素材）>光效>EndFlare”序列帧，然后在“项目”面板中单击鼠标右键，执行“解释素材>主要>帧速率”命令，将“假定此帧速率”设为29.97帧/秒，如图13-162所示，接着将其添加到“时间轴”面板中并置于顶层。

图 13-161

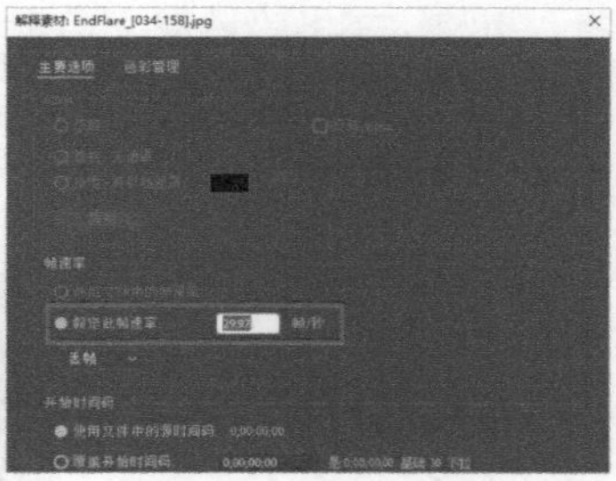

图 13-162

12 在“时间轴”面板中向后拖曳，使“EndFlare”图层的入点为第22帧处，设置其“缩放”为（50.0%，50%），然后设置其混合模式为“屏幕”，如图13-163所示。

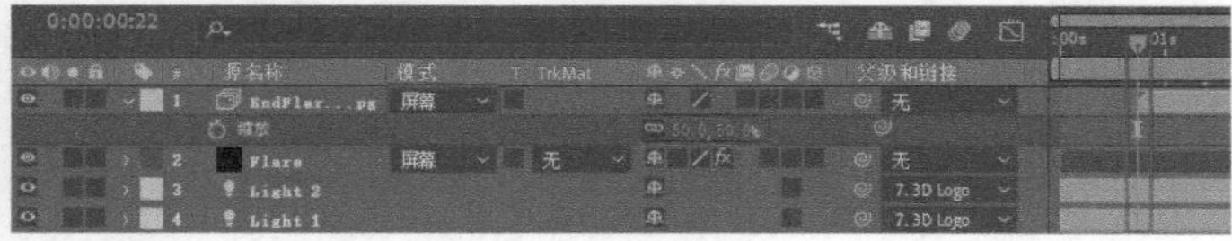

图 13-163

13 导入学习资源中的“实例文件>CH13>教育频道包装>（素材）>光效>Rainbow”序列帧，然后在“项目”面板中单击鼠标右键，执行“解释素材>主要>帧速率”命令，将“假定此帧速率”设为29.97帧/秒，接着将其添加到“时间轴”面板中并置于顶层。最后在“时间轴”面板中向后拖曳Rainbow序列帧，使其入点处于第1秒1帧处，如图13-164所示。

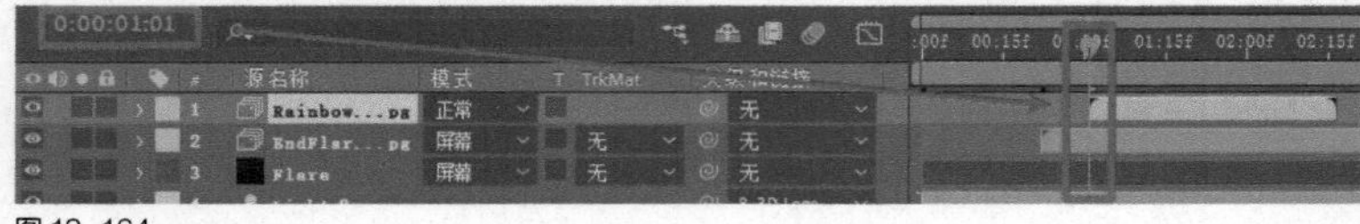

图 13-164

14 用鼠标右键单击“Rainbow”图层，执行“时间>启用时间重映射”命令，然后把鼠标指针移动到该图层在“时间轴”面板中的右侧边缘，在鼠标指针变为的时候向右侧拖曳，使该图层的时长可以持续到合成的结尾，如图13-165所示。

15 设置“Rainbow”图层的“缩放”为（50.0%，50%），并设置其混合模式为“屏幕”，如图13-166所示。此时画面效果如图13-167所示。

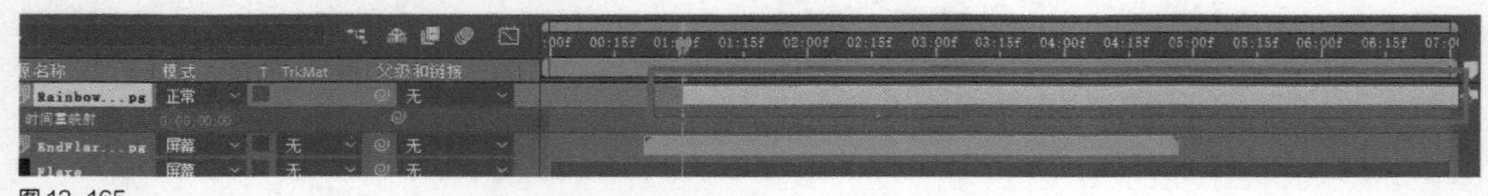

图 13-165

图 13-166

图 13-167

13.3.5 优化场景

01 展开摄像机的“摄像机选项”属性组，设置其中的“景深”为“开”，“焦距”为1947.0像素，“光圈”为150.0像素，如图13-168所示。

02 打开“运动模糊”的总开关，如图13-169所示。

03 渲染并输出动画，效果如图13-170所示。

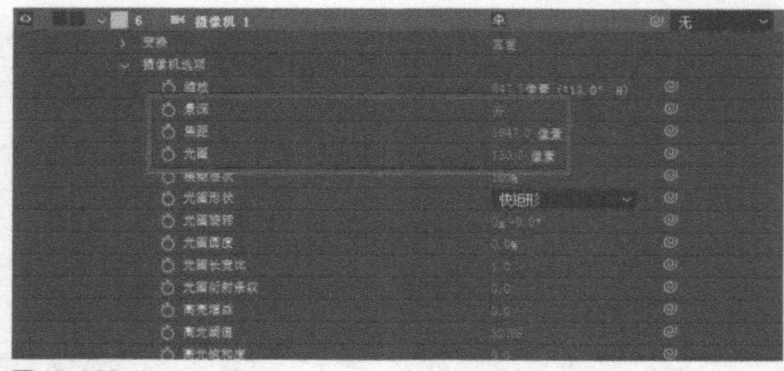

图 13-168

图 13-169

图 13-170